Gloria Rangel

1275

Isaac Asimov

Exploración
de la
Tierra y el Cosmos

EDITORIAL DIANA
MEXICO

PRIMERA EDICION, AGOSTO DE 1989

IMPRESO EN IMPRESIONES EDITORIALES, S.A. DE C.V.
EL 29 DE AGOSTO DE 1989 CON
TIRAJE DE 6,000 EJEMPLARES

ISBN 968-13-1690-8

Título original: EXPLORING THE EARTH AND THE COSMOS — Traductor: Victorino Pérez — DERECHOS RESERVADOS © — Copyright ©, 1982, by Nightfall Inc. — Published by arrangement with Crown Publishers, Inc. — Copyright © 1989, por EDITORIAL DIANA, S.A. de C.V. — Roberto Gayol 1219, Colonia del Valle, C.P. 03100 — *Impreso en México — Printed in Mexico.*

Dedicado a
la memoria de
Herbert Michelman (1913-1980)

Índice

Introducción

En estos tiempos estamos tan acostumbrados al amplio alcance de los conocimientos humanos en múltiples direcciones diferentes que solemos olvidar lo limitado que somos como individuos.

Si olvidamos todo lo que llegó antes de nosotros y todo lo que existe al lado nuestro y consideramos únicamente lo que *nosotros* podemos experimentar, veremos que no es mucho.

Darse cuenta de "todo lo que la vista puede abarcar" es penetrar a una distancia de, a lo sumo, un par de kilómetros. Si viajamos sin ayuda de otra gente o de dispositivos inanimados encontraremos que aun dos docenas de kilómetros representan un alarmante esfuerzo. En efecto, hasta muy recientemente, la mayoría de la gente pasaba su vida entera dentro de unos cuantos kilómetros del lugar en que había nacido. Todo lo demás lo conocía sólo de oídas.

¿Qué más? ¿A qué altura podemos subir? ¿A qué profundidad podemos hundirnos? Por nosotros mismos, unos cuantos metros hacia arriba, en un árbol, o unos cuantos metros hacia abajo, en un pozo. Podremos contemplar los pájaros y soñar, pero no podremos pasar de allí. ¿Y qué decir de los cuerpos celestes? Ellos son el epítome de lo inalcanzable. "Pedir la Luna" es la expresión trillada que significa desear lo que no se puede obtener, y la Luna *es el más cercano* de los cuerpos celestes.

¿Qué podemos recordar por nosotros mismos? Quizá podemos recordar a nuestros abuelos y las historias que nos hayan contado que ocurrieron cuando ellos eran jóvenes, así como lo que hayan sabido que les ocurrió a los abuelos *de ellos*. Posiblemente remontándose a un siglo, pero más atrás todo queda envuelto en la bruma.

¿Cuál es la cosa más grande que podemos percibir? ¿Una montaña? ¿La más pequeña? ¿Una mota de polvo que baila en un rayo de sol? ¿La cosa más caliente? ¿Una fogata? ¿La más fría? ¿Una mañana de riguroso invierno?

En todas direcciones estamos limitados y el mundo nos oprime con su pequeñez.

Hasta donde sabemos, los seres humanos tienen atributos que ningún otro ser viviente posee. Tenemos una curiosidad infinita y un enorme ingenio. Hace miríadas de años creamos un complicado sistema de lenguaje, por medio del cual pudiéramos expresar conceptos abstractos y transferirlos a otros de nuestros semejantes. Cada uno de nosotros puede no sólo dominar sus propios pensamientos y discernimientos, sino también los de otros. Toda una comunidad puede hacer uso de las ideas y los conocimientos de todos sus miembros.

Posteriormente creamos un sistema de escritura, de registro de la palabra hablada, lo que significó que los pensamientos y los conceptos podían extenderse en el espacio y el tiempo y llegar a comunidades muy apartadas de la nuestra y a generaciones que aún no nacían.

La amalgama de conocimientos y de ideas, con el correr del tiempo, se hizo mundial y permanente, de suerte que llegó el momento en que toda persona tuvo a su disposición todo lo logrado por aquéllos que comparten con nosotros el mundo y por aquéllos que nos precedieron.

Los conocimientos crecieron, primero con lentitud y después en forma explosiva. De esa manera, el horizonte humano se ensanchó en todas direcciones. Ahora recorremos todo el mundo, de un polo a otro. Subimos a la montaña más alta, nos sumergimos en el mar más profundo, tocamos la Luna y enviamos vehículos que pasan cerca de Saturno, para que nos digan lo que ven.

Captamos y estudiamos, con igual facilidad, la estrella más grande y el átomo más pequeño, y consideramos conceptos tan complicados como los hoyos negros y los *quarks*. Tratamos de obtener temperaturas que rivalizan con las del núcleo de las estrellas más calientes, y exploramos las profundidades de los confines más aislados del tenebroso espacio.

En este libro trataré de presentar al lector las etapas a través de las cuales todo ocurrió, relatarle el heroico viaje de exploración que nuestra especie ha emprendido y que hemos heredado, y también trataré de darle una idea de las distancias que aún nos faltan por recorrer.

Parte I

Los horizontes del espacio

1

El hemisferio oriental

PREHISTORIA

En la Tierra empezó la vida hace por los menos 3 500 000 000 de años, no más de 1 000 000 000 de años después que el planeta había alcanzado, más o menos, su forma actual. Aunque sospechamos que la Tierra no es única como planeta sustentador de la vida, hasta ahora no tenemos pruebas de que exista la vida en ninguna otra parte, por lo que debemos limitar nuestro tema de la expansión de la vida a nuestro propio planeta.

Puesto que nos vamos a ocupar principalmente de los seres humanos y de la expansión deliberada de su radio de acción, en general no habrá mucho que decir acerca de la expansión de la vida. La vida tuvo su origen en el mar y por lo menos durante siete octavos de su duración total en la Tierra permaneció en el mar. Las superficies terrestres eran áridas. No sabemos a ciencia cierta por qué.

Posiblemente ciertas mutaciones fundamentales en las células vivas ocurrieron a la larga y permitieron que esas células se protegieran de la desecación fuera del mar, los lagos y los ríos. Tal vez la capa de ozono en la atmósfera superior se formó a la postre, hasta el grado de que gran parte de la radiación ultravioleta del Sol quedó bloqueada. Esto significaría que la vida en tierra firme, antes expuesta a la radiación solar directa, quedaría protegida de la peligrosa disolución causada por longitudes de onda demasiado enérgicas. Quizá la Luna fue capturada y en consecuencia de ello de repente aumentó el alcance de las mareas y la vida fue arrastrada más y más lejos de la orilla del mar y las fuerzas de la selección natural produjeron especies adaptadas a desecaciones periódicas.

Cualquiera que haya sido la causa, la vida invadió la superficie terrestre del planeta hace unos 425 000 000 de años. Después de esa invasión la vida se extendió hasta llenar casi todos los rincones concebibles de tierra. Sólo las capas polares de hielo, los picos de las más altas montañas y los desiertos más secos quedaron relativamente sin vida.

Desde sus comienzos hasta su completo desarrollo, la vida ha consistido en decenas de millones de diferentes especies, suficientemente distintas unas de otras para ser incapaces de entrecruzarse. De esas especies, la mayoría se ha extinguido, pero unos 2 000 000 de ellas tal vez existan ahora.

Las diversas especies tienen diferentes alcances. Algunas están muy difundidas y se encuentran en continentes y océanos enteros. Otras son muy limitadas y se hallan únicamente en determinada isla pequeña o en algún valle aislado. En general, mientras más amplio sea su alcance más inmune será la especie, a los cambios y desastres locales y más venturosa será, de conformidad con el único criterio que cuenta desde el punto de vista de la evolución: la supervivencia.

El grupo de especies que más nos interesa, por un motivo egocéntrico, es el que comprende a las del orden de los primates. El nombre mismo de "orden" procede de la palabra latina "ordo" que denota distribución jerárquica, lo "primero", por una razón no mejor que la de que incluye al género humano.

En general, el orden de los primates no ha sido asombrosamente venturoso (siempre exceptuando a los seres humanos). El primer primate quizá haya surgido hace unos 75 000 000 de años, y hay cerca de 200 especies que existen actualmente, las cuales habitan (si no incluimos a los seres humanos) casi exclusivamente en los trópicos. Además, ninguna especie determinada (de nuevo, con exclusión de los seres humanos) se encuentra en una región muy extensa de la zona tropical en que habitan casi todas las especies de primates. Algunos grupos están confinados en regiones de América del Sur, otros en regiones de África, otros más en Asia sudoriental, etcétera.

Sin embargo, con éxito o sin él, los primates se especializaron indudablemente en la evolución del cerebro. Para su tamaño, tenían un cerebro notablemente grande y bien desarrollado, y con el tiempo, algunas nuevas especies de primates produjeron cerebros aún más grandes.

El grupo de especies del orden de los primates que desarrolló el cerebro a su mayor altura fue el de los *hominidae.* Podemos referirnos a especies particulares de esa familia como *homínidos*, término derivado de la palabra latina *homo*, que significa "hombre", puesto que todos esos primates, aun los más primitivos, se asemejaban más a los seres humanos modernos que a los grandes simios modernos, que son los parientes más cercanos de la humanidad entre las especies que todavía existen.

Los homínidos lograron una postura erecta, por lo menos hace 14 000 000 de años. Esto tal vez ocurrió en África oriental por primera vez, pero después los homínidos se extendieron por Sudáfrica y Asia meridional.

A pesar de su cerebro en continuo ensanchamiento, casi no pudo haber un propósito determinado en la expansión del hábitat de los homínidos. Como era el caso de todas las demás especies hasta entonces, los homínidos reaccionaron ante pugnas y atractivos: las pugnas de otros (pertenecientes a su propia especie, o a otras especies, que llenaban ya una zona y que competían directamente por su dominio en ella) y los atractivos de regiones relativamente deshabitadas, en las que abundaba el alimento y que se hallaban sólo un poco más allá de la extensión ya ocupada.

Lo mismo que otros primates, los primeros homínidos no se extendieron más allá de los trópicos, pues no estaban adaptados para resistir las noches frías y los inviernos de las zonas templadas, ni podían encontrar suficiente alimento durante los meses de invierno.

El *homo erectus* surgió hace 1 500 000 años aproximadamente y tenía un cerebro del tamaño de entre el de los primeros homínidos y el de los seres humanos actuales.

Fue el *homo erectus* el que logró el adelanto más significativo en la historia de la humanidad, pues su especie fue la primera en hacer uso deliberado del fuego. Tal cosa fue algo que ninguna otra especie había hecho antes, y también algo que ninguna otra especie (con excepción de homínidos más adelantados) ha hecho hasta ahora.

El empleo del fuego permitió al *homo erectus* establecerse más al norte de lo que habían podido los homínidos anteriores. Este avance ocurrió sin duda en las cercanías de Pekín, en China, donde se han encontrado fósiles, así como restos de fogatas de campamento. Posiblemente ocurrió lo mismo en Europa.

Quizá desde hace 250 000 años aparecieron homínidos con cerebro grande, miembros de la especie *homo sapiens*, que es a la que nosotros pertenecemos. Se extendieron hasta muy al norte en Europa, aunque la Edad del Hielo de ese entonces hacía que el clima fuese muy riguroso.

Casi desde el principio, el *homo sapiens*, valiéndose del fuego y de pieles de animales para calentarse, y de hachas de piedra afiladas y lanzas con puntas de piedra como armas ofensivas y defensivas, logró tener un campo de acción sin precedente entre los primates.

Los primeros representantes de *homo sapiens* no fueron completamente parecidos a los representantes que ahora viven, pues mostraban diferencias en la forma del cráneo, por ejemplo. Les damos el nombre genérico de "hombre de Neanderthal" *(homo neanderthalensis)*. Hasta el fin mismo de su existencia, los hombres de Neanderthal estuvieron confinados en la "Isla mundial" de Europa, Asia y África.

Sin embargo, hace unos 35 000 años el "hombre moderno" ya había aparecido como variedad del *homo sapiens* mismo a la que pertenecemos. Se supone que los hombres modernos eran más eficaces en la guerra y por ello acabaron con los hombres de Neanderthal, aunque hay indicios de que también se cruzaron con ellos.

Fue después de la aparición del hombre moderno cuando el hábitat del homínido se extendió por fin más allá de la "Isla Mundial".

Cuando cada una de las periódicas Edades del Hielo se hallaban en su apogeo, a causa del agua atrapada en las gigantescas capas de hielo que cubrían Canadá, Siberia y Escandinavia, Siberia y Alaska quedaron conectadas por un ancho puente terrestre, algunas partes del cual no estaban cubiertas por el hielo.

En esos tiempos, los cazadores siberianos perseguían a mamutes, parientes ahora extintos del elefante, algunos de los cuales se habían adaptado a la vida en el Ártico. En su persecución de los mamutes, los cazadores cruzaron el estrecho y llegaron así a América del Norte donde, hasta entonces, ni homínidos ni simios habían existido. Eso ocurrió antes del año 20 000 a.J.C. En 16 000 a.J.C. los seres humanos habían llegado ya a América del Sur, y por el año 8 700 a.J.C. estaban ya en el Estrecho de Magallanes y posteriormente en Tierra del Fuego, isla al sudeste del estrecho. Fue ése el territorio más meridional ocupado permanentemente por seres humanos precivilizados en cualquier parte del mundo.

Aun antes de la ocupación de Tierra del Fuego, los seres humanos aprovecharon el bajo nivel del mar para cruzar hasta Nueva Guinea y Australia.

Ya entonces, casi todas las regiones terrestres de extensión significativa que no estuviesen cubiertas por una sólida capa de hielo se hallaban pobladas por *homo sapiens.*

La primera especie terrestre que se extendió a todo el mundo fue la del *Homo sapiens,* y desde entonces ha crecido hasta convertirse en la especie más populosa de su tamaño, que haya habido nunca en la Tierra. Además, ninguna especie de vida, en toda la historia del mundo, ha constituido una fracción tan grande de la masa total de vida en el planeta.

VIAJES POR TIERRA EN LA ANTIGÜEDAD

No obstante que los seres humanos se extendieron por toda la faz del globo y ocuparon todos los continentes antes que empezara la civilización, ningún conjunto humano conocía más de la superficie terrestre que su propia vecindad inmediata, su propia aldea, sus propios campos.

Aun donde se practicaba el comercio a través de regiones muy extensas, las mercancías cambiaban de manos muchas veces y no era común que ningún mercader viajara hasta lugares muy apartados de su centro de operaciones.

Sólo hasta después que la civilización surgió, el horizonte empezó a ensancharse, y eso por un lamentable motivo, pues los seres humanos aprendieron técnicas militares para construir imperios. Al construirse los imperios algunos individuos por lo menos –gobernantes, soldados, correos– lograron tener un conocimiento general del conjunto habitado.

El más grande de los imperios antiguos fue semejante en extensión a los Estados Unidos modernos. Tanto el Imperio Persa como el Imperio Romano tuvieron una superficie de casi 7 500 000 kilómetros cuadrados, aunque la población del primero no pasó de 15 000 000 y la del último fue si acaso de unos 40 000 000. Los primeros imperios de la India y de China fueron un poco menos extensos pero más populosos. El Imperio Han, de China, que existió en los tiempos del Imperio Romano tenía una población que no pasaba de 50 000 000.

El más grande de los imperios preindustriales fue el de los mongoles. Kublai Kan gobernó en 1270 sobre una extensión de más de 28 500 000 kilómetros cuadrados: sus dominios eran más vastos que los de cualquier otro imperio terrestre contiguo, anterior o posterior al suyo. Se extendió desde el río Danubio hasta el Océano Pacífico, abarcaba la quinta parte de la superficie terrestre del mundo y tenía 120 000 000 de población.

Durante todos esos tiempos, Europa occidental había permanecido relativamente provincial. En la antigüedad había sido parte del Imperio Romano y los occidentales educados conocían el mundo del Mediterráneo por lo menos a través de sus lecturas y tenían cierta idea de cómo era el Medio Oriente, hasta la India.

Sin embargo, después de la desintegración del Imperio Romano en el siglo V d.J.C., Europa occidental se volvió bárbara y su conocimiento del mundo se limitó mucho, a causa del Islam, que dominaba en el Oriente y en el Sur.

El primer europeo occidental que penetró en territorios islámicos de Oriente y que escribió un relato de sus viajes no fue un cristiano sino un judío: Benjamín de Tudela, nacido en Navarra, en la frontera francoespañola en los comienzos de los años 1100. Entre 1159 y 1173 hizo un extenso viaje por Oriente, en parte por su interés en el comercio y en parte por visitar diversas comunidades de judíos. Penetró hasta la frontera occidental de China misma. Empero, su relato, por ser de un judío, no influyó mucho en el mundo cristiano de esos tiempos. Europa occidental se enfrentó en 1240 a los conquistadores mongoles, pero quedó fuera del Imperio Mongol únicamente porque en un momento decisivo murió el kan mongol y sus ejércitos se retiraron para elegir a un nuevo jefe. La existencia de un imperio, que dominara en una vasta extensión, facilitaba muchísimo los viajes por tierra, al menos hasta el grado de que se aminoraba el peligro del bandidaje anárquico. Occidente aprovechó esta circunstancia.

Con el patrocinio papal se enviaron expediciones hacia Oriente, a convertir a mongoles, a obtener su ayuda contra el Islam y a lograr garantías de que no habrían más invasiones de tierras cristianas. La primera de esas misiones partió en la primavera de 1245, encabezada por el fraile franciscano Giovanni de Piano Carpini, nacido allá por 1180. La misión penetró hasta la capital de Mongolia, llamada Karakorum (en lo que ahora es la República Popular de Mongolia) y volvió a Europa después de un recorrido que duró más de dos años.

Nada se obtuvo de los mongoles, pero poco después de regresar escribió Carpini una relación de sus viajes, que es ponderada y veraz. Así tuvieron los lectores occidentales la primera oportunidad de leer un relato razonable acerca de Asia central.

Sin embargo, superó a Carpini el fraile franciscano Guillermo de Rubruck, nacido en Francia aproximadamente en 1215. El rey Luis IX de Francia se hallaba en Palestina participando en una cruzada y el 16 de septiembre de 1253 envió una misión a los mongoles, encabezada por Rubruck. Siguiendo los pasos de Carpini, ocho años después de la primera expedición, Rubruck tampoco pudo lograr gran cosa, pero escribió un relato mejor que el de Carpini.

La culminación llegó con Marco Polo (1254-1324); el explorador veneciano. Cuando era aún niño, su padre, Niccolo, y su tío, Maffeo, habían viajado con rumbo a Oriente, en misión mercantil. Emprendieron su excursión en 1260, cuando el Imperio Mongol se hallaba en la cúspide de su poderío, bajo Kublai Kan.

Los venecianos visitaron a Kublai Kan en su palacio de verano, en Shangtú (que en Europa se llamó Xanadú). El kan los trató bien y los envió de regreso a Europa.

Los Polo volvieron a China en 1275 y en esa ocasión Marco los acompañó. El kan sintió simpatía por Marco y lo elevó a un alto cargo, como diplomático de su confianza. Sin embargo, al envejecer el kan los Polo sintieron que no podían confiar en obtener el favor de su sucesor y cuando se les confió la misión de escoltar a una princesa mongola a Persia, aprovecharon la ocasión para proseguir el viaje de regreso a su patria. Volvieron al fin a Venecia en 1295.

En 1298, Venecia estaba en guerra con su rival, la ciudad costera italiana de Génova y Marco Polo, que en ese conflicto tenía el mando de una nave de la flota veneciana, fue hecho prisionero. Mientras estuvo cautivo en Génova dictó la historia de sus viajes. No se ocupó tanto de relatar asuntos personales como de hacer una descripción de las partes de Asia y África que conocía razonablemente bien. Su libro alcanzó enorme popularidad y desde entonces los europeos educados conocieron mejor la Isla Mundial.

VIAJES POR MAR EN LA ANTIGÜEDAD

Viajar por tierra, hasta los tiempos de Marco Polo y, en realidad, hasta cinco siglos más tarde, fue siempre difícil. El caballo era el medio más rápido de transporte. Había ríos que vadear, bosques que cruzar, terreno escabroso que atravesar, cordilleras que trepar, pertrechos que llevar.

El agua, barrera para el hombre primitivo, se convirtió en ancho camino al inventarse los barcos. Después de todo, con buen tiempo, el agua era casi llana, y flotar era una forma más fácil de avanzar que caminar, correr o aun cabalgar. Las civilizaciones antiguas empezaron a navegar por ríos tales como el Nilo, el Indo, el Éufrates y el Huang Ho o Río Amarillo y en cada caso el río ofrecía un medio de viajar y de traficar. Primero hubo balsas de materiales más livianos que el agua, como juncos, cortezas, troncos o cueros inflados. Después se dio a las balsas formas que las hicieran más maniobrables. Posteriormente se les ahuecó para convertirlas en canoas y botes, de suerte que se pudieran llevar cargas más grandes en el hueco, ya que el mayor desplazamiento del agua en los botes ahuecados permitía que flotaran pesos mayores.

Tales balsas y botes podían ser conducidos fácilmente con la corriente pero era necesario impulsarlos por medio de remos o pértigas cuando se les llevaba contra la corriente. Con el tiempo se introdujo el uso de las velas para captar el viento, y así la embarcación pudiese ser impulsada con mayor rapidez en lugares en los cuales la corriente era baja, o aun contra la corriente. Ya en 2600 a.J.C. los egipcios tenían naves de madera, provistas de velas, que surcaban el Nilo en ambas direcciones.

La navegación fluvial era relativamente fácil. Siempre se estaba a la vista de las riberas y en caso de apuro siempre se podía llegar a la orilla, ya fuese con las velas, los remos o, en último extremo, a nado. La situación era diferente al aventurarse en mar abierto, por ejemplo, al pasar de la desembocadura del Nilo al Mediterráneo.

En lugares así era posible perder de vista la costa. Se daba el caso de que los egipcios necesitaban madera, escasa en su país, pero abundante en Líbano. Era posible rastrear los troncos de árbol a lo largo de la costa, desde Líbano hasta Egipto, pero esa labor resultaba prohibitiva por difícil. Podían también ser cargados esos troncos en naves de vela o de remos y llevados a Egipto, lo cual era mucho más fácil. Con todo los barcos empleados en ese tráfico se pegaban a la costa lo más posible.

El primer pueblo que practicó el comercio marítimo como actividad de todos los días fue el minoico de la isla de Creta, desde tiempos tan remotos como 2000 a.J.C. Creta, por ser una isla, tenía que depender del mar para realizar su comercio, pero había otras islas o tierras continentales en casi todas direcciones, lo cual contribuía a que progresara la navegación. Los cretenses aprendieron a arriesgarse a perder de vista los litorales, pero no hacían travesías largas.

Los primeros navegantes de largo alcance fueron los fenicios, pueblo que vivía a lo largo de la costa de lo que ahora son Israel y Líbano. Formaban el pueblo bíblico de los cananeos. "Fenicia" es un nombre heleno, derivado de la palabra griega que significa "púrpura", pues Tiro, la principal ciudad fenicia, se distinguía por su producción de tinte púrpura.

Los fenicios tal vez hayan sido los primeros que aprendieron a depender de las estrellas como guías en la navegación, al descubrir, por ejemplo, que la Osa Mayor aparecía siempre en el Norte, bastaba tener esa constelación a la derecha para navegar hacia el Oeste, y tenerla a la izquierda para navegar hacia el Este.

Ya en 1000 a.J.C. los fenicios se aventuraban en el Mediterráneo occidental, y las confusas fábulas acerca de lo que allí encontraron, sazonadas por la distancia y la repetición, sentaron las bases de los fantasiosos capítulos de las aventuras de Ulises en la *Odisea*. (En forma semejante, la exploración del Mar Negro por los primeros mercaderes griegos fue lo que inspiró los relatos de Jasón y los argonautas.)

No mucho después de 800 a.J.C., los fenicios fundaron Utica y Cartago, en el territorio que ahora se llama Túnez. Cartago, especialmente, se volvió fuerte y colonizó las costas más occidentales del Mediterráneo, tanto al Norte como al Sur.

Los fenicios fueron el primer pueblo mediterráneo que se atrevió a salir al Océano Atlántico por el Estrecho de Gibraltar. Entonces, sin embargo, no se le reconocía como lo que ahora llamaríamos el océano. Se creía que era un río que fluía en torno de la zona plana habitada (la porción de la Isla Mundial conocida por los griegos y los fenicios).

Los fenicios exploraron tanto hacia el Norte como hacia el Sur del Estrecho de Gibraltar. En algún lugar, muy afuera en el Atlántico, los fenicios descubrieron las "Casitérides" o "Islas del Estaño", de donde extraían mineral de estaño. Tal descubrimiento fue importantísimo en la producción del bronce, al agotarse las escasas fuentes de estaño del Mediterráneo oriental.

Los fenicios mantuvieron en secreto el lugar donde se hallaban las

Islas del Estaño, para conservar su monopolio de ese metal tan útil. Ocultaron tan bien su secreto que actualmente no sabemos con certidumbre dónde se hallan esas islas. Generalmente se supone que se trata de Cornaulles, península en la punta sudoccidental de la Gran Bretaña, o de las Islas Scilly, frente al extremo de Cornaulles, ya que en ambos lugares había minas de estaño, muy explotadas en siglos posteriores.

La leyenda más notable acerca de las exploraciones de los fenicios la consigna el historiador griego Herodoto. Dice que allá por el 600 a.J.C. un rey egipcio llamado Necho envió una expedición de fenicios a explorar la costa de África. La expedición, al mando del navegante fenicio Hanno, consistía en sesenta naves y 30 000 colonos, que iban con el propósito de fundar ciudades. Navegaban hacia el Este por la costa africana, circunnavegaron el continente y volvieron a Egipto por el Estrecho de Gibraltar, tres años después.

Herodoto afirma enfáticamente no creer tal cosa, porque el relato fenicio incluye la afirmación de que cuando navegaban frente al extremo Sur del continente africano, yendo de Oriente a Occidente, el Sol se ponía a mano derecha (hacia el Norte). Puesto que el Sol en la zona templada septentrional, donde se hallaban todas las tierras que Herodoto conocía, se pone siempre por el Sur, tal circunstancia provocó el escepticismo de Herodoto. Sin embargo, la zona templada meridional es donde se encuentra el extremo Sur de África, y allí el Sol siempre se pone en el Norte. Los fenicios nunca habrían inventado una situación al parecer tan insólita de no haberla experimentado realmente, lo cual lleva a suponer que la circunnavegación de África fue un hecho.

Alrededor de 450 a.J.C.,Himilco, otro navegante fenicio, de acuerdo con un relato muy vago, exploró la costa del Atlántico hacia el Norte, a lo largo de lo que ahora son Portugal, España y Francia, y posiblemente haya llegado a la Gran Bretaña. Quizá ésa haya sido la ruta ordinaria de los fenicios para llegar a las Islas del Estaño.

Mientras fuese firme el dominio cartaginés del Estrecho de Gibraltar, ningún barco, salvo los fenicios, podía aventurarse en el Atlántico. No obstante, en los años 300 a.J.C. Cartago tuvo que sostener varias guerras contra la ciudad griega de Siracusa, en Sicilia y, hasta cierto grado, Cartago fue la derrotada. Se debilitó la hegemonía de Cartago en el Estrecho y allá por el 320 a.J.C. el navegante griego Piteas de Masilia (la moderna Marsella) salió sigilosamente al Atlántico y navegó hacia el Norte.

Lo mismo que Himilco, Piteas exploró las costas de Portugal, España y Francia. Definitivamente, llegó a la Gran Bretaña y parece que hasta navegó en torno a ella. Se refiere a la manera como los britanos desgranaban sus cereales bajo techo (a causa del pésimo clima de la isla). También describe las bebidas hechas del grano fermentado (cerveza) y de la miel (aguamiel). Notó la manera como la diferencia en la longitud del día y de la noche se alargaba a medida que él iba más al Norte, y se dio cuenta del gran flujo y reflujo de las mareas (lo que no ocurría en el Mediterráneo, donde casi no hay mareas).

Lo vio él mismo, o más probablemente le dijeron que había lugares tan al Norte que en ocasiones el Sol no salía y estaba oscuro todo el día. A la tierra más septentrional que llegó le dio el nombre de Tule. Con toda probabilidad esa tierra era Escandinavia. Desde entonces los europeos occidentales reconocieron el océano, más o menos, por lo que actualmente es.

Los viajes de exploración de los fenicios y los griegos no se pusieron en boga. Los relatos acerca de ellos apenas se recordaban y se les desdeñaba, por estar considerados como ilusorias exageraciones o bien, de ser veraces, faltos de interés para los hombres prácticos, los romanos, quienes posteriormente fueron los amos del Mediterráneo, y que, como eminentemente prácticos que eran, exploraban sólo hasta donde llegaban sus conquistas, y no más.

Aproximadamente en los tiempos en que los fenicios realizaban sus viajes de exploración, del otro lado del mundo los polinesios llevaban a cabo hazañas aún mayores. En efecto, si se considera la tecnología a su alcance, los polinesios fueron indiscutiblemente los más grandes y más audaces navegantes que el mundo haya conocido.

La zona terrestre del Pacífico meridional tiene en total casi 1 000 000 de kilómetros cuadrados. Esa superficie es una y media veces más grande que Texas, pero está dispersa en minúsculos trozos sobre un océano que cubre casi un hemisferio. La zona terrestre del Pacífico no llega a más del 0.5% del océano donde se encuentra.

Partiendo de las Indias orientales y de Australia allá por el 8000 a.J.C., los polinesios se extendieron gradualmente de isla en isla, cubriendo enormes distancias en primitivas embarcaciones semejantes a canoas. Ya en el año 1000 d.J.C. habían ocupado un vastísimo triángulo, del cual las esquinas eran Nueva Zelanda en el Sudoeste, las Islas de Hawai, en el Norte y la Isla de Pascua, en el Este. Con sus naves primitivas los polinesios recorrieron zigzagueando unos 14 000 000 de kilómetros cuadrados de océano.

Sin embargo, también en este caso, el efecto producido en el resto del mundo fue nulo. Además la cultura polinesia no pudo mantener conexiones estrechas entre las diversas islas y el aislamiento se convirtió en la regla.

VIAJES MARÍTIMOS MEDIEVALES

En los últimos siglos de la expansión de los polinesios surgieron en Europa nuevos navegantes, en zonas que no habían sido parte del Imperio Romano.

Una de esas zonas era Irlanda, a donde no habían llegado los legionarios romanos. Entre 500 y 800, cuando se había desintegrado el Imperio Romano en Occidente y la Gran Bretaña misma había retrocedido casi hasta la barbarie, Irlanda pasó por una era dorada de cultura y saber.

El cristianismo llegó a Irlanda en el 433 con San Patricio y algunas comunidades de monjes conservaron en la isla los conocimientos, con inclusión del idioma griego. Uno de esos monjes, San Brendan fue el primer navegante desde Piteas que se atrevió a adentrarse en el Atlántico. Exploró islas frente a la costa de Escocia y navegó entre las Islas Shetland, 200 kilómetros al norte de Escocia.

Piteas tal vez haya llegado a las Shetland, pero es posible que San Brendan haya ido aún más al Norte, hasta las Islas Faeroe, a unos 320 kilómetros al Norte de las Shetland. Posteriormente, algunos monjes irlandeses siguieron los pasos de San Brendan y aproximadamente en el año 795 los aventureros irlandeses quizá llegaron a Islandia, a unos 480 kilómetros al Noroeste de las Faeroes.

Sin embargo, las exploraciones irlandesas del Atlántico, lo mismo que las de los fenicios y los griegos, no surtieron un efecto permanente ni llevaron a asentamientos humanos permanentes. Los relatos se perdieron hasta convertirse en mitos y posteriormente en alteraciones, hasta que se volvió casi imposible saber a ciencia cierta qué fue lo que los exploradores irlandeses hicieron y qué fue lo que las fábulas afirmaban que habían hecho.

Después surgieron los vikingos, de Noruega. Durante un periodo de unos 250 años, que se inició allá por el 790, los piratas vikingos fueron el terror de toda la costa de Europa occidental. Los vikingos ocuparon casi toda Irlanda y Escocia y pusieron fin a la época dorada de Irlanda. Causaron grandes estragos en los reinos anglosajones que se habían establecido en la Gran Bretaña después de la retirada de los romanos. Saquearon las costas y los ríos de lo que ahora se conoce como Francia y Alemania y hasta penetraron en el Mediterráneo, tanto directamente por mar como por tierra, por el lado de Rusia.

También surcaron mares hasta entonces desconocidos. En el 870, más o menos, un vikingo llamado Ottar navegó hacia el Norte, por mera curiosidad. Dijo que quería saber hasta dónde había tierra en el lejano Norte y si esa tierra estaba poblada.

Al parecer, logró doblar el extremo norte de la península escandinava y llegó y pasó lo que ahora llamamos el Cabo Norte, que es el confín más septentrional del continente europeo. El Cabo Norte está en los 71.1° grados de latitud Norte, a unos 200 kilómetros al Norte del Círculo Ártico. En el supuesto de que el relato sea verdad, fue ésa la primera vez que se cruzó el Círculo Ártico por mar.

Ottar navegó más allá del Cabo Norte, donde la costa torcía hacia el Sudeste, a lo largo de lo que ahora se llama Península de Kola, y después entraba en el Mar Blanco.

Los vikingos penetraron aún más al Norte del Cabo Norte. En 1194, según algunos viejos relatos, los vikingos encontraron una isla a la que dieron el nombre de Svalbard. Generalmente se identifica ahora a ese lugar con un grupo de islas que conocemos mejor con el nombre de Spitzbergen. Aun la punta meridional de Spitzbergen está a 76.6° N y a 450 kilómetros al Norte del Círculo Ártico. Esto representa el punto más septentrional al que llegaron los vikingos.

Éstos realizaron viajes todavía más sorprendentes, con rumbo al Oeste. Aun antes de la excursión de Ottar hacia el Norte, los vikingos habían llegado a las Islas Faeroe, donde establecieron su primera colonia permanente. Si acaso los irlandeses se habían establecido con anterioridad en esas islas, ya habían muerto, o se habían ido.

Las Islas Faeroe eran sólo un lugar de paso de los navegantes vikingos. Ingolfur Arnarson, exiliado noruego, desembarcó en Islandia en 874. También allí, algunos irlandeses que pudieron haber estado con anterioridad en ese lugar lo habían abandonado. Se estableció en Islandia una colonia de vikingos, con carácter permanente. Las Islas Faeroe e Islandia fueron las primeras tierras desiertas colonizadas de manera permanente por europeos durante tiempos históricos.

Desde las cimas de las montañas del Noroeste de Islandia se distingue apenas en el horizonte una faja de tierra (a unos 120 kilómetros al Noroeste), y en esa parte de la isla vivió Eric Thorvaldsson hacia fines del siglo X. Generalmente se le conoce como Eric el Rojo, por el color de su pelo.

En 982 Eric fue desterrado por tres años, a causa de algún delito, y decidió entonces emplear ese tiempo en explorar. Llegó a una tierra de Occidente, lugar inhóspito, de hielo y desolación, y navegó en torno a su extremo sur (a unos 550 kilómetros al oeste de Islandia). La costa sudoccidental de lo que resultó ser una isla enorme parecía ser algo menos sombría que la costa sudoriental, y Eric juzgó que en ese lugar podría sobrevivir una colonia.

En 985 Eric se hallaba de regreso en Islandia, reclutando colonos para su nueva tierra, a la que llamó, con fines de promoción, Groenlandia (Tierra Verde). Ese nombre era tan engañador como lo podría ser cualquier otro igualmente exagerado, pero se ha conservado hasta nuestros días. Catorce naves establecieron una colonia en 986 y ese asentamiento duró más de cuatro siglos. En su periodo más venturoso, allá por 1200, quizá hayan habitado en la isla hasta 3 000 vikingos.

Groenlandia sirvió de base para exploraciones más hacia el Oeste. Aproximadamente en el año 1000, Leif Ericsson, hijo de Eric el Rojo, encabezó a un grupo que desembarcó en algún lugar del continente de Norteamérica, tal vez en la isla de Terranova. Durante algunos años, los vikingos trataron de fundar una colonia en lo que llamaron Vinlandia (cuya ubicación exacta es incierta), pero ese intento no duró mucho.

A diferencia de Islandia y Groenlandia, Vinlandia no carecía de habitantes. Había allí gente a la que los vikingos llamaron skrelingos y que posteriormente recibieron el nombre de indios. La resistencia que presentaron cansó a la postre a los colonos de Vinlandia, quienes abandonaron la región. Sin embargo, los groenlandeses llegaban a intervalos regulares a la costa de Norteamérica, en busca de madera, pues en Groenlandia no había árboles.

En el siglo XIV Groenlandia atravesó por tiempos muy difíciles. La peste negra asoló a Europa en la década de 1340 y llegó a Escandinavia y a Islandia en 1349. Esto redujo el tráfico marítimo, que era la fuente de vida de los groenlandeses. El último barco zarpó de Noruega a Groenlandia en 1367.

Además, la Tierra pasó por un periodo de ligero enfriamiento y el clima de Groenlandia, muy malo en el mejor de los casos, empeoró tanto que la agricultura se volvió casi imposible.

El último golpe tal vez lo hayan asestado los esquimales. Éstos eran un pueblo de origen asiático, que había aprendido a vivir en el clima del Ártico y a perfeccionar métodos de derivar su subsistencia de la fauna marina.

Los esquimales se habían establecido en las playas de Alaska en los comienzos mismos de la era cristiana y lentamente avanzaron hacia el Este. Allá por el año 1000, no mucho después que los vikingos habían llegado a la parte sudoccidental de Groenlandia, los esquimales ya habían llegado a la región noroccidental de esa gran isla. Continuamente avanzaron hacia el Sur y cuando al fin llegaron a las colonias de los vikingos, su hostilidad posiblemente haya sido para estos últimos la gota que derramó el vaso.

Allá por 1415 la colonia de los vikingos en Groenlandia llegó a su fin y esa inmensa isla quedó en poder de los esquimales.

Así pues, poco se obtuvo de las exploraciones de los vikingos. Indudablemente quedaba Islandia, pero no más. Los relatos acerca de las demás tierras a las que habían llegado esos intrépidos exploradores marinos no penetraron en el corazón mismo de Europa occidental, y lo que calladamente se decía respecto a la existencia de Groenlandia y de otras tierras aún más hacia el Oeste tal vez llegaba a divulgarse torcido en fábulas que algunos creían y otros no.

VIAJES MARÍTIMOS ORIENTALES

En tanto que irlandeses y vikingos se atrevían a penetrar en los fríos confines septentrionales del Atlántico y los polinesios se aventuraban en la vasta soledad del Pacífico, los árabes navegaban por el Océano Índico. El hecho de que actualmente mucha gente en Indonesia y en las Filipinas sea musulmana testimonia lo lejos que llegaron esos mercaderes, cuyos relatos, alterados y romantizados, existen aún en los cuentos de Simbad el Marino, de *Las mil y una noches*.

Empero, fue China la nación más adelantada tecnológicamente en la Edad Media. Durante un periodo breve había estado bajo la dominación de los mongoles, pero esa circunstancia no disminuyó su grado de adelanto. China estuvo a punto de lograr los descubrimientos que habrían de cambiar todo y entregar el dominio del mundo a aquéllos que supieran aprovecharlo.

Desde tiempos remotos se conocían las propiedades magnéticas de ciertos minerales. También se conocía la propiedad de esos minerales de transferir su magnetismo a una aguja de acero. En alguna forma (ignoramos cómo, o cuándo, o quién) se descubrió que una aguja magnetizada, que se equilibrara en un pivote y se protegiera de las corrientes de aire, apuntaría hacia el Norte-Sur.

Lo que sí sabemos es *dónde* se hizo ese descubrimiento. Fue en China, y la primera mención que se hizo de tal cosa fue en el siglo XI de la era presente.

Es evidente (visto retrospectivamente), que una aguja que girara sobre un pivote (lo que ahora llamamos "brújula magnética"), podría ser un auxiliar valiosísimo en la navegación. Podría apuntar hacia el Norte, e indirectamente, por ello, hacia *todas* las direcciones, de día o de noche, con buen tiempo o malo. No habría necesidad de depender de la salida o de la puesta del Sol, de la Estrella Polar, de la Osa Mayor o de cualquier otra cosa que el mal tiempo pudiera ocultar.

Los navegantes no dejaron de aprovechar tal circunstancia. Ya en el año 1100 los traficantes árabes, cuyos barcos navegaban por entre las islas de Indonesia, se habían enterado de la aguja imantada que apuntaba al Norte y empezaban a guiarse por la brújula. Tal cosa es lo que afirma un autor chino de ese periodo.

La noticia de la brújula llegó a Occidente y el primer europeo que la mencionó, de que tenemos memoria, fue el sabio inglés Alexander Neckam. Ya en 1180 se refería a la brújula como uno de los instrumentos esenciales del arte de navegar.

El mundo quedó entonces a merced del primer pueblo que supiese emplear la brújula con audacia, que se lanzara hacia los lejanos confines del mar y que hiciera suya toda la inmensidad del océano.

Una nación estuvo muy próxima a ese triunfo, y esa nación fue China.

En 1368 los chinos habían expulsado a los mongoles y se habían unido bajo la autóctona Dinastía Ming. Con una población que llegaba ya a 80 000 000 no obstante las devastaciones de la conquista de los mongoles, China era más populosa que toda Europa, unida, a diferencia de la desunida Europa, con un gobierno fuerte y eficaz, mucho más culta y adelantada tecnológicamente que cualquier otra región de la Tierra, con mejores barcos que en ninguna otra parte, y había empleado la brújula desde mucho tiempo atrás. Además, China tenía un emperador al que le fascinaba el mar y un almirante que podía manejar una flota mejor que nadie más en el mundo de entonces.

El emperador era Yung-lo, que accedió al trono en 1402 y que soñaba en conquistas de ultramar. El almirante de las flotas de guerra de Yung-lo era Cheng-ho, eunuco nacido en Yunán, provincia del Sudoeste de China. En 1405 Cheng-ho zarpó con 300 naves y 27 000 hombres.

La flota de Chen-ho visitó Indonesia, Malaya y Ceilán, estableció el predominio chino en todas partes, derrotó a los ejércitos que se le opusieron y llevó cautivos a China a los gobernantes locales. En total, Cheng-ho efectuó no menos de siete venturosas expediciones marítimas, navegó con rumbo a Occidente hasta el Mar Rojo y visitó La Meca y Egipto.

¿Qué resultó mal?

El emperador Yung-lo murió en 1424 y a sus sucesores no les interesaba que continuaran las expediciones de ultramar. La satisfacción propia de los chinos (un tanto justificada) de formar la potencia más adelantada del mundo, fue la causa de que desestimaran la importancia que tenía el contacto con otras potencias. China se encerró en sí misma, en un aislamiento voluntario, y dejó a otros el dominio de los mares.

Así perdió China la carrera para convertirse en la primera potencia mundial. Otras naciones, mucho más pequeñas, menos populosas y menos adelantadas fueron las que ganaron esa carrera. (Por supuesto, en aquel entonces ni la perdedora ni las ganadoras sabían que había una carrera.)

2

El mundo en conjunto

LAS COSTAS DE ÁFRICA

Triunfó Europa occidental y, al principio, sólo una pequeña porción de ella, casi la más pequeña y menos estimada.

En aquel entonces Europa occidental era una parte más bien pobre y atrasada del mundo civilizado. Durante las Cruzadas conoció los niveles de vida más altos de Oriente y muchos artículos de cultura, refinamiento y comodidad de los orientales. El libro de Marco Polo impresionó asimismo a los occidentales con sus relatos de la increíble riqueza y el lujo de "las Indias". Europa occidental anhelaba crecientemente artículos tales como azúcar, especias y seda, que podían obtenerse sólo en Oriente.

Sin embargo, esos y otros productos eran terriblemente costosos puesto que tenían que ser transportados por tierra de Oriente a Occidente y pasar por muchos intermediarios, cada uno de los cuales obtenía utilidades de ese tráfico. Además, los turcos otomanos se volvían más fuertes a lo largo de las costas del Mediterráneo oriental. Hostilizaban al Occidente cristiano y ponían trabas al comercio.

Pensaron algunos occidentales que tal vez hubiese una ruta marítima a las Indias que permitiera eludir a los turcos y a los intermediarios y de esa manera el comercio fuera directo. Una de las personas a quienes se les ocurrió tal cosa fue el príncipe Enrique el Navegante (1394-1460), tercer hijo de Juan I de Portugal.

Entre las naciones de Europa occidental, la que se hallaba más al

Occidente era Portugal, última en la línea de conducción de los tesoros de Oriente. Se enfrentaba al Atlántico, precisamente al Norte de Africa. Después de lograr su independencia de Castilla, nación más grande, que tenía al Este, Portugal buscaba aventuras, las que halló en una guerra en Noráfrica. En 1415 una fuerza armada portuguesa tomó la ciudad de Ceuta en el extremo septentrional de lo que ahora es Marruecos, y el príncipe Enrique se distinguió en esa acción militar.

Como resultado de esa campaña, el príncipe Enrique se sintió atraído hacia África y empezó a soñar en circunnavegarla, para llegar a las Indias. Nadie sabía hasta dónde se extendía África por el Sur y si la circunnavegación era posible, pero se contaba con el relato de Herodoto acerca de los fenicios que habían navegado en torno a África 2000 años antes. Se podía hacer el intento.

En 1420 Enrique estableció un centro de navegación en Sagres, en el extremo sudoccidental de Portugal. Ese lugar se convirtió en abrigo de navegantes experimentados y astillero donde se construían naves de nuevo diseño, se concebían y probaban dispositivos para la navegación, se contrataban y adiestraban tripulaciones y se equipaban cuidadosamente diversas expediciones. Enrique mismo nunca navegó, pero su incansable patrocinio e inspiración le valió que se le conociera como Enrique el Navegante, designación que aún se le da universalmente.

Año tras año, el príncipe Enrique enviaba naves a navegar a lo largo de las costas de África y cada una de ellas trataba de llegar más lejos que las precedentes. Cuando murió Enrique, en 1460, los navegantes portugueses habían llegado ya al río Gambia, después de seguir la curva de la costa africana, generalmente hacia el Sudoeste en unos 3 000 kilómetros. Esa hazaña fue tremenda, aunque representaba sólo la quinta parte de la distancia a las Indias (pero no había aún manera de saberlo).

Parece que en 1470 los portugueses habían ya doblado la comba de África y llegado a la porción de la costa que tiraba hacia el Este. Con gran entusiasmo, los navegantes saltaban más allá del límite alcanzado por quienes los habían precedido y en 1472 se hallaban ya a 3 000 kilómetros más adelante, rumbo al Este, de cuando habían alcanzado la desembocadura del río Gambia. Todo parecía ir bien cuando, de nuevo, la costa de África dobló hacia el Sur.

Los esfuerzos exploradores languidecieron después de esa monumental decepción, pero en 1481 Juan II, sobrino nieto de Enrique el Navegante, ocupó el trono de Portugal y reavivó el programa de exploración. Al cabo de un año los navegantes portugueses habían partido ya en viajes de exploración que los llevaron a 2 500 kilómetros al Sur del punto donde la costa africana había doblado nuevamente hacia el Sur.

Juan II compensó los riesgos que asumía al organizar también una expedición por el Mediterráneo y el Mar Rojo, en 1487. Posiblemente no fuese una ruta práctica para el comercio, pues tenía que pasar por territorio islámico, pero tal vez produjera informes importantes.

Al mando de Pedro de Covilhao (1450-1545), la expedición pasó por El Cairo y de allí prosiguió hasta el extremo Sur del Mar Rojo, en Aden. En ese lugar Covilhao tomó una embarcación que lo llevó a la India. Después volvió por la costa oriental de África, que exploró por el Sur hasta la desembocadura del río Zambesi, en lo que ahora es Mozambique.

Colvilhão se estableció en Etiopía y desde allí envió un informe completo. Por cálculo, el continente de África no podía tener una anchura mayor de 2 400 kilómetros en los puntos más meridionales a los que los portugueses habían llegado en las costas occidental y oriental. En el extremo septentrional tenía una anchura de 6 400 kilómetros. Por tanto, quizá terminara en punta, la cual no podría estar mucho más al Sur. Bastaría otro empuje.

Se intentó ese empuje. En el mismo año que Colvilhão salió, Juan II envió a Bartolomeu Dias (1450-1500) a navegar por la costa occidental de África. Viajó más hacia el Sur que ningún otro navegante anterior a él y después le sorprendió una tormenta que lo llevó todavía más al Sur. Tras la tempestad Dias se halló en la mar abierta, sin indicios de tierra por ningún lado.

Por suponer que la costa africana estaba por alguna parte hacia el Este, navegó en esa dirección, pero nada encontró. Viró entonces al Norte y el 3 de febrero de 1488 llegó a la costa africana, la cual, para sorpresa suya, se extendía de Este a Oeste. En alguna parte debía haber terminado el rumbo al Sur y la costa debía haberse torcido hacia el Este, pero él no lo había visto, por la borrasca.

Navegó hacia el Este a lo largo del litoral, y después de 4 090 kilómetros empezó el mismo a volverse al Norte. Dias estaba convencido de haber pasado el extremo Sur del continente y dio la vuelta en redondo. Encontró entonces el punto en el que la costa dejaba abruptamente su orientación Este-Oeste y se volvía Norte-Sur, el punto que no había visto a causa de la tormenta. Llamó a ese lugar Cabo de las Tormentas, pero el regresar a Portugal y entregar su informe, Juan II lo rebautizó, muy apropiadamente, con el nombre de Cabo de Buena Esperanza.

Sin embargo, Juan II, que fue, más que ningún otro (con excepción de Enrique el Navegante), el espíritu animador del programa de exploración marítima africana, no vivió para verlo cumplido, pues murió en 1495. Su primo, Manuel I, lo consumó.

Manuel I envió al mar a Vasco de Gama (1469-1524), quien zarpó de Lisboa el 8 de julio de 1497, dobló el Cabo de Buena Esperanza y continuó navegando hasta llegar a la India, el 19 de mayo de 1498.

El contacto así establecido nunca se perdió. Portugal había evitado pasar por el mundo musulmán y aunque era un país pequeño, con una población de sólo 1 250 000, tenía dos enormes ventajas al hallarse ante las ricas y populosas tierras de Asia. En primer lugar, tenía sus naves, que podían ir de un punto a otro a su antojo, sin que lo pudieran impedir sus oponentes alejados del mar abierto. Al establecer bases navales estratégicas bastaban unas cuantas naves y pocos hombres para ejercer dominio sobre vastas extensiones costeras.

En segundo lugar, Portugal tenía cañones a bordo de esas naves y sus adversarios no contaban con un armamento semejante. La pólvora había sido descubierta por los chinos, quienes la habían empleado principalmente para juegos pirotécnicos y producir ruidos que sirvieran para sorprender y atemorizar a hombres y caballos durante las batallas. El secreto de la pólvora llegó a Europa occidental cuando el Imperio Mongol había facilitado las comunicaciones entre Oriente y Occidente. No transcurrió mucho tiempo antes que los belicosos cristianos ideasen cañones con los cuales poder matar a sus enemigos.

El minúsculo Portugal, más bien que la poderosa China, se convirtió de esa manera en la primera potencia mundial y estableció el primer imperio ultramarino.

EL NUEVO MUNDO

Portugal no duró mucho tiempo como la única potencia mundial y la ruta en torno de la punta Sur de África no siguió siendo la única concebible para llegar a las Indias.

Desde el tiempo de los antiguos griegos los sabios europeos habían sabido que la Tierra era esférica. Así pues, en teoría, se podía zarpar de Europa con rumbo al Occidente y surcar el océano hasta llegar a la costa oriental de Asia.

Indudablemente, tal cosa significaba navegar por vastas extensiones de mar abierto, muy lejos de cualquier tierra, y nadie había hecho semejante cosa. Ni siquiera a los portugueses, a pesar de sus grandes viajes exploratorios, les agradaba alejarse demasiado de la costa africana. Empero, bien comprendida la brújula, no era posible perderse. Siempre se podía volver.

A este respecto surgió la incógnita del tamaño de la Tierra. El antiguo geógrafo griego Eratóstenes (276-196 a.J.C.) allá por el año 240 a.J.C. había calculado que la Tierra (en términos modernos) tenía unos 40 000 kilómetros de circunferencia. Este cálculo era correcto y significaba que la distancia desde la costa occidental de Europa, con rumbo al Oeste, hasta la costa oriental de Asia, era de unos 25 000 kilómetros. Ningún barco de los que se construían en el siglo XV podía llevar suficientes provisiones para cruzar esa anchura de mar abierto.

Sin embargo, algunos geógrafos griegos posteriores convinieron en un resultado erróneo al calcular la circunferencia de la Tierra, y muchos geógrafos del siglo XV supusieron que la circunferencia de la Tierra no era mayor de 29 000 kilómetros. Además, Marco Polo había colocado incorrectamente la costa oriental de Asia más al Este de donde realmente estaba. Si el error del tamaño demasiado pequeño de la Tierra se aunaba al error de la distancia demasiado grande de la costa oriental de Asia, el resultado era que el viaje desde Europa con rumbo a Occidente podría ser de no más de 4 800 kilómetros (menos de la quinta parte de lo que realmente era).

Convencido de que esa pequeña distancia era la correcta, Cristóbal Colón, nacido en Génova, Italia, en 1451, y habituado al mar desde la adolescencia, soñaba en llegar a Asia navegando, tomando el derrotero occidental. Trató de inducir a Juan II de Portugal a que intentara esa aventura, pero el rey no quedó convencido, pues creía que el viaje hacia Occidente sería de mucho más de 4 800 kilómetros y, por otra parte, prefería continuar con sus exploraciones africanas.

Entretanto, la nación de Castilla, al Este de Portugal, había desaparecido del mapa. Su reina, Isabel, se había casado con Fernando II de Aragón, la nación situada aún más al Este, y los dos monarcas gobernaban en un reino combinado, llamado España. Además, en 1492 Fernando e Isabel conquistaron Granada, último baluarte de los moros, quienes siete siglos y medio antes habían conquistado la mayor parte de España.

Ansiosos de demostrar el nuevo poderío de España y un tanto envidiosos de las hazañas portuguesas en el mar, Fernando e Isabel decidieron apoyar a Colón con cautela, sólo hasta el grado de darle tres pequeñas y casi inservibles carabelas y ofrecerle tripulaciones de delincuentes dispuestos a realizar voluntariamente el peligroso viaje como precio de su libertad. El costo total de la expedición, que sería la más trascendental de la historia, se calcula que fue del equivalente de 16 000 a 75 000 dólares, lo cual no era mucho, aun en esos tiempos.

El 3 de agosto de 1492, con un total de noventa tripulantes en sus tres naves, salió del puerto de Palos, en el Sur de España, a sólo 50 kilómetros de la frontera con Portugal.

Colón se dirigió a las Islas Canarias, pertenecientes a España y desde allí, el 6 de septiembre de 1492, partió hacia lo desconocido. Acertó al navegar primero hacia el Sur, pues así pudo aprovechar los vientos alisios, que soplaban hacia el Oeste. De haber intentado cruzar el océano más al Norte habría encontrado los vientos del Oeste, que soplaban en dirección que no le convenía.

Durante varias semanas las carabelas de Colón navegaron constantemente hacia Occidente. Sorprendentemente, fue una travesía casi tranquila, la más tranquila de que se tenía memoria. Ni una sola vez en esas semanas hubo tormenta, lo cual indudablemente fue muy afortunado, ya que los tres cascos de Cólon muy probablemente se habrían hundido en una verdadera tormenta.

Durante toda la travesía sólo hubo viento y olas hasta que, el 12 de octubre de 1492 se levantó el grito de "¡Tierra!". La avistada era una pequeña isla habitada y Colón, convencido de haber llegado a las Indias, llamó indios a sus habitantes, nombre erróneo que perdura. Colón llamó a la isla San Salvador, pero ese nombre cayó en desuso y, sorprendentemente, no se sabe ahora a ciencia cierta cuál es la isla. Generalmente se dice que es una de las islas del grupo de las Bahamas, llamada Isla de Watling, por el pirata inglés John Watling.

También a causa de la certeza de Colón de que las primeras islas que descubrió eran parte de las Indias, las que se encuentran frente a la costa norteamericana se llaman ahora en inglés West Indies, o sea Indias occidentales, que son las Antillas.

Colón regresó a Palos el 13 de marzo de 1493 y de repente se convirtió en el hombre más famoso de Europa. Navegantes de toda laya, patrocinados por diversas naciones, surcaron el Atlántico, pero España llevaba la delantera y se convirtió por ello en la segunda potencia mundial.

Uno de los navegantes de ese tiempo fue un italiano llamado Américo Vespucio (1451-1512). La forma latinizada de su nombre era Americus Vespucius. De 1497 en adelante, encabezó expediciones que exploraron la costa de una zona continental al Sur de las islas descubiertas por Colón.

A Vespucio no le parecía que las tierras nuevas pudieran ser la costa asiática que Marco Polo había descrito. Colón creía que sí lo eran y sostuvo esa opinión hasta su muerte, en 1504, pero Vespucio arguyó que Eratóstenes tenía razón, que había una distancia de 25 000 kilómetros de Europa a Asia por el rumbo de Occidente, que las tierras que se habían descubierto formaban parte de un "Nuevo Mundo", más allá del cual se extendía otro océano. Fue únicamente la existencia imprevista de esos hasta entonces desconocidos continentes lo que impidió que Colón pereciese en un fútil esfuerzo por llegar a la distante Asia.

Las opiniones de Vespucio fueron aceptadas por el geógrafo alemán Martin Waldseemüller (1470-1522). En 1507, Waldseemüller publicó un mapa en que aparecía un nuevo continente que existía por sí solo y que no formaba parte de Europa, África o Asia. Propuso que se llamara América, en honor de Vespucio, primero en reconocerlo como un nuevo continente.

El nombre se volvió popular inmediatamente y al poco tiempo era de uso universal. Al principio se aplicó exclusivamente a la porción Sur del Nuevo Mundo, pues la parte Norte tal vez estuviese conectada con Asia. Con el tiempo se reconoció que la porción Norte del continente estaba separada de Asia. Así, se le conoció como América del Norte y la parte Sur vino a ser América del Sur.

ALREDEDOR DEL MUNDO

Postular la existencia de un segundo océano era una cosa, pero verlo era otra cosa muy distinta. Quien primero lo vio fue el explorador español Vasco Núñez de Balboa (1475-1517). Había llegado a lo que ahora es Panamá y en 1510 le llegaron rumores de que había tribus con mucho oro que vivían en el interior. Decidió ir en busca de ese oro y el 1o. de septiembre de 1513 encabezó a un grupo que se internó en la región. Ninguno de los europeos sabía entonces lo angosta que era Panamá. El 25 de septiembre los exploradores treparon una última colina y se encontraron ante una extensión ilimitada que parecía ser un océano. Balboa le dio el nombre de Mar del Sur, porque en ese punto se extendía al Sur de la línea de la playa.

El descubrimiento de Balboa robusteció la opinión de Américo Vespucio de que la verdadera Asia estaba mucho más al Occidente.

Ése era también el concepto del navegante portugués Fernando de Magallanes (1480-1521). Éste había sido herido en una guerra de los portugueses contra los marroquíes en el Norte de África, pero se le había acusado injustamente de traficar con el enemigo, por lo que se le negó una pensión. Resentido por esa injusticia ofreció entonces sus servicios a España.

El Papa había asignado las tierras ganadas por los viajes a Oriente a los portugueses y las tierras ganadas por los viajes a Occidente a los españoles. Magallanes señaló que si España continuaba hacia el Oeste, más allá de América, llegaría a Asia sin haber navegado hacia el Este, y podría entonces traficar con las Indias sin violar la letra del precepto papal.

El nuevo rey de España era Carlos I, nieto de Fernando e Isabel (y posteriormente mejor conocido como el emperador Carlos V del Sacro Imperio Romano). Carlos V convino en patrocinar el viaje y Magallanes salió de España con cinco naves, en agosto de 1519.

Magallanes se dirigió hacia la protuberancia oriental de América del Sur (ahora Brasil), que a la sazón pertenecía a Portugal, y de allí prosiguió hacia el Sur, siguiendo la costa del continente, en busca de un paso marítimo que permitiera que sus barcos pasaran al segundo océano. La expedición tuvo que viajar, muy desanimada, un largo trecho hacia el sur, hasta que, el 21 de octubre de 1520 encontró un paso, que aún se llama Estrecho de Magallanes.

Durante treinta y ocho días las cinco naves fueron buscando su salida, con un tiempo abominable, a lo largo de los 525 kilómetros del estrecho. Las cinco embarcaciones sobrevivieron y el 28 de noviembre entraron en un océano tranquilo y asoleado, que Magallanes, por gratitud, llamó Océano Pacífico.

Sin embargo, lo peor estaba adelante. El Pacífico era tan vasto como habría sido de esperarse de conformidad con el cálculo de la circunferencia de la Tierra hecho por Eratóstenes, pero la mayor dificultad estribaba en que en esa inmensidad marítima no se encontraba indicio alguno de tierra. Las vituallas se agotaron y las tripulaciones tuvieron que masticar cuero y mezclar aserrín con sus raciones para matar el hambre, hasta que el 6 de marzo de 1521, casi muertos, llegaron a la isla de Guam. Allí tomaron aliento y reanudaron su travesía hacia occidente, hasta llegar a lo que posteriormente se conoció como las Islas Filipinas. Allí, el 27 de abril de 1521 Magallanes murió en una escaramuza con los isleños.

Lo que quedó de la expedición logró alejarse de las Filipinas y las dos naves que quedaban llegaron a islas de Indonesia, en las que los portugueses habían ya estado.

De los dos barcos supervivientes, uno intentó regresar a Europa cruzando el Pacífico, pero no lo logró. El último barco, el *Victoria,* al mando de Juan Sebastián del Cano (1460-1526), continuó hacia el Oeste, dobló el Cabo de Buena Esperanza y regresó a España con dieciocho hombres a bordo, el 9 de septiembre de 1522.

Sin considerar la pérdida de vidas, la única nave superviviente volvió con suficientes especias para que la expedición resultara sumamente provechosa.

La nao *Victoria* llegó a su destino tripulada por los primeros seres humanos que circunnavegaran la Tierra, lo cual fue una hazaña muy importante, pues no sólo demostró definitivamente que el cálculo de Eratóstenes acerca del tamaño de la Tierra era correcto, sino que también puso de manifiesto que la Tierra tenía un océano global, en el cual los continentes estaban colocados cual si fuesen enormes islas.

Más aún: con esta circunnavegación del mundo el horizonte de la humanidad se ensanchó por vez primera hasta incluir a toda la Tierra. Por primera vez la gente podía pensar en una Tierra global y conocer las posiciones relativas de los continentes en ese globo.

Por ser los europeos quienes tenían las naves, los cañones y la experiencia en la navegación, fueron ellos los que dominaron en el mundo durante cuatro siglos y medio, después de los viajes de Colón y de Vasco de Gama.

EL OCÉANO PACÍFICO

Conocer el globo en conjunto dista mucho de conocer todos los detalles del mismo. Los navegantes que surcaron los océanos con creciente desenfado en los siglos XVI y XVII esperaban constantemente encontrar nuevas tierras, como Colón las había encontrado.

Poca esperanza había de realizar sorprendentes descubrimientos en los confines relativamente estrechos de los océanos Atlántico e Índico, pero el Océano Pacífico ofrecía más esperanzas. Entre América y Asia se extendía un océano que, de estar vacío, tendría una superficie de 188 000 000 kilómetros cuadrados, equivalentes a la tercera parte de la superficie total del globo.

Si no se contaba el Océano Pacífico, el resto del globo era tierra y agua en la proporción de 3 a 5. Si la misma proporción era aplicable a la superficie del Pacífico, debía haber allí unos 70 000 000 kilómetros cuadrados de tierra, superficie que si se concentraba en un solo continente sería casi tan grande como Asia y África combinadas. Aun si tal cosa era un cálculo exagerado, era de esperarse que en el Pacífico se encontraran tierras de extensión considerable.

En 1606 el navegante español Luis Vaez de Torres circunnavegó la gran isla de Nueva Guinea y demostró que, por lo menos, no era parte de un continente del Pacífico del Sur. Las aguas al Sur de esa isla siguen llevando el nombre de Estrecho de Torres, en honor de ese navegante.

En el siglo XVII Portugal se hallaba en decadencia y los emprendedores holandeses se iban apoderando de las islas de Indonesia. Anton Van Diemen (1593-1645), gobernador general holandés de esas islas, envió una expedición exploradora al mando de Abel Janszoon Tasman (1603-1659) para que investigara la posibilidad de que hubiese tierras al Sur de la Nueva Guinea.

Tasman salió de Batavia (ahora Yakarta) el 14 de agosto de 1542, con dos barcos, y en el transcurso de diez meses logró circunnavegar una inmensa isla, del tamaño de los Estados Unidos, sin llegar a verla. En cambio, sí descubrió otra isla más pequeña al Sudeste, que llamó Tierra de Van Diemen, pero que con el tiempo recibió el nombre de Tasmania, en honor de su descubridor. También descubrió la isla del sur de Nueva Zelanda y las Islas Fiji. En una segunda expedición, realizada en 1644, vislumbró el litoral de la gran isla que anteriormente no había visto, y le dio por nombre Nueva Holanda. Sin embargo, no pudo demostrar si era una sola isla, o varias, y cuál podría ser su extensión.

Otros navegantes, franceses e ingleses, exploraron el Pacífico sin encontrar más continentes, y esa tarea la completó definitivamente el navegante inglés James Cook, tal vez el más grande explorador marítimo de la historia.

Cook tenía la ventaja de la tecnología. Hasta los tiempos de Cook la longitud no podía ser determinada, porque faltaba un cronómetro de mucha precisión. Los relojes buenos de cualquier clase no existieron hasta que el físico holandés Christian Huygens (1629-1695) inventó el reloj de péndulo, en 1656, pero ningún reloj de péndulo podía funcionar en la oscilante cubierta de un barco. En 1713, el parlamento británico ofreció premios hasta de 20,000 libras a quien inventara un reloj que funcionara con exactitud a bordo de un barco. Ese premio lo ganó John Harrison (1693-1776), constructor inglés de instrumentos, que hizo su quinto y mejor reloj en 1765.

También por entonces un médico escocés, James Lind (1716-1794) había descubierto, en 1747, que las frutas cítricas evitaban el escorbuto, enfermedad que invariablemente incapacitaba a los marineros en las travesías prolongadas, ya que estaban reducidos a un monótono régimen alimenticio de galleta de munición y pella salada. (Esa enfermedad era resultado de la falta de vitamina C y apareció por primera vez entre marineros durante el viaje de Vasco de Gama.)

Cook, con cronómetros y frutos cítricos, podía recorrer el Pacífico con eficacia, y así lo hizo en tres viajes. Durante el primero, que duró de 1768 a 1771, levantó cuidadosas cartas de todas las costas de las dos islas de Nueva Zelanda y de toda la costa oriental de Nueva Holanda, que después se llamó Australia y que Cook reconoció como una sola isla, lo suficientemente grande para que pudiera llamársele continente.

En su segundo viaje, de 1772 a 1775, navegó de un lado al otro del Pacífico del Sur y circunnavegó el mundo en las latitudes muy bajas. No encontró allí masas terrestres importantes.

En su tercer viaje, de 1776 a 1779, se aventuró por el Pacífico septentrional y demostró que tampoco allí había grandes masas de tierra. No sobrevivió a su tercer viaje. El 14 de febrero de 1779 fue muerto en un breve combate con los naturales de las Islas Hawaianas, a las cuales llegó antes que ningún otro europeo.

Los viajes de Cook demostraron que con la posible excepción de las zonas polares, las cuales estaban deshabitadas y, en el sentido ordinario, eran inhabitables, no existían masas terrestres de cualquier tamaño que estuviesen por descubrir. Australia fue el último continente habitable que fue descubierto y posteriormente tal vez se tropezara con alguna pequeña isla de una clase u otra, pero no más.

Quedó claramente demostrado que el Pacífico era realmente un océano enorme, con muy pocas tierras importantes, que ocupaba la tercera parte de la superficie del globo. A causa del Pacífico, el mar cubre el 70% de la superficie del globo y la porción de tierra es sólo el remanente del 30%.

LA COSTA DEL ÁRTICO

Si las regiones polares estaban deshabitadas y eran inhabitables, ¿qué objeto tenía explorarlas y ensanchar el horizonte humano en esa dirección? Los hombres prácticos tal vez creyeran que sería inútil tal cosa, pero las circunstancias los llevaron a investigar.

Después del viaje de Magallanes había dos rutas marítimas de Europa a las Indias: la del Paso del Sudeste, abierta por Vasco de Gama y bajo el dominio portugués, y la del Paso del Sudoeste, abierta por Magallanes y bajo el control español.

Otras naciones europeas, como Inglaterra, Francia y los Países Bajos deseaban traficar y tenían mucho interés en hallar otras rutas marítimas. Existían dos posibilidades: una de ellas demandaría seguir las costas de Europa y Asia, por el Norte (el Paso del Noreste); y la otra posibilidad consistía en seguir la costa septentrional de América del Norte (el Paso del Noroeste).

En 1553, el navegante inglés Sir Hugh Willoughby salió con tres embarcaciones a reconocer el Paso del Noreste. Sus naves doblaron la extremidad Norte de la península de Escandinavia, como Ottar lo había hecho siete siglos antes.

Willoughby cruzó el Círculo Artico y sus barcos continuaron navegando unos 1 000 kilómetros hacia el Este antes de que su capitán decidiera que, por aproximarse el invierno, era ya demasiado tarde para proseguir. Así pues, intentaron regresar a su base. Dos de los buques, mandados por Willoughby, encontraron un fondeadero en la Península de Kola, a lo largo del litoral del Ártico, un poco al Este de Escandinavia. Los exploradores se vieron obligados a pasar allí el invierno y murieron de frío.

El tercer barco, al mando de Richard Chancellor, había quedado separado de los otros dos en una tormenta, afortunadamente para Chancellor, y logró pasar por una orilla de la Península de Kola y entrar en el Mar Blanco. Allí encontró el puerto ruso de Arkhangelsk. Los rusos llevaron por tierra a los ingleses a Moscú, donde fueron recibidos por el Zar, que entonces era Iván IV (el Terrible).

Los holandeses también hicieron un intento. En 1594, el navegante holandés Willem Barents salió de Amsterdam con dos barcos y exploró el tramo de océano al Norte de Escandinavia y de Rusia occidental, tramo que aún se llama Mar de Barents, en su honor. Descubrió varias islas de considerable extensión, entre ellas Novaya Zemlya y Spitzbergen, las cuales Ottar quizá haya visto siete siglos antes, pero que habían sido olvidadas.

En el invierno de 1596-1597, Barents, lo mismo que Willoughby anteriormente, quedó encerrado en el hielo, en su caso, en Novaya Zemlya. Iban en la expedición dieciséis hombres y un grumete. Ese muchacho murió y Barents mismo no sobrevivió mucho después de haber llegado la primavera, pero los restantes quince hombres volvieron a su base sin percances y fueron los primeros europeos en sobrevivir a un invierno tan al Norte en el Ártico.

Las desventuras de Willoughby y Barents hicieron sospechar a los europeos occidentales que el Paso del Noreste no era realmente práctico, por lo que cesaron las exploraciones en esa dirección.

Sin embargo, para los rusos de Europa oriental el asunto presentaba otro aspecto. Podían aventurarse hacia el Este por tierra, y aunque el viaje fuese penoso, recibían durante él su recompensa, en forma de pieles finas. Había sido el comercio de las pieles lo que había atraído a los rusos tan al Norte como Arcángel, desde tiempo atrás.

En 1581, los Stroganov, familia rusa que había hecho una gran fortuna en el comercio de las pieles, contrató a un cosaco llamado Yermak Timofievich para que explorara hacia el Este. Yermak conquistó el reino de los mongoles al Este de los Montes Urales. Se llamaba ese reino Sibir, y ese mismo nombre (Siberia en español) con el tiempo se aplicó a toda la tercera parte septentrional de Asia.

Llegaron posteriormente otros traficantes, y ya en 1648 un cosaco llamado Semyon Ivanov Dezhnev había llegado al extremo oriental del continente asiático. En menos de setenta años, Rusia había extendido sus dominios hacia el Este en varios miles de kilómetros a través de Asia, en toda su anchura, y ganado territorios que todavía conserva.

Esa hazaña rusa demostró que las costas septentrionales de Rusia y de Siberia nunca cambiaban de rumbo hacia el Sur, sino que se extendían al Norte del Círculo Ártico en muchos miles de kilómetros. Si había aún alguna duda de que el Paso del Noreste no era práctico, esa duda desapareció definitivamente.

¿Pero qué podía decirse del Paso del Noroeste? Las más de las exploraciones que siguieron al primer viaje de Colón fueron hacia el Sur, a la Florida y más allá. Sin embargo, hubo excepciones.

El navegante italiano Juan Cabot (1450-1498), que partió por encargo de Inglaterra, tocó Terranova en 1497. El navegante portugués Gaspar Corte Real (1450-1501) vio fugazmente la costa al Norte de Terranova, en 1501 y le dio el nombre portugués de Labrador, que aún conserva. (La palabra vino al caso porque Corte Real tomó cautivos a algunos de sus habitantes y se los llevó como trabajadores forzados.)

Con todo, esos vistazos llenaban muy poco el mapa. En otras partes podría existir casi cualquier otra cosa y casi cualquier esperanza podría realizarse.

Fueron los franceses quienes hicieron los primeros intentos sistemáticos de encontrar el Paso del Noreste. En 1524 equiparon una expedición, que mandaría el navegante italiano Giovanni da Verrazano (1485-1528). Éste exploró la costa oriental de América del Norte, desde las tierras del Sur, dominadas por los españoles, hasta la península septentrional conocida ahora como Nueva Escocia. Investigó todas las ensenadas, por si acaso fuesen estrechos que condujesen al Pacífico. Fue el primer europeo en entrar, por ejemplo, a lo que ahora se llama la Bahía de Nueva York.

La exploración de Verrazano indicó claramente que era inútil buscar el Paso del Noreste al Sur de Nueva Escocia.

El navegante francés Jacques Cartier (1491-1557), navegó con rumbo al Oeste en 1534 y encontró una entrada muy al Norte de Nueva Escocia, entre Terranova y Labrador, que ahora se llama Estrecho de Belle Isle. Penetró en ese estrecho, que parecía ser un ancho paso al océano. Entró allí el 10 de agosto, día de San Lorenzo; se le llama ahora Golfo de San Lorenzo. Resultó ser la desembocadura del río San Lorenzo, que no llevaba al Pacífico.

Si existía el Paso del Noroeste, la expedición de Cartier demostró que tendría que estar más al Norte de la península de Labrador. Si se consideraba el clima helado de Labrador, esto significaba que el Paso del Noroeste, lo mismo que el Paso del Noreste, estaría en aguas del Ártico. Pero quizá hubiese un corto tramo por el Ártico y después una curva hacia el sur, que llevara a aguas menos frías. Esa posibilidad hizo que valiera la pena seguir buscando.

En 1576 el navegante inglés Martin Frobisher (1535-1594) zarpó con tres naves y treinta y cinco hombres, con rumbo a América del Norte. Una de esas naos, con dieciocho hombres a bordo, llegó a Labrador. Frobisher mismo se dirigió más al Norte con los otros dos navíos y tocó la extensa isla conocida con el nombre de Baffin, pero no descubrió allí nada que pareciera prometedor como entrada del Paso del Noroeste. En un viaje posterior, en 1578, Frobisher divisó la punta sur de Groenlandia, donde ciento cincuenta años antes había llegado a su fin la colonia de los vikingos. Con este descubrimiento, Groenlandia entró y permaneció en la conciencia de los conocimientos y de la navegación de Europa.

El siguiente esfuerzo considerable lo hizo el navegante inglés Henry Hudson, quien en 1610, con un barco y una tripulación de diecinueve hombres encontró una vía acuática (llamada ahora Estrecho de Hudson), entre la Isla de Baffin y Labrador. Cruzó por allí y entró en una gran extensión de agua, hacia el Sur, pero que distaba mucho de ser el Paso del Noroeste. Resultó ser una extensión acuática rodeada por tierra, que ahora se llama Bahía de Hudson.

La embarcación de Hudson quedó paralizada por el hielo durante seis meses del invierno de 1610-1611, en la parte baja de la bahía, que ahora se llama Bahía James (en honor al rey inglés James I). Al derretirse el hielo, Hudson quiso seguir explorando, pero su tripulación se amotinó. Dejó a él, a su hijo y a siete marineros leales a la deriva y el grupo de rebeldes volvió a Inglaterra. Hudson y sus acompañantes murieron de frío.

En 1615 el navegante inglés William Baffin (1584-1622) exploró la vía acuática entre la Isla Baffin (llamada así en honor de él) y Groenlandia. Ahora esa extensión se llama Bahía de Baffin. Siguió por entre las islas que se encuentran al norte de la Isla Baffin y penetró por los angostos estrechos que separan esas islas. No consideró que fuese práctico navegar por allí y regresó.

Desde entonces quedó decidido que el Paso del Noroeste era tan poco práctico como el Paso del Noreste.

Pero el asunto había dejado de tener interés. España y Portugal habían decaído tanto que ya no podían monopolizar las rutas marítimas. Cualquier nación podía surcar los océanos con libertad y, en realidad, los ingleses y los holandeses efectuaban entre ellos la mayor parte del comercio marítimo mundial.

3

Los interiores y los polos

DENTRO DE AMÉRICA DEL NORTE

Con la investigación de los pasos del Noreste y del Noroeste y con la exploración del Océano Pacífico por el Capitán Cook, terminaron los principales viajes marítimos de exploración. Se conocían ya el océano y los litorales continentales. ¿Qué se sabía, en cambio, del interior de los continentes?

Después de todo, era más difícil viajar por tierra que por mar y podría haber habitantes hostiles en tierra (como, por lo general, los había), en tanto que en el mar no existían. Así pues, podría sospecharse que los exploradores se limitarían a recorrer las costas y harían caso omiso del interior de los continentes.

No fue así. La exploración del interior de los continentes se efectuó en algunos casos poco después de poner pie en las playas. Uno de los atractivos que impulsó a algunos de los primeros exploradores, a pesar de los peligros y las tribulaciones, fue la esperanza de descubrir civilizaciones a las que se les pudiera arrebatar su riqueza, o seres humanos, civilizados o salvajes, a quienes se pudiera esclavizar. Esta finalidad era sumamente seductora, pues en algunos de los primeros casos los resultados obtenidos habían superado a todo lo esperado.

Juan Ponce de León (1460-1521) que era traficante de esclavos en Puerto Rico, el 3 de marzo de 1513 navegó hacia el Noroeste, en busca de más esclavos. Llegó a una parte del continente de América del Norte durante la Pascua de Resurrección y llamó Florida a esa región, precisamente por su aspecto lozano y florido. Sin embargo, ese descubrimiento no le produjo mucho provecho en materia de esclavos.

Más afortunado en esa ingrata tarea de explotación y destrucción fue Hernán Cortés (1485-1547), quien en febrero de 1519 partió de Cuba hacia México, con once naves en que iban 700 soldados. En México encontró la civilización azteca, con su capital, llamada Tenochtitlan (en el lugar donde ahora se encuentra la ciudad de México). Cortés llevaba pocos hombres y se enfrentaba a muchos miles de guerreros fuertes y valientes. Sin embargo, llevaba caballos y cañones, que los aztecas nunca habían visto. Además, los aztecas no estaban unidos y su resistencia fue débil a causa de que al principio creyeron que los españoles eran dioses.

En las circunstancias en que se hallaban, los españoles pudieron destruir la civilización azteca, esclavizar a los indios y apoderarse de su oro y de todo los demás de valor que poseyeran. En esos tiempos, tales cosas no provocaban remordimiento de conciencia, especialmente porque los españoles abrigaban la tranquilizante creencia de que los paganos carecían de derechos que los cristianos debieran respetar.

Durante los siguientes años, Cortés y otros exploraron el país, en busca de más oro. Cortés mismo vio la península que ahora se llama Baja California y la extensión de agua (el Golfo de California) que separa a esa península del resto de México.

El éxito de Cortés en México llevó a una racha de exploraciones más al Norte, en busca de más oro. Pánfilo de Narváez (1480-1528) exploró las costas septentrionales del Golfo de México al Oeste de la Florida y después se aventuró tierra adentro. No encontró oro y tuvo que luchar para volver a la costa. Allí construyó cinco naves y trató de cruzar en ellas el Golfo de México, pero se perdió en una tormenta.

Sin embargo, no todos los que componían la expedición perecieron. Algunos hombres, encabezados por Alvar Núñez Cabeza de Vaca (1490-1557) naufragaron en la costa de lo que ahora es Texas. Cabeza de Vaca fue cautivo de los indios durante seis años pero a la postre escapó y logró llegar por tierra a la ciudad de México, en 1536.

Cabeza de Vaca relató a su regreso pintorescos episodios de sus aventuras, que incluían la descripción de enormes manadas de búfalos y la repetición de rumores de grandes riquezas en alguna parte indeterminada del Norte.

Todo eso parecía muy convincente puesto que unos cuantos años antes una segunda civilización americana, la de los incas del Perú, había sido despojada y destruida. Francisco Pizarro (1470-1541) llegó al Perú en 1531 y al cabo de dos años había duplicado ya la hazaña de Cortés.

Hernando de Soto (1500-1542) que había sido lugarteniente de Pizarro, anhelaba encabezar una expedición al Norte de la Florida, con la esperanza de encontrar allí otro Perú. Desembarcó en la costa occidental de la Florida el 25 de mayo de 1539, con 500 hombres y 200 caballos y emprendió la marcha tierra adentro, por lo que ahora es el Sudeste de los Estados Unidos.

El 18 de junio de 1541 él y sus hombres fueron los primeros europeos en ver el río Mississippi, probablemente a algunas millas al Sur de la ciudad moderna de Memphis, Tennessee. La expedición cruzó el río, todavía con rumbo al Oeste, y después torció al Sur. No encontraron oro los españoles, pero sí muchos indios hostiles. El 21 de mayo de 1542 De Soto murió de fiebre, cuando él y sus hombres habían llegado nuevamente al Mississippi. De Soto fue sepultado a la orilla del río y sus hombres construyeron barcos en los que navegaron río abajo y continuaron por mar hasta México.

Casi simultáneamente otra expedición española exploraba lo que ahora es el Sudoeste de los Estados Unidos, al mando de Francisco Vásquez de Coronado (1510-1554). Él también había prestado oídos a las historias de Cabeza de Vaca y entre 1540 y 1542 vagó con sus hombres por muchas partes de Texas y del Sudoeste. No encontraron oro, pero fueron los primeros europeos que vieron el Gran Cañón de Colorado.

Los colonos ingleses que se establecieron en Virginia y la Nueva Inglaterra en los primeros años del siglo XVII, y los colonos holandeses que se establecieron en lo que ahora es Nueva York exploraron sus respectivas regiones. Sin embargo, sus hazañas las superaron los franceses, quienes, en la misma época, se establecieron a lo largo del río San Lorenzo, en la región que llamaron Canadá.

Samuel de Champlain (1567-1635) fundó Quebec en 1608, descubrió el Lago Champlain el año siguiente y, en una ocasión posterior, exploró hacia el Oeste. En 1615 llegó a la Bahía de Jorge, extensión oriental del Lago Hurón. Fue Champlain el primer europeo que llegó a los Grandes Lagos.

En 1634, Jean Nicolet (1598-1642), seguidor de Champlain, cruzó el Lago Hurón y Michigan y fue el primer europeo en llegar a lo que ahora es el Medio Oeste de los Estados Unidos. Lo siguieron algunos misioneros jesuitas, que llevaban el propósito de convertir a los indios.

Uno de ellos, Jacques Marquette (1637-1675), junto con el cazador de pieles Louis Jolliet (1645-1700), siguieron la pista dada por Nicolet, de un río al Oeste de los Grandes Lagos. Después de todo, a los Grandes Lagos podía llegarse por agua desde el Golfo de San Lorenzo. Si el presunto río llevaba al Pacífico, ello significaría que había una vía acuática a través de América del Norte, con sólo una pequeña interrupción terrestre entre los Grandes Lagos y el río.

El 17 de junio de 1673, Marquette y Jolliet llegaron al río, que resultó ser el Mississippi superior, y lo siguieron corriente abajo unos 1 100 kilómetros, punto en que se hizo evidente que el río llevaba al Golfo de México.

En 1682, Robert Cavalier de La Salle (1643-1687), siguió el Mississippi hasta su desembocadura.

En las décadas de 1730 y 1740, Pierre Gaultier de la Vérendrye (1685-1749) emprendió la marcha hacia el Oeste desde el Lago Superior y llegó al Lago Winnipeg y a las Black Hills (Colinas Negras) de Dakota del Sur. Otros dos exploradores franceses, Pierre y Paul Mallet, llegaron a lo que ahora es el estado de Colorado, y vieron de lejos las Montañas Rocosas.

Como resultado de esas exploraciones, Francia reclamó todo el Valle del Mississippi. Gran Bretaña obtuvo la mitad oriental del valle, en 1763, después de la guerra contra los franceses y los indios. Esa mitad pasó a los Estados Unidos cuando éstos obtuvieron su independencia, en 1783, y en 1803 los Estados Unidos compraron la porción occidental.

Thomas Jefferson (1743-1826) era a la sazón presidente de los Estados Unidos y proyectó la exploración del territorio recientemente adquirido. Confió esa tarea a Meriwether Lewis (1774-1809) y William Clark (1770-1838). Esa "expedición de Lewis y Clark" salió de Saint Louis, Missouri, el 14 de mayo de 1804, siguió el Río Missouri corriente arriba, cruzó las Rocosas y se internó en el "territorio de Oregon", que aún no estaba bajo el dominio de ninguna nación. Siguieron entonces los exploradores el Río Columbia hasta el Océano Pacífico, al que llegaron el 15 de noviembre de 1805. De esa manera realizaron el primer viaje a través de lo que ahora son los Estados Unidos, hasta el Océano Pacífico y de regreso.

Sin embargo, esa proeza fue consumada con anterioridad por Alexander Mackenzie (1755-1820). Escocés emigrado al Canadá, quien se estableció en lo que ahora es Alberta y siguió en 1789 lo que actualmente se llama Río Mackenzie, hasta su desembocadura en el Océano Ártico. En 1793 cruzó las Montañas Rocosas hasta el Océano Pacífico en lo que ahora es Columbia Británica.

DENTRO DE AMÉRICA DEL SUR Y DE AUSTRALIA

Los españoles, establecidos en los litorales del Norte, el Oeste y el Sudeste de América del Sur, y los portugueses, establecidos en los litorales del Noreste, se internaron gradualmente en el continente, en busca de oro, esclavos, tierras y paganos a quienes convertir al cristianismo.

El único gran viaje de exploración fue el realizado por Francisco de Orellana (1490-1546), que había estado con las huestes de Pizarro en la conquista del Perú. Pizarro organizó una expedición que explorara las tierras al este de los dominios incas y Orellana, después de llegar a las fuentes de un gran río creyó que sería más fácil continuar avanzando que volver por la cordillera de los Andes, que ya había cruzado en su viaje hacia el Este.

De abril de 1541 a agosto de 1542 viajó con la corriente de un río que posteriormente se vio que era, con mucho, el más grande del mundo, en términos de su volumen de agua. En su informe, Orellana mencionó tribus que le parecieron estaban encabezadas por mujeres. Tal cosa hizo recordar a las amazonas, las mujeres guerreras de la leyenda griega, por lo que se dio al río el nombre de Amazonas. Orellana organizó una segunda expedición al Amazonas, que terminó en desastre. Sus naves encallaron y Orellana mismo pereció cerca de la desembocadura del río que había explorado.

A pesar del viaje de exploración de Orellana, España no pudo establecer un título de propiedad sobre el Valle del Amazonas. Los colonos portugueses de la costa brasileña, especialmente los de la región de São Paulo, avanzaban inexorablemente hacia el Oeste y con el tiempo la mitad de América del Sur, con inclusión de toda la región amazónica, se convirtió en parte del Brasil.

En Australia, los primeros asentamientos de importancia se lograron en la costa sudoriental de lo que ahora se llama Nueva Gales del Sur, donde se fundó la población de Sydney, en 1788. Los primeros emigrantes que llegaron a esa zona eran convictos, llevados allí como castigo. Muchos de ellos eran prisioneros políticos, no criminales. Posteriormente llegaron emigrantes voluntarios.

La exploración del interior comenzó con William Charles Wentworth (1793-1872), quien en 1813 cruzó la cordillera que se extiende a 100 kilómetros al Oeste de Sydney. En 1828, Charles Sturt (1795-1869) descubrió el Río Darling (llamado así en honor de Ralph Darling, gobernador general de Nueva Gales del Sur, a quien Sturt había servido en calidad de secretario). Sturt siguió el río hasta su desembocadura.

Edward John Eyre (1815-1901) exploró las zonas desérticas del Sur de Australia en los primeros años de la década de 1840, pero no pudo llegar a las regiones centrales del continente, como tampoco Sturt lo había logrado.

Uno de los compañeros de Sturt en sus exploraciones fue John McDouall Stuart (1818-1866), quien hizo seis intentos por llegar a la región central, hasta que lo logró, en 1860. Después de ése su sexto y último viaje, cruzó el continente de Sur a Norte.

DENTRO DE ÁFRICA

África es un conjunto de contrastes. El confín nororiental (Egipto), representa una de las dos más antiguas civilizaciones del mundo. África del Norte, en general, fue parte integral de la cultura mediterránea y posteriormente también parte del Imperio Romano y, más tarde, del mundo islámico. Sin embargo, toda la extensión al Sur de la Noráfrica de los romanos permaneció desconocida para los europeos, en general, hasta los tiempos modernos.

La causa de ese desconocimiento fue la vasta región desértica conocida como El Sahara. Esa ancha faja de soledad árida fue una barrera tan grande que impidió la exploración de los europeos como lo pudo haber sido una gran cadena de montañas.

Desde los tiempos de Enrique el Navegante la costa de África era conocida, aun antes que las costas de América o de Australia. Con todo, el interior de África fue lo último de las tierras habitables que se exploró en forma satisfactoria. Su clima, sus peligrosos animales (ya fuesen grandes mamíferos o pequeños insectos) y su población hostil se combinaron para hacer de África "el continente negro".

Naturalmente, la clave del interior de África se hallaba en sus grandes ríos. Por ejemplo, tenemos el Río Níger, que entra en el Golfo de Guinea, en la costa meridional de la joroba occidental de África. Más de tres siglos después que su desembocadura era bien conocida, su curso hacia el interior permanecía envuelto en el misterio.

El primer europeo que exploró el Níger fue Mungo Park (1771-1806). Entre 1795 y 1797 navegó corriente arriba por el Río Gambia, en la costa Oeste de la comba occidental, y después prosiguió por tierra hasta la corriente del Niger superior, en lo que ahora es Malí. A continuación exploró el Níger río abajo, en parte navegándolo y en parte siguiendo su curso por tierra. En el transcurso de esa empresa fue hecho prisionero por unos árabes. Estuvo cautivo cuatro meses y al final de ellos casi muere de fiebre. Un segundo intento de volver sobre sus pasos, en 1805, terminó en desastre. El grupo de Park fue atacado por africanos en lo que ahora es Nigeria y Park mismo se ahogó.

Otro grupo explorador, encabezado por el escocés Hugh Clapperton (1788-1827), llegó a Nigeria septentrional por tierra. La expedición se inició en Trípoli, en la costa del Mediterráneo, en 1822, y avanzó hacia el Sur a través del Sahara. Negros y árabes habían realizado esa proeza con frecuencia, en caravanas mercantiles, pero fue la primera vez en tiempos modernos que hacía ese viaje un grupo de europeos.

En los comienzos de 1823 los miembros de la expedición de Clapperton fueron los primeros europeos que vieron el Lago Chad, en el extremo nororiental de Nigeria. Era un lago en torno del cual habían existido en la antigüedad imperios negros, todos ellos desconocidos de los historiadores europeos. Clapperton exploró el Norte de Nigeria y volvió con su relato. Sin embargo, al igual que Park, participó en una segunda expedición a Nigeria y allí murió.

Richard Lemon Lander (1804-1834), compañero de Clapperton, continuó la obra y en 1831 ya había trazado el curso completo del Níger. También él murió durante una segunda expedición.

El primer europeo que estuvo en Tombuctú, el casi legendario centro mercantil negro y ciudad imperial del Níger central (ahora muy en decadencia), fue el explorador escosés Alexander Gordon Laing (1793-1826), que llegó a ese lugar el 18 de agosto de 1826, después de haber sido herido en una escaramuza. Fue muerto dos días después de haber salido de la ciudad.

Más afortunado fue el explorador francés René August Caillié (1799-1838), que llegó a Tombuctú el 20 de abril de 1828. Logró tal cosa después de haber estudiado el Islam y de haber aprendido el árabe, para poderse disfrazar de árabe y unirse a una caravana que iba de Egipto a Tombuctú. Posteriormente, se unió a otra caravana que iba de Tombuctú a Marruecos. En esa aventura padeció numerosos infortunios, entre ellos cinco meses de enfermedad.

Durante el siguiente medio siglo numerosos exploradores resolvieron los detalles geográficos de África occidental.

El misterio que más intrigaba acerca del continente africano era el de las fuentes del Nilo. Los egipcios antiguos habían viajado corriente arriba hasta 2 500 kilómetros durante el apogeo de su imperio, sin encontrar signo alguno de sus fuentes.

El primer europeo que ascendió el Nilo fue el viajero inglés Richard Pococke (1704-1765), quien navegó contra la corriente hasta lo que ahora es Asuán, en el Sur de Egipto, a fines de la década de 1730. En 1770, el explorador escocés James Bruce (1730-1794), navegó río arriba en el Nilo hasta Jartum, en el Sudán. Allí se unen dos ríos y Bruce siguió al que llegaba del Este y que ahora se llama el Nilo Azul.

Esa ruta lo llevó a lo que ahora es Etiopía occidental. Encontró las fuentes del Nilo Azul en el Lago Tana y creyó que el problema había quedado resuelto. Sin embargo, no era así. La fuente principal era el Nilo Blanco occidental, la rama que no había seguido, o por lo que continuaron en el misterio las cabeceras o aguas nacientes del río.

Los traficantes árabes de esclavos relataban que había unos grandes lagos en África oriental y a algunos exploradores europeos les parecía que tal vez allí se encontraran las fuentes del Nilo Blanco (en el supuesto de que los lagos realmente existieran).

Richard Francis Burton (1821-1890), quien posteriormente alcanzó su mayor fama como traducor de *Las mil y una noches,* y John Hanning Speke (1827-1864), iniciaron tal exploración.

Burton, lo mismo que Caillié, había estudiado árabe y logrado (por medio de un disfraz) visitar la ciudad santa islámica de La Meca, en 1853. Fue el primer europeo en sacar subrepticiamente dibujos y medidas del santuario central de la Kaaba. Posteriormente, en 1854, fue a África oriental y (otra vez disfrazado) entró en la ciudad sagrada etíope de Harar y fue el primer europeo en salir con vida de allí.

En 1857, él y Speke, en su segundo intento de descubrir las fuentes del Nilo partieron de Zanzibar, en la costa de África oriental, cruzaron lo que ahora es Tanzania y en febrero de 1858 llegaron al Lago Tangañica, largo y angosto, en la frontera occidental de Tanzania, a 1 000 kilómetros de la costa oriental de África.

Speke y Burton riñeron al llegar a ese punto. Speke sostenía que las fuentes del Nilo podrían descubrirse si se buscaban otros lagos más adelante. Burton estuvo en desacuerdo y los dos exploradores se separaron. Speke continuó hacia el Norte y el 30 de julio de 1858 llegó al mayor lago de África, al que llamó Lago Victoria. Sintió que esa debía ser la fuente del Nilo y en una expedición posterior, el 28 de julio de 1862, localizó la salida del Nilo desde ese lago. Contando desde las aguas de cabecera de la corriente más larga que fluye hacia el Lago Victoria, el Nilo resultó tener una longitud de 6 738 kilómetros, por lo que es el río más largo del mundo.

El explorador de África que más impresión causó en el público fue un misionero escocés llamado David Livingstone (1813-1873). Llegó a Ciudad del Cabo en 1841 y partió hacia el Norte en un intentode convertir a negros. (También abogó porque los colonos blancosles dieran buen trato.) Avanzó hacia el Norte más que ningún otro europeo antes que él, y fue el primero en explorar el Desierto de Kalahari, en lo que ahora es Botswana.

Livingstone llevaba el firme propósito de adentrarse en África y abrir ese continente a la civilización y al comercio, en vez de dejarlo a los intereses especializados de los traficantes de esclavos. Esto significaba que tenía que afrontar no sólo los peligros naturales del medio africano, sino la constante hostilidad de los boers y de los portugueses. En 1855 y 1856 vagó por África muy al Norte del Kalahari, llegó a Luanda, en el Norte de la costa de Angola y después, tomando hacia el Este, llegó al Río Zambesi, en el Océano Índico. Fue el primer europeo en cruzar África en dirección Este-Oeste, aunque lo hizo en el Sur, donde la anchura del continente no llega a los 3 000 kilómetros. A lo largo del Zambesi descubrió unas cataratas dos veces más altas que las del Niágara, a las que llamó Victoria.

En una segunda expedición a África, de 1858 a 1864, exploró el Río Zambesi y su zona, con muchas dificultades. En una tercera expedición, de 1866 a 1873, penetró en la región de los lagos y el 29 de marzo de 1871 llegó al Alto Río Congo, a 375 kilómetros al Oeste del Lago Tangañica.

Para entonces, se había perdido de vista en Europa, y tal era su fama que produjo considerable ansiedad la posibilidad de que hubiese muerto.

El periódico *New York Herald,* como ardid publicitario, envió a África a uno de sus reporteros, Henry Morton Stanley (1841-1904), nacido en Gales, a que buscara a Livingstone. Stanley desembarcó en Zanzibar el 6 de enero de 1871 y partió al interior del continente, con una caravana bien provista. Encontró a Livingstone en Ujiji, en la orilla oriental del Lago Tangañica, a 1 000 kilómetros al Oeste de Zanzibar. Lo saludó con la mayor pulcritud inglesa: "El doctor Livingstone, supongo" no obstante que, por ser el único europeo en mil kilómetros a la redonda, no podía ser otro que él.

Stanley llevaba las medicinas y provisiones que hacían falta, pero Livingstone murió un año y medio después y entonces Stanley emprendió la tarea de continuar la exploración.

En 1876 se hallaba en la región de los lagos y circunnavegó el Lago Victoria. Continuó hasta el punto más occidental alcanzado por Livingstone y siguió el río hasta el Océano Atlántico, con lo que trazó el curso del Río Congo.

En su expedición final desvaneció las incertidumbres que quedaban concernientes a la región de los lagos y en 1889 descubrió la Cordillera de Ruwenzori, que se extiende en la frontera entre Uganda y Zaire, con el Lago Alberto y el Lago Eduardo a uno y otro lado.

EL ÁRTICO ORIENTAL

En 1880 ya se conocía relativamente bien el interior de todos los continentes que se extendían en los trópicos y en las zonas templadas, aun África. Quedaban por dilucidarse sólo algunos detalles.

Las únicas regiones importantes aún desconocidas en grado considerable eran las polares. Allí los rigores de la exploración eran aún mayores que en el interior de África.

Indudablemente, los alicientes de la exploración de las regiones polares eran de diversa índole que los de la investigación del resto de la superficie de la Tierra. En las regiones polares no había civilizaciones que descubrir ni recursos de ninguna especie. Con el abandono de toda esperanza de hallar un Paso del Noreste o un Paso del Noroeste que fuese práctico, no quedaba siquiera la posibilidad de que ambos desempeñaran un papel importante como rutas comerciales.

Pero algo nuevo había surgido, recrudescencia de un sentimiento muy antiguo. Ese algo no era otra cosa que la curiosidad humana, el deseo de saber, por el saber mismo.

Rusia patrocinó la primera expedición ártica que llevaba el exclusivo propósito de aumentar los conocimientos. Esa nación se había extendido por toda Siberia y sus dominios se extendían al Norte hasta los páramos cubiertos de hielo. Rusia quería saber cuál era la extensión de su territorio. En especial, había la duda acerca de si Asia, en su punto extremo oriental, estaba conectada con América del Norte por un puente terrestre. Dezhnev, que había llegado hasta ese punto extremo oriental, había dicho que no existía conexión alguna, pero, ¿estaba en lo cierto?

El zar Pedro el Grande, en su último año de vida, encargó al marino danés Vitus Jonassen Bering (1681-1741), que estaba al servicio de Rusia, que disipara esa duda. En 1724 Bering viajó por tierra 8 000 kilómetros, desde la capital de Rusia, llamada entonces San Petersburgo, en la orilla del Mar Báltico, hasta Kamchatka, gran península que apunta hacia el Sur desde la parte más oriental de Siberia. Allí construyó barcos e inició su exploración marítima, siguiendo la costa de Kamchatka hacia el Norte, hasta llegar a la punta oriental de Siberia. Encontró que Dezhnev tenía razón en lo que había afirmado, pues existía un canal entre Asia y América del Norte, que ahora se llama Estrecho de Bering.

En expediciones posteriores, Bering trazó mapas de algunas porciones de las costas septentrionales de Siberia y también exploró el mar al Sur del Estrecho de Bering, extensión acuática conocida ahora como Mar de Bering. Descubrió las Islas Aleutianas, que forman un arco en el extremo Sur del Mar de Bering.

También desembarcó Bering en el continente norteamericano en 1741 y fue el primer europeo en llegar a lo que ahora se llama Alaska. Con fundamento en los descubrimientos de Bering, Rusia reclamó y ocupó las Islas Aleutianas y Alaska, que retuvo hasta que vendió unas y otra a los Estados Unidos, en 1867. Durante su período de ocupación los rusos exploraron Alaska y llegaron hasta el Cabo Barrow, que es la extremidad Norte de Alaska, a 71.26° de latitud Norte, un poco más arriba que el Cabo Norte, que es la extremidad septentrional de Europa, a 71.17° de latitud Norte.

Los rusos exploraron también hacia el Sur, hasta el lugar en que se encuentra San Francisco, a donde los españoles llegaron desde el Sur, por lo que entre Rusia y España completaron el mapa de la costa occidental de toda América.

Otros, además de Bering, exploraron la costa siberiana. Al mando de S. Chelyuskin, en 1743 una expedición rusa logró por fin viajar en torno de la Península de Taimir, que sobresale hacia el Norte desde el centro del litoral de Siberia, y que está cubierta de hielo todo el año. En barco no se podía dar la vuelta a Taimir por entre el hielo, pero

Chelyuskin logró tal cosa en trineo. El punto más septentrional de la península se llama ahora Cabo Chelyuskin, en su honor.

El Cabo Chelyuskin está a 77.75° de latitud Norte, considerablemente más arriba que el Cabo Barrow, en Alaska, o el Cabo Norte, en Europa. Se encuentra a sólo 900 kilómetros al Sur del Polo Norte y es el fragmento continental más septentrional del mundo.

Parecía ya razonable suponer que ninguno de los continentes se extendía hasta el polo, pero podría haber islas más al Norte. Así pues, seguía siendo posible que el Polo Norte estuviese situado en tierra.

En el siglo y medio que siguió a la hazaña de Chelyuskin se descubrieron, en efecto, algunas islas al norte de las costas siberianas. De esos lugares, el más septentrional es la Isla Rudolfa, en el Océano Ártico, a 1 960 kilómetros al Norte de Arcángel. Se encuentra a unos 75 kilómetros más al Norte que la costa más septentrional de Spitzbergen y a sólo 550 kilómetros del Polo Norte.

La Isla Rudolfa es parte de un grupo de islas descubiertas en 1873 por los exploradores austriacos Julius von Payer (1842-1915) y Karl Weyprecht (1838-1881). Le dieron el nombre de Tierra de Francisco José, en honor del emperador de Austria. El grupo comprende los fragmentos de tierra más septentrionales del Hemisferio Oriental, aunque, por supuesto, en 1873 nadie podía estar absolutamente seguro de tal cosa.

EL ÁRTICO OCCIDENTAL

Existía la posibilidad de que la tierra se extendiera más al Norte en el hemisferio occidental que en el oriental. Las islas que forman un gran archipiélago al Norte del Canadá y, especialmente, la gigantesca isla de Groenlandia, parecían ofrecer esperanzas a este respecto.

El gobierno británico, que tenía el dominio del Canadá, estaba muy interesado en conocer los detalles de sus posesiones en el Ártico. Dos exploradores, John Ross (1777-1856) y William Edward Parry (1790-1855), juntos y por separado, encabezaron expediciones que entrelazaban diversas rutas entre las islas del Archipiélago Canadiense. Los dos exploradores habían visto ya en 1833 casi todas las islas importantes, pero aún no entraban por entre el archipiélago al mar helado que llevaría al Estrecho de Bering y Asia.

En 1833, Ross exploró las costas del Golfo de Boothia (nombrado así por Felix Booth, comerciante en licores que había financiado la expedición). La costa occidental era la Península de Boothia, que después se supo era la extensión de tierra más septentrional de América del Norte. Su punto extremo (descubierto en 1847 por el explorador escocés John Rae, 1813-1893), está a 71.74° N, unos

60 kilómetros más septentrional que el Cabo Barrow, pero 265 kilómetros más al Sur que el Cabo Chelyuskin.

El siguiente intento lo realizó el explorador inglés John Franklin (1786-1847). En sus primeros viajes por tierra, entre 1820 y 1825, trazó el mapa de casi toda la costa ártica del Canadá. En 1845 continuó su tarea por mar. Tenía la tecnología a su favor. Usaba buques de vapor, no de vela, y los camarotes tenían calefacción central. Sin embargo, en el curso de su exploración él, sus hombres y su navío desaparecieron.

Otras expediciones salieron en su búsqueda: cuarenta en catorce años. En 1853 se descubrieron algunas reliquias de la expedición malograda. En el transcurso de esos años de búsqueda fueron puestos en el mapa los fragmentos que faltaban del archipiélago canadiense.

En 1850, el oficial naval británico Roberto John McClure mientras buscaba a Franklin, pasó por el Estrecho de Bering hacia el Norte y a continuación navegó hacia el Este. Encontró la isla más occidental del archipiélago, donde se vio obligado a abandonar su barco. Sin embargo, el viaje de McClure, añadió a lo que ya se había logrado por el lado oriental, el descubrimiento del Paso del Noroeste. Aun así, nadie pasó por esa ruta en toda su extensión hasta que el explorador noruego Roald Amundsen (1872-1928) realizó esa hazaña con toda calma entre 1903 y 1906.

La isla más septentrional del Archipiélago Canadiense es la de Ellesmere, nombrada así en 1852 en honor de Francis Egerton, conde de Ellesmere, miembro del parlamento británico. Está separada esa isla de la costa noroccidental de Groenlandia por una angosta faja de agua que en algunos lugares tiene una anchura de sólo 10 kilómetros.

En 1855, el explorador norteamericano Elisha Kent Kane (1820-1857) fue el primero en acercarse a ese angosto estrecho. Llegó a un punto a 80.6° N antes que el hielo le impidiera seguir adelante. Ese punto se hallaba casi al mismo nivel de los más septentrionales del hemisferio oriental, no obstante lo cual, tanto la Isla Ellesmere como Groenlandia parecían continuar todavía mucho más al Norte.

En 1871, otro explorador norteamericano, Charles Francis Hall (1821-1871) logró abrirse paso entre la Isla Ellesmere y Groenlandia hasta los 82.2° N. Ese punto estaba a sólo 550 kilómetros del Polo Norte y continuaba habiendo tierra en esa dirección. No fue hasta 1907 cuando el explorador danés Ludvig Mylius-Erichsen (1872-1907) logró llegar hasta esa latitud Norte siguiendo la costa oriental (más helada) de Groenlandia. Murió mientras realizaba esa expedición.

Entretanto, otros exploradores comenzaban a penetrar en el interior de Groenlandia.

La primera incursión significativa desde la costa se realizó en 1878, cuando el explorador danés Jens A.D. Jensen (1849-1936) se internó 70 kilómetros y alcanzó una elevación helada a 1.5 kilómetros sobre el nivel del mar. Era evidente que todo el interior de Groenlandia, extensión tres veces más vasta que Texas, estaba cubierta por una gruesa capa de hielo, y todas las exploraciones subsiguientes confirmaron tal cosa.

En 1888, el explorador noruego Fridtjof Nansen (1861-1930) logró al fin cruzar Groenlandia de Este a Oeste, en raquetas para caminar sobre la nieve y esquíes. Lo hizo siguiendo una línea un poco al Sur del Círculo Ártico, donde Groenlandia tiene una anchura de 520 kilómetros. Como era de esperarse, encontró la ininterrumpida capa de hielo y en un punto de su viaje se halló a 2.7 kilómetros sobre el nivel del mar.

En 1892, el explorador norteamericano Robert Edwin Peary (1856-1920), exploró la capa de hielo de Groenlandia hacia el Norte y encontró el límite de su extensión aproximadamente a 82° N. Aún más allá estaba un desierto de hielo que ahora se llama Tierra de Peary, y con esta exploración no tardaron en quedar en el mapa las extensiones más septentrionales de la Isla Ellesmere y de Groenlandia. Ni una ni otra llegan al Polo Norte.

El punto más septentrional de la Isla Ellesmere (Cabo Columbia); que está a 83° N, 235 kilómetros más cerca del Polo Norte que el Cabo Chelyuskin. Por lo que respecta a Groenlandia, su punto más septentrional, en el extremo Norte de la Tierra de Peary, es el Cabo Morris Jesup (llamado así por el banquero norteamericano que patrocinó algunas expediciones al Ártico). El Cabo Morris Jesup se encuentra en los 83.63° N, casi 25 kilómetros más al Norte que el Cabo Columbia.

Resultó que el Cabo Morris Jesup tiene la distinción de ser el pedazo de tierra más septentrional del mundo. Está a 475 kilómetros del Polo Norte.

Al principio, por supuesto, nadie podía estar seguro de que no había tierra más al Norte de Cabo Morris Jesup. Podía haber islas de gran tamaño en cualquier punto hasta el Polo Norte mismo y los científicos mostraban cierto interés en investigarlo. Además, algo que era casi una manía impulsaba a los exploradores: el ansia de establecer nuevas marcas. Había surgido el reto de quién sería el primero en llegar al Polo Norte y ganar con ello el honor y la inmortalidad correspondientes a esa proeza.

Desde que los griegos antiguos habían deducido que la Tierra debía ser esférica, se comprendió que todas las direcciones hacia el norte debían terminar en un punto, o sea que la Tierra gira sobre un eje que va desde ese punto más septentrional, a través del centro del globo, hasta el punto más meridional. Esas intersecciones de la línea del eje con la superficie de la Tierra son el Polo Norte y el Polo Sur. Esos puntos representaban un extremo y por ello eran notables, pero también, el hielo y el clima infame que los protege hacían que la hazaña pudiera realizarse sólo exponiendo la vida. Para algunos, tal cosa se convertía en el intento más tentador.

El primero en hacer un intento serio de llegar al Polo Norte fue Nansen, quien había cruzado Groenlandia sin percances. Los barcos que en forma inadvertida habían quedado atrapados por el hielo polar, en realidad habían recorrido grandes distancias a la deriva antes de liberarse del hielo en la primavera. Se le ocurrió a Nansen que un barco especialmente construido para resistir la presión del hielo podría dejarse atrapado deliberadamente en el hielo y quizá fuese arrastrado hasta el Polo Norte.

En 1893 realizó ese plan, pero descubrió que la deriva no era a través del Polo Norte. El barco no fue arrastrado mucho más allá de los 85° N. Mientras su nave quedaba a la deriva Nansen la abandonó y emprendió la marcha hacia el Norte con trineos tirados por perros que lo llevaron hasta los 86.22° N, con lo que llegó a menos de 420 kilómetros del Polo Norte, más allá del más septentrional de los puntos conocidos de tierra firme.

Nansen logró medir la profundidad del Océano Ártico, que se extiende bajo su capa de hielo. Encontró que era profundo y que parecía serlo más a medida que sondeaba más hacia el Norte. Tal cosa hizo que disminuyera la posibilidad de encontrar cualquier tierra más al norte, pero esto en nada afectaba la competencia por llegar primero al Polo Norte.

Peary, descubridor de la extensión más septentrional de Groenlandia, se mostraba especialmente activo en esa competencia. Instaló su base en el extremo Norte de la Isla Ellesmere, ya que allí se hallaba el punto más septentrional al que era posible ir en barco, por mar abierto, lo cual le dejaba a una distancia de menos de 800 kilómetros del polo, que podría recorrer en trineos, sobre el hielo.

En 1905, durante su primer intento, emprendido desde la Isla Ellesmere, llegó a los 87.10° N, a sólo 320 kilómetros de su meta, antes de verse obligado a regresar.

A fines de febrero de 1909 Peary hizo un esfuerzo supremo. Partió con un numeroso grupo que incluía 24 hombres, 133 perros y 19 trineos que transportaban 3¼ toneladas de provisiones. Se establecieron depósitos en la ruta, y en cada uno de esos lugares quedaban en espera algunos miembros de la expedición. Finalmente, Peary, un negro llamado Matthew Hensen, conductor del trineo, tres esquimales y algunos perros cubrieron el último tramo, partiendo desde el más septentrional de los depósitos. Llegaron, por fin, al Polo Norte el 6 de abril de 1909. Regresaron siguiendo sus propias huellas y abasteciéndose en los depósitos construidos en el viaje hacia el Norte. El 25 de abril se hallaban nuevamente en el barco.

El creciente éxito de las exploraciones en el Ártico obedeció al hecho de que los exploradores aprendieron a vestirse y a vivir al estilo de los esquimales y a emplear el músculo canino para arrastrar los trineos, en vez del músculo humano.

LAS AGUAS ANTÁRTICAS

La región polar del Sur, el Antártico, presentaba mayores obstáculos aún que la del lejano norte. El Antártico está mucho más retirado que el Ártico de los centros de actividad exploratoria de Europa. Además, resultó que el Antártico era más frío y más hostil que el Ártico.

Los primeros acercamientos al Antártico de parte de navegantes europeos fueron los hechos a la parte más meridional de África, por Dias y De Gama, y el paso por el Estrecho de Magallanes, por Magallanes mismo. En ambos casos, no hubo interés alguno en lo que hubiese más al sur. Esos navegantes trataban únicamente de llegar a las Indias.

Al pasar por el estrecho de su nombre, Magallanes llegó a los 53.92° S, mucho más abajo que cualquier otro punto meridional alcanzado por un europeo hasta entonces. Sucede que esa latitud es la más meridional de cualquier zona continental habitada. Al Sudeste del Estrecho de Magallanes se hallaba un territorio ocupado por seres humanos pues se veían fogatas en él. Magallanes llamó a esa región Tierra del Fuego, nombre que aún conserva.

Al principio, los geógrafos sospecharon que Tierra del Fuego era parte de un gran continente meridional, por la razón de que los antiguos griegos habían conjeturado que tal continente quizá existiera.

Sin embargo, en 1578 el navegante inglés Francis Drake (1540-1596) había pasado por el Estrecho de Magallanes, camino a la costa occidental de América del Sur, con objeto de saquear los asentamientos españoles. Al salir al Pacífico le sorprendió una tormenta que lo arrastró sin que pudiera evitarlo tan al Sur, que le permitió ver que más allá de Tierra del Fuego había mar abierto, una extensión que desde entonces se llama Pasaje de Drake.

El punto terrestre más meridional en Tierra del Fuego o cerca de ahí es el Cabo de Hornos, a 56° S a unos 3 850 kilómetros del Polo Sur.

Por aquel entonces a nadie le interesaba ir más al Sur de ese lugar, pero durante las exploraciones del Pacífico meridional que condujeron al descubrimiento de Australia, se encontraron algunos trozos pequeños de tierra.

En 1738 el navegante francés Pierre Bouvet de Lozier (1705-1786), topó con lo que ahora se llama Isla Bouvet, en el Atlántico meridional. Era un trocito inhabitado en los 54.43° de latitud Sur. Otro navegante francés, Yves Joseph de Kerguélen-Trémarec (1734-1797), descubrió la Isla Kerguélen en 1771, que realmente es un racimo de unos 300 islotes en el Océano Indico meridional, en los 49.5° S.

Ninguno de esos dos puntos se halla más al Sur que el Cabo de Hornos, pero ambos son lugares áridos y desolados, lo cual se explica por el mayor frío de la zonas antárticas, ya que otras tierras semejantes en latitudes parecidas en el hemisferio boreal son mucho menos atractivas.

Durante su segundo viaje, el capitán Cook llegó tan al Sur que cruzó el Círculo Antártico. Él y su tripulación fueron los primeros hombres en la historia, no sólo los primeros europeos, sino los primeros seres humanos que cruzaron ese paralelo. La fecha fue el 17 de enero de 1773. Cook cruzó dos veces más durante el viaje, y su penetración más al Sur ocurrió al 30 de enero de 1774, cuando llegó a los 71.17° S, y se halló a sólo 1 820 kilómetros del Polo Sur. Durante todo ese viaje fue detenido por el hielo y nunca vio tierra alguna.

Durante el mismo viaje Cook descubrió algunas islas al Este y Sudeste del Cabo de Hornos. La más meridional de las pequeñas islas de ese grupo es la Isla Thule, que está en los 59.43° S, a 3 460 kilómetros del Polo Sur.

Una consecuencia de las exploraciones del capitán Cook fue el descubrimiento de que en las aguas del Antártico abundaban las focas y las ballenas. Tal cosa atrajo al Sur a navíos que no se habrían aventurado por esos mares sólo por el placer de explorar. William Smith, ballenero británico, descubrió en 1819 las Islas Shetland del Sur, al Sur del Cabo de Hornos. Entre ellas, la más meridional está en los 63° S, a 3 050 kilómetros del Polo Sur.

Ese pequeño pedazo de tierra no tuvo por mucho tiempo la distinción de ser el más cercano al Polo Sur que hasta entonces se conociera, pues el 16 de noviembre de 1820 un ballenero norteamericano, Nathaniel Brown Palmer, a la sazón de veintiún años, avistó tierra al Sur de las Islas Shetland del Sur. Posiblemente él no haya sido el primero en ver esa tierra. Tal vez lo haya precedido William Smith y un comandante naval británico llamado Edward Bransfield quizá también haya estado cerca de ese lugar con anterioridad a Brown Palmer. Las aguas al Sur de las Shetland del Sur se llaman ahora Estrecho de Bransfield.

Al principio no se comprendió cómo era esa tierra recién avistada. Con el tiempo se descubrió que era una península y actualmente se le conoce como Península Antártica. Es, en efecto, la extensión hacia el Norte de todo un continente. Sin embargo, la tierra vista en 1820 se hallaba aún muy al Norte del Círculo Antártico.

En el mismo año, un explorador ruso, Fabián Gottlieb Bellingshausen (1778-1852) circunnavegó las aguas próximas al Círculo Antártico y descubrió entonces una islita a la que llamó Isla de Pedro I. Se halla a 68.8° S, y a 240 kilómetros al Sur del Círculo Antártico. Fue esa isla el primer trozo de tierra verdaderamente antártica que se haya descubierto.

Bellingshausen descubrió también una extensión de tierra mucho más grande, justamente al Oeste de la base de la Península Antártica, tierra que se encuentra aún más al Sur. Recibió el nombre de Isla de Alejandro I. Las aguas que rodean a esas islas se llaman Mar de Bellingshausen.

El ballenero inglés James Weddell (1787-1834) encontró un trecho de océano que se extendía más al Sur que ninguna otra zona que se hubiese explorado antes, y el 20 de febrero de 1823 estableció una nueva marca al llegar a los 72.25° S antes que el viento y el hielo lo obligaran a retroceder. Tal marca superó a la establecida por Cook cincuenta años antes. Weddell se aproximó así a un poco menos de 1 800 kilómetros del Polo Sur. La ensenada en que Weddell entró se encuentra al Este de la Península Antártica y se le conoce ahora como Mar de Weddell.

Todos los descubrimientos de tierra durante la década de 1820 en aguas del Antártico fueron hechos en una zona general al Sur de Tierra de Fuego. En 1831 se avistó por primera vez tierra de la Antártica, del otro lado del mundo. En ese año el navegante inglés John Briscoe vio una costa un poco al norte del Círculo Antártico y al Sur de Madagascar. La llamó Tierra de Enderby, en honor de los propietarios de su barco. Vio esa tierra únicamente a cierta distancia, pues el hielo le impidió que llegara verdaderamente a ella.

En 1840, el explorador francés Jules Dumont d'Urville (1790-1842) navegó hacia el Sur partiendo desde Australia y observó una línea costera casi exactamente en el Círculo Antártico, a la que dio el nombre de Tierra Adelaida, por su esposa.

Casi al mismo tiempo, el explorador norteamericano Charles Wilkes (1798-1877) navegaba frente a un largo tramo de costa entre Tierra Enderby y Tierra Adelaida, tramo que seguía el Círculo Antártico con sorprendente exactitud. Esa extensión, que se halla al sur del Océano Índico, se llama ahora Tierra de Wilkes.

LA ANTÁRTIDA

Al volver de su expedición Wilkes fue el primero en proclamar que los descubrimientos aislados de los veinte años precedentes podrían considerarse en conjunto y de esa manera indicarían la existencia de una masa terrestre de tamaño continental en la que se encontraba el Polo Sur. Fue así como se comprendió por vez primera que existía en la Tierra un séptimo continente, casi dos veces más grande que Australia, pero casi enteramente dentro del Círculo Antártico y, por ello, inhabitado y (salvo en el caso de grupos exploradores y científicos especialmente equipados) inhabitable. A ese continente se le llama Antártida.

En enero de 1841 el explorador escocés James Clark Ross (1800-1862), sobrino del explorador del Ártico John Ross, entró en una ensenada de la Antártida, en una región que se hallaba, en términos generales, al Sur de Nueva Zelanda y que ahora se llama Mar de Ross. Navegó hacia el Sur hasta que lo detuvo un elevado muro de hielo de 60 a 90 metros de altura. Resultó ser ese muro una barrera de hielo, una capa gruesa empujada dentro del mar desde el vasto manto de hielo (nueve veces más grande que el que cubre a Groenlandia) que existe en la Antártida. La Barrera de Ross, como se le llama, tiene una extensión que de otra suerte sería mar abierto, tan grande como Francia.

El Mar de Weddell también tiene una barrera de hielo sobre sus aguas meridionales, la llamada Barrera de Hielo Filchner, nombre del explorador alemán Wilhelm Filchner (1877-1957), que fue el primero en investigarla. Ninguna de las dos barreras mencionadas se extiende hasta el Polo Sur. La Barrera Ross, que penetra más en el continente, llega a los 86 grados Sur, a menos de 500 kilómetros del Polo Sur.

El 23 de enero de 1895, de un buque ballenero noruego, al mando de Leonard Kristenson, desembarcó un grupo en la Tierra de Victoria, en el borde occidental del Mar de Ross. Por primera vez en la historia del mundo algunos seres humanos pisaron tierra que estuviese dentro del Círculo Antártico.

Uno de los miembros de ese grupo era Carsten E. Borchgrevink (1864-1934), quien volvió en 1898 y, con otros nueve hombres, invernó en la Antártida, cosa que nadie antes que él había hecho. En una ocasión, Borchgrevink se puso esquíes e inició el primer intento de penetrar hacia el Sur por tierra. El 16 de febrero de 1900 alcanzó la marca de 78.8° S, a sólo 1 250 kilómetros del Polo Sur.

Otros exploradores trataron de mejorar esa marca. El más interesado entre ellos fue el inglés Robert Falcon Scott (1868-1912). Él y sus compañeros pasaron en trineo por la Barrera de Ross y el 13 de diciembre de 1902 llegó a los 82.28° S, a sólo 800 kilómetros del Polo Sur.

Uno de sus colegas, Ernest Henry Shackleton (1874-1922) hizo un nuevo intento. El 9 de enero de 1909 su grupo de cuatro hombres logró llegar a los 88.38° S, a sólo 155 kilómetros del Polo Sur. Cada uno había arrastrado su propio trineo y los cuatro tuvieron que retroceder cuando se hizo evidente que si seguían avanzando sus víveres se agotarían.

Todo se hallaba ya listo para hacer el esfuerzo definitivo. Eran dos los candidatos: uno, Scott, y el otro Amundsen, que ya se había distinguido en la exploración del Ártico.

Amundsen se preparó con sumo cuidado y empleó trineos tirados por muchos perros. Cuando partió Amundsen de su campamento, el 20 de octubre de 1911, llevaba cincuenta y dos perros. A medida que avanzaba, mataba a los perros más débiles y alimentaba con su carne a los más fuertes, con lo que ahorraba los víveres destinados a los participantes humanos en la expedición. De esa manera evitó verse obligado a retroceder, como le había ocurrido a Shackleton. Amundsen llegó al Polo Sur el 14 de diciembre de 1911 y la expedición regresó el 21 de enero de 1912, con doce perros y muchos víveres sobrantes. No hubo en su hazaña bajas humanas.

El intento de Scott estuvo menos bien organizado, no dependió tanto de los perros y estuvo plagado de infortunios. Los últimos 650 kilómetros del recorrido lo hicieron hombres que arrastraban sus propios trineos. Scott y cuatro de sus compañeros llegaron al Polo Sur el 17 de enero de 1912 y allí encontraron la señal dejada por Amundsen. Necesitaron sesenta y nueve días para llegar al Polo, en comparación con los cincuenta y cinco del grupo de Amundsen, y llegaron exhaustos. En el viaje de regreso, los cinco exploradores quedaron paralizados por una tempestad de nieve que duró nueve días y acabó con ellos. Murieron todos de frío el 29 de marzo de 1912, aproximadamente.

Así pues, ya en 1912 se había determinado con muchos detalles la configuración de todas las zonas terrestres y marítimas de la Tierra, como resultado de cinco siglos de exploraciones más o menos continuas, realizadas principalmente por europeos, desde los tiempos de Enrique el Navegante.

Fue sólo al terminar ese periodo cuando el aeroplano, de reciente perfeccionamiento, permitió pasar sobre todos los obstáculos a gran velocidad y pocas dificultades relativamente. El 9 de mayo de 1926 dos norteamericanos, Richard Evelyn Byrd (1888-1957) y Floyd Bennett (1890-1928) volaron desde Spitzbergen hasta el Polo Norte y de regreso, sin escalas, y en un total de sólo quince horas. El primer vuelo sobre Antártida se realizó el 20 de diciembre de 1928.

En lo esencial, el mundo quedó al fin delineado en mapas.

4

La Superficie, arriba y abajo

MONTAÑAS

El horizonte del espacio terrestre no desapareció cuando toda la superficie del globo había sido ya penetrada en lo esencial y, con excepción de detalles comparativamente pequeños, se podían hacer mapas de todo el mundo con precisión razonable.

Aún quedaba lugar para la expansión.

Por ejemplo, aunque la superficie de la Tierra es prácticamente una estructura de dos dimensiones (aunque sea la superficie curvada de una esfera), tiene su parte de arriba y su parte de abajo, que representan problemas especiales. El ejemplo principal lo constituyen las grandes cordilleras.

Las montañas siempre han impresionado a la humanidad. Las grandes masas encumbradas hasta el cielo, brumosas, silenciosas, cubiertas de nieve y al parecer inconquistables, han inspirado a la gente y, a la vez, la han humillado. Por llegar a alturas inalcanzables, han parecido ser moradas dignas de los dioses más bien que de los seres humanos y la gente ha considerado con frecuencia las montañas como recinto sagrado, sentido más apropiado para ofrecer sacrificios a los dioses en las cumbres que en las planicies.

En la Biblia, Dios fulminaba desde el Monte Sinaí y fue allí donde los hijos de Israel, al decir del relato bíblico, recibieron las tablas de la Ley. La Biblia no señala el lugar de esa montaña en forma determinada, pero la tradición identifica al Monte Sinaí con uno de los picos del extremo Sur de la Península del Sinaí, a 380 kilómetros al Sur de Jerusalén. Tiene una altura de 2 285 metros y los árabes del lugar le llaman Jabel Musa ("Monte de Moisés"). El pico cercano llamado Jabel Katherina tiene una altura de 2 670 metros y sería una morada más impresionante para ser de Dios, pero no se puede ir contra la tradición.

En forma semejante, según el Libro del Deuteronomio, se ordenó a los israelitas que efectuaran diversos ritos en las cimas de las montañas de la nueva tierra que ocuparían posteriormente. El Monte Gerizim y el Monte Ebal, en el centro de Israel, fueron elegidos para ese propósito. Con el tiempo, el templo construido por Salomón en Jerusalén se convirtió en el centro del culto judío, que reemplazaba por completo a "las altas cumbres", pero entre los miembros de la secta judía de los samaritanos el Monte Gerizim continuó siendo el lugar sagrado, no obstante que su altura es de sólo 885 metros.

Los antiguos griegos consideraban que la morada de los dioses se hallaba en el Monte Olimpo, del Norte de Grecia. Tiene esa eminencia 2 900 metros de altura y es la montaña más alta de la península helénica. Igualmente, el volcán Fujiyama, de 3 775 metros de altura, es el monte más alto y más sagrado del Japón.

Con el transcurso del tiempo los conceptos religiosos se volvieron más etéreos y la morada de las deidades se trasladó de un pico terrenal al cielo mismo y aún después a un cielo trascendente que no formaba parte alguna del universo visible. Con todo, es posible sospechar que las cúpulas y las torres de las iglesias y los minaretes del Islam, así como los zigurats de Babilonia y las pirámides de Egipto son ejemplos de un esfuerzo humano por representar artificialmente las montañas en las que vivían los dioses.

Si hacemos a un lado la religión y la superstición, las cadenas montañosas impresionaron primero a los seres humanos como barreras. Esas barreras podían ser tranquilizadoras, ya que las montañas pueden servir de protección contra ejércitos invasores, o como lugares en que podía oponer una tenaz resistencia un pueblo que conociera todos sus detalles, al oponerse a invasores que los desconocieran.

Así, la cordillera alpina que se extiende en curva por el Norte de Italia protegió casi siempre a esa tierra, y esas mismas montañas siempre han sido un factor importante en la conservación de la libertad de Suiza.

Sin embargo, en ocasiones fue perjudicial sentir demasiada confianza en esas barreras. Aníbal, de Cartago, sorprendió a los romanos en el año 218 a.J.C. cuando en vez de intentar llegar a Italia por mar desde España asumió el enorme riesgo de avanzar por tierra y cruzar los Alpes.

Por lo general, no obstante, las montañas protegen. Cuando los musulmanes conquistaron España, su intento del año 711 d.J.C. de añadir a sus dominios el reino de los francos fue frustrado por los Pirineos. Se sostuvo el reino de los francos y cuando Carlomagno lanzó un contraataque, en 778, los Pirineos también lo estorbaron. Aún ahora la línea de los Pirineos señala la frontera entre Francia y España, la de los Himalayas separa a la India de China, la de los Andes a Chile de Argentina, la de los Alpes determina el límite entre Italia y sus vecinos, y podrían citarse otros ejemplos semejantes.

ASCENSIÓN DE LOS ALPES

En los tiempos antiguos y en los medievales nadie pareció haber trepado montañas por algún otro motivo que no fuera el de llegar al otro lado de ellas. Empero, en 1492 (mismo año en que Colón descubrió el Nuevo Mundo), un cortesano francés condujo a un grupo en la ascensión del Monte Aiguille (de unos 2 100 metros de altura), en el Sudeste de Francia, a 45 kilómetros al Sur de Grenoble.

Ese cortesano realizó esa hazaña porque su soberano, Carlos VIII de Francia (1470-1498) había oído decir que se suponía que a esa montaña no se podía ascender y el soberano deseaba saber si tal afirmación era verdad. Por ser rey, podía ordenar a alguien que corriera peligros y soportara los padecimientos que la aventura produjese.

El naturalista suizo Konrad Gesner (1516-1565) escaló algunas montañas alpinas en varias ocasiones, al parecer gustosamente. Escribió mucho acerca de las diferentes especies de plantas y animales que encontró, y su montañismo tenía una excusa científica, puesto que iba en busca de especies raras confinadas en las tierras altas.

Otro ejemplo de la misma actividad ocurrió en América del Norte. Allí, Darby Field, colono de New Hampshire, subió en junio de 1642 al que después se llamaría Monte Washington (de 1 917 metros de altura y el pico más elevado de lo que ahora son los estados del Noreste de Estados Unidos). Le costó trabajo persuadir a los guías indios a que lo acompañaran, pues, como no era de sorprender, los indios también consideraban a las montañas como lugares sagrados.

Sin embargo, no fue sino hasta en 1700 cuando escalar montañas se convirtió en algo más que una proeza quijotesca, que se realizaba una que otra vez. Fue por entonces cuando la ciencia de la geología –el estudio de la corteza terrestre– empezó a florecer y los hombres de ciencia se interesaron en las montañas. Estudiaban su formación, sus rocas, sus ventisqueros. Los botánicos se interesaban crecientemente en la vida vegetal que era peculiar de las montañas y los zoólogos en la vida animal.

A causa de que la ciencia moderna creció y se extendió en Europa occidental particularmente, fueron las montañas de esa parte del mundo las que recibieron de los científicos la primera atención detallada, y con especialidad los Alpes, que forman el macizo montañoso más elevado de Europa occidental.

El pico más alto de los Alpes es el Monte Blanco (su nombre en francés es Mont Blanc y *blanc*, por supuesto, se refiere al hecho de que esa cima está coronada de nieve todo el año.) Su altura es de 4 807 metros, más de dos veces la del Monte Sinaí. Se encuentra en la parte sur de Suiza, un poco al norte de la frontera con Italia, a unos 100 kilómetros al Sudeste de Ginebra. Ese monte y otros picos cercanos tienen los ventisqueros más grandes y asombrosos de los Alpes y por ello atrajeron gran atención.

En 1760, un estudiante de física, de veintiún años, procedente de Ginebra y llamado Horall Bénédict de Saussure llegó al Monte Blanco. Posteriormente, fue el profesor de física que inventó los instrumentos para medir la humedad atmosférica y también el potencial eléctrico. Fue asimismo, el primero en emplear la palabra "geología". Sin embargo, en 1760 era sólo un joven que contemplaba el Monte Blanco y pensaba que sería una hazaña maravillosa ascender hasta su cúspide.

De Saussure no se sentía con todo el valor necesario para emprender esa aventura, pero ofreció un premio en metálico a la primera persona que llegara a la cima. Transcurrieron veintiséis años antes que una persona intentara ganar ese premio. Esa persona fue Michel Gabriel Paccard, doctor francés que en 1786, acompañado por un cargador, llegó a la cúspide del Monte Blanco y ganó el premio.

Al saber que el ascenso podía realizarse, de Saussure no esperó más. Al año siguiente, aunque ya tenía cuarenta y siete años, también alcanzó la cima del Monte Blanco. Llevaba consigo instrumentos científicos para medir la presión del aire, temperaturas, etcétera. Por supuesto, desde que había visto por primera vez la montaña se había convertido en entusiasta alpinista y no desperdiciaba oportunidad alguna de estudiar las formaciones de rocas.

Notó que los estratos o capas de roca eran paralelos, pero no horizontales o aun rectos. Se curvaban en declives y ondulaciones. Primero supuso que era así como las rocas se habían cristalizado, hasta que vio que algunos de los estratos consistían en arena y pequeñas piedras no muy firmemente unidas. Comprendió entonces que los estratos no podían haber sido depositados perpendicularmente. Debieron haber estado nivelados y horizontales al principio y debieron haberse plegado y arrugado en el curso de la formación de las montañas desde terreno llano.

De esa manera la ascensión de montañas empezó a tener significado científico, pero sólo un pequeño número de montañistas pensaba en ello. El alpinismo se transformó en deporte.

En 1854 el inglés Alfred Wills conquistó el Wetterhorn, pico alpino de 3 708 metros de altura, mientras se hallaba en Suiza en viaje de luna de miel. Era extraño que alguien realizara esa proeza en tales circunstancias, pero constituyó un ejemplo de cómo ese peligroso y fatigante deporte se había apoderado de la imaginación de cierta clase de personas que encontraban irresistible el reto de la montaña.

Más y más hombres temerarios (casi siempre procedentes de las Islas Británicas, por algún motivo) llegaban a escalar cimas, por lo que los suizos empezaron a preparar a un conjunto de guías, especie de cuerpo profesional de montañistas que pudieran servir a los turistas.

Algo del placer del deporte alpino desapareció por el hecho de que el Monte Blanco, el más alto de los picos, había sido el primero en ser escalado, por lo que no había la posibilidad de establecer una nueva marca de altura. Sin embargo, la altura, por sí misma, no es siempre la verdadera medida de la dificultad.

Por ejemplo, considérese el Matterhorn, a unos 20 kilómetros al este del Monte Blanco. Tiene 4 478 metros de altura, 329 metros más bajo que el Monte Blanco, pero su cima parece estar completamente a pico y presenta un aspecto especialmente formidable, sobre todo del lado italiano. Se suponía popularmente que era inconquistable.

El artista inglés Edward Whymper (1840-1911) fue a los Alpes a pintar paisajes de montaña y le entró la fascinación del montañismo. En los primeros años de la década de 1860 hizo no menos de seis intentos de escalar el Matterhorn desde el lado italiano, y fracasó. Sin embargo, en una de esas ocasiones, logró un vistazo del otro lado de la montaña, el lado suizo, y entonces le pareció que el ascenso era menos difícil desde ese lado.

Por tanto, en su séptimo intento partió del lado suizo y el 14 de julio de 1865, a la 1:40 p.m. llegó a la cima, con seis compañeros. Sin embargo, durante el descenso, cuando los siete alpinistas bajaban en una sola fila, sujetos el uno al otro por una cuerda larga, uno de ellos, el de menos experiencia, resbaló. El objeto de la cuerda era evitar que un resbalón fuese fatal. Los demás que estuviesen atados a la cuerda se aferrarían a la falda de la montaña y el que hubiese resbalado quedaría colgado hasta que sus compañeros lo salvasen.

En esa ocasión, el resultado fue contrario. El hombre que resbaló hizo que su vecino también cayera y el peso doble arrastró al tercer hombre y luego al cuarto. Si la cuerda no se hubiese roto entre el cuarto y el quinto alpinista, todos habrían rodado montaña abajo. Murieron los cuatro que cayeron, pero Whymper y dos guías suizos se salvaron. (Circularon rumores sin fundamento de que uno de los supervivientes había cortado deliberadamente la cuerda, pero tal cosa nunca fue demostrada.)

Ese horrible accidente hizo más que ningún otro acontecimiento por idealizar el montañismo y a volverlo atractivo a aquellos para quienes el peligro es un aliciente.

Como ocurre con mucha frecuencia, cuando un acto de destreza y audacia se logra con grandes dificultades después de muchos años de intentarlo, las repeticiones se vuelven comunes, casi fáciles en comparación con el primer éxito. Sólo tres días después del ascenso de Whymper, un grupo de montañistas italianos llegó a la cúspide del Matterhorn desde el lado italiano, que era el más difícil. Actualmente, el ascenso se hace como algo ordinario durante la temporada veraniega de montañismo, y por lo menos 100 000 personas han escalado esa montaña durante el último siglo, aunque más de 90 han muerto al intentarlo.

MÁS ALLÁ DE LOS ALPES

Ya en 1870 los Alpes no representaban un verdadero reto. Demasiados picos habían sido escalados repetidas veces. Sin embargo, los Alpes no eran la cordillera más alta del mundo, y el Monte Blanco distaba mucho de ser el pico más alto.

En otras partes se habían hecho ya algunos intentos de escalamiento. Pikes Peak, de las Montañas Rocosas de Estados Unidos, había sido escalado en 1819, pero no es tan alto como el Monte Blanco.

El primer pico más alto que el Monte Blanco ascendido venturosamente fue el Monte Ararat, en lo que ahora es Turquía oriental, en un extremo del territorio que se extiende entre Irán y la Unión Soviética. Esa prominencia es de dos picos, de los cuales el más alto, llamado Gran Ararat, tiene 5 165 metros de altura, 358 más que el Monte Blanco.

Fue escalado en 1829 por el alemán Johann Jacob von Parrot. Hubo un motivo especial de ese ascenso. De acuerdo con la tradición, el Monte Ararat es aquel en el cual el arca de Noé quedó al fin varada después del Diluvio, y entre los románticos siempre ha latido la esperanza de localizar alguna reliquia de esa antigua nave.

Von Parrot no encontró vestigio alguno del arca. Desde entonces, han habido algunos otros ascensos y ocasionalmente se oyen rumores de que se han hallado algunas reliquias, pero nada en verdad convincente ha aparecido.

El pico más alto en México es el Citlaltépetl, a unos 70 kilómetros al Oeste de Veracruz y con una altura de 5 700 metros. Fue escalado por primera vez en 1848.

Con todo, sólo de 1870 en adelante los montañistas de todo el mundo empezaron a escoger grandes picos que escalar, dondequiera que estuviesen.

El Kilimanjaro es el monte más alto de África. Se encuentra en Tanzania, muy cerca, al Sur, de la frontera con Kenia, a unos 210 kilómetros al Sur de Nairobi. Su altura es de 5 895 metros. En 1889 lo escalaron los alemanes Hans Meyer y Ludwing Purtscheller.

Unos diez años después, el montañista británico Halford Mackinder subió hasta la cúspide del Monte Kenia, un poco más bajo, de 5 193 metros de altura y a 320 kilómetros del Kilimanjaro.

Sin embargo, el ascenso del Kilimanjaro no estableció una marca. Algunos montañistas habían estado haciendo ensayos en la cordillera de los Andes. Uno de los picos andinos más altos es el Chimborazo, en Ecuador, a 150 kilómetros al Sur de Quito y con una altura de 6 267 metros. Varias veces se había intentado escalarlo. De hecho, el gran geógrafo Alexander von Humboldt (1769-1859) intentó esa proeza en 1802, cuando empezaba el montañismo, y logró llegar a una altura de 5 760 metros, casi 1 000 metros más que la cima del Monte Blanco. Por no haber llegado a la cúspide, generalmente se pasa por alto esa hazaña.

En 1880, Whymper, conquistador del Matterhorn, ascendió el Chimborazo, no una vez, sino dos. Fue el primero en conquistar un pico de más de 6 000 metros.

Hay unos cuantos picos andinos más elevados que el Chimborazo. El más alto de la cordillera andina y, en realidad, el más alto que cualquier otro, con excepción de los de Asia, es el Aconcagua, en la frontera entre Chile y Argentina, 100 kilómetros al Noreste de Santiago. Tiene una altura de 6 960 metros y fue escalado por vez primera en 1897 por una expedición encabezada por el montañista inglés Edward A. Fitzgerald.

El pico más alto de América del Norte es el Monte McKinley. Está en el Sur de Alaska, a 250 kilómetros al Sudoeste de Fairbanks. Su altura es de sólo 6 194 metros, muy abajo del Aconcagua, pero la posición del Monte McKinley, no muy al Sur del Círculo Ártico, lo convierte en la cima más polar de entre las mayores del mundo, y esa circunstancia hace más difícil su ascenso. No fue sino hasta 1913 cuando un grupo de cuatro, encabezado por el ministro episcopal angloamericano Hudson Stuck (1863-1920) logró llegar hasta la cúspide de esa montaña.

En el siglo XX los montañistas se interesaron más y más en el conjunto de cordilleras de los Himalayas, donde se encuentran las montañas más altas del mundo. Existen en la Tierra unos cuarenta picos de una altura mayor de 7 000 metros, y todos ellos están en la cordillera de los Himalayas.

El primero de esos montes que pudo ser conquistado fue el Trisul, en el Norte de la India, a 300 kilómetros al Noreste de Delhi. Tiene una altura de 7 120 metros y fue escalado en 1907.

La cima más alta de la Unión Soviética es el Pico Comunismo, de 7 495 metros de altura, en la cordillera de Pamir, extensión occidental de los Himalayas. Se encuentra en la República Socialista Soviética de Tadzhik, a unos 120 kilómetros al Oeste de la frontera con China. En 1933 un grupo de escaladores soviéticos logró llegar a su cúspide.

Empero, tal ascenso no estableció una marca, pues en 1931, el Monte Kamet, a 70 kilómetros al Noroeste del Trisul, con una altura de 7 756 metros, había sido escalado. Cinco años después esa marca fue superada cuando un grupo de ingleses trepó hasta la cima del Nanda Devi, de 7 817 metros, en la misma región.

Los verdaderos aristócratas de las cordilleras eran los catorce picos de más de 8 000 metros, casi todos ellos en la frontera entre Nepal y Tíbet.

Allí está el techo del mundo, y en esa región el montañismo alcanzó un grado de dificultad comparable al de llegar a los polos. En cierto aspecto, esas montañas eran mucho peores. Por muy difícil que fuese el medio ambiente de las regiones del Polo Norte y del Polo Sur, allí al menos se podía respirar. En cambio, en los grandes picos de Nepal y del Tíbet el aire es tan ralo que el menor esfuerzo representa un gran sacrificio. A la postre, los cilindros de oxígeno se volvieron tan importantes para los montañistas como los trineos tirados por perros para los exploradores polares.

El primer pico de la categoría de los 8 000 metros que se conquistó fue el Annapurna, un poco al Norte del centro de Nepal. Su altura es de 8 078 metros y fue escalado por fin en 1950 por una expedición francesa encabezada por Maurice Herzog.

La montaña más alta del mundo está precisamente en la frontera entre Nepal y Tíber, a unos 150 kilómetros de la frontera oriental de Nepal. No fue sino hasta 1952 cuando se estableció en forma incontrovertible su primacía. La medición hecha entonces demostró que su pico más alto tenía más de 8 800 metros, y no hay ninguna otra cima más elevada. La altura exacta se reconoce ahora que es de 8 848 metros. Esa cima es 1.84 veces más elevada que la del Monte Blanco y tres veces más que la del Monte Olimpo. Los tibetanos le dan el nombre de Chomolungma ("Diosa Madre del Mundo") y en este caso el respeto que produce una montaña entre los habitantes cercanos a ella no es exagerado. En 1865 se le dio el nombre de Monte Everest, por George Everest, que fue topógrafo general de la India, de 1823 a 1843.

Los intentos de montañistas británicos por llegar a la cúspide del Everest se iniciaron en 1920. Entre los más ardientes aspirantes a ese triunfo figuraba George Leigh Mallory (1886-1924), quien, cuando se le preguntó por qué quería trepar hasta la cima del Monte Everest respondió con la frase "porque está allí", citada desde entonces infinidad de veces. Esta es la razón, desesperante (y gloriosa) de muchos de los triunfos y desastres del género humano.

En 1924, Mallory y su compañero Andrew C. Irvine, lucharon en un intento por seguir trepando desde su depósito más alto de abastos y los que quedaron atrás vieron que la pareja llegaba a menos de 330 metros de la cima, que en esos momentos se cubrió de nubes. Nunca más se les volvió a ver. En 1933 nuevamente faltó poco para que se llegara a la cúspide. En total, entre 1921 y 1938 hubo siete intentos de escalar el Monte Everest desde sus faldas tibetanas, pero todo fue inútil.

En 1939 estalló la segunda Guerra Mundial y en 1949 ocurrió la conquista del Tíbet por los comunistas chinos. Cuando los montañistas estaban nuevamente en condiciones de escalar, el Tíbet se había cerrado. En 1951 y 1952 se realizaron tres intentos desde el lado nepalés, todos en vano, no obstante que en uno de esos esfuerzos se llegó hasta 300 metros de la cumbre.

Por último, en 1953 se proyectó la más grande expedición de todas, en la que se aprovecharían todos los adelantos de la tecnología. Se emplearon cilindros de oxígeno, así como zapatos y ropa aislada, equipo de radio y otras cosas. Se establecieron ocho campamentos y la ascensión se efectuó sistemáticamente hasta que, el 29 de mayo de 1953 Edmund P. Hillary (1919-), apicultor neozelandés y Tenzing Norkay (1914-) guía nepalés, pusieron la planta en el reducido lugar más alto de la Tierra.

Desde entonces, el ascenso al Monte Everest se ha repetido casi veinte veces, y casi todos los demás picos más altos del mundo han sido escalados.

También en esta dirección el horizonte parece haber llegado a su límite.

CAVERNAS

La superficie de la Tierra, sin embargo, lleva no sólo hacia arriba, sino también, hasta cierto punto, hacia abajo, pues la corteza superior no es necesariamente sólida. Se forman huecos, ya sea porque la lava derretida se solidifica en torno de una burbuja de aire o porque algunas rocas ligeramente solubles las lixivia el agua de lluvia y los manantiales. Los resultados son cavernas.

En tiempos primitivos esas cavernas formaban cómodos refugios de seres humanos. Ofrecían protección contra predatores y el mal tiempo y se podían calentar fácilmente con hogueras. Se han encontrado en cavernas muchos fósiles y otros indicios del hombre de la era glacial y en algunas de esas cuevas hay pinturas que constituyen las primeras pruebas de las aspiraciones artísticas de los seres humanos.

Hasta donde se sabe, el conjunto de cuevas más largo del mundo es el llamado, apropiadamente, Cueva Mamut o Enorme, en Kentucky, E.U.A., a unos 135 kilómetros al Sudoeste de Louisville. Se pueden seguir los embrollados corredores, conectados unos a otros, en una extensión de 232 kilómetros, dos veces la longitud del segundo sistema de cuevas, que es el llamado Cueva Holloch, en Suiza.

La espeleología, o estudio de las cavernas, empezó a ser un estudio metódico en las postrimerías del siglo XIX, lo mismo que la exploración de las cuevas como deporte emocionante.

Desde una fecha tan lejana como el 6 de abril de 1841 un hombre llamado Antonio Lindner había penetrado en una cueva cerca de Trieste (entonces en Austria-Hungría), hasta un punto a 329 metros abajo de la entrada. Esa profundidad era la máxima a que se había penetrado hasta entonces, y esa marca perduró durante el resto del siglo XIX.

En el siglo XX ha habido una racha de exploraciones. Fue en Francia donde se hallaron las cavernas más profundas (en contraposición a las más extensas). La más profunda de esas cuevas, hasta donde sabemos, es la llamada Gouffre de la Pierre St. Martin, en los Pirineos occidentales. Del 8 al 11 de noviembre de 1969 un grupo de exploradores llegó hasta un punto a 1 173 metros debajo de la boca de la cueva.

No podemos tener la certeza de que no haya cuevas aún más profundas en alguna otra parte, aunque no es probable que las cuevas puedan ser mucho más profundas pues aumentan las presiones rápidamente a medida que se penetra a través de las capas de roca. También la temperatura aumenta aprisa y la combinación de temperatura y presión compactará y eliminará cualesquier cavidades a profundidades considerablemente mayores que las de un kilómetro. Así pues, las cavernas son fenómenos estrictamente de la superficie de la Tierra y los conceptos (que suelen hallarse en fábulas seudocientíficas de la ciencia-ficción primitiva, así como en malas cintas cinematográficas) de cavernas que conducen a un centro hueco del planeta son productos exclusivos de la fantasía.

Indudablemente, los seres humanos han excavado desde tiempos remotos en busca de agua y de minerales, y en ese empeño han excavado a veces hasta profundidades en que los vence la desesperación.

En Montana, E.U.A. se perforó un pozo, entre octubre y noviembre de 1961, de una profundidad de 2 230 metros, dos veces más que la mayor profundidad de una cueva natural.

Los hombres en busca de oro cavarán a profundidades aún mayores. En Sudáfrica están las minas más profundas. Una de ellas, en Carltonville, llegó a una profundidad de 3 540 metros, en abril de

1974. A esa profundidad la temperatura es tal que debe haber ventilación refrigerada para que los mineros puedan trabajar. Asimismo, a esa profundidad las presiones ejercidas en la roca por el peso de los estratos pétreos de arriba son tan fuertes que existe el peligro constante de que los túneles se derrumben. No es probable que los seres humanos penetren a profundidades mucho mayores sin que haya adelantos importantes en la tecnología.

Se perforan agujeros aún más hondos en busca de una de las cosas más deseadas: el petróleo. El pozo petrolero más profundo que existe actualmente está en Oklahoma y en él se alcanzó una profundidad de 9 583 metros, superior a la altura del Monte Everest.

5

El océano

LA SUPERFICIE ACUÁTICA

Hasta aquí nos hemos ocupado de la expansión del horizonte humano expecialmente en lo relativo a la superficie terrestre. Al mar lo hemos considerado simplemente como un camino, como ruta de un lugar en la Tierra a otro lugar. Pero el mar, que cubre el 70% de la superficie de la Tierra, ofrece en sí mismo un campo de estudio, un nuevo horizonte.

Los hombres han navegado por el océano, en buques de vela o de vapor, pero generalmente se han interesado únicamente por la superficie. Casi siempre han hecho caso omiso del enorme volumen de agua debajo de la superficie, dominio de los peces y de muchas otras formas de vida, mucho más ricas por su cantidad y por su antigüedad, en el trasfondo evolucionario, que la vida en tierra.

Por supuesto, los hombres no desconocen por completo el mundo acuático. *Homo sapiens* es un mamífero terrestre cabal y puede fácilmente vivir alejado del agua (salvo para beber) durante toda su existencia. Sin embargo, los seres humanos pueden, si lo desean, sumergirse en el agua e ir de un lado a otro en ese medio.

Muchos mamíferos terrestres pueden nadar fácilmente y continuar haciendo en el agua los mismos movimientos fundamentales de las extremidades que les permiten avanzar en tierra. Los seres humanos no son en eso tan afortunados. Su método de avanzar por tierra es sobre dos pies y sumamente especializado, que no sirve para avanzar en el agua. Los seres humanos, al hallarse en el agua, deben volver a la posición de los cuadrúpedos y mover sus cuatro extremidades. Eso es algo que debe aprenderse.

Sin embargo, cuando se aprende, la natación es una actividad agradable y mucha gente la disfruta cuantas veces puede.

Se puede nadar completamente sumergido. El nadador puede impulsarse bajo la superficie, o bucear después de arrojarse desde una altura. Sin embargo, el ser humano dista mucho de estar debidamente adaptado a esos propósitos. La gente puede permanecer bajo el agua sólo mientras pueda sostener la respiración y tal cosa, aun practicándola, puede hacerse durante un periodo muy limitado.

Para el ser humano ordinario, permanecer bajo el agua hasta un minuto representa un esfuerzo considerable. Los expertos, después de muchísima práctica, pueden lograr una permanencia bajo el agua de quizá dos minutos y medio. Para cualquiera, la inmersión durante cinco minutos resulta fatal. El cerebro ha consumido en ese tiempo todo el oxígeno disponible en el cuerpo y queda irreversiblemente dañado.

Naturalmente, es posible que los animales terrestres se adapten mucho mejor a la vida acuática. Los animales, terrestres mejor adaptados para ese fin son las ballenas y sus parientes. Tan adaptados están que a pesar de haber evolucionado de antepasados que fueron animales terrestres, ya no pueden vivir fuera del agua. Las ballenas conservan sus características de animales terrestres en gran parte de su forma y de su funcionamiento. Por ejemplo, tienen pulmones y respiran aire, aunque nunca están fuera del agua. Con todo, no están condenadas a la superficie, como nosotros lo estamos. El cachalote, que es la más grande de las ballenas dentadas, puede permanecer bajo el agua hasta una hora y cuarto, en tanto que la ballena de rostro ancho, como se sabe, puede permanecer sumergida hasta dos horas.

Un ser humano no puede llegar a una gran profundidad pues la presión del agua aumenta rápidamente y no tarda en poner un límite a la resistencia humana. Sin embargo, donde las recompensas son grandes los hombres extienden ese límite. Los pescadores de perlas, que recogen las ostras de fondos marinos poco profundos, pueden descender unos 15 metros o más y permanecer bajo el agua durante dos minutos antes de volver a la superficie en busca de aire. Han estado haciendo tal cosa desde los albores de la civilización, en el Mar Mediterráneo y en el Golfo Pérsico. En tiempos modernos se ha observado a buzos sin aparato alguno que nadan hacia abajo hasta llegar a una profundidad de unos 30 metros, pero el cachalote puede bucear hasta unos 900 metros en busca de alimento.

Los seres humanos pueden mejorar su desempeño bajo el agua si recurren a su ingenio. Una cubierta impermeable y transparente sobre el rostro, aunque no proporciona aire, por lo menos protege los ojos y facilita la visión. Unos protectores transparentes, de concha muy delgada, extremadamente primitivos en comparación con las normas modernas, pero útiles, los usaban desde el siglo XIV los buzos del Golfo Pérsico.

Las gafas protectoras de cristal empezaron a usarse desde la década de 1860. Allá por 1930 empezaron a emplearse unos tubos cortos, con un extremo en la boca del nadador y el otro extremo arriba de la superficie (los llamados *snorkels*, de la palabra alemana que significa "trompa") como forma de respirar sumergido. Sin embargo, ese dispositivo no permitía llegar a gran profundidad, pues la presión del agua afuera del pecho era superior a la presión adentro del pecho, y aun a poca profundidad se volvía imposible dilatar el pecho e inhalar contra la presión del agua.

En 1933 empezaron a usarse aletas de caucho, colocadas en los pies. Las gafas, los *snorkels* y las aletas permitían a los nadadores moverse bajo el agua con mayor eficiencia y durante periodos más largos que sin equipo alguno y sosteniendo simplemente la respiración. Empero, esa clase de natación podía practicarse únicamente debajo de la superficie inmediata. La expresión "buceo sin escafandra", que se aplica a esa forma de natación, indica que se efectúa únicamente bajo la "piel" del agua.

Durante la segunda Guerra Mundial entraron en acción buzos con máscaras y aletas, para reconocimiento de costas y para adherir cargas explosivas a buques, bajo la línea de flotación. A esos "hombres-rana" los emplearon primero las fuerzas armadas italianas y posteriormente otros beligerantes.

Sin embargo, lo que verdaderamente se necesitaba era contar con un nadador subacuático que no tuviera que depender del aire de la superficie, al menos durante algún tiempo. Durante la segunda Guerra Mundial los buzos sin escafandra empezaron a usar cilindros de aire comprimido que podía ser exhalado en recipientes de metal con sustancias químicas que absorbían el bióxido de carbono y permitían que el aire exhalado pudiera respirarse nuevamente. Esos sistemas fueron perfeccionados primero en 1943 por el oficial naval francés Jacques—Yves Cousteau (1910-   ). Se les llamó "*aqualungs*" y el deporte que surgió, y que se extendió mucho después de la guerra, recibió el nombre en inglés de "*scuba diving*", siendo "*scuba*" también en inglés, de "aparato autónomo para respirar debajo del agua".

Los buzos experimentados de escafandra autónoma pueden fácilmente alcanzar profundidades hasta de 60 metros y permanecer allí durante algún tiempo. Sin embargo, a mayores presiones del agua, el gas de nitrógeno se disuelve en la sangre mucho más que a presiones atmosféricas ordinarias, y tal cosa produce a la postre una especie de intoxicación que induce al buzo a sumergirse más o a permanecer bajo el agua demasiado tiempo, lo que le provoca la muerte.

Pero aun una profundidad de 60 metros es muy leve en comparación con la profundidad total del océano, por lo que hasta el mejor de los buzos de escafandra autónoma sigue estando únicamente bajo la "piel" del mar.

LAS PROFUNDIDADES MARINAS

La primera expresión de curiosidad acerca de las mayores profundidades del océano correspondió, al parecer, al filósofo griego Posidonio. Se supone que aproximadamente en el año 100 a.J.C. midió la profundidad del Mar Mediterráneo frente a la isla de Cerdeña, y que el resultado que obtuvo, traducido a medidas modernas, fue de 1.8 kilómetros.

Por mucho tiempo, ése siguió siendo el único intento, si realmente se hizo. No fue sino hasta el siglo XVIII cuando los científicos empezaron a interesarse en las profundidades oceánicas, principalmente por su interés en la fauna marina.

¿Cómo podían observar las formas de vida bajo la superficie del océano? Poco podían lograr buceando a poca profundidad y observando durante breve tiempo. ¿Por qué no proceder de modo contrario y llevar de las profundidades a la superficie los organismos vivos?

En la década de 1770 el biólogo danés Otto F. Muller (1730-1784) inventó una draga. Consistía en una red muy resistente, unida a un armazón de hierro, que podía ser arrastrada a muchos metros debajo de la superficie marina. Los organismos vivientes quedaban atrapados en la red y podían ser sacados.

El biólogo inglés Edward Forbes Jr. (1815-1854) fue uno de los que se valieron de esa draga con éxito notable. Durante la década de 1830 Forbes rastreó la fauna marina del Mar del Norte y de otras aguas en torno de las Islas Británicas. Posteriormente, en 1841, se incorporó a un buque de la Armada británica que iba al Mediterráneo oriental, donde rastreó más y mejor que nadie antes de él y estudió toda clase de organismos que sacó del fondo. Por ejemplo, llevó a la superficie una estrella de mar, desde una profundidad de 400 metros.

La vida vegetal se encuentra sólo en las capas superiores del océano, pues la luz solar no penetra a más de 75 metros, aproximadamente. La vida animal es imposible, a la postre, sin la vida vegetal. Por tanto, le pareció a Forbes que la vida animal no podía hallarse más abajo del nivel en el cual se encontraran plantas. Consideró, en efecto, que la profundidad de 400 metros en que había estado su estrella de mar era prácticamente el límite de la vida marina y que a niveles más bajos el océano carecía de vida.

Pero al mismo tiempo que Forbes decidía lo anterior surgían pruebas contrarias.

James Clark Ross, que exploraba las costas de la Antártida en 1841 (véase el capítulo anterior), se proponía hacer algo más que determinar la forma de esas costas. Trataba de descubrir también todo lo que pudiera acerca del océano frente al litoral antártico.

Si hacemos caso omiso de la dudosa historia acerca de Posidonio, Ross fue el primero en tratar de determinar la profundidad del océano. Arrojó al mar un cable largo, con una pesa, con la esperanza de que ésta llegara al fondo. También empleó dragas a mayor profundidad que cualquier otro antes que él y sacó muy diversas clases de vida marina desde profundidades hasta de 730 metros, mucho más abajo que el límite de Forbes.

El informe de Ross causó muy poco efecto al ser conocido, pero unos cuantos años después ocurrió algo al parecer completamente distinto, pero que hizo que la investigación respecto a la profundidad del mar se convirtiese en algo muy importante.

En 1844 el inventor norteamericano Samuel F.B. Morse (1791-1872) había construido ya la primera línea telegráfica, que iba de Baltimore, Maryland, a Washington, D.C., distancia de 65 kilómetros, y por primera vez la comunicación se había vuelto casi instantánea.

El telégrafo era un invento sencillo (después de convertirse en realidad) que podía extender sus tentáculos hacia afuera con una inversión relativamente pequeña. El mundo industrial de Europa y América del Norte quedó rápidamente interconectado por madejas de alambre extendido de una serie de postes clavados en tierra.

Sin embargo, algunos lugares estaban separados por trechos de agua y los postes telegráficos no podían ser clavados sobre ríos o sobre brazos de mar. Una forma de resolver esa dificultad sería cubrir los alambres con una capa impermeable y convertirlos de esa manera en "cables". Entonces esos cables podían ser tendidos a lo largo del fondo de una extensión de agua.

En la década de 1840 se tendieron cables a través del fondo del Río Hudson y del Río Mississippi, por ejemplo. En el decenio de 1850 se tendieron cables a través del Canal de la Mancha y del Mar de Irlanda. Que conectaron a Inglaterra, por telégrafo, con Francia e Irlanda.

Sin embargo, lo difícil consistía en tender un cable a través de casi 5 000 kilómetros del Océano Atlántico, que conectara a Europa con América del Norte.

Esa empresa podía ser muy importante. En diciembre de 1814 la Gran Bretaña y los Estados Unidos habían firmado un tratado de paz en Gante, Bélgica, que ponía fin a la Guerra de 1812. Pero la noticia de ese tratado no pudo llegar a los Estados Unidos hasta que un buque cruzó el Atlántico con esa información, y la travesía duró seis semanas. Antes que el barco llegara a Estados Unidos se libró la batalla de Nueva Orleans, el 8 de enero de 1815. Fue la batalla más grande y sangrienta de esa guerra, pero se riñó cuando el conflicto armado había ya terminado. Con un cable tendido a través del Océano Atlántico no podría volver a ocurrir nada semejante.

El financiero norteamericano Cyrus West Field (1819-1892) tenía la firme intención de tender un cable a través del Atlántico. En 1854 fundó una compañía norteamericana dedicada a reunir el dinero necesario para esa empresa y para realizarla. El científico británico William Thomson, Lord Kelvin (1824-1907), se ocupó de los aspectos científicos de la proeza, al idear la forma de robustecer periódicamente la señal para que sobreviviera la transmisión a través del océano sin quedar reducida a un leve murmullo ininteligible.

Por fin se tendió un cable en 1858, que iba de Terranova a Irlanda, y en la inauguración el presidente Buchanan y la reina Victoria intercambiaron saludos. Sin embargo, no tardó en gastarse el material aislante del cable, que quedó inútil.

El indomable Field, a pesar de ese revés y de la pérdida de su fortuna (que había hecho en el negocio del papel) reanudó sus esfuerzos. En esa ocasión tuvo la ayuda del *Great Eastern*, el primer barco de vapor que podía ser considerado como un gran trasatlántico, en el sentido moderno. Tenía 211 metros de eslora, muchísimo más largo y grande que cualquier otro barco que hubiese en 1858, año en que fue botado. Realmente, esa embarcación se adelantó a su tiempo y nunca pudo hacer una travesía trasatlántica completamente cargado. Fue una maravilla técnica pero un desastre económico. Sin embargo, por fin se le encontró la tarea para la que resultaba ideal: llevar toneladas y toneladas de cable que se tendería a lo largo del fondo oceánico.

En 1866 terminó el tendido del cable permanente. Siguieron otros cables hasta que, a la postre, ni el Atlántico ni ningún otro océano fue una barrera a la comunicación eléctrica.

Todo esto tuvo efectos en el conocimiento científico de las profundidades del océano. Si el cable iba a ser tendido en el fondo del mar, era indispensable saber algo acerca de la profundidad en determinados lugares, cuán plano o accidentado era ese fondo y si una ruta podía ser mejor que otra.

El hombre elegido para investigar tales cosas fue el oficial naval norteamericano Matthew Fontaine Maury (1806-1873). Retirado después de un accidente en una diligencia, en 1839, y obligado a desempeñar un trabajo de oficina, inició el estudio de los vientos y las corrientes del océano y se convirtió de esa manera en el "padre de la oceanografía".

En 1850, la parte que le correspondió en la gran empresa de tender el cable consistió en determinar las profundidades oceánicas y en preparar una carta que mostrase un perfil del fondo. En esos días, la única forma de medir la profundidad del agua en el mar era ir soltando una cuerda larga hasta que tocara fondo y a continuación enrollarla y ver lo que se había soltado.

Tal cosa no era fácil. El océano era lo suficientemente profundo para que la cuerda se volviese pesada y difícil de manejar. Además, se necesitaba mucho tiempo para soltarla y después enrollarla y nunca se podía tener la certeza de que quedase en posición vertical, pues las corrientes marinas podían hacer que colgara oblícuamente y que mostrara una profundidad mayor que la verdadera. Asimismo, siempre había la posibilidad de que la cuerda se hundiese en un abismo considerablemente más profundo que el fondo océanico principal en esos contornos, o que llegase sólo a la cima de una montaña submarina considerablemente más alta que el fondo. En términos generales se tenía la impresión de que en el fondo del océano no había absolutamente nada. Creíase que el movimiento del agua tendía a eliminar las desigualdades y que los depósitos de sedimento llenarían las hondonadas. Los comparativamente pocos sondeos que Maury podía vigilar no contribuyeron mucho, como no podían contribuir, a modificar esas suposiciones.

Sin embargo, ya en 1855 Maury había descubierto que el Océano Atlántico parecía ser considerablemente menos profundo en el centro que en los lados. A esa región central poco profunda Maury le dio el nombre de Meseta del Telégrafo, en honor del cable que llevaría mensajes telegráficos a través del océano.

Uno de los barcos que se emplearon para tomar mediciones de profundidad, o sondeos, fue el *Bulldog*, de matrícula británica, que zarpó en 1860. A bordo de ese buque se hallaba el doctor George C. Wallich (1815-1899), encargado de los descubrimientos que pudieran hacerse acerca de la fauna marina. Vigilaba en octubre cuando se lanzó al mar una cuerda en un lugar del Atlántico aproximadamente entre el extremo Norte de Escocia y la punta Sur de Groenlandia. Ese cable de sondeo llegó a una profundidad de 2 300 metros y al ser sacado se encontraron trece estrellas de mar cerca de su extremo inferior. Además, no eran estrellas de mar que hubiesen muerto y se hubiesen hundido hasta el fondo. Todas estaban vivas.

Wallich informó acerca de esto inmediatamente e insistió en que podía existir la vida animal en las frías tinieblas del mar profundo, aunque allí no hubiese plantas.

Los biólogos seguían empeñados en no creer tal cosa y uno de ellos, el escocés Charles W. Thomson (1830-1882), se propuso salir de dudas. En 1868 salió hacia el Atlántico septentrional en un barco llamado *Lightning*.

Dejó entonces resuelto el asunto sin lugar a más dudas. Al dragar en aguas profundas obtuvo animales de todas clases. Desapareció así definitivamente el concepto de Forbes de un límite a determinada profundidad.

Thomson hizo un descubrimiento especialmente importante al medir la temperatura del agua a diferentes profundidades. Hasta entonces se había creído que el agua en mar de fondo era de 4 °C, uniformemente, a cuya temperatura el agua tenía la mayor densidad y, naturalmente, buscaría el fondo. Thomson demostró que el agua, a cierta profundidad, variaba de temperatura en diferentes lugares. En algunos era considerablemente más alta que 4 °C.

¿De dónde procedía esa agua? Parecía probable que procediese de capas superiores calentadas por el Sol. Esto significaba que debía haber corrientes que llevaban el agua desde la superficie del océano hacia lo profundo. Por tanto, debía haber otras corrientes que llevaran el agua de lo profundo a la superficie. En otras palabras, el agua circulaba por todo el océano. Al comprender tal cosa empezó a tener sentido el concepto de la vida en las profundidades océanicas.

El agua en la superficie del océano disuelve oxígeno del aire. La vida animal en el mar se desarrolla con ese oxígeno disuelto. Las corrientes marinas llevan ese oxígeno disuelto hacia abajo, hasta el fondo mismo, por lo que la vida puede obtener el oxígeno que necesita, en todas las profundidades.

Además, los animales de los abismos océanicos pueden obtener alimento aunque no haya plantas. Cuando un animal se alimenta de una planta o de otro animal, pequeños trozos de lo que devora descienden poco a poco. A veces las plantas o los animales en las capas próximas a la superficie mueren sin ser devorados y caen hacia el fondo. A medida que esa materia antes viviente se desliza hacia abajo, es atrapada y devorada por animales de los niveles más bajos, los cuales a su vez contribuyen a esa llovizna de materia orgánica. Por último, esa llovizna, acrecentada o disminuida por los animales de todos los niveles, llega al fondo del océano.

Si eso fuese todo, entonces todas las sustancias químicas en las capas superficiales que mantienen la vida pasarían gradualmente al fondo del océano. Las capas de arriba quedarían agotadas y con ello terminaría la vida en la superficie, en las profundidades y en tierra. Sin embargo, las corrientes océanicas que llevan oxígeno desde la superficie hasta el fondo del mar, al volver también llevan sustancias químicas del fondo a la superficie, por lo que la vida continúa.

En 1869 Thomson zarpó en otro barco, el *Porcupine*, y logró dragar hasta a una profundidad de 4 400 metros, de donde todavía salieron diferentes especies de animales. Se sintió seguro de que la vida existía hasta el fondo mismo del océano, por profundo que fuese. Se propuso entonces emprender una magna expedición, durante la cual visitaría todos los océanos del mundo.

Thomson partió el 7 de diciembre en el barco *Challenger* y permaneció en el mar durante tres años y medio. El *Challenger* navegó por todos los océanos y en total recorrió 125 000 kilómetros. La profundidad del mar fue medida en 362 lugares diferentes. En el Océano Pacífico, que resultó ser el más profundo, además del más extenso, hubo lugares en los que el fondo se alcanzó a los 7¼ kilómetros abajo de la superficie. Aun desde la parte más profunda del océano se extrajeron entes con vida.

EL FONDO DEL MAR

Aun con la monumental tarea realizada en el *Challenger* no se obtuvo más que un leve perfil de la geografía del fondo marino. Los 372 sondeos representaron uno por cada 1 000 000 de kilómetros cuadrados de océano. Para tener una idea de lo que esto podría contribuir a determinar la configuración del fondo submarino, basta imaginar qué clase de mapa en relieve de los Estados Unidos podría hacerse si los geógrafos dispusiesen de cifras correspondientes a la altura de siete putos escogidos al azar dentro de la nación, y que únicamente contaran con esos datos.

No podía esperarse nada mejor mientras la técnica del sondeo continuara en ese nivel. Juzgar las profundidades por el solo método de arrojar cuerdas con pesas hasta alcanzar el fondo del mar, resultaba demasiado tardado, demasiado difícil, demasiado torpe. No bastaría con ese método. Afortunádamente, la técnica correspondiente no quedó estancada.

En condiciones normales el sonido viaja a la velocidad de 331 metros por segundo, equivalentes a 1 192 kilómetros por hora. Además, en ciertas circunstancias, el sonido se refleja, como puede notarse cada vez que oímos un eco de un grito, reflejado por la cara de un despeñadero. Es concebible que una onda sonora viaje tres kilómetros y sea reflejada. En ese caso el eco se oirá dieciocho segundos después. En efecto, con la determinación del tiempo que transcurra entre la emisión original de la onda sonora y su eco se podrá saber la distancia a que se encuentre el objeto que refleje la onda.

Mientras más corta sea la longitud de onda del sonido, mejor será el reflejo. Los mejores resultados se logran con ondas sonoras demasiado cortas para que el oído humano las detecte (sonido "ultrasónico").

En 1880 el químico francés Pierre Curie (1859-1906), junto con su hermano Jacques, descubrió una manera práctica de producir sonidos ultrasónicos al someter algunos cristales a una corriente eléctrica oscilante. En 1917, durante la primera Guerra Mundial, el físico francés Paul Langevin (1872-1946), discípulo de Curie, descubrió un método de transmitir una onda ultrasónica y recoger el eco. A esto se le llama "localización del eco", o "sonar", término este último formado con las siglas de "*sound navegation and ranging*", lo que en español significa "navegación y determinación de la distancia, por el sonido".

El propósito inmediato del dispositivo de Langevin era descubrir la presencia cercana de submarinos enemigos, pero cuando el inventor había reuelto las últimas dificultades en el uso del sonar, la guerra ya había terminado.

Sin embargo, el sonar podía emplearse en tiempo de paz con fines más importantes. Se le podía emplear para medir en unos cuantos segundos la distancia hasta el fondo del mar, sin temor de que las corrientes marinas fuesen la causa de un resultado falso. Además, el sonar podía dar un registro continuo de la distancia a que se hallara el fondo marino sobre el cual el barco navegara. En cinco minutos se podían obtener más detalles que los que el *Challenger* había podido reunir durante todo su viaje.

El primer barco que empleó el sonar en esta forma fue el buque oceanográfico alemán *Meteor*, que en 1922 estudió el Océano Atlántico. Al poco tiempo se hizo evidente que el fondo oceánico distaba mucho de ser plano y que la Meseta del Telégrafo no era un leve ascenso y descenso. Era realmente una cadena de montañas, más larga y escarpada que cualquier cordillera por encima del nivel del mar. Serpenteaba por toda la longitud del Atlántico y sus picos más altos salían de la superficie y aparecían como islas, entre otras las Azores, Asensión y Tristán de Cunha.

Los sondeos que se hicieron posteriormente en otras partes revelaron que la cordillera submarina no se limitaba al Océano Atlántico. En su extremo Sur da una curva en torno de África y sube por la parte occidental del Océano Índico, hasta Arabia. En medio del Océano Índico se bifurca, de suerte que la cordillera continúa por el Sur de Australia y Nueva Zelanda y de allí toma el rumbo del Norte, en un vasto círculo por todo el Océano Pacífico. Lo que en la mente del hombre comenzó como la Cordillera del Centro del Atlántico al poco tiempo se convirtió en la Cordillera Oceánica Central.

Después de la segunda Guerra Mundial los geólogos norteamericanos William Maurice Ewing (1906-1974) y Bruce C. Heezen (1924-1977) continuaron explorando con nuevo vigor los fondos oceánicos. Los sondeos detallados de 1953 revelaron un profundo cañón que iba a todo lo largo de la cordillera y precisamente por en medio de ella. Fue ese el comienzo de la idea de que la corteza terrestre está dividida en varias "placas" de gran dimensión que lentamente se mueven en relación recíproca. Tal fue la base de las "placas tectónicas" que revolucionaron la geología, al mostrar que la formación de las montañas, los volcanes y los terremotos, y aun el curso mismo de la evolución biológica depende del movimiento lento de las placas.

El nuevo conocimiento de los océanos coloca bajo una luz más firme la ya sabida geografía terrestre. Por ejemplo, el Monte Everest, con una altura de 8 847 metros sobre el nivel del mar, es el pico más alto de la Tierra, medido desde el nivel del mar. Sin embargo, el Everest se alza en la altiplanicie tibetana, la cual se encuentra a un promedio de altura de 4 800 metros sobre el nivel del mar. Si se mide el Monte Everest desde su base más bien que desde un nivel teórico del mar, su altura aproximada es de sólo 4 000 metros.

Consideremos, como contraste, la isla de Hawai, la cual es esencialmente una montaña que se eleva del agua. Su pico más alto, Mauna Kea, tiene una altura de sólo 4 205 metros sobre el nivel del mar, pero se asienta en el fondo del Pacífico y casi toda esa eminencia está oculta por el océano. De su base a su pico Hawai tiene una altura de 10 000 metros y, en esos términos, es la montaña más alta del mundo.

Si pudiéramos imaginar una Tierra seca, con sus fondos oceánicos vacíos, la elevación de Hawai desde el fondo seco sería inimaginablemente impresionante y se le consideraría sin dificultad como la montaña más grande y más alta del mundo. (Sin embargo, aun así, no sería Hawai tan difícil de escalar como lo es el Everest, pues este último, más alto con respecto al nivel del mar, tiene un pico mucho más frío e inmerso en aire mucho más ralo que el pico de Hawai).

Existen también en el océano profundos abismos, vastas ‘‘fosas’’, comparadas con las cuales el Gran Cañón de Colorado es sólo un arañazo en el suelo. Esos abismos, con fondos marinos muchísimo más profundos que los ordinarios del océano, constituyen el extremo submarino.

Las fosas marinas, todas ellas situadas a lo largo de cadenas de islas, tienen una área total que equivale a cerca del 1% del fondo oceánico. Ese porcetaje tal vez no parezca muy alto, expuesto en esos términos, pero en realidad equivale a la mitad de la superficie de los Estados Unidos.

Hay una fosa frente a las islas de Indonesia, en el Océano Índico. En el Atlántico hay fosas frente a las Antillas y las Islas Sandwich del Sur. Las fosas más profundas no es sorprendente que se encuentren en el gigantesco Océano Pacífico, frente a las Islas Filipinas, las Salomón, las Kuriles, las Aleutianas y las Marianas.

El promedio de la profundidad del Océano Pacífico es de unos 4 250 metros, pero el promedio de la profundidad de las fosas es aproximadamente del doble. En 1951, el buque oceanográfico británico *Challenger II* descubrió que la fosa de las Marianas era la más profunda. Encontró que la parte más baja de esa fosa (que ahora se llama la Sima Challenger) se hallaba a 10 900 metros de la superficie del mar. En 1959, un barco oceanográfico soviético informó que otro lugar de la Sima Challenger tenía una profundidad de 11,033 metros.

Así pues, la mayor profundidad oceánica se encuentra mucho más por debajo del nivel del mar que lo que el pico montañoso más elevado se encuentra por arriba de ese mismo nivel. Si se imaginara al Monte Everest, con la base sobre la que se levanta, encajado en la Sima Challenger, su cúspide quedaría a 2 186 metros por debajo de la superficie del océano y antes de la primera Guerra Mundial su existencia misma no podría haberse esperado, a menos que se hubiese hecho un sondeo afortunado exactamente encima de ese abismo. Ni aun el pico más alto de Hawai se elevaría sobre la superficie del Pacífico si tuviese su base en la Sima Challenger.

La distancia total vertical entre la mayor profundidad y la mayor altura es, por tanto, de 19 880 metros, y los seres humanos han sido ya capaces de medir todo ello. Si bien existen todavía algunas partes terrestres o marítimas que no han sido dibujadas detalladamente, ello obedece únicamente a que no ha habido ocasión de hacerlo. Cuando se llama la atención hacia cualquier punto del que no se ha levantado un mapa, tal labor puede realizarse sin ninguna dificultad.

NAVES DE LAS PROFUNDIDADES

Medir las profundidades es una cosa, pero enviar a seres humanos a esos abismos es algo completamente distinto y también muchísimo más difícil. En efecto, explorar las profundidades oceánicas es más difícil que escalar una montaña, aunque sólo sea por el hecho de que el agua es aún menos respirable que el aire ralo.

Los aparatos de buceo autónomo sirven únicamente para la región precisamente debajo de la superficie. Los trajes de buzo, con escafandras a prueba de agua, hacia las cuales se bombea aire, son apenas mejores en lo que respecta a la profundidad, y más estorbosos.

Como se mencionó antes, el nitrógeno a presión se disuelve en los fluidos del cuerpo mucho más que en condiciones normales. Si se reduce entonces la presión rápidamente, es decir, si alguien que ha estado sumergido a profundidad considerable es izado de repente, el nitrógeno se vuelve menos soluble al disminuir la presión y se convierte en burbujas que van a dar a las articulaciones y a los pequeños vasos sanguíneos, lo que produce dolores insoportables y, a veces, la muerte. Esa aeroembolia o parálisis de los buzos puede ser tratada únicamente por medio de la recompresión, para disolver nuevamente el nitrógeno, y después la descompresión que permita al nitrógeno salir lentamente en burbujas y ser eliminado por los pulmones en varias etapas. Resulta preferible evitar el mal por completo con una muy lenta descompresión, desde un principio.

El peligro de la aeroembolia se reduce si se emplea una mezcla artificial de gas formado con helio y oxígeno, pues el helio se disuelve en los fluidos del cuerpo en grado considerablemente menor que el nitrógeno. Con todo, el uso de aire comprimido aumenta los peligros del trabajo bajo el agua y, naturalmente, limita la profundidad a la que se puede penetrar.

Lo que se necesita es una nave de casco sólido, capaz de resistir la presión del agua, que contenga aire a la presión normal. Si, además, esa nave puede ser dirigida, recibe el nombre de "submarino".

Ese concepto es natural y muchos lo tuvieron desde los comienzos de los tiempos modernos. El inventor holandés Cornelis Drebbel (1572-1634) parece que fue el primero que construyó un submarino. Lo hizo de cuero engrasado sobre un marco de madera y entre 1620 y 1624 lo manejó a una profundidad de cuatro o cinco metros, en el río Támesis.

El motivo más potente que se tuvo en los repetidos intentos de construir submarinos fue su incuestionable utilidad en la guerra. Bajo el agua, una nave así sería invisible y podría acercarse a un barco enemigo sin ser vista y, por ejemplo, colocar explosivos abajo de su línea de flotación.

El inventor norteamericano David Bushnell (1742-1824) construyó un submarino de una sola plaza durante la Guerra de Independencia de Estados Unidos y con él trató de hundir un barco de guerra británico en el puerto de Nueva York. El submarino era de madera y lo impulsaba una hélice que se hacía girar con una manivela desde adentro. El aparato funcionó bastante bien, pero Bushnell no pudo taladrar el forro de cobre del casco de su presa. Intentó de nuevo algo semejante en la Guerra de 1812, en el puerto de New London, Connecticut, y una vez más fracasó.

Robert Fulton (1765-1815), quien se haría famoso en 1807 como constructor del primer barco de vapor suficientemente eficaz para establecer el predominio de la propulsión a vapor por mar, anteriormente trabajó en la construcción de un submarino, al que puso por nombre *Nautilus*.

Fue Fulton el primero que empleó metal para su propósito, al construir su nave con láminas de cobre sobre estructura de hierro. Lo hizo de un tamaño suficientemente grande para que tuviera un suministro de aire suficiente para cuatro hombres y dos velas durante tres horas. Tenía ese submarino una lumbrera cubierta de vidrio, para observar y, como en el caso de la nave de Bushnell, hélice de propulsión que giraba por manivela.

Construyó ese submarino en 1800, cuando Francia y la Gran Bretaña estaban en guerra. Napoleón Bonaparte, el dictador francés, se interesó en el invento durante algún tiempo. Desgraciadamente, aunque el submarino de Fulton podía hundir cualquier barco británico, no se movía lo suficientemente aprisa para alcanzar a ninguno, por lo que Bonaparte dejó de interesarse. Tampoco pudo Fulton interesar a los británicos, a quienes se dirigió después.

Regresó Fulton a los Estados Unidos y se propuso construir un submarino impulsado por vapor, lo suficientemente grande para una tripulación de cien hombres, pero murió antes de poder terminar la nave.

Durante la Guerra Civil norteamericana, la Confederación, amenazada por un bloqueo estrangulador de parte de ejército de la Unión, buscó diversas maneras de romper el cerco. Uno de esos medios fue la construcción de submarinos, programa encabezado por Horace Lawson Hunley (1823-1863), de Alabama. Se construyeron tres submarinos que tuvieron varios percances, en uno de los cuales murió Hunley mismo.

El tercer submarino, llamado *Hunley,* continuó en servicio después de la muerte de Hunley. El 17 de febrero de 1864 logró por fin el primer hundimiento atribuido a un submarino.Logró echar a pique al buque de guerra *Housatonic,* de la Unión, en el puerto de Charleston, Carolina del Sur, con la pérdida de cinco hombres. Sin embargo, la explosión acabó también con el submarino y sus tripulantes.

Julio Verne (1828-1905), escritor francés de ciencia-ficción, construyó el submarino más famoso de todos los tiempos, aunque sólo literariamente, en su novela *Veinte mil leguas de viaje submarino,* publicada en 1870. Verne había seguido los acontecimientos de la Guerra Civil norteamericana y es muy posible que los intentos de la Confederación de construir submarinos lo hayan inspirado a producir su famoso *Nautilus* (mismo nombre empleado por Fulton para su submarino, setenta años antes).

El submarino no podía ser práctico verdaderamente hasta que se encontrara la manera de impulsarlo por otro medio distinto del de la hélice movida por manivela. El motor de vapor tampoco serviría bajo el agua porque tendría que quemar combustible, el cual agotaría rápidamente el aire que hubiese en el submarino. Lo que se necesitaba era un motor eléctrico, de baterías recargables.

El primer submarino eléctrico llevó también el nombre de *Nautilus* y lo construyeron dos ingleses, en 1886. La batería se cargaba periódicamente, por supuesto, y la distancia que podía alcanzar la nave entre cada recarga era aproximadamente de 130 kilómetros.

Posteriormente se construyeron muchos submarinos, que usaban máquinas de vapor o, después, motores *diesel,* cuando navegaban en la superficie, y electricidad cuando iban sumergidos. El ingeniero norteamericano Simon Lake (1866-1945) construyó en 1897 el submarino *Argonaut,* que navegó de Norfolk, Virginia, a Nueva York, impulsado por sus propias máquinas y que fue el primero en operar con éxito en mar abierto.

Al comenzar la primera Guerra Mundial todas las principales potencias europeas tenían ya submarinos. De 1914 a 1945 fueron mejorados continuamente los submarinos y empleados casi exclusivamente en la guerra o en preparativos bélicos. Sin embargo, durante todo ese periodo siguieron siendo fundamentalmente naves de superficie. Podían sumergirse por tiempo determinado, pero invariablemente necesitaban subir frecuentemente a la superficie a recargar sus baterías.

Se logró un adelanto fundamental el 17 de enero de 1955, al ser botado el primer submarino impulsado por un reactor nuclear. Una vez más se le dio el nombre de *Nautilus* y su gran ventaja respecto a los submarinos no nucleares era que su fuente de energía no se agotaba durante largos periodos, por lo que podía permanecer sumergido hasta meses enteros, si era necesario. Los rusos construyeron su primer submarino nuclear en 1960, los británicos en 1963 y los franceses en 1969. Los reactores nucleares de esos submarinos podían funcionar hasta recorrer 640 000 kilómetros (dieciséis veces la circunferencia de la Tierra) antes de necesitar reparación general.

Los submarinos no nucleares pueden llegar a profundidades hasta de 2 500 metros, mucho más de lo que puede sumergirse una ballena, y los submarinos nucleares posiblemente penetren hasta profundidades de más de 6 000 metros.

La capacidad de los submarinos de penetrar hasta grandes profundidades es sólo incidental, puesto que su función primaria es hacer la guerra. Pero aún antes que los submarinos tuvieran reactores nucleares se construyeron dispositivos cuyo único objeto era estudiar las profundidades oceánicas. El precursor a este respecto fue el naturalista norteamericano Charles William Beebe (1877-1962), quien se interesaba en los corales y quería perseguirlos hasta sus guaridas, muy abajo de la superficie del océano.

Diseñó Beebe una esfera hermética de metal grueso, con una ventanilla de cuarzo grueso que pudiera resistir las enormes presiones de las aguas profundas. Para que tuviese ese dispositivo la mayor resistencia se le dio la forma de esfera (a sugerencia del entonces gobernador Franklin Delano Roosevelt, de Nueva York, que era amigo de Beebe). Llevaba oxígeno comprimido y sustancias químicas que absorbieran el bióxido de carbono.

Beebe le dio el nombre de "batiesfera", derivado de las palabras griegas que significarían "esfera de las profundidades". La batiesfera no era maniobrable, pues consistía simplemente en una burbuja de aire encerrada en metal, apenas lo suficientemente grande para que en ella cupieran dos hombres. Colgaba de un barco de superficie, sujeta a un cable de metal. Si las tormentas, los vientos y las olas batían el barco, o si ocurría cualquier otra cosa que provocara la rotura del cable, la batiesfera caería al fondo del océano y nadie que estuviese adentro de esa burbuja podría sobrevivir.

Con todo, Beebe y un compañero llamado Otis Barton se expusieron a ese riesgo. En su primera inmersión, efectuada el 11 de junio de 1930, alcanzaron una profundidad de 400 metros. En 1932 llegaron a los 920 metros. Beebe hizo más de treinta inmersiones y abandonó la tarea por que no producía más información importante.

Barton, en una batiesfera modificada, se hundió en 1948 hasta una profundidad de 1 370 metros.

Lo que evidentemente se necesitaba era una batiesfera maniobrable. Para comenzar, tendría que flotar a pesar del metal grueso indispensable para resistir a la presión del agua. El físico suizo Auguste Piccard (1884-1962), que había conocido a Beebe en 1933, concibió la idea de combinar la batiesfera con el principio del globo. Los globos quedaban suspendidos por un volumen de gas más ligero que el aire. Lo que se necesitaba era una batiesfera suspendida por un volumen de líquido más ligero que el agua. Con ese fin Piccard se valió de gasolina, puesta en un flotador en forma de barco, lo suficientemente grande para que resultara pequeña la batiesfera adherida firmemente al fondo del flotador.

El resultado fue el batiscafo (nave de las profundidades). El flotador, en forma de cigarro puro, contiene trece tanques, once de los cuales se llenan de gasolina y los dos restantes permanecen vacíos. El flotador puede levantar apenas el peso de la batiesfera e impedir que se hunda.

Los dos tanques vacíos del flotador pueden abrirse y permitir que se llenen de agua de mar. El peso adicional del agua de mar hunde al batiscafo hasta el fondo del mar.

Si el batiscafo se hunde demasiado aprisa, cuenta con unas 13 toneladas de perdigones de hierro adheridos a la esfera, los cuales pueden ser soltados paulatinamente. Esto aligera al batiscafo, que se hunde con mayor lentitud. Si se sueltan suficientes perdigones, el batiscafo se eleva hasta la superficie.

Después que el batiscafo ha descendido y subido hasta la superficie, el agua de mar puede ser sacada con bombas de los tanques y se puede cargar el batiscafo con una nueva dotación de perdigones, con lo que queda listo para otro descenso y ascenso.

Piccard tuvo que esperar a que terminara la segunda Guerra Mundial para poder construir su batiscafo. En 1948 terminó el primero. Fue probado, reconstruido, mejorado y, por fin, el 15 de febrero de 1954, en la primera prueba verdadera de inmersión, frente a la costa de África occidental, dos oficiales navales franceses descendieron a una profundidad de 4 050 metros y volvieron a la superficie sin percance alguno.

En 1953 se construyó otro batiscafo, aún mejor, el *Trieste,* el cual fue comprado en 1958 por la Armada de los Estados Unidos. Fue llevado a California, donde se le hicieron nuevas mejoras. Quedó así listo para la gran prueba.

Su destino fue el Pacífico occidental. Listos para abordarlo estaban Jacques Piccard (1922-   ), hijo de Auguste, y el oficial naval norteamericano Don Walsh.

A las 8:30 a.m. del 23 de enero de 1960 el *Trieste* fue puesto sobre la fosa de las Marianas y se le hizo descender 10915 metros, hasta el fondo, donde se asentó sobre cieno blando. Ese lodo se alzó y durante algún tiempo obscureció la vista, pero se asentó lentamente y al mejorar la visibilidad lo que los dos tripulantes vieron en el haz de sus faros buscadores fue un pequeño camarón rojo, de unos dos y medio centímetros de longitud, que flotaba. También vieron un pez semejante al lenguado, como de 30 centímetros.

El batiscafo expulsó entonces sus perdigones de hierro y se elevó hasta la superficie. Los dos hombres volvieron sanos y salvos a las 5:00 p.m. después de un peligrosísimo viaje de 22 kilómetros, en el que emplearon nueve horas.

La exploración del mar profundo ha causado a los científicos algunas sorpresas muy interesantes.

Sucede que en la juntura de las placas tectónicas hay una que otra vez "lugares calientes" a través de los cuales el calor se filtra hacia el océano, en forma semejante a las fuentes termales en tierra firme. En 1965 se sospechó por vez primera que existían esos lugares calientes y en los primeros años del decenio de 1970 se les descubrió.

Desde 1977 un submarino de aguas profundas ha llevado a científicos a investigar esos lugares calientes del fondo oceánico. En la boca del Golfo de California se encontraron "chimeneas" por las cuales era arrojado hacia arriba, en borbotones, un lodo caliente y humeante, que llenaba de substancias minerales el agua de mar circundante.

Esos minerales contienen mucho azúfre, y los alrededores de esos lugares calientes están llenos de clases especiales de bacterias que obtienen su energía de reacciones químicas en las que intervienen el azúfre y el calor, en vez de la luz solar. Pequeños animales se alimentan de esas bacterias, en tanto que otros animales más grandes se nutren de los pequeños.

Así se descubrió toda una nueva cadena de formas de vida que no dependen de la luz solar y de las células de las plantas sino que puede existir únicamente, por supuesto, cerca de los lugares calientes submarinos. Los hombres de ciencia hallaron almejas, cangrejos y diversas clases de gusanos, algunos muy grandes. Son especies singulares que pueden vivir en agua tan llena de substancias químicas que envenenaría a otras formas de vida.

De esta manera el horizonte humano se ensanchó hasta incluir todo el océano en su máxima profundidad, como antes se había ensanchado hasta incluir a toda la superficie del mundo, tanto la de tierra como la de mar.

Intermedio:

El horizonte de los números

NÚMEROS GRANDES

En este libro, en que investigo los horizontes de una y otra clase que han sido penetrados y ensanchados por la mente humana, es inevitable que en algunas ocasiones tenga que emplear números muy grandes y también números muy pequeños. Hasta aquí he evitado hacer tal cosa, pero unos cuantos están próximos a aparecer y, antes que ello ocurra, parece razonable considerar cómo la humanidad ha ensanchado los horizontes de los números mismos.

En tiempos prehistóricos los seres humanos no tenían necesidad de números grandes. Aún ahora hay tribus primitivas con muy pocas palabras que signifiquen números. Se sabe de algunas tribus que tienen nombres equivalentes sólo a ''uno'' y ''dos''. Para designar números superiores a dos usan la palabra ''muchos''.

Por supuesto, tal cosa no significa que los miembros de esas tribus sean incapaces de reconocer tres o cuatro objetos. Simplemente carecen de nombres para tales números, pero se las arreglan con los que tienen. Si un miembro de esas tribus presta a un amigo ''dos y dos más'' de determinado objeto, sabrá cuál es la diferencia y se sentirá sumamente molesto si su amigo le devuelve ''dos y uno más''.

Realmente, en tiempos antiguos y medievales nuestros antepasados no lo hacían mucho mejor. Contábamos únicamente con doce nombres diferentes de números y los muchos números empleados se derivaban únicamente de esos doce nombres. Diez de los nombres de números distintos corresponden, naturalmente, a los diez primeros números: uno, dos, tres, cuatro, cinco, seis, siete, ocho, nueve, diez. (Éstos son los nombres en español. Los demás idiomas tienen sus propios nombres para los mismos números.) Supuestamente contamos con diez nombres diferentes porque tenemos diez dedos en las dos manos, y si comparamos los números con los dedos es natural que demos a cada dedo un nombre diferente.

Más allá del diez tenemos nombres derivados. "Once", del latín *undecim,* significa "diez y uno". De la misma manera, "doce", del latín *duodecim,* significa "diez y dos", y "trece", del latín *tredecim,* "diez y tres". "Veinte", del latín *viginti,* quiere decir "dos veces diez". Con lo anterior en mente podemos hallar el significado de cualquier número, en términos de los diez nombres fundamentales, hasta "noventa y nueve" (nueve dieces y nueve).

"Cien", apócope de "ciento", del latín *centum*, equivale a "diez veces diez".

La palabra latina correspondiente a "mil" es *mille*, de la que se deriba "milla", que originalmente eran 1 000 pasos, o sólo la mitad, aproximadamente, de la milla moderna, que equivale a 1 609.3 metros.

Está por demás decir que la gente puede emplear números mucho mayores de "mil" sin necesidad de inventar nuevos nombres. Podemos, por ejemplo, hablar de "diez mil" o de "noventa mil" o de "mil miles".

Los griegos tenían la palabra *myrios,* que significaba "innumerable" y de allí se formó la palabra *myrias,* que significaba "diez mil". Nuestra palabra "miríada", del mismo término griego, la empleamos para designar una cantidad muy grande, pero indefinida.

El matemático griego Arquímedes (287-212 a.J.C.) compuso un tratado en el que trató de demostrar que el sistema numérico podía emplearse para nombrar cualquier cantidad, por grande que fuese, y para ello recurrió al artificio de nombrar miríadas de miríadas de miríadas, con el significado, cada miríada, de diez mil, y no intentó simplificar todo con la invención de un nombre que correspondiera a un número mayor de una miríada, con el significado de diez mil.

En Italia, en el ocaso de la Edad Media, el comercio y la riqueza crecieron a un grado en que se volvía necesario mencionar frecuentemente en la contabilidad muchos "miles de miles". Los comerciantes italianos consideraron útil inventar una palabra especial que significara "mil miles". Esa palabra fue *milione*, o sea "un *mille* grande". Por supuesto, en español ese nombre es "millón". (También en esos tiempos se adoptó ampliamente el uso de los símbolos arábigos 1, 2, 3, 4, 5, 6, 7, 8 y 9.)

En el siglo XVI era ya común en Europa el uso del "millón", y por entonces empezaba a usarse el nombre de un número aún mayor. El matemático francés Nicolas Chuquet (1450-1500) fue el primero en emplear la palabra "billón", con el significado de "un millón de millones". El prefijo "bi" procede del latín *bis*, que significa "dos veces". En otras palabras, "billón" es un número en el cual la palabra "millón" figura dos veces, o sea "un millón de millones".

En números arábigos "cien" es 100, "mil", 1 000 y "millón", 1 000 000. Si "un billón" es "un millón de millones", se escribe así, con números: 1 000 000 000 000. El significado de "un billón" en la Gran Bretaña, Alemania y otros países, es actualmente "un millón de millones". Sin embargo, en los Estados Unidos y en Francia, "un billón" significa "mil millones", o 1 000 000 000.

Después que se propagó el uso de la palabra "billón", se inventaron otros nombres, con el empleo de los prefijos latinos correspondientes a tres, cuatro, cinco, seis, etcétera. Así pues, tenemos palabras tales como "trillón", "cuatrillón", "quintillón", "sextillón", "septillón", "octillón", etc.

A la manera norteamericana, cada uno de esos nombres significa mil veces el valor del anterior, por lo que un trillón es mil billones (1 000 000 000 000), un cuatrillón es mil trillones (1 000 000 000 000 000), etc. A la manera británica, cada uno de esos nombres significa un millón de veces el valor del anterior, por lo que un trillón es un millón de billones, o un millón de millones de millones (1 000 000 000 000 000 000), en tanto que un cuatrillón es un millón de trillones (1 000 000 000 000 000 000 000 000).

El nombre del número más grande que se emplea generalmente siguiendo este sistema es "centillón". El prefijo viene del latín *centum*, que significa "cien", por lo que centillón, a la usanza norteamericana tiene cien grupos de tres ceros cada grupo, además de los tres básicos para denotar "mil", por lo que es un 1 seguido de 303 ceros. De acuerdo con el sistema británico, es un 1 seguido de 600 ceros.

Naturalmente, sería fácil inventar unos cuantos nombres de números, sin ningún límite, pero no tendría objeto hacer tal cosa, pues los hombres de ciencia han concebido un sistema mucho más apropiado y conveniente para referirse a grandes números.

El matemático francés René Descartes (1596-1650) se cansó de representar multiplicaciones repetidas de determinado número o símbolo, como, por ejemplo, $a \times a$, o $a \times a \times a$. Prefería representar tales productos como a^2 y a^3. El número arriba de la línea se llama "exponente" y esa "notación exponencial" se generalizó.

Puesto que $10 \times 10 = 100$, y $10 \times 10 \times 10 = 1\,000$, es posible representar el 100 como 10^2 y el 1 000 como 10^3. Así es fácil ver que 10 000 es 10^4, 100 000 es 10^5, 1 000 000 es 10^6, etc. Lo que hace que este sistema sea fácil de recordar y usar el exponente que representa el número de ceros después del 1, en esos números. Por ello sabemos inmediatamente que 10 000 000 000 000 es 10^{13} y que 10^{17} es 100 000 000 000 000 000. Del mismo modo, al definir el centillón como 1 seguido de 303 ceros en el sistema norteamericano, sabemos que es 10^{303}. En el sistema británico es 10^{600}.

Puesto que existe la posibilidad de confusión en el empleo de nombres correspondientes a números, ya que todos los correspondientes a cantidades mayores de un millón representan valores diferentes en diversas naciones, la notación exponencial se acepta generalmente en todas partes y así no existe ninguna ambigüedad.

La notación exponencial puede ser empleada para los números, en general. Así, 6 300 puede escribirse como 63 $\times$ 100 o 6.3 $\times$ 1 000, o aun 0.63 $\times$ 10 000. Por tanto, puede ser escrito como 63×10^2, o 6.3×10^3, o 0.63×10^4. Cualquiera de esas alternativas es correcta, pero se acostumbra escoger aquellas en la cual la porción no exponencial de la cifra está entre 1 y 10. Así, 6 300 debe escribirse 6.3×10^3.

Al escribir números grandes, o al pensar en ellos, podemos ver fácilmente que no es posible escribir o pensar algo como "el número más grande". Cualquier número que tengamos la paciencia de escribir o de pensar podrá ser superado añadiéndole 1, o podrá ser duplicado, o se le podrá añadir siempre un grupo de ceros.

Los antiguos matemáticos griegos debieron haber comprendido lo anterior, pero no fue sino hasta las postrimerías de los tiempos medievales cuando los matemáticos empezaron a ocuparse de series interminables de números que crecían constantemente y que nunca dejaban de crecer.

Por ejemplo, en 1202, el matemático italiano Leonardo Fibonacci (1170-después de 1240), introdujo lo que ahora se llama "la serie de Fibonacci". Se trata de una sucesión de números que comienza con 1,1, en la que cada número es la suma de los dos precedentes. Entonces la sucesión es 1,1,2,3,5,8,13,21,34,55,89 y así, indefinidamente.

La anterior es una serie interminable de números, o una "serie infinita", del latin *infinitus*, que no tiene fin, o "interminable".

En la década de 1680, cuando el matemático inglés Isaac Newton (1642-1727) introdujo la rama de las matemáticas llamada "cálculo", la serie infinita desempeñó una parte sumamente importante, y la cuestión de cómo simbolizar las series también se volvió importante. En el caso de la sucesión de Fibonacci, ya di la regla para generar los números sucesivos, y a continuación di la lista de los primeros once números y añadí "así, indefinidamente".

Los matemáticos, que escriben de prisa, necesitaban algo más compacto. Por ejemplo, la sucesión más sencilla es la de los números naturales: 1,2,3 y así, indefinidamente. Podría escribirse esa sucesión 1, 2, 3. . . De esa manera los puntos suspensivos indican que se continúa la lista indefinidamente.

Tal vez eso no sea suficientemente concreto. Podría escribirse 1, 2, 3,. . ., 20, lo cual significaría que se incluyen todos los números del 1 al 20, sin omitir ninguno, pero sin tomarse el trabajo de escribirlos todos. También podría escribirse 1, 2, 3,. . . , 200, o bien 1,2,3,. . ., 10 000 000. ¿Pero cómo podrán expresarse en esa forma *todos* los números, sin fin?

En 1656 el matemático inglés John Wallis (1616-1703) empleó un 8 horizontal como símbolo. Si se escribe 1, 2, 3,. . . ,∞, ello significa que la sucesión continúa indefinidamente. El símbolo ∞ significa "y así para siempre" o "así, interminablemente" o "y así, infinitamente".

El símbolo ∞ suele leerse como "infinito" o "sinfín", y existe la muy marcada tentación de considerarlo como si fuese un número, en concreto, el número más grande que existe. Por supuesto, tal cosa es errónea. El símbolo ∞ no es un número, sino una caracterización de la propiedad de lo interminable.

En realidad, existen varios grados de lo interminable. Así, podría contarse cualquier cosa (o se creería así) empleando la sucesión de los números naturales. Todos los granos de arena de todas las playas de todo el mundo; todas las estrellas en el firmamento; todos los átomos en el universo y todos los segundos en que el universo ha existido podrían ser enumerados sin agotar el sistema numérico y sin acercarse más al "infinito" que el empezar.

¡Pero no es así! El matemático alemán Georg Cantor (1845-1918) pudo demostrar en 1874 que no existe forma alguna de contar todos los puntos en una línea, por ejemplo. Cualquiera que sea el sistema empleado para contarlos, se omitirá siempre un número infinito de ellos. Toda la serie de 1,2,3,. . ., ∞ no basta para contarlos.

Esto significó que el número infinito de puntos en una línea representaba un orden más alto de infinidad que el número infinito de números en la sucesión 1, 2, 3,. . ., ∞. Cantor demostró que era lógico suponer que había una serie interminable de órdenes de infinito, de las cuales lo interminable de los números era lo de menos.

La imaginación se tambalea, pero en este libro quizá sea un alivio saber que nos ocuparemos únicamente de números finitos y que no necesitaremos adentrarnos en el asunto de la infinitud.

NÚMEROS PEQUEÑOS

Tomemos la otra dirección. ¿Cuán *pequeños* pueden ser los números?

Si nos ocupamos exclusivamente de los números enteros naturales, 1, 2, 3,. . ., ∞, 1 es entonces el número más pequeño. Por ejemplo, no se pueden tener menos guijarros que uno.

Con la salvedad de que sí se puede. Se crean números más y más pequeños por medio de la sustracción o resta. Si se comienza con cinco guijarros y se quita 1, quedan cuatro. Si se repite el procedimiento quedan tres, después dos y uno. Pero puede repetirse el procedimiento una vez más, quitar el último guijarro y quedar sin nada.

Podría argüirse que "nada" no es un número, pero los matemáticos han descubierto que si se da un símbolo a nada, ese símbolo puede ser manipulado como cualquier otro símbolo numérico (excepto que es imposible dividir entre "nada", por lo que ese proceso está prohibido).

En todos los tiempos antiguos, nadie, hasta donde sabemos, pensó alguna vez en darle a "nada" un símbolo. Sin ese símbolo, no podía surgir ningún sistema verdaderamente útil de símbolos numéricos. Egipcios, babilonios, hebreos y romanos emplearon símbolos que demandaban una estorbosa manipulación y que hacían casi imposible cualquier adelanto en las matemáticas.

Muchos sabios empleaban el ábaco para manejar números, y para representar "ciento dos" tenían que colocar una cuenta en la columna de los centenares y dos en la columna de las unidades, pero niguna en la columna de las decenas. Nunca pensaron en emplear un símbolo que representara "nada en la columna".

Esa idea la tuvo un matemático de la India (para siempre innombrado y desconocido) poco antes del año 876 d.J.C. El concepto de "nada" estaba representado por un puntito, por ser la aproximación mayor a la nada, aún visible, o bien se le representaba por un pequeño círculo, que es sólo un punto hueco y por ello, una aproximación aún a la nada. Ese símbolo lo representamos así: 0. Por tanto, ciento dos lo escribimos 102, y el 0 indica "la ausencia de cuentas en la columna de las decenas".

Los árabes tomaron la idea de los indios y la trasladaron a Europa. Llamaban los árabes a ese símbolo *sifr*, que significaba vacía (la columna vacía del ábaco). De esa palabra árabe se deriva "cifra", que indica trabajar con números, o sea "cifrar", compendiar o reducir muchas cosas, a una; o bien, significa un mensaje oculto, que debe ser "descifrado". La cifra permite distinguir entre 12, 102 y 120, por ejemplo, e hizo que el sistema numérico arábigo, con su notación posicional, resultara infinitamente superior a cualquier otro anterior.

De *sifr* procede también "cero", que es el nombre que le damos al símbolo.

Parecería que cero es ahora el número más pequeño, incuestionablemente, puesto que no puede haber cosa alguna más pequeña que nada.

Pero considerémoslo mejor. Supongamos que no tenemos dinero y que, además, debemos a alguien un peso. Tendríamos entonces menos que nada, pues si de algún modo ganáramos un peso tendríamos que desprendernos de él para pagar nuestro adeudo. Además, por supuesto, podríamos deber más de un peso, y entonces tendríamos menos que nada, en grado aún mayor.

Tenemos, pues, "números negativos", que representan tales deudas, y que podemos escribirlos -1, -2, -3,. . ., $-\infty$ y leerlos "menos uno", "menos dos", "menos tres", etc. El primero en reconocer la utilidad matemática general de los números negativos fue el matemático italiano Girolamo Cardano (1501-1576).

Sin embargo, aunque los números negativos son menos que nada, no son necesariamente números pequeños. Si debemos un millón de pesos, tendremos muchísimo menos que nada, pero tal situación no nos parecería como si tuviésemos muy poco dinero. Nos parecería como si tuviésemos un adeudo muy grande.

Es más común considerar los números pequeños como los más próximos al cero, ya sea del lado ordinario o del lado negativo. Podemos tener muy poco dinero (aunque no ningún dinero), o un adeudo muy pequeño (aunque no ningún adeudo).

Estos nos trae al concepto de las fracciones. Podemos tener una unidad de un objeto, pero si ese objeto puede dividirse, entonces podemos tener la mitad de un objeto, la cuarta parte del mismo, y así sucesivamente. Si dividimos un objeto en dos partes iguales, entonces cada parte es el resultado de uno dividido entre dos o, en símbolos modernos, 1/2, donde el guión diagonal (/) representa "dividido entre".

En forma semejante, podemos tener 1/3, o 1/4, o 1/5, etcétera. Mientras más grande sea el número de partes iguales en que dividamos la unidad original, más pequeña será cada parte. Matemáticamente, se puede dividir la unidad en cualquier número de partes, de suerte que se puede llegar a la sucesión de 1, 1/2, 1/3, 1/4,. . ., $1/\infty$.

Así como no existe en matemáticas el número más grande, tampoco existe el número más pequeño. Mientras más grande sea el número en el denominador (el número a la derecha de la línea diagonal), más pequeño será el número, y puesto que siempre se puede hacer el denominador más grandes, por grande que sea desde un principio, siempre se puede hacer el número más pequeño, por pequeño que sea desde un principio.

Podemos expresar exponencialmente números muy pequeños, así como podemos expresar de esa manera números muy grandes.

Así, 1/100 puede escribirse $1/10^2$, y 1/1 000 000 (una millonésima) puede escribirse $1/10^6$, y así sucesivamente.

Sería cómodo que pudiésemos evitar la forma en fracciones y, curiosamente, sí podemos evitarla.

Por ejemplo, 10 000 dividido entre 10 nos da 1 000, lo cual, dividido entre 10 da 100, lo cual, dividido entre 10 da 10. En otras palabras, 10^4 dividido entre 10 da 10^3, lo cual dividido entre 10 da 10^2, lo cual dividido entre 10 da 10^1. Cada vez que se divide entre diez un diez exponencial se disminuye en uno el tamaño del exponente.

Por tanto, 10^1 dividido entre diez debe dar 10^0. Sabemos que 10^1 equivale a 10 y que 10 dividido entre diez equivale a 1. Se deduce entonces que, para evitar contradicción, 10^0 es igual a 1.

Por otra parte, 10^0 dividido entre diez es igual a 10^{-1}, el cual, dividido entre diez, es igual a 10^{-2}, el cual, dividido entre diez, es igual a 10^{-3}, y así indefinidamente. Puesto que el 1 dividido entrediez es 1/10, el cual dividido entre diez es 1/100, el cual, dividido entre diez es 1/1 000 y así sucesivamente, se deduce que 10^{-1} = 1/10; 10^{-12}, y así 1/100; 10^{-3} = 1/1 000, y así indefinidamente.

Podemos también ver que si un millón es 10^6 una millonésima es 10^{-6}, y que si un trillón es 10^{12}, una trillonésima es 10^{-12}, y así sucesivamente.

Supongamos que expresamos el número en forma decimal. Con exponentes ordinarios, el exponente (como antes lo dije) es igual al número de ceros después del 1. Con exponentes negativos, el exponente es igual al número de ceros antes del 1, *siempre que se incluya un cero antes del punto decimal.*

Así, 10^1 = 10, en tanto que 10^{-1} = 0.1, y 10^{-3} = 100 000 000, en tanto que 10^{-8} = 0.000 000 01, y así sucesivamente.

¿Y si tenemos un número como 0.000 063 8 Esa cantidad es igual a 6.38 × 0.000 01 y puede expresarse como 6.38 × 10^{-5}.

Disponemos así de un arsenal de números con los que podemos continuar hacia los siempre más extensos horizontes de la exploración y del pensamiento de la humanidad.

6

Debajo de la superficie de la Tierra

EL INTERIOR SÓLIDO

La superficie de la Tierra, a cuyos horizontes nos hemos referido hasta aquí, tiene un grado de desigualdad de 20 kilómetros entre la cúspide del Monte Everest y lo más profundo de la Sima Challenger, pero esa desigualdad se vuelve insignificante en comparación con el tamaño de la Tierra misma.

La Tierra es un globo de más de 12 000 kilómetros de diámetro, y si fuese modelada en un objeto del tamaño de una bola de billar, con todas sus desigualdades de la superficie reproducidas exactamente a escala, ese modelo sería *más liso* que una bola ordinaria de billar y el océano sería una ligera capa de humedad casi inadvertida, sobre el 70% de su superficie.

Por tanto, la expansión del horizonte humano por las montañas y los océanos *sigue siendo* esencialmente en dos dimensiones. ¿Hasta dónde, entonces, puede extenderse el conocimiento humano más allá de la superficie? ¿Sabemos algo, por ejemplo, acerca del interior de la esfera sólida de la Tierra misma?

Algo sabemos acerca de la Tierra en conjunto, sólo por nuestro conocimiento de la superficie.

De la forma como los barcos en alta mar desaparecen en el horizonte, de la manera como las estrellas aparecen y desaparecen en el horizonte cuando viajamos hacia el Norte o hacia el Sur, y del contorno de la sombra de la Tierra dibujado en la Luna, la gente ha comprendido desde el tiempo de los antiguos griegos que la Tierra es prácticamente esférica. Puesto que la Tierra tiene. rotación, necesariamente habrá un efecto centrífugo, Isaac Newton fue el primero en señalarlo en la década de 1680, la superficie debe combarse más y más a medida que nos alejemos de los polos, y esa comba llegará a su máximo en el ecuador. El resultado es que la Tierra es un "esferoide achatado" más bien que una esfera. Sin embargo, la comba es tan pequeña en comparación con el tamaño de la Tierra misma, que vista desde el espacio parece ser una esfera.

Así pues, el diámetro de la Tierra es de 12 714 kilómetros de polo a polo y de 12 757 kilómetros a través del ecuador. La comba ecuatorial, a su máximo, añade 43 kilómetros al diámetro, lo que equivale a una diferencia del 0.32%.

El volumen de ese esferoide achatado es de 1.083×10^{12} kilómetros cúbicos o, en otros términos, alrededor de un billón de kilómetros cúbicos.

Algo más difícil es determinar la "masa" de la Tierra, si definimos la masa de un objeto (no con mucha exactitud, pero con la suficiente para nuestros fines) como la cantidad de materia en ese objeto.

Una forma de juzgar la masa de un objeto es midiendo la intensidad del campo de gravitación, puesto que el mismo es estrictamente proporcional a su masa. En 1798 el científico inglés Henry Cavendish (1731-1810), midió muy delicadamente la minúscula atracción gravitatoria de una esfera de plomo de masa conocida, sobre otra esfera y comparó el resultado con la atracción de la Tierra sobre esas masas. Partiendo de la mucho mayor atracción de la Tierra pudo calcular la masa mucho mayor del planeta.

La cifra inicial de Cavendish correspondiente a la masa de la Tierra fue sorprendentemente exacta, y ha sido mejorada muy poco desde entonces. La cifra aceptada actualmente es de 5.976×10^{24} kilogramos (lo cual es aproximadamente 6 cuatrillones de kilogramos).

Si dividimos la masa de la Tierra entre su volumen, obtenemos el promedio de la "densidad" de la Tierra, o sea la masa de una unidad de volumen de la Tierra. La unidad de volumen que emplearemos es el metro cúbico. El promedio de densidad de la Tierra resulta ser de 5 518 kilogramos por metro cúbico, o (en símbolos más compactos), 5 518 kg/m^3.

Es común comparar la densidad de un objeto con la del agua, que es de 1 000 kg/m^3. Así pues, el promedio de densidad de la Tierra es de 5.518 veces la densidad del agua.

Las rocas de la superficie de la Tierra tienen un promedio de densidad de unos 2 800 kg/m^3. Por tanto, las regiones más profundas de la Tierra deben tener una densidad considerablemente mayor de 5 518 kg/m^3 para producir ese resultado como promedio.

Si la Tierra fuese uniformemente rocosa, esperaríamos que la densidad aumentara con la profundidad, al oprimir el peso de los estratos más y más gruesos de arriba los de abajo y causar con ello densidades más y más grandes.

Sin embargo, las presiones que habría aun en el centro de la Tierra no serían lo suficientemente altas, a juzgar por los datos reunidos de experimentos de laboratorios de compresión de rocas con densidades suficientemente altas para producir el promedio calculado. Así pues, la conclusión es que la Tierra no es uniformemente rocosa; en alguna parte cerca del centro hay un cambio de estructura, en que debe figurar una substancia más densa que la roca.

Ocurre que una que otra vez se encuentran meteoritos en la Tierra. Esos meteoritos representan pequeños trozos de materia planetaria que ordinariamente giran en torno al Sol y que, por alguna circunstancia, chocan con la Tierra en el curso de ese girar. Los meteoritos se dividen en dos variedades principales. Algunos son rocosos y en muchos aspectos se asemejan a las rocas conocidas en la Tierra. Otros, en cambio, son metálicos y están compuestos de hierro y de níquel, semejante al hierro, en proporción aproximada de 9 a 1.

Una teoría acerca de los meteoritos (*no* la más favorecida actualmente) sostenía que tenían su origen en la desintegración de un planeta. De ser así, tal vez esas dos variedades de meteoritos representen las dos clases de sólidos que integran los planetas. En 1866, el geólogo francés Gabriel Auguste Daubrée (1814-1896), conjeturó que la porción central de la Tierra se componía de una mezcla de hierro y níquel, semejante a la de los meteoritos metálicos.

Tal suposición parecía lógica y ha sido la más aceptada hasta ahora. De ser así, la densidad del centro de la Tierra debe ser de unos 11 500 kg/m^3 o casi dos veces la densidad de las rocas de la superficie.

TERREMOTOS

¿Qué podemos decir de los detalles concernientes al cambio de densidad a medida que se acorta la distancia al centro de la Tierra? Si cambia la estructura terrestre, si hay una variación más o menos rápida, de roca a metal, debe haber también un cambio rápido en la densidad. ¿Cómo se puede estudiar la estructura sólida de la Tierra, en busca del lugar y el alcance de ese cambio repentino? Para hacer tal cosa debe encontrarse algo que penetre en los estratos profundos, que pueda ser detectado después que haya penetrado y que pueda experimentar cambios al hacerlo, de suerte que proporcione los informes deseados.

Es el caso que *sí* existe ese fenómeno.

Las placas de la corteza terrestre, que se desplazan lentamente, suelen trabarse y después deslizarse lentamente, al frotarse unas contra otras. Esos deslizamientos producen potentes vibraciones que llamamos terremotos. La fuerza de las vibraciones disminuye con la distancia, por lo que los daños ocurren únicamente en las cercanías del deslizamiento. Sin embargo, las vibraciones pueden registrarse a gran distancia, casi desde todas partes del mundo, si el terremoto es suficientemente violento.

En la Tierra hay un millón de terremotos cada año, con inclusión de por lo menos diez desastrosos y cien graves, por lo que este fenómeno obliga a los científicos a prestarle especial atención.

El geólogo inglés John Michell (1724-1793) fue el primero en conjeturar, en 1760, que los terremotos eran olas provocadas por el deslizamiento de masas de muchos kilómetros de roca muy por debajo de la superficie, y en 1855 el físico italiano Luigi Palmieri (1807-1896) ideó el primer "sismógrafo", para estudiar esas ondas.

En su forma más sencilla, el sismógrafo consiste en un bloque de gran masa, suspendido de un resorte comparativamente débil, desde un soporte encajado con firmeza en la roca. Cuando la Tierra se mueve el bloque suspendido permanece quieto por su inercia. Sin embargo, el soporte se mueve con el movimiento de la Tierra. Ese movimiento se registra en un tambor que gira lentamente, por medio de una pluma adherida al bloque estacionario. Actualmente los sismógrafos suelen emplear un rayo de luz que deja su huella en papel sensible, para evitar el arrastre de la pluma sobre el papel.

El ingeniero inglés John Milne (1850-1913), valiéndose de sismógrafos de su propio diseño, demostró en forma irrefutable, en la década de 1890, que era correcta la descripción de Michell de los terremotos como ondas propagadas por el cuerpo de la Tierra. Milne fue el precursor en el establecimiento de estaciones sismográficas en diversas partes de la Tierra. Más de 500 de esas estaciones existen ahora dispersas en todos los continentes, incluido el de la Antártida.

Los estudios sismográficos demostraron que las ondas de los terremotos son de dos clases generales, las "superficiales" y las "profundas". Las superficiales siguen la curva de la corteza terrestre, en tanto que las profundas van por el interior del planeta. El camino que siguen por el interior, es por así decirlo, un atajo, por lo que esas ondas llegan primero al sismógrafo. El grado en que las ondas profundas preceden a las superficiales en el registro de determinado sismógrafo constituye una indicación de la distancia a que se encuentra la fuente, o "epicentro", del terremoto.

A su vez, las ondas profundas son de dos clases: las primarias "ondas P" y las secundarias "ondas S". Las primarias, al igual que las ondas sonoras, viajan por la compresión alternativa y la expansión del medio, más bien que por la compresión y el aflojamiento, como de acordeón. Tales ondas pueden pasar por entre cualquier medio, sólido, líquido o gaseoso.

Por otra parte, las ondas secundarias tienen la forma muy conocida de culebreo en ángulo recto respecto a la dirección por la que avanzan. Pueden viajar por entre sólidos y a lo largo de la superficie de los líquidos, pero no pueden viajar por entre el cuerpo de un líquido o por entre un gas.

Las ondas primarias se mueven más aprisa que las secundarias, y esto da también una idea respecto a la distancia del epicentro de un terremoto.

La velocidad de las ondas primarias y de las secundarias queda afectada por las propiedades del material por el que ambas clases pasan. Si ese material es uniforme en sus propiedades, las ondas viajan en línea recta. Si cambian las propiedades del material, las ondas siguien un sendero curvo, y de la índole y extensión de esa curva y de los cambios en la velocidad del avance pueden casarse deducciones respecto al cambio en las propiedades del material a través del cual han pasado las ondas. De esa manera las ondas telúricas pueden servir de sondeos investigadores de las condiciones en las profundidades de la Tierra.

Una onda primaria cerca de la superficie viaja a 8 kilómetros por segundo (o, más concisamente, a 8 km/s). A 1 600 kilómetros abajo de la superficie su velocidad, a juzgar por los tiempos de llegada, debe ser de unos 13 km/s. En forma semejante, una onda secundaria tiene una velocidad de unos 4.5 km/s cerca de la superficie y de 6.5 km/s a una profundidad de 1 600 kilómetros. Puesto que el aumento de la velocidad es una medida del aumento en la densidad, podemos calcular la densidad del material que existe mucho más abajo de la superficie.

En tanto que en la superficie la capa rocosa de la Tierra tiene un promedio de densidad de 2 800 kg/m^3, a 1 600 kilómetros de profundidad, esa densidad llega a 5 000 kg/m^3 y a 2 900 kilómetros abajo, a cerca de 6 000 kg/m^3.

A la profundidad de 2 900 kilómetros hay un cambio abrupto. Las ondas secundarias no se transmiten en forma alguna en lo más profundo. Se interpreta que esto significa que en esas profunidades la substancia de la Tierra es líquida. El cambio es marcado y parece haber una alteración abrupta en las propiedades, tan abrupta que a esa alteración se le llama "discontinuidad". Su nombre completo es "discontinuidad de Gutenberg", por el geólogo alemán Beno Gutenberg (1889-1960), quien en 1814 demostró su existencia.

Más abajo de la discontinuidad de Gutenberg está el "núcleo líquido" de la Tierra. En las profundidades mayores, dentro de los 1 300 kilómetros del centro planetario, el núcleo tal vez sea sólido. Esto fue señalado por vez primera, con base en la conducta de las ondas telúricas, por el geólogo danés Inge Lehmann, en 1936.

Arriba de la discontinuidad de Gutenberg está el "manto" de la Tierra.

La densidad de la Tierra salta de unos 6 000 kg/m^3 arriba de la discontinuidad de Gutenberg, a cerca de 9 000 kg/m^3 más abajo, si nos guiamos por los datos de las ondas telúricas, lo cual indicaría un cambio pronunciado en la estructura química. Esto concuerda con el concepto de que en la discontinuidad de Gutenberg el manto rocoso se convierte de repente en un núcleo líquido de níquel y hierro. (Se argumenta ahora acerca de si el núcleo es completamente metálico o si tiene cierta mezcla de azúfre u oxígeno, y en qué proporción.)

Aunque el manto es innegablemente de índole rocosa, parece ser distinto de las rocas superficiales de la Tierra (si juzgamos comparando el comportamiento de las ondas de los terremotos que pasan por entre ambos) con mayor contenido de magnesio y hierro y menos contenido de aluminio.

Así pues, el manto no se extiende hasta la superficie de la Tierra. El geólogo croata Andrija Mohorovicic (1857-1936), al estudiar las ondas producidas por un terremoto en los Balcanes, en 1909, llegó a la conclusión de que debe haber un marcado aumento en la velocidad de esas ondas en un punto cercano a los 32 kilómetros debajo de la superficie de la Tierra. A eso se le llama ahora la "discontinuidad de Mohorovicic", que señala la superficie superior del manto terrestre. Arriba se encuentra la "corteza" terrestre. (Coincidentemente, el núcleo, el manto y la corteza tienen casi las mismas proporciones relativas que la yema, la clara y el cascarón del huevo de gallina.)

La corteza terrestre no tiene el mismo espesor en toda la superficie del planeta. La discontinuidad de Mohorovicic está mucho más abajo de la superficie en las zonas continentales que bajo el océano. Y en los continentes se hunde especialmente en las regiones montañosas. En realidad, existe cierta simetría, pues mientras más alta es la superficie terrestre por encima del nivel del mar, más baja es la discontinuidad de Mohorivicic. Así, la corteza tiene un espesor de hasta 65 kilómetros bajo las cadenas montañosas, de 35 kilómetros en zonas continentales bajas y de sólo 13 a 16 kilómetros debajo de zonas oceánicas.

El espesor de la corteza en las zonas oceánicas incluye el del agua por encima del fondo marino. Así pues, bajo las profundidades oceánicas, la porción sólida de la corteza tal vez no tenga un grosor mayor de 5 kilómetros.

En la década de 1960 hubo entusiasmo respecto a la posibilidad de perforar el fondo marino hasta llegar al manto, con objeto de sacar a la superficie material que sirviera para determinar el grado de exactitud de las conclusiones teóricas. De haberse hecho esa perforación habría representado la penetración más profunda en las entrañas de la Tierra que realizara el hombre. Sin embargo, ese programa fue abandonado.

No obstante, aun si el programa se realiza en el futuro, no parece probable que los seres humanos puedan penetrar por medio de instrumentos (y mucho menos por medio de alguna clase de vehículo) más abajo del límite superior del manto. Tampoco puede imaginar nadie honradamente que el avance tecnológico bastará para realizar ese propósito si se consideran las propiedades extremas de las profundidades sólidas de la Tierra.

7

La atmósfera de la tierra

ARRIBA DE LA SUPERFICIE TERRESTRE

Si el sendero hacia abajo, hasta las entrañas de las estructuras sólidas de la Tierra parece representar severas limitaciones a la penetración humana, ¿qué podrá decirse del sendero hacia arriba, que lleva a la atmósfera?

En cierto modo, los seres humanos pueden explorar las alturas atmosféricas, y lo han hecho al escalar montañas. Sin embargo, esta clase de exploración puede efectuarse únicamente en los puntos precisos de la superficie de la Tierra en los cuales existan montañas, y al hacer tal cosa el pie humano sigue firmemente plantado en el suelo.

¿No existe forma alguna en que los hombres puedan declarar su independencia del suelo y elevarse materialmente en la atmósfera? Hacer tal cosa ha sido un sueño de libertad de los humanos desde los tiempos más remotos, y la posible capacidad de hacerlo la sugirió lo que podían ver los hombres en torno a ellos.

La atmósfera *puede* sostener objetos. El viento puede llevar objetos ligeros por el aire: hojas, plumas, semillas. Más impresionante es el hecho de que existen animales adaptados a deslizarse grandes distancias por el aire. Algunos ejemplos son las ardillas voladoras, los falangeros voladores y aun los peces voladores.

Más impresionantes todavía son los verdaderos voladores, animales que por esfuerzo muscular pueden moverse por el aire independientemente de las corrientes de aire, o aun contra ellas.

Cuatro grupos separados de animales han evolucionado independientemente mecanismos de vuelo. De ellos, un grupo es invertebrado, el de los insectos. Tres clases de vertebrados han evolucionado mecanismos de vuelo. Entre los reptiles figuran los pterosaurios, extintos desde hace varios millones de años. Entre los mamíferos se encuentran los murciélagos. Por último, los más sorprendentes de todos son casi todas las clases de aves.

En tanto que los pájaros podían fácilmente, al parecer sin esfuerzo, hender la atmósfera, los seres humanos se limitaban a soñar en poder hacer lo mismo.

Sin embargo, no es fácil sostener un objeto pesado suspendido contra la gravedad por medio del apoyo de un medio tan ralo como el aire. Ello se había logrado únicamente porque los animales voladores eran de tamaños comparativamente pequeños.

Los insectos son los más pequeños entre las diferentes clases de animales voladores, porque tienen un mecanismo de respiración menos eficiente que el de los vertebrados, y no podrían producir la energía necesaria para mantener en rápido movimiento a todo aquello que tuviese más que una pequeña masa. El insecto de mayor masa que existe es el escarabajo goliat, que llega a pesar hasta 100 gramos.

Los vertebrados voladores, con pulmones eficientes y alas provistas de soportes en el interior del cuerpo, ligeras pero fuertes, pueden ser considerablemente más grandes. Aunque hay murciélagos más pequeños que los insectos más grandes, los murciélagos más grandes (como algunos que se alimentan de fruta, en Indonesia) llegan a pesar hasta 900 gramos.

Algunas aves son más grandes. Las aves voladoras de mayor peso son las avutardas Kori, de las que se sabe que por lo menos alguna de ellas llegó a pesar 24 kilogramos. Algunos de los pterosaurios extintos quizá se hayan aproximado a esa masa, y recientemente se ha informado del descubrimiento de restos fósiles de uno muy grande que posiblemente haya tenido una masa aún mayor, aunque existe cierta duda respecto a si los grandes pterosaurios realmente volaban, o si simplemente se deslizaban.

Probablemente no sea aventurado decir que en toda la historia de la evolución biológica en la Tierra es dudoso que el vuelo se haya desarrollado en ningún animal con peso superior a los 30 kilos.

Por esta razón no parece haber la posibilidad del vuelo humano en cualquier forma que se asemeje a la de los pájaros, pues aun un pequeño humano adulto pesará casi seguramente más de 35 kilogramos, y el adulto norteamericano medio pesará el doble.

Sin embargo, hasta los tiempos modernos la gente no tomó en cuenta lo anterior. Cuando los antiguos griegos relataban el mito del gran inventor Dédalo, decían que éste había escapado de Creta porque había construido un par de alas para él (y otro par para su hijo Ícaro). Esas alas consistían en un armazón ligero, al cual se le adherían plumas pegadas con cera. Se creía que eran las plumas las que conferían el don de volar.

Los artistas que sentían la necesidad de indicar la facultad supernatural de los ángeles de volar, al darles alas, los representaban con largas alas de ave, sin privarlos de los brazos, al parecer sin darse completa cuenta de que así convertían a los ángeles en seres de seis extremidades. (Por otra parte, a las hadas, especialmente si se les imaginaba pequeñas, se les proveía de diáfanas alas de insecto, en tanto que a los demonios se les daban las alas correosas de los murciélagos.)

Se imaginaba que otros animales con una masa muy superior a la del hombre eran capaces de volar. Había, por ejemplo, el caballo volador llamado Pegaso, que figuraba en los mitos griegos; los dragones voladores, enormes reptiles, extrañamente reminiscentes del pterosaurio, que se sostenían en el aire con alas de murciélago, representadas con frecuencia de un tamaño ridículamente pequeño. Uno de los famosos cuentos de *Las mil y una noches* pintó al "roc", pájaro volador tan grande que sus huesos eran del tamaño de una casita, y tan fuerte que podía levantar a un elefante con una garra y a un rinoceronte con la otra, y alejarse volando sin soltar a sus presas. Se cree que el roc fue inspirado por el epiorno de Madagascar (que se extinguió recientemente), que fue el ave más grande que nunca haya existido. Tenía hasta 3 metros de altura y pesaba hasta 450 kilogramos, pero era completamente incapaz de volar.

Se soñaba que hasta algunos objetos inanimados eran capaces de volar, como, por ejemplo, las alfombras voladoras de la leyenda y la fantasía.

FLOTACIÓN HUMANA

Indudablemente, los seres humanos podían hacer objetos que volaran, en cierto modo. Puesto que se sabía que el viento levantaba objetos livianos y planos (livianos para que no se requiriera mucha fuerza y planos para que aprovecharan tanto viento como fuese posible), tendría que ocurrírsele a la gente estirar papel, o su equivalente, a través de un endeble marco de madera, y sujetar todo ello a un cordón largo, para sostenerlo. De esa manera, lo que resulta es una cometa o papalote.

El empleo de papalotes se remonta a los tiempos prehistóricos, en Asia oriental. Según la tradición occidental, el papalote fue inventado por el filósofo griego Arquitas de Tarento (400-350 a.J.C.), en el Sur de Italia.

Los papalotes fueron empleados secularmente, principalmente

como diversión, aunque era posible darles usos prácticos. El papalote puede sostener en alto una linterna, que sirva de señal a la tropa y que sea visible en una amplia zona. También puede el papalote llevar una cuerda liviana a través de un río, cuerda que puede servir para hacer cruzar otras más gruesas, para iniciar la construcción de un puente.

El primer intento de empleo de papalotes para la exploración de las propiedades de las alturas atmosféricas se realizó en 1749, año en que el astrónomo escocés Alexander Wilson (1714-1786) les adhirió termómetros, con la esperanza de medir la temperatura en las alturas.

Mucho más significativo fue el trabajo del sabio colonial norteamericano Benjamin Franklin (1706-1790), quien en 1752 elevó un papalote cuando amenazaba tormenta y cargó de electricidad una botella de Leyden, con lo que demostró que el relámpago es una descarga eléctrica. Así inventó el pararrayos y eliminó gran parte del terror que causaba el trueno. Fue esa la primera victoria de la ciencia sobre una calamidad natural.

No transcurrió mucho tiempo antes que los seres humanos llegaran personalmente a las alturas de los papalotes.

Dos franceses, Joseph Michel Montgolfier (1740-1810) y su hermano menor, Jacques Etienne (1745-1799), observaron la manera como el humo de un incendio atraía objetos livianos y los elevaba por los aires. Les pareció a los hermanos que el aire caliente era más ligero que el aire frío y que flotaba sobre éste, así como la madera flotaba sobre el agua. Era natural suponer que si se sostenía una bolsa ligera con la abertura hacia abajo, sobre una hoguera, se llenaría esa bolsa con gases calientes y se elevaría, hasta que esos gases se enfriaran y no tuviesen ya fuerza de levitación.

El 5 de junio de 1783, en el mercado de la población en que vivían, los hermanos llenaron de aire caliente una gran bolsa de lino, la cual se elevó 450 metros y flotó hasta una distancia de casi 2.5 kilómetros, en diez minutos. Fue ése el primer globo aerostático.

Parecía obvio que si se suspendía una góndola liviana del fondo de la bolsa, también se elevaría esa góndola y cualquier peso razonable que la misma contuviese. El 19 de septiembre de 1783 los hermanos Montgolfier fueron a Versalles, sede del gobierno francés y ante una audiencia de notables personalidades hicieron una demostración con un globo grande con góndola en la que pusieron una oveja, un gallo y un pato, primeros animales terrestres convertidos en aeronautas.

Los primeros seres humanos ascendieron el 21 de noviembre de 1783. Ante 300 000 fascinados espectadores, entre quienes se encontraba Benjamin Franklin, se elevó un globo lleno de aire caliente producido por una gran hoguera, que hizo un vuelo de 19 kilómetros en veintitrés minutos.

Sin embargo, el aire caliente es un medio ineficiente de elevación. No es mucho más ligero que el aire frío, por lo que carece de gran fuerza de ascensión, y la poca que tiene se disipa al enfriarse el aire caliente.

El gas llamado hidrógeno había sido producido y estudiado en 1766 por Henry Cavendish. Era entonces, como ahora, el más ligero, con una densidad de sólo 1/14 de la del aire. Por tanto, el hidrógeno tiene, por lo menos, tres veces más fuerza de ascensión que el aire caliente, aunque no esté más caliente que el aire en torno a él, por lo que no necesita ser calentado y nada pierde al enfriarse.

Cuando el físico francés Jacques Alexandre Charles (1746-1823) se enteró de los ascensos en los globos de los hermanos Montgolfier, sugirió el empleo de hidrógeno, y ese consejo fue seguido antes que terminara el año. En diciembre de 1783, Charles mismo, junto con un amigo, fue el primero en elevarse sobre la superficie de la Tierra en un globo de hidrógeno. Los aeronautas volaron a merced del viento 24 kilómetros y descendieron en una población rural, en la que los aldeanos, horrorizados por la aparición de lo que debió haberles parecido un dragón celestial, se lanzaron valerosamente contra el globo, armados de horquillas, y "lo mataron".

Las ascensiones en globo se pusieron de moda como deporte que combinaba la novísima sensación de ir a la deriva por el aire y contemplar la superficie de la Tierra desde muy alto, con la no menos excitante sensación de peligro, que acrecienta más el placer de algunos.

También se apreció inmediatamente el valor del globo como instrumento de exploración. En 1784, a menos de un año de la innovación, el médico norteamericano Joe Jeffries (1745-1819) hizo una ascensión en globo sobre Londres, y llevó consigo un barómetro, otros instrumentos y un dispositivo para atrapar aire a diferentes alturas.

Ese mismo año, el aeronauta francés Jean Pierre Blanchard (1750-1809), inventó el paracaídas. Ese dispositivo permite que un hombre flote en el aire y descienda lentamente, suspendido de una gran tira curvada de lino, seda u otro material que atrapa el aire, con lo que aumenta considerablemente la resistencia del aire y se reduce la velocidad de la caída y, en consecuencia, se aterriza con suavidad. Blanchard mismo dio el primer salto en paracaídas en 1784 y sobrevivió sin percance alguno.

Quedó rápidamente demostrado que el globo podía rivalizar con el montañismo como medio de estudiar las capas superiores de aire. En 1804, el químico francés Joseph Louis Gay-Lussac (1778-1850) ascendió unos 7 kilómetros por encima de la superficie terrestre y volvió con algunas muestras de aire. La altura a que llegó es casi una vez y media más que la del Monte Blanco. Además, ese ascenso en globo fue mucho más rápido, menos penoso y, en general, menos peligroso que lo que hubiera sido el ascenso del Monte Blanco. Asimismo, el globo podía estudiar el aire en cualquier parte, en tanto que al escalar el Monte Blanco sólo se podía estudiar el aire en ese pico.

El globo fue el primer dispositivo que llevó a las alturas a seres humanos, pero no el único. Al avanzar el siglo XIX, algunas personas hicieron experimentos con "deslizadores" o planeadores, que son esencialmente papalotes lo suficientemente grandes y fuertes para sostener el peso de un ser humano.

Sobresalió en este aspecto el ingeniero aeronáutico alemán Otto Lilienthal (1848-1896), quien empezó a diseñar planeadores en 1877. En 1891 se lanzó en su primer vuelo en deslizador y logró un éxito notable.

Volar en planeador no es una experiencia tan pasiva como lo es ascender en globo. El piloto de planeador puede, dentro de ciertos límites, manejar las alas y los controles de su aparato en forma tal que dirija su vuelo. Planear se convirtió en deporte peligroso que hizo furor en la década de 1890, como lo había hecho un siglo antes el ascenso en globo. Lilienthal se lanzó al aire más de dos mil veces hasta que, en 1896, cuando probaba un timón de nuevo diseño, se estrelló y murió a consecuencia de sus lesiones.

VUELO HUMANO

¿Cómo podría controlarse verdaderamente un artefacto aeronáutico? Supongamos, por ejemplo, que la góndola de un globo llevara una máquina de vapor que hiciera girar una hélice. ¿No se lograría así que el globo avanzara por el aire a semejanza de como el mismo dispositivo hacía que un barco avanzara por el agua? De esa manera se tendría una "aeronave".

Pero lograr tal cosa no fue sencillo. La máquina de vapor es pesada y tendría que consumir grandes cantidades, también pesadas, de leña o de carbón. Levantar todo eso sería un problema. Pero en 1876 el inventor alemán Nikolaus August Otto (1832-1891) construyó el primer motor práctico de combustión interna, el cual podía ser más ligero y más potente que una máquina de vapor. El concepto de la aeronave se acercó más, de esa manera, al reino de lo posible.

El globo mismo, inevitablemente esférico, no es aerodinámicamente eficiente. Empujarlo por el aire significaría una resistencia aérea innecesaria. El inventor alemán Ferdinand von Zeppelin (1838-1917) tuvo la idea de colocar un globo, o varios globos, dentro de una cubierta metálica en forma de cigarro puro, de suerte que pudiera hender el aire con el mínimo de resistencia.

Por supuesto, se necesitaría un metal que fuese al mismo tiempo liviano y resistente. Para ese fin, el aluminio parecía satisfactorio. En 1886 se le había producido por primera vez en grandes cantidades, por un método ideado independientemente por el químico norteamericano Charles Martin Hall (1863-1914) y el químico francés Paul Louis Héroult (1863-1914).

El 2 de julio de 1900 uno de los cigarros de aluminio de Zeppelin se elevó. Llevaba debajo una góndola en la que un motor de combustión interna hacía girar unas hélices. Esa aeronave voló con buen éxito y aunque se estropeó un poco al aterrizar, esa hazaña representa el primer vuelo *con motor*. A esa aeronave se le llamó también "globo dirigible" (es decir, globo que podía ser conducido de un lugar a otro) o simplemente "dirigible". En honor de su inventor también se le llamó "zeppelin".

Durante casi cuarenta años los dirigibles fueron objetos hermosos e impresionantes que surcaban los cielos, aunque no se les veía con mucha frecuencia. El más famoso de ellos fue el *Graf Zeppelin* alemán, nombrado así por su inventor. Sin embargo, esos enormes objetos eran vulnerables a las tormentas y a frecuentes accidentes. El último ocurrió en 1937, cuando el dirigible alemán *Hindenburg* se incendió y quedó destruido. Desde entonces, el dirigible grande, como aeronave de pasajeros, desapareció.

Al mismo tiempo que se construía el primer dirigible relativamente práctico se hacían otros intentos de construir lo que podría llamarse un "planeador dirigible", al montarle un motor de combustión interna.

El astrónomo norteamericano Samuel Pierpont Langley (1834-1906) trabajó muchos años en ese empeño, y entre 1897 y 1903 construyó tres aparatos de esa índole, y en cada ocasión sucesiva fracasó por un margen más y más pequeño.

Los hermanos Wilbur Wright (1867-1912) y Orville Wright (1871-1948) eran de oficio reparadores de bicicletas y de vocación entusiastas de los vuelos en planeador. También ellos se esforzaban por construir un planeador con motor. Siguieron los pasos de Langley, introdujeron muy acertadas correciones en el diseño e inventaron un dispositivo que fue el predecesor de los alerones, o sea los extremos movibles de las alas que permiten al piloto controlar más fácilmente el aparato. Además, construyeron un túnel aerodinámico en el cual podrían poner a prueba sus modelos, diseñaron nuevos motores de relación muy baja, sin precedente, entre el peso y la potencia y, en un periodo de ocho años, no gastaron en sus experimentos más de mil dólares.

El 17 de diciembre de 1903, en Kitty Hawk, Carolina del Norte, Orville Wright piloteó el primer vuelo de un dispositivo más pesado que el aire e impulsado por motor. A ese dispositivo se le dio el nombre de "aeroplano". Lo que lo sostiene en el aire es el movimiento rápido del aire debajo de las alas.

El primer vuelo duró casi un minuto y avanzó sólo 260 metros, pero señaló el camino a todos los demás que siguieron. Unos doce años después los aeroplanos combatían en duelos sobre Europa y daban un toque romántico a la estupidez y a los sufrimientos de la primera Guerra Mundial. En 1927, el aeronauta norteamericano Charles Augustus Lindbergh (1902-1974) voló sin escalas a través del Océano Atlántico, de Nueva York a París, y con esa proeza el aeroplano alcanzó realmente su mayoría de edad.

LA ATMÓSFERA SUPERIOR

Hasta los comienzos de los tiempos modernos se daba por sentado que el aire que cubría la superficie terrestre se extendía indefinidamente hacia arriba y llenaba el universo, por lo que llegaba a la Luna, los planetas y los límites siderales.

Indudablemente, si los cuerpos celestes pasaran a través del aire al girar en torno a la Tierra, la resistencia del aire haría que esos cuerpos perdieran energía, que giraran en espiral hacia adentro rápidamente y que chocaran con la Tierra. El hecho de que tal cosa no ocurría era prueba suficiente de que los cuerpos celestes *no* pasaban a través del aire. Sin embargo, esto no pareció claro antes de fines del siglo XVII, cuando empezaron a comprenderse bien las leyes del movimiento.

Así pues, cuando algunos autores antiguos imaginaron viajes a la Luna y más allá, creyeron que necesitaban únicamente algún dispositivo para viajar a través del aire.

Los primeros cuentos de autor conocido acerca de viajes a la Luna los escribió el autor satírico griego Luciano de Samosata (120-180) allá por 165 d.J.C. En su relato *Icaromenipo* describe a un filósofo que viaja a la Luna valiéndose del ala de un buitre, de un lado, y el ala de una águila, del otro. En otra obra posterior, *Verdadera historia,* Luciano describe un barco atrapado en un remolino, dentro del cual, al cabo de un viaje de una semana, llega a la Luna.

En 1532 el poeta italiano Ludovico Ariosto (1474-1533) escribió *Orlando furioso,* obra en la cual su protagonista. Orlando, llega a la Luna en la misma carroza que llevó al profeta Elías al cielo.

El primer cuento concerniente a un viaje a la Luna, escrito en inglés, fue el de Francis Godwin (1562-1633) y se publicó póstumamente en 1638. Se tituló *The Man in the Moon* (El hombre en la Luna) y su figura principal es arrastrada a la Luna en un vehículo enganchado a unas enormes aves semejantes a cisnes, que se decía emigraban a la Luna.

No obstante, cinco años después llegó el momento en que cambiaron todas las ideas concernientes a este asunto. El físico italiano Evangelista Torricelli (1608-1647), demostró que el peso del aire era suficiente para sostener una columna de mercurio de 76 centímetros de altura. Así pues, el peso de una columna de aire tenía que ser igual al de esa columna de mercurio. La densidad del mercurio es 11 450 veces mayor que la del aire en el nivel del mar, por lo que, si el aire tuviese una densidad uniforme, independientemente de la altitud, la columna de aire que se necesitaría para igualar 76 centímetros de mercurio tendría que ser de 8.7 kilómetros de altura. Lo anterior fue la primera indicación de que la atmósfera era sólo un fenómeno local, que representaba una capa relativamente leve, en torno de la Tierra, y que más allá se hallaba el vacío.

Por supuesto, la atmósfera no tiene densidad uniforme. En el nivel del mar se encuentra bajo el peso de todas las capas de aire de encima, capas que la comprimen hasta su densidad particular. Al subir uno más y más en el aire, más y más de la atmósfera queda abajo, y es menos y menos la presión que la restante atmósfera puede ejercer. La presión del aire disminuye con la altura y lo mismo sucede con la densidad.

Lo anterior quedó demostrado por la observación, en 1646, cuando el matemático francés Blaise Pascal (1623-1662) envió a su cuñado a que ascendiera por una colina cercana y se valió de dos barómetros. Así registró la constante disminución de la presión del aire a medida que se ascendía.

Como resultado de esta caída de la densidad, la atmósfera está esparcida sobre un volumen mayor, y su altura es considerablemente más que los 8.7 kilómetros que tendría si estuviese en condiciones de densidad constante. Sin embargo, la disminución de la densidad es tal que, en cualquier sentido práctico, la atmósfera sigue siendo una capa extremadamente tenue, que cubre la superficie de la Tierra. A una altura aproximada de 8 kilómetros es tan leve que apenas basta para sustentar la vida. Por ese motivo son necesarios cilindros de oxígeno para escalar los altos picos del Himalaya.

No bastaron estos conocimientos acerca de la índole de la capa atmosférica y de las enormes distancias de vació entre los cuerpos celestes para detener completamente a los escritores de ciencia-ficción.

Después de la invención del globo, pareció ser ése el método ideal para alcanzar grandes alturas. Los remolinos de viento, las aves y las alas desaparecían. En fecha tan reciente como 1835, Edgar Allan Poe (1809-1849) publicó el cuento *Hans Pfaall*, en el cual su héroe llega a la Luna en globo. Poe toma en cuenta la decreciente densidad del aire, pero pretende resolver ese problema por medio de lo que llama un "condensador" que comprime el aire en torno del globo. En la vida real, por supuesto, no existen tales "condensadores", ni siquiera ahora, y son pocas las probabilidades de que puedan existir en el futuro, por lo que la altura máxima a que pueden llegar los globos es muchísimo menor que la distancia que nos separa de la Luna.

Desde luego, surge el problema de la respiración. En 1875, tres aeronautas franceses alcanzaron una altitud de unos 9.6 kilómetros en un globo, cerca de 800 metros más arriba que la cúspide del Everest. Desgraciadamente, dos de esos aeronautas no sobrevivieron a esa rigurosísima prueba. El superviviente, Gaston Tissandier (1835-1899) pudo describir los síntomas de insuficiencia de aire y por ello se le considera ahora como el padre de la "medicina de aviación".

Los aeroplanos no están tan bien provistos para los vuelos de gran altura como lo están los globos. Al elevarse y volverse el aire más ralo, los aviones deben ir más aprisa para poder conservar su fuerza de ascensión, lo cual limita la altura que pueden alcanzar. En general, si se pretenden alcanzar grandes alturas se debe recurrir al globo.

Pero si habrían de elevarse más los globos que la marca de 9.6 kilómetros establecida por Tissandier, era evidente que las góndolas abiertas tendrían que desaparecer. Se necesitaban cabinas herméticas que mantuvieran dentro de ellas la presión del aire en el nivel normal. Esto significa que habría que absorber el bióxido de carbono al mismo tiempo que se renovara el oxígeno.

Ese problema no era tan difícil como el de impedir que se escapara el aire normal dentro de un submarino. En un submarino, la presión externa puede elevarse a muchas atmósferas. En la góndola de un globo la presión externa no puede bajar a menos de cero atmósferas. Por tanto, la diferencial en un submarino puede ser de muchas atmósferas, mientras que en la góndola de un globo siempre es de menos de una atmósfera.

Además se encontraron mejores materiales para la fabricación de globos. La seda es bastante pesada por el grosor y las capas indispensables en la construcción de un globo lo suficientemente grande para que pueda elevarse a grandes alturas. Por otra parte, la seda, aunque su tejido sea muy apretado, es algo porosa al hidrógeno. Así pues, el globo pierde hidrógeno y absorbe, en cambio, aire, por lo que gradualmente disminuye su fuerza de ascenso. Al avanzar el siglo XX se facilitó el uso de plástico en la fabricación de globos. Las telas de plástico podían ser más delgadas y más ligeras que la seda, y al mismo tiempo lo suficientemente fuertes para el propósito de los globos y además, menos porosas que la seda.

Uno de los peligros de los globos, lo mismo que de los dirigibles, se hallaba en lo inflamable del hidrógeno. Puede haber incendios como resultado de chispas accidentales. Por ejemplo, un fuego de hidrógeno destruyó al *Hindenburg*.

En 1895 el químico escocés William Ramsey (1852-1916) descubrió el gas raro helio, inferior en baja densidad únicamente al hidrógeno. La densidad del helio es dos veces la del hidrógeno, pero aún así, el helio tiene más de nueve décimas del poder de ascensión del hidrógeno. Su ligera inferioridad en fuerza de ascenso respecto al hidrógeno está compensada con creces por el hecho de que el helio es absolutamente inerte, y por ello no se inflama. Tampoco se cuela por la envoltura del globo con la facilidad del hidrógeno.

En 1931, Auguste Piccard, quien posteriormente diseñaría el batíscafo, empleó un globo de plástico con góndola hermética y ascendió 15.8 kilómetros, casi dos veces la altura del Monte Everest, en un vuelo que duró dieciocho horas.

Fue ésa la primera vez que seres humanos, o cualesquier otros seres vivientes (con excepción, tal vez, de esporas microscópicas llevadas por el viento) ascendieron más arriba de las más altas nubes.

Los cambios que caracterizan el estado del tiempo –formación de nubes, precipitación pluvial, turbulencia– ocurren en el nivel más bajo de la atmósfera. Por tanto, esta región más baja recibió el nombre de "tropósfera" ("esfera de cambio"), en 1908, por el meteorólogo francés Léon Teisserence de Bort (1855-1913).

Al límite superior de la tropósfera lo llamó Teisserence de Bort "tropopausa". La altitud de la tropopausa varía con la latitud, desde una altura de aproximadamente 16 kilómetros en el ecuador, hasta sólo 8 kilómetros en los polos.

Creía Teisserence de Bort que arriba de la tropopausa la atmósfera rala carecía de turbulencia y cambio, y que existía en capas quietas. Le llamó "estratosfera" ("esfera de capas"). Fue en la estratosfera donde Piccard efectuó venturosamente la primera penetración humana.

Los globos han llegado aún más alto. En 1961, un globo tripulado por dos oficiales navales norteamericanos alcanzó una altura de 34.668 kilómetros, y en 1966 se estableció la marca extraoficial de 37.7 kilómetros. Algunos globos sin tripulantes han llegado a alturas de casi 47 kilómetros, o sea cinco veces la altura del Monte Everest.

ONDAS DE RADIO Y ELECTRONES

No parece probable que los globos, o cualquier otro dispositivo que requiera aire para mantenerse a determinada altura sobre la superficie terrestre vaya a llegar considerablemente más alto de las marcas establecidas, en las últimas dos décadas. Sin embargo, existen formas indirectas de estudiar la atmósfera a alturas aún mayores.

El 12 de diciembre de 1901 el ingeniero electrotécnico italiano Guglielmo Marconi (1874-1937) logró enviar señales de radio desde

Inglaterra hasta Terranova, a través del Océano Atlántico. Esta proeza se considera usualmente como representativa de la invención de la radio. Esas señales de radio son transmitidas utilizando ondas de radio, semejantes a las ondas de luz, pero alrededor de un millón de veces más largas.

Al igual que las ondas luminosas, las de radio viajan en línea recta, por lo que una transmisión de ondas de radio no debería captarse más allá del horizonte. Sin embargo, las señales de Marconi viajaron de Inglaterra a Terranova siguiendo la curvatura de la Tierra.

El ingeniero electrotécnico angloamericano Arthur Edwin Kennelly (1861-1939) y su colega inglés Oliver Heaviside (1850-1925) sugirieron independientemente en 1902 que las ondas de radio eran reflejadas por iones (fragmentos atómicos con carga eléctrica), y que debe haber una capa de iones en lo alto de la atmósfera que refleja las ondas de radio. (A esto, con el tiempo, se le llamó la "capa Kennelly-Heaviside".) Al rebotar entre la capa Kennelly-Heaviside y la superficie terrestre, las señales de radio podrían viajar en torno del globo.

El físico inglés Edward Victor Appleton (1902-1965) al estudiar la manera como las ondas de radio interferían unas con otras en 1922 presentó pruebas convincentes de que eran exactas las suposiciones teóricas de Kennelly y Heaviside y de que, en efecto, existía en la atmósfera superior una capa cargada de iones. En 1924 estaba ya en condiciones de demostrar que la capa Kennelly-Heaviside se hallaba a unos 95 kilómetros arriba de la superficie terrestre. También presentó pruebas de la existencia de regiones aún más altas, cargadas de iones (las "capas Appleton") y, en 1926, demostró que algunas de esas capas se hallaban hasta a 240 kilómetros de altura.

La porción de la atmósfera que se encuentra a alturas de entre 50 y 300 kilómetros arriba de la superficie de la Tierra se llama "ionosfera".

La densidad de los gases de la ionosfera es de sólo la milmillonésima de la densidad de la atmósfera en el nivel del mar, pero esto es, sin embargo, mucho más que los vapores ultratenues del espacio exterior profundo, y lo suficientemente denso para producir fenómenos perceptibles fácilmente.

Por ejemplo, la Tierra está siendo bombardeada sin cesar por minúsculas partículas de materia (probablemente residuos de cometas desintegradas hace muchísimo tiempo) que entran en la atmósfera como "aerolitos" del tamaño de la cabeza de un alfiler, o aún más pequeños. Al viajar por la atmósfera a velocidades de 20 kilómetros por segundo, o más, comprimen y calientan los gases que encuentran a su paso, gases que alcanzan entonces temperaturas a las cuales fulguran y pueden ser descubiertos desde la Tierra a simple vista y llamados "meteoros" y "estrellas fugaces". Esos meteoros brillan y se queman cuando se encuentran aún en la ionosfera. No sólo demuestran la existencia de tenues gases en la región que nos protege de los múltiples bombardeos de partículas minúsculas, sino también suministran datos concernientes a esos gases.

A alturas todavía mayores se producen fenómenos claramente visibles.

Dichos fenómenos dependen del hecho de que la Tierra misma es un imán, lo cual quedó ampliamente demostrado en 1600 por el físico inglés William Gilbert (1544-1603). Esto significa que la Tierra está rodeada por líneas magnéticas de fuerza, como en el caso de un imán.

Un objeto en movimiento, cargado de electricidad, obra recíprocamente con las líneas magnéticas de fuerza y debe gastar energía para cruzar esas líneas. Tales objetos cargados de electricidad necesitan menos energía para moverse a lo largo de líneas de fuerza que para cruzarlas (de la misma manera que se requiere menos energía para caminar por un piso nivelado que para subir o bajar escaleras).

Toda la materia está compuesta de átomos, los cuales, a su vez, están compuestos principalmente de tres variedades de "partículas subatómicas". De esas partículas, dos llevan carga eléctrica. El "protón" lleva carga positiva y el "electrón" lleva carga negativa.

El electrón, identificado y estudiado por primera vez en 1897 por el físico inglés Joseph John Thomson (1856-1940) es mucho más ligero que el protón, pues posée únicamente el 1/1 837 de la masa del átomo de hidrógeno (el más pequeño de los átomos). Al electrón, a causa de su ligereza, lo desvían con mucha facilidad las líneas magnéticas de fuerza y tiende a correr a lo largo de esas líneas en espirales apretadas.

Las líneas magnéticas de fuerza de la Tierra van del Polo Norte magnético al Polo Sur magnético, y se acampanan mucho en el espacio exterior entre los dos polos. El Polo Norte magnético está en el estremo septentrional de Canadá y el Polo Sur magnético en el borde de la Antártida. Las líneas magnéticas de fuerza se curvan hacia abajo, en dirección de la Tierra en las dos regiones polares, y los electrones atrapados en esas líneas de fuerza se mueven también hacia abajo.

Al ir hacia abajo los electrones, llegan a los confines superiores de la atmósfera, donde chocan contra átomos. Parte de la energía de esa colisión se convierte en destellos de luz. Por ese motivo hay en las regiones polares iluminaciones visibles durante las largas noches.

Esas luces con las "auroras", palabra latina con el significado de la primera luz del día, pues los viajeros que iban hacia el Norte veían la mortecina luz del horizonte septentrional y creían que se trataba del alba que rompía en dirección errónea. Las "luces del Norte", del Ártico, son la "aurora boreal" y las "luces del Sur", del Antártico, son la "aurora austral".

Las franjas luminosas de colores cambiantes de las auroras son hermosísimas, y la altura a que son visibles se extiende desde unos 100 kilómetros hasta extremos de 1 000 y aun 2 000 kilómetros. A esas alturas extremas quedan todavía suficientes átomos atmosféricos dispersos para permitir que los veloces electrones choquen y produzcan un efecto visible.

A la región que está más allá de la ionósfera, capaz de producir efectos de aurora, se da el nombre de "exósfera". La exósfera se desvance imperceptiblemente en el vacío del espacio interplanetario. (Este vacío no es la verdadera nada o vacuidad. Hasta a distancias enormes de cualquier planeta hay una dispersión extremadamente grande de diversas clases de átomos, pero no los suficientes para producir auroras visibles.)

Así pues, podemos afirmar que la atmósfera de la Tierra, juzgada por sus efectos perceptibles, se extiende hacia arriba, desde la superficie del planeta, unos 2 000 kilómetros. En consecuencia, según los cálculos más extremos, la atmósfera de la Tierra es un fenómeno local que se extiende a sólo alrededor de 1/200 de la distancia que nos separa de la Luna. Además, los globos sin tripulantes han ascendido a menos de 1/8 000 de la distancia a la Luna, y los globos con tripulantes, a sólo 1/10 000 de esa distancia.

8

Más allá del globo

ACCIÓN Y REACCIÓN

Para aquéllos que nada veían más allá del globo debió haber parecido que el horizonte de la humanidad estaba sumamente limitado hacia arriba, tal vez para siempre.

Sin embargo, supongamos considerar la locomoción.

Cuando caminamos nos movemos hacia adelante empujando hacia atrás contra el suelo, con los pies. Quien no vea la importancia de este empuje, que trate de caminar sobre hielo muy liso, donde, a causa de la falta de fricción, los pies no pueden apalancarse sobre la superficie que pisan. El que camine en una superficie de esa índole se resbalará hacia un lado o hacia otro y probablemente caerá, sin lograr avanzar. Esto se aplica a todos los animales terrestres, ya sea que caminen como nosotros, o que corran como los caballos, o que salten como los canguros, o que se arrastren como las serpientes.

De manera semejante, avanzamos en el agua empujando hacia atrás con manos y pies, como lo hacen los peces con la cola, las focas y los pingüinos con sus aletas, las ballenas con su aleta de la cola, etcétera.

Las hélices de los diversos aparatos son analogías mecánicas de las aletas de animales marinos y de las alas de las aves.

Mientras podamos avanzar *únicamente* empujando hacia atrás contra el medio en que viajemos, el espacio exterior nos planteará un grave problema. El espacio exterior es fundamentalmente un vacío sin nada contra lo que se pueda empujar.

No obstante, es posible el movimiento espacial, puesto que tanto la Luna como la Tierra se mueven en el espacio, se han movido en él duante miles de millones de años y muy probablemente continuarán moviéndose en él por otros muchos miles de millones de años.

En el caso de los cuerpos celestes, la velocidad es decisiva. Si la Luna perdiera lentamente velocidad en su movimiento en torno de la Tierra (como ocurriría si se moviera por el aire), su girar se convertiría en espirales interiores hacia la Tierra, contra la que chocaría tarde o temprano. En forma semejante, si la Tierra perdiera velocidad trazaría espirales hacia el Sol y chocaría contra él.

Si, de alguna manera, un vehículo terrestre cobrara suficiente velocidad, podría entrar en órbita en torno a la Tierra y permanecería girando indefinidamente (si estuviese lo suficientemente alejado para evitar la pérdida de energía a causa e la fricción con los vestigios de aire en la atmósfera superior). El mínimum de velocidad necesaria para entrar en órbita es de unos 8 kilómetros por segundo. Una velocidad de 11.2 kilómetros por segundo ("velocidad de escape"), permitirá a un vehículo alejarse de la Tierra indefinidamente.

Si un vehículo cobrara simplemente suficiente velocidad para entrar en órbita y no pudiera hacer ninguna otra cosa por falta de un medio contra el cual empujar, tendría que limitarse a responder a los campos gravitatorios. Quedaría en "caída libre", moviéndose automáticamente en alguna órbita, como la Luna en torno a la Tierra y ésta en torno al Sol.

Un vehículo en órbita y caída libre en torno a la Tierra podría ser, no obstante, enormemente útil aunque no pudiese maniobrar. Podría llevar instrumentos que nos dirían mucho acerca de las condiciones que privan en el espacio, informes que no podríamos obtener de aparatos instalados en tierra.

Así pues, se trataba de saber si un vehículo podría ganar suficiente velocidad para entrar en órbita a una altura lo suficientemente grande para permanecer allí durante un periodo considerable.

Mientras empleáramos dispositivos que avanzan empujando contra un medio, parecería imposible lograr tal cosa. El aparato más rápido hecho por el hombre que avanza empujando hacia atrás es el aeroplano, impulsado por hélices, y la mayor velocidad lograda por tales aviones es de unos 0.25 kilómetros por segundo. Esa velocidad representa únicamente 1/32 de la velocidad necesaria para colocar un objeto en órbita en torno a la Tierra. No era probable que ningún adelanto que se lograra en el aeroplano impulsado por hélices aumentara en forma significativa esa velocidad máxima.

¿Existe alguna forma de avanzar sin empujar contra el medio en que se avanza?

¡La respuesta es que sí existe! Existe un organismo viviente que emplea un medio de propulsión fundamentalmente diferente de todos aquellos que he descrito hasta aquí.

El pulpo puede impulsarse hacia adelante expulsando un chorro de agua hacia atrás. El movimiento hacia atrás del chorro queda compensado por el movimiento del pulpo hacia adelante. Parecería que el chorro de agua empuja contra el resto del medio líquido, de suerte que el pulpo sea impulsado hacia adelante, pero tal no es el caso. Si el pulpo se hallara en el vacío (y si pudiera sobrevivir en tales condiciones) y si tuviese agua que arrojar hacia atrás, seguiría pudiendo avanzar hacia adelante, aunque el chorro de agua arrojado no tuviese nada contra qué empujar.

Así, imaginémosnos sentados en una superficie sin fricción, como un piso sumamente encerado, un estanque helado y liso, o algo semejante, tan falto de fricción que no pudiéramos impulsarnos empujando con las manos contra la sustancia en la cual estuviésemos sentados, sencillamente porque las manos se deslizarían por esa sustancia inúltimente.

Imaginemos, además, que tenemos sobre las piernas un montón de piedras bastante pesadas. Si arrojamos una de esas piedras en determinada dirección veremos que nos deslizamos lentamente en la dirección opuesta. Si arrojamos una segunda piedra, una tercera y una cuarta, todas en la misma dirección nuestra velocidad se volverá mayor con cada piedra arrojada. Esto no ocurre porque la piedra arrojada empuje contra el aire. Ocurriría aunque estuviésemos dentro de trajes espaciales protectores y estuviésemos sentados en el vacío. Realmente, ocurriría mejor en el vacío, porque no habría resistencia del aire que estorbara el movimiento de la piedra o de nosotros.

Este método de comenzar desde el reposo y producir movimiento en dos direcciones opuestas es un ejemplo de lo que se llama la "ley de la conservación del momento". A este ejemplo de dicha ley se le llama también "ley de la acción y la reacción", expuesta por primera vez en forma sistemática por Newton, en 1687. Otro nombre que recibe es "tercera ley del movimiento, de Newton".

(Para comenzar diremos que la ley de la acción y la reacción era meramente teórica en lo concerniente al espacio, ya que Newton nunca estuvo en el espacio para poner a prueba ese concepto, pero desde entonces ha sido plenamente comprobada y puede tenerse la certeza de que, en efecto, así es.)

El mismo principio podía emplearse en los aeroplanos. Supongamos que el combustible se quema dentro del motor y los gases calientes de escape se envían forzados y con rapidez hacia atrás, a través de un soplete que forme un "chorro" de gas a alta velocidad. El empuje hacia atrás de ese chorro lanza al avión hacia adelante.

El primero que inventó un motor práctico de propulsión a chorro, destinado a aviones, fue el ingeniero británico Frank Whittle (1907-). En 1930 obtuvo la patente del dispositivo esencial. Los alemanes fueron los primeros en hacer volar un avión de propulsión a chorro, en agosto de 1939, y los siguieron los británicos, en mayo de 1941. Al poco tiempo los norteamericanos también tenían esos aparatos y en las postrimerías de la segunda Guerra Mundial los aviones de propulsión a chorro se empleaban en combate.

La propulsión a chorro se perfeccionó rápidamente. En el transcurso de unos cuantos años los aviones de retroimpulso volaban más aprisa que los de hélice, y la aviación aérea comercial desechó todas las demás clases de vuelo para viajes largos y se extendió el uso de aeronaves muy grandes y muy veloces.

El 14 de octubre de 1947 el piloto norteamericano Charles E. Yeager (1923-) voló a una velocidad superior a la del sonido, algo que se calificó como "rompimiento de la barrera del sonido". Alcanzó una velocidad de 1 080 kilómetros por hora en condiciones de temperatura de aire y de presión en las cuales la velocidad del sonido era de 1 060 kilómetros por hora.

Posteriormente, los aviones a chorro han alcanzado velocidades hasta de 7 250 kilómetros por hora, o aproximadamente 2 kilómetros por segundo, pero aun esa velocidad representa sólo la cuarta parte de la necesaria para lanzar un objeto y ponerlo en órbita en torno de la Tierra.

Para lograr la velocidad necesaria contribuiría un dispositivo que pudiera acelerar a grandes alturas, donde la resistencia del aire es lo suficientemente baja para no interferir demasiado (o para no calentar el dispositivo peligrosamente). Sin embargo, el avión de propulsión a chorro necesita oxígeno para que su combustible se queme, y ese oxígeno debe proceder de la atmósfera. Si el avión estuviese lo suficientemente alto para acelerar con facilidad sin temor a la resistencia y el calor, no habría suficiente presión del oxígeno en la atmósfera exterior para permitir que se quemara el combustible.

Ni siquiera los aviones de propulsión a chorro parecen ser la solución del problema de la exploración del espacio.

COHETES EN EMBRIÓN

Entonces, lo que se necesita es un dispositivo que aplique el principio de la propulsión a chorro y que queme algo que no necesite oxígeno atmosférico.

La primera sustancia que se encontró que ardiera sin oxígeno de la atmósfera fue una mezcla de nitrato de potasio (salitre), azufre y carbón vegetal. El azufre y el carbón vegetal son inflamables, es decir, que se combinan rápidamente con el oxígeno. El oxígeno puede obtenerse del nitrato de potasio, donde se encuentra en combinación química con el potasio y el nitrógeno. Cuando las tres sustancias se mezclan en las proporciones correctas y se calientan, la combinación química es muy rápida y conduce a la producción de un gran volumen de vapor.

Esa mezcla es la "pólvora". Si esa mezcla se pone en un lugar cerrado ocurre, no obstante, la rápida evolución del gas, al calentarse, pues no hace falta el oxígeno atmosférico. La presión del vapor que se forma muy probablemente romperá el recipiente, junto con un fuerte estallido. La pólvora fue el primer "explosivo" que se descubrió.

La pólvora fue descubierta en China durante la Edad Media y se supo de ella en Europa en el siglo XII. Durante unos seis siglos, desde entonces, fue el único explosivo conocido.

Si se pone pólvora en un cilindro, con una pequeña abertura en uno de los extremos, la mezcla se enciende, los vapores empujan con fuerza hacia afuera de la pequeña abertura y el cilindro mismo se mueve rápidamente en la otra dirección. El resultado es un "cohete".

Los cohetes aparecieron por primera vez en la guerra en 1232, cuando los chinos los emplearon contra los mongoles atacantes. Después, por espacio de varios siglos, se emplearon cohetes en forma esporádica. Gradualmente se les hizo más grandes y potentes y con la aplicación del principio del cohete se enviaron masas de raudos proyectiles contra fuerzas enemigas. En la década de 1790 los ejércitos indios de Tipu Sahib (1751-1799) los emplearon contra los británicos.

William Congreve (1771-1828), oficial británico de artillería, después de hacer experimentos con cohetes, se dedicó a mejorarlos. En 1805 construyó un cohete de un metro de longitud, con una vara estabilizadora que lo hiciera seguir en la dirección en que había sido apuntado, sin saltar ni desviarse. La vara misma tenía una longitud de 5 metros y el cohete un alcance de 1.8 kilómetros.

Los llamados "cohetes Congreve" los emplearon los británicos en bombardeos, durante las guerras napoleónicas. También los usaron en el bombardeo del Fuerte McHenry, del puerto de Baltimore, durante la guerra de 1812 entre los Estados Unidos e Inglaterra. Francis Scott Key (1779-1843), que observó el bombardeo y compuso los versos conocidos como "La bandera de las barras y las estrellas" en esa ocasión, mencionó "el fulgor rojo de los cohetes", al referirse a los de Congreve.

Otra forma de lanzar proyectiles a gran velocidad contra fuerzas enemigas era la artillería convencional. Determinadas cantidades de pólvora se colocaban en un cilindro cerrado en un extremo (cañón) y adelante de la carga explosiva se ponía una bola de piedra o de metal, que se ajustaba a la boca de fuego. La explosión de la pólvora lanzaba la "bala de cañón" desde el extremo de la pieza de artillería hasta las posiciones del enemigo.

Los cañones eran pesados, estorbosos, de difícil fabricación, y las balas que arrojaban iban a su mayor velocidad al salir de la boca del cilindro. El disparo iba acompañado de una fuerte reculada. En comparación, los cohetes eran más ligeros, de más fácil manejo y construcción y alcanzaban más y más velocidad, mientras la pólvora durara. Además, no había reculada.

Sin embargo, los adelantos logrados en la artillería durante los comienzos del siglo XIX hicieron que los cañones fuesen mucho más exactos que el fuego de cohetes. Además, la artillería lanzaba masas más pesadas. Por esas razones los cohetes de Congreve se volvieron anticuados.

Con todo, la técnica de los cohetes, o cohetería, no desapareció completamente y se siguieron empleando cohetes para desempeñar funciones menores en la guerra. Durante la segunda Guerra Mundial los cohetes volvieron a tener importancia. Por ejemplo, el ejército norteamericano fue el creador del "bazooka", que funciona aplicando el principio de la cerbatana, con la cual puede lanzarse un dardo envenenado con sólo un soplido. El bazooka militar era un cilindro de 1.5 metros de longitud, a lo largo del cual un cohete encendido podía pasar y ser apuntado eficazmente contra tanques. Esa arma podía ser apuntada por un solo soldado. Ninguna pieza de artillería de poder equivalente podía ser llevada por un solo hombre, ni estaba libre de toda reculada.

El ejército soviético empleó con eficacia filas apretadas de lanzacohetes. A esa arma se le dio el nombre de "katyusha".

Los cohetes no se concibieron únicamente como instrumentos de guerra. Después de todo, los cohetes de pólvora eran un ejemplo de objetos desplazables que podían funcionar en el vacío y maniobrar allí, por lo que se les podía concebir como portadores de instrumentos y aun de seres humanos, más allá de la atmósfera.

La primera ocasión en la cual se describió lo anterior fue en una novela de ciencia-ficción escrita por nadie menos que el soldado, duelista y poeta francés Cyrano de Bergerac (1619-1655), el de la nariz larga. En efecto fue él el autor de *Viajes a la Luna y el Sol*, relato de ciencia ficción publicado póstumamente en 1657. El protagonista de esa fantasía proyecta un viaje a la Luna por diversos medios, casi todos fantasiosos e inútiles. Sin embargo, uno de esos recursos incluía el uso de cohetes, que el héroe del cuento llegó a emplear, aunque no bastaron para llevarlo a la Luna. La proeza fue llevada a feliz conclusión por uno de los demás métodos ideados por el autor.

El vuelo de la imaginación de Cyrano ocurrió treinta años antes que Newton colocara la cohetería en firme base teórica, con su tercera ley del movimiento. Sin embargo, la cohetería de Cyrano no fue imitada por otros autores de ciencia-ficción.

En 1827, el educador norteamericano George Tucker (1775-1861) publicó *A Voyage to the Moon* (Viaje a la Luna), obra en que recurrió para ese fin a una substancia neutralizadora de la gravedad. El mismo artificio fue usado en 1901 por el escritor británico H. G. Wells (1866-1946). Desgraciadamente, la antigravedad es sólo una fantasía actualmente, y quizá sea teóricamente imposible (aunque siempre es peligroso hacer una afirmación semejante).

En 1835, como lo expuse antes, Edgar Allan Poe recurrió al globo para hacer llegar a la Luna a su personaje. Tal cosa, por supuesto, es absolutamente imposible.

En 1865, el escritor francés Julio Verne (1828-1905) escribió la novela *De la Tierra a la Luna,* en la cual sus protagonistas llegan a la Luna después de haber sido disparados por un cañón gigantesco.

Tal cosa podría ocurrir, en el sentido de que un objeto podría ser disparado por una carga tan inmensa de explosivos que saliera de la boca del cañón a una velocidad mayor que la de escape. Ese objeto sería lanzado a la atmósfera (siempre que su velocidad fuese lo suficientemente más alta que la de escape, para que el efecto retardador de la resistencia del aire no redujese la velocidad a menos de la indispensable) y hacia el espacio exterior, por el cual viajaría indefinidamente. Su senda sería curvada, por la influencia de la gravedad terrestre, pero si todo lo anterior se tomara en cuenta y si el proyectil estuviera apuntado correctamente, su movimiento lo podría llevar a la Luna.

Sin embargo, lo malo de todo esto es que la velocidad del objeto se gana a su paso por la longitud del cañón, y esa rápida aceleración destrozaría y mataría a los ocupantes del vehículo. En cambio, el cohete cobra velocidad a lo largo de muchos kilómetros, mientras su combustible siga quemándose y el gas que genere salga en chorro hacia atrás. Por tanto, la aceleración es menor, y aunque tarda más tiempo un cohete en llegar a la velocidad de escape de lo que tardaría el objeto disparado por un cañón, el cohete lleva la ventaja, aunque sólo sea porque mantiene con vida a sus tripulantes.

En 1869, el escritor norteamericano Edward Everett Hale (1822-1909) publicó un cuento titulado *The Brick Moon* (*La Luna de ladrillo*), en el cual un vehículo espacial sin terminar es puesto en órbita en torno de la Tierra de manera accidental al ser lanzado hacia arriba por la fuerza de dos volantes gigantescos. Esto equivale esencialmente al disparo de un cañón, y merece las mismas objeciones.

El único cohete que apareció en la ciencia-ficción del siglo XIX se encuentra en el libro *Viaje a Venus*, muy poco conocido, publicado en 1865 por el escritor francés Achille Eyraud, quien, sin embargo, interpretó mal el principio del cohete. Creyó que el escape del cohete podía ser atrapado, devuelto y utilizado nuevamente.

En general, los inventores lograron mejores resultados que los autores de ciencia-ficción en lo concerniente al principio de funcionamiento del cohete.

Aproximadamente en la época en que Congreve fabricaba sus cohetes, el italiano Claude Ruggieri, constructor de fuegos artificiales, enviaba a las alturas ratones y ratas en recipientes adheridos a cohetes y los hacía volver sin percance al suelo, por medio de un paracaídas. Se afirma que proyectaba valerse de un racimo de grandes cohetes que tuvieran suficiente fuerza para elevar un borrego, o tal vez un niño, pero que la policía se lo impidió.

Ocurrió también el caso de Nikolai Ivanovich Kibalchich, fabricante ruso de explosivos, que hizo las bombas empleadas para asesinar al Zar Alejandro II de Rusia en 1881.

Kibalchich fue juzgado (junto con otros), declarado culpable y ejecutado. Sin embargo, mientras esperaba su ejecución concibió un plan de una aeronave impulsada por cohetes, lo puso por escrito con todos los detalles y lo presentó a las autoridades de la prisión. Éstas, no dispuestas a participar en el trabajo de un revolucionario, guardaron el proyecto bajo llave y allí quedó hasta la Revolución Rusa.

Más audaz aún fue el estudiante alemán de derecho Hermann Ganswindt (1856-1934), quien se ocupó de toda suerte de vehículos de su fantasía, como aeronaves y helicópteros. Desde 1891, pensaba en vehículos impulsados por cohetes y, por primera vez en la historia, intentó concretamente ejecutar el diseño de un dispositivo de propulsión a chorro que alcanzara la velocidad de escape. Sin embargo, no era científico y su diseño resultó completamente impráctico.

COHETES EN EXPERIMENTOS

La primera persona que se interesó en el lanzamiento de cohetes al espacio, en forma verdaderamente científica, fue el físico ruso Konstantin Tsiolkovsky (1857-1935).

Con las desventajas de una sordera casi total a causa de una infección de estreptococos, a la edad de nueve años, y del atraso científico de la Rusia de los zares, Tsiolkovsky, no obstante, se educó a sí mismo hasta el punto de poder redactar artículos científicos sobre química y física.

En 1895 Tsiolkovsky mencionó por primera vez en sus escritos el vuelo espacial impulsado por cohetes.

Ya entonces la pólvora no era el único explosivo conocido. Otros nuevos, como la nitrocelulosa y la nitroglicerina eran muchísimo más potentes. Era evidente que la pólvora no tenía la fuerza suficiente para impulsar un cohete que alcanzara la velocidad de escape y Ganswindt, por ejemplo, imaginó el empleo de la dinamita para tal fin. (La dinamita es nitroglicerina mezclada con un material inerte, para que su manejo no sea peligroso).

Pero Tsiolkovsky no quería emplear explosivos ordinarios por considerar que su funcionamiento era demasiado inseguro. Lo que deseaba era una fuente de energía fácilmente controlable. En 1898 calculó matemáticamente el efecto de la velocidad del escape del cohete en su funcionamiento y decidió que lo que se necesitaba era un combustible líquido como el kerosén. Si se le mezclaba, poco a poco, con oxígeno líquido y se quemaba esa mezcla, tal vez podría alcanzarse la velocidad de escape. Naturalmente, la nave espacial tendría que llevar el kerosén así como el oxígeno líquido, para que fuese independiente de la atmósfera.

En 1903 comenzó a escribir una serie de artículos destinados a una revista de aviación, en los cuales expuso detalladamente la teoría de la cohetería. Entonces y posteriormente Tsiolkovsky escribió acerca de trajes espaciales, satélites artificiales, estaciones espaciales y la colonización del sistema solar. En sus últimos años escribió una novela de ciencia-ficción, *Afuera de la Tierra*, en la cual presentó sus teorías a aquellos que prefirieran las aventuras a las ecuaciones.

En los Estados Unidos, el físico norteamericano Robert Hutchings Goddard (1882-1945) estaba interesado en los cohetes desde la adolescencia. En 1914 ya había obtenido dos patentes concernientes a cohetes, y en 1919 publicó un librito titulado *A Method of Reaching Extreme Altitudes* (método para alcanzar altitudes extremas), en el cual se refería a la posibilidad de los vuelos espaciales impulsados por cohetes.

En todo lo anterior se le había adelantado Tsiolkovsky (cuyos trabajos, publicados en Rusia, no eran bien conocidos en el resto del mundo), pero Goddard dio entonces el paso decisivo de construir cohetes que permitieran pasar de la teoría a la práctica. Experimentó primero con cohetes de pólvora, pero en 1923 empezó a usar gasolina y oxígeno líquido y, por tanto, fue la primera persona en el mundo que construyera cohetes de combustible líquido.

El 16 de marzo de 1926 lanzó su primer cohete de combustible líquido, en Auburn, Massachusetts. Su esposa le tomó entonces una fotografía en la que aparecía de pie, al lado de su cohete, antes del lanzamiento. El cohete tenía 1¼ metros de altura y 15 centímetros de diámetro. Estaba colocado en un armazón semejante a un juego tubular infantil. Al ser disparado, avanzó horizontalmente 56 metros en 2.5 segundos, alcanzó una altura de 12 metros y logró una velocidad máxima como de 95 kilómetros por hora.

Lo anterior no era más impresionante que el primer vuelo del aeroplano de los hermanos Wright en Kitty Hawk un cuarto de siglo antes, pero su significado fue igualmente grande.

Goddard logró obtener unos cuantos miles de dólares de la Institución Smithsoniana, y en julio de 1929 lanzó un cohete más grande, cerca de Worcester, Massachusetts. Ese cohete alcanzó mayor velocidad y mayor altura que el primero. De mayor importancia fue que llevaba un barómetro, un termómetro y una pequeña cámara para fotografiar la lectura de esos instrumentos. Fue ése el primer cohete que llevó instrumentos.

Ese cohete alarmó a los vecinos de Goddard y la policía le ordenó que suspendiera sus experimentos, porque perturbaban la paz pública. Además, el periódico *New York Times* se mofó de él por sus experimentos, como antes se había mofado de Langley. El editorialista del *Times* estaba convecido de que el escape de un cohete tenía necesariamente que empujar contra un medio que lo rodeara, por lo que no podía funcionar en el vacío del espacio. Desde esa actitud de absoluta ignorancia, el editorialista se atrevió a recitar a Goddard, físico absolutamente competente, los elementos básicos de la física.

Afortunadamente, Lindbergh, que acababa de realizar su trascendental vuelo transatlántico, se interesó en el trabajo de Goddard, por lo que persuadió al filántropo Daniel Guggenheim (1856-1930) a que otorgara a Goddard un donativo de 50 000 dólares. Con ese dinero Goddard montó una estación experimental en un lugar solitario de Nuevo México, donde pudiera trabajar en paz.

En Nuevo México construyó cohetes más grandes y de 1930 a 1935 lanzó algunos que alcanzaron velocidades hasta de 885 kilómetros por hora y altitudes hasta de 2.5 kilómetros.

Creó muchos de los conceptos que posteriormente se volvieron comunes en la cohetería. Diseñó cámaras de combustión de forma apropiada y que quemaban gasolina con oxígeno en forma tal que los líquidos fríos enfriaban las paredes de la cámara antes de quemarse. También ideó varios sistemas de guía del cohete en vuelo, al emplear un dispositivo semejante a un timón, que desviaba el escape gaseoso, con giroscopios para mantener al cohete en la dirección correcta, después de corregir la dirección.

Concibió asimismo la idea de un cohete que elevara otro cohete más pequeño. Cuando el primer cohete llegara a su altura máxima se desprendería, y el cohete más pequeño empezaría a quemar su combustible y a subir desde la altura y con la velocidad que ya había alcanzado. Ese segundo cohete podría a su vez llevar otro aún más pequeño. Ese cohete de "etapas múltiples" podría subir muchísimo más alto que uno de una sola etapa, con el mismo total de combustible, ya que en el de etapas múltiples únicamente los objetos más pequeños son enviados hacia arriba, y la masa de los cohetes iniciales se desecha como peso muerto innecesario.

Goddard acumuló un total de 214 patentes sobre cohetería.

Con todo, trabajó en el aislamiento y sin apoyo del gobierno. Durante la segunda Guerra Mundial trabajó en varios programas secundarios, y el bazooka se derivó de uno de sus inventos. En general, su obra no incitó al mundo a desarrollar el concepto de la cohetería, como tampoco lo incitó la obra de Tsiolkovsky.

Más importante a este respecto fue Hermann Julius Oberth (1894-), físico austrohúngaro, nacido en lo que ahora es Rumania. Sin conocer la existencia de Tsiolkovsky y de Goddard, repitió mucho del trabajo teórico de ambos. Trató de obtener un doctorado en filosofía con una disertación con base en el diseño de un cohete, pero su tesis fue rechazada. La publicó a sus expensas en 1934 con el título de *El cohete en el espacio interplanetario,* y fue ese trabajo el que por fin atrajo la atención de los europeos, en general, por lo que se formaron sociedades de cohetería y se multiplicaron los experimentos.

COHETES EN ACCIÓN

Desde entonces fue en Alemania especialmente donde avanzó la técnica de los cohetes. En 1927 se fundó la Sociedad Alemana de Cohetería, y uno de sus miembros fundadores fue el ingeniero alemán Willy Ley (1906-1969), quien escribió un libro muy aclamado sobre cohetes cuando era aún adolescente. Siguieron poco después Walter Robert Dornberger (1895-1980) y Wernher von Braun (1912-1977). Todos ellos empezaron a lanzar cohetes y fueron los primeros en hacerlo después de Goddard.

Cuando Adolfo Hitler (1889-1945) se convirtió en dictador de Alemania, en 1933, vio en los cohetes un posible instrumento de guerra de gran importancia. Esto significó que el dinero del gobierno apoyó firmemente la investigación alemana en materia de cohetes. En 1937, el centro de los experimentos fue establecido en Peenemünde, zona aislada de la costa del Báltico. Willy Ley había salido de Alemania poco después de la accesión de Hitler, pero quedaron en el país von Braun y Dornberger, quienes continuaron dirigiendo experimentos con cohetes, concentrados más y más en adelantos concernientes a la guerra.

Por ejemplo, se creó un avión a chorro sin piloto, que empezó a usarse en 1944. Era un proyectil teledirigido, un cohete que llevaba una sección explosiva. Después de su lanzamiento su rumbo no podía corregirse, como tampoco se puede corregir el de una bala de cañón. Los alemanes dieron a esa arma el nombre abreviado de V-1. La V significaba *Vergeltundswaffen*, o sea "arma de la venganza", porque cuando empezó a usarse los bombardeos británicos y norteamericanos hacían llover bombas sobre Alemania.

La V-1 tenía unos 73/4 metros de longitud y una envergadura de cerca de 51/2 metros. Llevaba una tonelada de alto explosivo y tenía un alcance de aproximadamente 240 kilómetros y velocidad de 580 kilómetros por hora, poco menos que la velocidad del sonido.

La V-1 no era realmente una nave espacial, pues aunque llevaba combustible no llevaba oxígeno. Tenía que emplear el oxígeno del aire pues sus motores no funcionaban en el vacío. Entre el 13 de junio de 1944 y el final de la guerra se lanzaron más de 8 000 V-1 contra la Gran Bretaña, casi todas contra Londres. Un número equivalente fue arrojado contra las fuerzas aliadas en Bélgica.

Otro proyectil más importante creado en Peenemünde fue la V-2, verdadera nave espacial ya que llevaba combustible (alcohol) y oxígeno, y si era necesario sus motores podían funcionar en el vacío. Era más grande que la V-1, con longitud de 14 metros y peso de unas 13 toneladas. No llevaba más explosivos que la V-1 y su alcance era sólo un poco mayor, pero podía volar a más de la velocidad del sonido, por lo que fue el primer cohete supersónico. Esto significaba que no podía ser derribado por aviones o por la artillería antiaérea, que no podían reaccionar con suficiente velocidad. Además, no llegaba presedida por el sonido.

Desde el 6 de septiembre de 1944, 4 300 V-2 fueron lanzadas contra la Gran Bretaña y Bélgica. De ese total, 1 230 cayeron en Londres y mataron a 2 511 personas e hirieron a 5 869.

Afortunadamente para el mundo civilizado, esas armas no fueron creadas lo suficientemente aprisa para evitar que Alemania perdiera la guerra.

Los británicos, norteamericanos y soviéticos comprendieron demasiado tarde el significado de los cohetes como instrumentos de guerra, y no pudieron superar la ventaja de Alemania en ese aspecto antes que terminara el conflicto. (Una de las razones de ello, al menos en lo concerniente a los británicos y norteamericanos, fue que estaban concentrados exclusivamente en la creación de la bomba nuclear, arma mucho más aterradora, la cual los alemanes, por su parte, descuidaron, por estar concentrados en la cohetería. Naturalmente, ahora esas dos armas están combinadas, puesto que los cohetes de guerra, que son muy superiores a la V-2, llevan ojivas de explosión nuclear.)

Al rendirse los alemanes, los vencedores reunieron a cuantos expertos alemanes en cohetes les fue posible encontrar. Dornberger y von Braun se apresuraron a ir a Occidente, para rendirse a los norteamericanos, en cuyas manos consideraron que estarían mejor. Además, tanto los norteamericanos como los soviéticos se apoderaron de los componentes de la V-2 que pudieron encontrar en las fábricas de cohetes. Los norteamericanos tomaron lo suficiente para armar unos cien cohetes V-2.

En los cinco años siguientes a la rendición de Alemania, los norteamericanos dispararon unos setenta cohetes V-2 desde el campo de pruebas de White Sands, en Nuevo México. Aprendieron así mucho acerca del manejo de cohetes grandes. (Goddard mismo murió unos tres meses después de la rendición de Alemania y no vivió para ver la vindicación completa de su obra.)

Terminada la guerra, los cohetes V-2 fueron empleados con fines de paz, especialmente en la exploración de la atmósfera superior. En 1949, los Estados Unidos lanzaron un cohete V-2 a una altura de 206 kilómetros. Ese mismo año, con un cohete de dos etapas, uno pequeño en lo alto de un V-2, se alcanzó una altura de 400 kilómetros.

Lo anterior significó que el hombre había llegado a la exósfera, donde la atmósfera es tan rala que podían ponerse en órbita algunos objetos, durante periodos largos.

Los cohetes V-2 terminaron de ser usados en 1952, pero ya entonces los Estados Unidos y la Unión Soviética creaban cohetes mejores y más grandes, y llegaba a los límites de lo posible colocar objetos en órbita.

Esa idea no era siquiera verdaderamente nueva. Newton mismo había hablado de un satélite artifical, como experimento teórico, unos trescientos años antes, y Hale, en su *The Brick Moon,* fue el primero en escribir acerca de un satélite imaginado, cerca de un siglo antes. Tsiolkovsky escribió acerca de un satélite artifical, con detalles científicos, en 1910, y Oberth hizo lo mismo, independientemente, en 1923.

Indudablemente, para que un objeto en órbita fuese útil (aparte de la simple demostración que era posible poner un objeto en órbita), tendría que llevar instrumentos, y las observaciones hechas por esos instrumentos tendrían que ponerse a la disposición de los hombres de ciencia.

En el caso de los globos había el "aterrizaje blando" y los instrumentos podían ser recogidos y estudiados. En el caso de los cohetes, la reentrada era catastrófica, y si se alcanzaba la velocidad de escape los cohetes jamás volverían.

De lo anterior se desprendía que para que la exploración tuviese éxito convendría que los instrumentos a bordo del vehículo registraran sus observaciones en forma tal que modificaran un haz de radio desde el vehículo. De esa manera, el haz modificado de radio enviaría las observaciones a una estación receptora instalada en tierra, al mismo tiempo que las observaciones se hiciesen. A esto se le llamó "telemetría".

Se hicieron ensayos de telemetría aun antes de que se empleara la radio. En 1877 se intentó la telemetría por medio de corrientes eléctricas transmitidas por un alambre que iba desde un globo hasta una estación receptora. Por supuesto, esto no es muy práctico, pero estableció el principio.

En 1925 se intentó la telemetría por onda de radio, con instrumentos instalados en un globo. El ensayo lo hizo un científico ruso llamado Pyotr A. Molchanov. Cuando se hicieron los experimentos con la V-2, en White Sands, la telemetría estaba ya muy avanzada y los científicos en tierra sabían exactamente lo que ocurría en la carga útil de instrumentos, a todas las alturas.

Así pues, en 1953, con potentes propulsadores de proyectiles guiados en vías de perfeccionamiento, empezó a parecer que tal vez fuese posible poner en órbita algún objeto, aunque fuese pequeño.

Se preparaba a la sazón el Año Geofísico Internacional, para el periodo del 1o. de julio de 1957 al 31 de diciembre de 1958, durante el cual se haría un magno esfuerzo internacional en el estudio de las propiedades del globo terrestre, en conjunto. En los Estados Unidos se extendió la idea de que sería apropiado colocar un satélite en el espacio exterior durante ese periodo. Después de todo, ¿qué mejor manera había de estudiar la Tierra en conjunto que desde un objeto que diese vuelta en torno a ella?

Por entonces, la Unión Soviética anunció un programa de satélites propios, pero los Estados Unidos no le dieron mucha importancia pues había el concepto muy arraigado de que los norteamericanos iban a la cabeza de la tecnología mundial (lo cual era bastante cierto) y que el pueblo ruso estaba especialmente retardado en tecnología y lo estaba quizá en forma innata (lo cual era completamente falso).

Los soviéticos se daban cuenta de ese esnobismo norteamericano y se esforzaban muchísimo por demostrar su falsedad. Además, estaban impregnados de la obra de Tsiolkovky y se sentían muy orgullosos de ella. El centenario del natalicio de Tsiolkovsky caía el 17 de septiembre de 1957, por lo que los soviéticos trataron de colocar un objeto en órbita tan cerca de esa fecha como fuese posible.

Trabajaron los soviéticos sin hacer ruido, y los norteamericanos cooperaron con ellos al no prestarles atención. Como resultado, el público norteamericano y aun los científicos y el gobierno de los Estados Unidos fueron tomados por sorpresa cuando el 4 de octubre de 1957 (dieciséis días después de la fecha del centenario) los rusos colocaron un objeto en órbita, con lo que lanzaron el primer satélite artificial.

La órbita elíptica del *Sputnik 1*, como se le llamó, hacía que ese objeto pasara a sólo 230 kilómetros de la superficie de la Tierra cuando más se aproximaba a ella ("perigeo") y a 940 kilómetros cuando más se alejaba de ella ("apogeo"). Pesaba 84 kilógramos.

9

En el espacio

LOS PRIMEROS SATÉLITES

En un sentido amplio, no tenía importancia qué nación había lanzado el primer satélite, como tampoco importaba qué nación había descubierto América. Lo importante es que los seres humanos lograron un ensanchamiento del horizonte. A la larga, cualquier "ventaja" lograda por ésta o aquélla nación, a causa de que había empezado primero, podía ser anulada y emparejada. También, a la larga, el mundo entero se beneficiaría, quienquiera que hubiese sido el precursor.

De cualquier manera, los Estados Unidos se sintieron humillados por el primer paso dado por la Unión Soviética y también algo más que un poco alarmados, pues muchos norteamericanos eran lo suficientemente ingenuos para creer que, en una forma u otra, lanzar un satélite era amenazar con el dominio del mundo.

Sin embargo, ese temor tuvo su aspecto bueno. El Congreso de los Estados Unidos, que tal vez no hubiese aprobado el gasto de un solo centavo sólo para aumentar los conocimientos humanos, aprobó gustosamente el gasto de miles de millones de dólares "para superar a los rusos". Por su parte, el público norteamericano, sabedor de cuál era el motivo, no puso objeciones, por lo que se sucedieron los adelantos en la ciencia espacial a un ritmo mucho mayor que el que hubiera sido de esperar si la Unión Soviética hubiese permanecido inactiva.

La palabra rusa *Sputnik,* empleada para describir el satélite, se convirtió al poco tiempo en la más famosa del mundo, y al principio hasta los norteamericanos la empleaban como término genérico de un satélite artificial. Se le tradujo por todas partes en los Estados Unidos como "compañero de viaje", frase con desagradables connotaciones en el léxico anticomunista. Sin embargo, el significado original latino de "satélite" es alguien que va detrás de otro más poderoso y, por tanto, literalmente, es su compañero de viaje. En realidad, *sputnik,* es sencillamente "satélite", en ruso.

Sputnik 1 mostro lo que se podía hacer. El 3 de noviembre de 1957, un mes después del primer lanzamiento, la Unión Soviética demostró que podía repetir su hazaña. *Sputnik 2,* satélite más grande, con peso de 510 kilógramos, fue puesto en órbita. Era lo suficientemente grande para llevar un perro vivo, por lo que fue el primer satélite que llevaba un ser viviente. De esa manera demostró que un mamífero bastante grande podía sobrevivir a las aceleraciones necesarias en el proceso del lanzamiento.

Entretanto, el programa norteamericano de satélites avanzaba viento en popa, y el 31 de enero de 1958 fue lanzado el primer satélite de los Estados Unidos, llamado *Explorer 1.* El hecho de que pesara únicamente 14 kilogramos dejó ver la superioridad de los impulsores soviéticos de cohetes en aquel entonces.

No obstante su pequeñez, el *Explorer 1* hizo un importante descubrimiento científico. Llevaba un contador que podía detectar partículas de alta energía, con carga eléctrica. Descubrió esas partículas en número considerable, como se había esperado. Después de todo, los estudios hechos de fenómenos tales como las auroras habían indicado la existencia de esas partículas.

La órbita elíptica de *Explorer 1* lo acercaba mucho a la superficie de la Tierra en un extremo, y lo elevaba a 2 500 kilómetros en el otro extremo. En las altitudes superiores la cuenta de las partículas disminuía y aun bajaba a cero.

La misma observación fue hecha por *Explorer 3,* lanzado el 26 de marzo de 1958, que alcanzó una altitud máxima de 3 400 kilómetros, y por el satélite soviético *Sputnik 3,* lanzado el 15 de mayo de 1958.

El físico norteamericano James Alfred Van Allen (1914-   ), encargado de esa porción de los experimentos con satélites, sospechó que la disminución de las partículas no era un fenómeno verdadero. Le pareció que ocurría lo contrario: que la densidad de las partículas cargadas de alta energía aumentaba con la altura y llegaba a un nivel que abrumaba a los contadores, lo cual les impedía que funcionaran. Era como si el ojo humano, cegado por la intensidad de la luz, demasiado grande para poderla registrar, nada pudiera ver.

Cuando *Explorer 4* fue lanzado el 26 de julio de 1958, llevaba contadores especiales, hechos para registrar cargas pesadas. Por ejemplo, uno de ellos estaba protegido por una capa delgada de plomo (en forma análoga a los anteojos oscuros que protegen los ojos), con el propósito de no dejar penetrar la mayor parte de la radiación. Esto demostró que era correcta la teoría del "exceso de radiación". *Explorer 4* alcanzó una altura de 2 200 kilómetros y registró una intensidad de radiación de alta energía muy superior a la que los científicos habían esperado.

Resultó que la Tierra está rodeada por fajas de radiación de alta energía, consistentes en partículas que tienen su origen en el Sol y que quedan atrapadas en las líneas de fuerza del campo magnético de la Tierra. Originalmente se les llamó "fajas de radiación Van Allen, pero después se conocieron como "magnetósfera".

A raíz del lanzamiento de *Explorer 1*, los Estados Unidos pusieron en órbita el *Vanguard 1*, el 17 de marzo de 1958. Pesaba únicamente 1.4 kilogramos y fue objeto de algunas burlas en las que se decía que los Estados Unidos habían lanzado una naranja. Sin embargo, el tamaño no determinaba el valor. Al estudiar cuidadosamente su órbita y notar las pequeñas desviaciones de lo ideal, el físico norteamericano John Aloysius O'Keefe (1916-) pudo descubrir leves variaciones en la intensidad de la gravitación en diversas porciones de la Tierra. Esto indicaba que la Tierra misma se desviaba ligeramente de la esferoide achatada por los polos que se suponía que era. El aprovechamiento del *Vanguard 1* y de otros satélites posteriores permitió a los científicos deducir la forma exacta de la Tierra con margen de error de menos de un metro, lo cual hubiese sido difícil, o realmente imposible, sólo con mediciones hechas desde la superficie.

Vanguard 1 necesitaba una fuente de energía para enviar señales constantes a las estaciones receptoras instaladas en la superficie terrestre, con el objeto de que su órbita pudiese ser observada con precisión. Esa energía se obtuvo de "celdillas solares", o delgadas láminas que al quedar expuestas a la luz solar generaban pequeñas corrientes eléctricas, suficientes para activar el haz de radio. Fue entonces cuando se emplearon por primera vez las celdillas solares en el espacio.

Rápidamente se introdujero adelantos. El *Sputnik 3* pesaba 1 330 kilogramos (1.33 toneladas), y era lo suficientemente grande para ser el primer satélite que llevara instrumentos de diversa índole con los que se podían hacer muchas clases de observaciones.

No transcurrió mucho tiempo antes que la humanidad, en general, comprediera la utilidad del nuevo ensanchamiento del horizonte. El 18 de diciembre de 1958 los Estados Unidos lanzaron el *Score*, que podía recibir y transmitir señales que llevaban la voz humana.

Score fue sólo el comienzo. El 12 de agosto de 1960 los Estados Unidos lanzaron el *Echo 1*, que se inflaba hasta convertirse en un gran globo de aluminio, el cual servía como repetidor de señales que llevaban no sólo sonido sino también imágenes. Después, el 10 de julio de 1962, los Estados Unidos lanzaron el *Telstar 1*, que no era simplemente un repetidor, sino también un amplificador.

El *Telstar 1* fue el primer verdadero "satélite de comunicaciones", y desde entonces esa clase de satélites se ha multiplicado, no sólo por su número sino por su capacidad y su versatilidad, con el resultado de que actualmente la cobertura de televisión es ya global Gracias a los satélites de comunicaciones la Tierra es ahora una sola unidad y ninguna porción del planeta está a más de un segundo de distancia de cualquier otra porción, si los seres humanos se toman el trabajo de establecer estaciones apropiadas de transmisión y recepción de señales.

Además, desde el ventajoso punto de vista del espacio se pudo por vez primera observar a la Tierra misma como si fuese cualquier otro planeta: verla, por decirlo así, desde afuera. El 17 de febrero de 1959 los Estados Unidos lanzaron el *Vanguard 2,* que fue el primer satélite capaz de transmitir fotografías de la capa de nubes de la Tierra, imágenes que podían ser recibidas por televisón. El *Explorer 6,* lanzado por los Estados Unidos el 7 de agosto de 1959, fue el primero en enviar fotografías de la Tierra en conjunto.

El 13 de abril de 1960 los Estados Unidos lanzaron el *Transit 1 B*, primer satélite equipado para tomar fotografías repetidas de la Tierra y transmitirlas. Durante el tiempo que duró en órbita tomó cerca de 23 000 fotografías, y los científicos obtuvieron una vista constante de la cambiante capa de nubes y pudieron estudiar de esa manera la circulación atmosférica. Fue ese el primer "satélite meteorológico".

Hasta entonces, la predicción del tiempo había sido un arte terriblemente incompleto, con base en unos cuantos informes que podían obtenerse de una pequeña fracción de la superficie de la Tierra provista de equipo para informar detalladamente acerca de las condiciones del tiempo. Esos informes no se referían a las condiciones en los océanos y en vastas secciones de los continentes.

De 1960 en adelante la totalidad de la Tierra ha estado continuamente observada y el arte de pronosticar el estado del tiempo ha adelantado muchísimo. Por ejemplo, antes de 1960 no había forma alguna de saber cuándo se formaban los huracanes, dónde se hallaban exactamente, qué rumbo llevaban con precisión, con excepción de los informes enviados por unos cuantos barcos atrapados en alguno de esos huracanes. Después de 1960, el nacimiento, desarrollo y rumbo de todas esas tormentas, en todas partes, se han conocido, con el resultado de que se han salvado innumerables vidas y se han evitado enormes pérdidas materiales. (Esta es una de las muchas ventajas prácticas ofrecidas a la humanidad por el programa espacial, no obstante que muchos se complacen en criticarlo al decir que es sólo un desperdicio de dinero.)

El 1º de abril de 1960, los Estados Unidos lanzaron el *Tiros 1*, satélite concebido para que sirviera como auxiliar de la navegación. Le siguieron otros de la misma clase. Las señales que emiten pueden recibirse y, con base en la posición conocida del satélite en cualquier momento, un barco puede determinar su propia posición en la superficie de la Tierra sin necesidad de guiarse por alguna estrella, lo cual significa que ya no tiene que depender de que el cielo esté despejado. Un barco debidamente equipado puede ahora conocer el lugar en que se encuentra, en cualquier momento, con margen de error de sólo unos cuantos metros. También es posible de la misma manera levantar mapas de la Tierra con exactitud anteriormente imposible.

Igualmente se pusieron en órbita numerosos satélites militares, para descubrir explosiones nucleares, o movimientos de masas. Aunque esto parece ser un esfuerzo bélico, se le puede considerar como útil a la causa de la paz. Los satélites espías dificultan más que la Unión Soviética o los Estados Unidos preparen un ataque nuclear preventivo sin que la potencia rival se dé cuenta de él. Esto disminuye la posibilidad de un ataque de esa índole.

Desgraciadamente, aumentan las discusiones acerca de poner en el espacio exterior complicados instrumentos de guerra. Esto podría ofrecer a un bando o a otro una ventaja militar transitoria, lo cual serviría únicamente para que aumentara la probabilidad (ya demasiado grande para que no inquiete) de que la humanidad terminara por suicidarse.

GENTE EN ÓRBITA

Aunque los satélites inanimados pueden realizar enormes hazañas, al llevar complicado equipo miniaturizado para observaciones y telemetría, tal ensanchamiento del horizonte de la observación inevitablemente hizo surgir la incógnita de si la gente podría tripular satélites.

Sputnik 2, con un perro a bordo, había demostrado ya que era posible poner en órbita a un ente animado sin causarle la muerte. Con todo, no era posible rescatar al perro, por lo cual, después de algún tiempo de que estuvo en el espacio, se le envenenó deliberadamente, para evitar que sufriera.

No fue hasta el 19 de agosto de 1960 cuando los soviéticos lograron un adelanto a este respecto. Lanzaron el *Sputnik 5*, que pesaba 4.6 toneladas y era el satélite de mayor masa lanzado al espacio hasta entonces. Llevaba dos perros y seis ratones, todos los cuales fueron a la postre recuperados vivos.

Después de esa proeza sólo fue cuestión de tiempo antes que un ser humano fuese puesto en órbita y devuelto a la Tierra sano y salvo. El 12 de abril de 1961 la Unión Soviética lanzó el *Vostok 1*, con masa de 4.7 toneladas y que llevaba a Yuri Alekseyevich Gagarin (1934-1968), Fue él la primera persona que viajó por el espacio (los norteamericanos le habrían llamado "astronauta", pero los soviéticos prefirieron el nombre de "cosmonauta").

Gagarin dio una vuelta en torno de la Tierra y descendió venturosamente. Esa proeza fue sin duda un acontecimiento importantísimo. Los primeros hombres que cincunnavegaron la Tierra fueron los dieciocho de las tripulaciones de las naves de Magallanes que lograron terminar el viaje en 1522, 1 084 días después de haberlo iniciado. Ahora, cuatro siglos y un tercio después, un ser humano completaba la circunnavegación de la Tierra en 108 minutos.

En el tiempo que esos dieciocho famélicos supervivientes navegaron una vez en torno de la Tierra, Gagarin, suponiendo que se le hubiese mantenido con vida y en órbita, habría podido dar 14 453 vueltas al mundo.

Además, la hazaña de Gagarin puso fin a esa etapa de los esfuerzos humanos. La circunnavegación de la Tierra en un satélite puesto en orbita baja es la forma más rápida como el hombre se puede mover razonablemente en torno del planeta, y no tiene objeto tratar de mejorar la marca establecida por Gagarin.

La Unión Soviética demostró que el vuelo de Gagarin no había sido accidental cuando, el 6 de agosto de 1961, lanzó el *Vostok 2*, con Gherman Titov (1935-) a bordo. Ese cosmonauta permaneció en el espacio no menos de diecisiete órbitas, en un periodo de 25 horas y 11 minutos, poco más de un día completo. También él fue descendido con éxito, sin que se sintiera mal a consecuencia de su aventura.

Era ya evidente que los seres humanos podían ser lanzados al espacio exterior, colocados en órbita, mantenidos allí durante periodos considerables y devueltos a la Tierra sin percance alguno.

Los Estados Unidos, después de enviar a dos astronautas en vuelos suborbitales y recogerlos sin incidentes, pusieron al primer norteamericano en órbita el 20 de febrero de 1962, fecha del lanzamiento del *Friendship 7*.* El astronauta a bordo fue John H. Glenn, Jr. (1921-). Completó tres órbitas y permaneció en el espacio 4 horas y 55 minutos. El 24 de mayo de 1962 se duplicó el experimento con el lanzamiento de *Aurora 7*, con M. Scott Carpenter (1925-) a bordo, en vuelo de tres órbitas.

Ambas naciones llevaron a cabo más vuelos orbitales. El 16 de junio de 1963 los soviéticos lanzaron el *Vostok 6*, que llevó a Valen-

*Las primeras naves espaciales del "programa Mercury", con norteamericanos a bordo, llevaron el número 7, porque fueron siete los primeros astronautas.

tina V. Tereshkova (1937-), la primera mujer (y hasta el momento de escribir estas líneas aún la única) puesta en el espacio exterior. Permaneció allí hasta completar cuarenta y ocho órbitas, que duraron casi tres días.

Los astronautas en órbita en torno a la Tierra se hallan en caída libre y experimentan, en esencia, la gravitación cero, o nula. Esto no es algo totalmente desconocido en la vida terrestre. En el caso de animales pequeños, del tamaño de los mamíferos más menudos, o de tamaño aún menor, la gravedad ejerce en ellos tan poco efecto que podría ser considerada como nula. En cuanto a la fauna marina, la flotabilidad anula en gran parte los efectos de la gravedad.

Sin embargo, los seres humanos son animales terrestres y a causa de su tamaño la fuerza de gravedad es un hecho avasallador. Debemos evitar caer, no sólo desde una altura, sino aun cuando caminamos. Además, la fuerza de la gravedad afecta nuestra fisiología. Nuestra tonicidad muscular indudablemente queda afectada por la necesidad de que muchos de nuestros músculos trabajen constantemente para que conservemos el equilibrio. La acción muscular afecta a su vez la formación de los huesos. La circulación de la sangre está concebida para tomar en consideración la gravedad cuando nos hallamos de pie en forma normal, por lo que nos sentimos sumamente incómodos si permanecemos de cabeza durante periodos largos.

No había forma alguna de predecir cómo una permanencia larga sin gravitación podría afectar la fisiología y la bioquímica del cuerpo humano.

Indudablemente los primeros vuelos orbitales demostraron que la gravitación nula durante un periodo de unas cuantas horas o hasta de unos cuantos días la resistía satisfactoriamente el cuerpo humano, pero si alguna vez el hombre iba a penetrar en el espacio exterior para realizar allí algo más que una especie de hazaña de circo, tendríamos que saber los efectos de una permanencia prolongada. Mientras más tiempo puedan sobrevivir los seres humanos sin estar sujetos a la gravitación, mayores serán las probabilidades de que algún día se convierta en realidad poder trabajar en el espacio exterior.

Por ese motivo, durante algún tiempo los vuelos espaciales fueron competencias de resistencia. El 14 de junio de 1963, Valery F. Bykovsky (1934-), piloto del *Vostok 5*, giró en torno de la Tierra ochenta y un veces, y permaneció en el espacio en continua gravitación cero durante casi cinco días.

Esa marca fue mejorada el 21 de agosto de 1965, cuando los Estados Unidos lanzaron el *Geminis 5*, que orbitó la Tierra 128 veces y permaneció en el espacio exterior casi ochos días. Esa marca fue superada una y otra vez y en el momento de escribir estas líneas corresponde a tres cosmonautas soviéticos que han permanecido en el espacio exterior unos seis meses.

Sí han ocurrido cambios fisiológicos, el más alarmante de los cuales fue la pérdida gradual del calcio óseo. Sin embargo, esos cambios no han impedido a la gente en el espacio que trabaje con eficacia. Tampoco los efectos han sido irreversibles, pues los astronautas en ninguna forma parecen incapacitados después de su regreso, o incapaces de llevar una vida normal.

Valentina Tereshkova, la única mujer cosmonauta, contrajo matrimonio con el cosmonauta Andriyan G. Nikolayev (1929-   ), quien fue lanzado al espacio en el *Vostok 3,* el 11 de agosto de 1962. Nikolayev estuvo en el espacio cuatro días y Valentina tres días. La pareja tuvo un hijo perfectamente normal.

Sin duda alguna, muchas situaciones humanas que son normales no han ocurrido en el espacio exterior, donde la gravitación es nula. En particular, nadie ha dedicado tiempo a actividades sexuales, ninguna mujer ha quedado embarazada, ni permanecido preñada hasta su término, ni ha dado a luz, todo ello en un medio de gravitación cero. Empero, mientras los seres humanos se limiten a dar vueltas a la Tierra en órbitas cercanas a la superficie, no es indispensable determinar si toda la gama de la experiencia humana puede ocurrir en condiciones de ingravidez. Podemos imaginar ya a gente que viva y trabaje por turnos en el espacio exterior, pero que vuelva invariablemente a la Tierra, por ser la misma su verdadero habitat.

Naturalmente, lo anterior sería la más sencilla de todas las suposiciones, pero, por supuesto, se ha adelantado al saber que la exploración del espacio ha demostrado que, por lo menos, es posible la más sencilla de las suposiciones. Si la ausencia de la gravitación hubiese demostrado ser rápidamente fatal, o rápidamente incapacitante, la expansión del horizonte humano hacia el espacio exterior se habría vuelto enormemente más difícil. En realidad, cualquier idea de tal expansión tendría que haber sido abandonada.

Para que la exploración del espacio se volviera práctica, las naves espaciales tendrían que ser razonablemente amplias. En los primeros dos años del programa de gente en el espacio exterior, esas naves tenían espacio escasamente para una persona.

El 12 de octubre de 1964 fue lanzada la primera nave espacial para más de una sola persona. Fue el *Voshkod 1* de los soviéticos, versión perfeccionada del *Vostok* y, por pequeño margen, más voluminoso que los *Vostoks* posteriores. Llevaba una tripulación de tres hombres.

La primera nave espacial norteamericana para más de una persona fue lanzada el 23 de marzo de 1965. Fue la llamada *Geminis 3,* tripulada por Virgil I. Grissom (1926-1967) y John W. Young (1930-   ). El 11 de octubre de 1968 fue lanzada la primera nave espacial norteamericana para tres tripulantes.

Hasta ahora no se ha lanzado ninguna nave espacial que lleve más de tres personas.

Las naves espaciales sucesivas se volvieron más manejables. Eran más que proyectiles en caída libre. Podían emplear pequeños cohetes que se disparaban mientras la nave iba en órbita, para cambiar su posición, subir más o bajar, avanzar más o frenar. Una nave podía reunirse con otra y acoplarse, de suerte que la tripulación de una nave podía entrar en la otra.

El 18 de marzo de 1965 la Unión Soviética lanzó el *Voshkod 2*, con dos cosmonautas a bordo. Uno de ellos era Aleksey A. Leonov (1934-). La nave giró en torno de la Tierra diecisiete veces, y en el transcurso de la segunda órbita Leonov salió de la nave por una compuerta. Llevaba un traje espacial y estaba prudentemente conectado a la nave. Fue ese el primer "paseo espacial", la primera vez que un ser humano estuvo en el espacio exterior sin más protección que un traje espacial. Leonov permaneció en el espacio unos 10 minutos, maniobrando en caída libre y haciendo uso de una cámara cinematográfica.

El 3 de junio de 1965 los Estados Unidos lanzaron el *Geminis 4*, con James N. McDivitt (1929-) y Edward H. White (1930-1967) a bordo. Durante su tercera y última órbita, White salió de la nave y permaneció en el vacío, con traje espacial y atado a la nave, durante veinte minutos. Pudo maniobrar en el espacio con un pequeño dispositivo de cohetes, y fue así la primera persona que hiciera tal cosa.

El significado de estos paseos espaciales fue que dejaron demostrado que era muy posible que los seres humanos se dedicaran a hacer trabajo de reparación, construcción o de otra utilidad en el espacio exterior, afuera de una nave y sin mayor protección que un traje espacial.

En los comienzos de la década de 1970, Francia, Japón, China y la Gran Bretaña habían puesto ya satélites en órbita, pero sus logros en el espacio seguían estando mucho más atrás que los de Estados Unidos y de la Unión Soviética.

La exploración espacial no se ha realizado sin la pérdida de vidas. En junio de 1971 tres cosmonautas soviéticos, tripulantes del *Soyuz II*, completaban lo que parecía ser un vuelo venturoso cuando un pequeño desperfecto en el sello de una portezuela, en los momentos en que reentraban en la atmósfera terrestre, permitió que escapara la atmósfera dentro del satélite. Cuando la nave espacial fue recogida sus tres tripulantes estaban muertos.

No hubo muertes en vuelos de norteamericanos, pero el 27 de enero de 1967, durante un ensayo en tierra de lanzamiento de satélite, se inició un incendio dentro de la cápsula. Quedó sin control casi inmediatamente en una atmósfera de oxígeno puro, y mató a los tres astronautas norteamericanos. Los muertos fueron Virgil Grissom, quien dos años antes había sido el capitán del *Geminis 3*, el primer satélite de Estados Unidos que llevó a una persona; Edward H. White, quien dos años antes, en el *Geminis 4*, había sido el primer norteamericano que caminara en el espacio exterior; y Roger B. Chaffee (1935-1967), quien no había tenido aún la ocasión de estar en el espacio exterior.

SONDAS LUNARES

¿Pero quedaría limitado el horizonte humano a órbitas en torno de la Tierra, en la atmósfera superior?

De ninguna manera. Casi desde el comienzo se trató de producir cohetes que alcanzaran no sólo la velocidad orbital, de 8 kilómetros por segundo, sino la velocidad de escape, de 11¼ kilómetros por segundo.

En 1958 los Estados Unidos enviaron al espacio tres satélites e intentaron con cada uno de ellos sobrepasar la velocidad de escape. No llegó a ella ninguno de los tres.

El 2 de enero de 1959 la Unión Soviética logró exceder la velocidad de escape, con el satélite *Luna 1*. Fue el primero que no se puso en órbita en torno de la Tierra. Se fue alejando indefinidamente y se sostuvo con él contacto por radio hasta una distancia de 597 000 kilómetros, o sea 1½ veces la distancia a la Luna.

Sin embargo, no superó la velocidad de escape del distante Sol, por lo que no salió del sistema solar. Se puso en órbita en torno del Sol y de esa manera se convirtió en el primer "planeta artificial".

Por supuesto, los cohetes que no entran en órbita en torno de la Tierra no son satélites. Reciben el nombre de "sondas". *Luna 1* fue disparada en dirección de la Luna, por lo que fue una "sonda lunar". Sin embargo, no fue apuntada con absoluta precisión y pasó a una distancia de 6 000 kilómetros de la superficie lunar, o lo que es lo mismo, a sólo 1¾ veces el diámetro de la Luna.

Los Estados Unidos lanzaron el *Pioneer 4*, su primer cohete que excediera la velocidad de escape, en marzo de 1959. Pasó a una distancia de 60 000 kilómetros de la Luna.

La Unión Soviética logró corregir su puntería el 12 de septiembre de 1959, fecha en que fue lanzado *Luna 2*, en dirección de la Luna. Ese proyectil se estrelló en nuestro satélite natural y así los seres humanos pudieron al fin (en cierto modo) torpedear a la Luna. Por primera vez en la historia existió un objeto hecho por el hombre (aunque sin duda muy destrozado) en la superficie de un mundo distinto del nuestro.

No acertar a pegarle a la Luna significó poco, y pegarle en lo que se llama un "descenso duro" significó aún menos, aparte de una simple demostración de buen tino. Sin embargo, el siguiente paso tuvo un significado mayor.

La Luna gira en torno a la Tierra, en relación con las estrellas, en 27⅓ días. También gira en su eje en 27⅓ días. Esto no es una simple coincidencia. El efecto de marea ejercido por la Tierra obliga a la Luna a girar de esa manera, con el resultado de que invariablemente la Luna nos muestra sólo uno de sus lados.

En atención a que la Luna se mueve en torno a la Tierra trazando una elipse más bien que un círculo perfecto, su velocidad orbital no es constante. La distancia de la Luna a la Tierra varía un poco al moverse en su órbita elíptica, y su velocidad es algo mayor cuando está más cerca de la Tierra que cuando está más lejos de ella.

Sin embargo, la velocidad de rotación permanece absolutamente constante. Esto significa que la rotación alcanza al movimiento orbital durante la mitad de la órbita y se atrasa durante la otra mitad. Por ese motivo la Luna parece menearse ligeramente hacia atrás y hacia adelante, como los astiles de una balanza antigua. A ese movimiento se le llama "libración", término derivado del latín "libra", con el significado de "balanza".

A consecuencia de la libración podemos ver casi el 60 por ciento de la superficie de la Luna (parte de ella siempre en el borde y, por tanto, muy escorzada). Del lado opuesto, un poco más del 40 por ciento está permanentemente oculto, y probablemente así lo ha estado durante miles de millones de años y sin duda alguna durante muchísimo más tiempo antes que algún ser humano o casi humano haya sentido interés en observar la Luna.

La sonda lunar podía ser lanzada a una velocidad tan próxima a la de escape que cuando llegara a poca distancia de la Luna, la fuerza gravitacional terrestre la habría ya frenado casi por completo. Entonces la sonda caería bajo el influjo de la gravitación lunar hasta el grado de entrar en órbita en torno de la Luna. Esto significaría que quedaría "capturada" por la Luna. (Lo anterior ocurriría más fácilmente si la sonda pudiese disparar un pequeño cohete en el momento oportuno y en la dirección correcta, para alterar su curso y su velocidad, en forma tal que facilitara la captura).

Por lo menos, si no se podían hacer las correcciones orbitales, la sonda daría la vuelta a la Luna una sola vez y saldría disparada para iniciar otro tramo de su largo viaje. Bastaría una sola vuelta completa para que la sonda pasara frente al lado oculto de la Luna, y si pudiera tomar fotografías, las mismas se transmitirían por telemetría a la Tierra, para ser estudiadas por el ojo humano. Esa sí como, *por primera vez*, objetos a poco menos de 400 000 kilómetros de distancia, que nunca antes habían sido vistos, quedaron revelados, no obstante que *han sido vistos*, de tiempo atrás, otros objetos decenas de miles de millones de veces más distantes.

La Unión Soviética logró lo anterior con *Luna 3*, lanzado el 4 de octubre de 1959. En el segundo aniversario del lanzamiento del primer satélite, la técnica espacial había avanzado hasta el grado de que una sonda lunar giraba en torno de la Luna y enviaba las primeras fotografías de la cara oculta.

La calidad de esas fotografías era deficiente y su número pequeño, pero aun así bastó para desvanecer las ideas románticas que existían acerca del lado invisible. Siempre había sido posible soñar que, por un motivo u otro, la cara oculta era menos yerma que la visible, que en ella había un poco de atmósfera y agua y quizá vida.

¡No era así! Esas primeras fotografías revelaron que la superficie del lado contrario de la Luna era tan desolada como la del lado conocido. Posteriormente, esto quedó confirmado por las fotografías norteamericanas.

El 28 de julio de 1964 los Estados Unidos lanzaron el *Ranger 7*, que llegó a la Luna de la misma manera como *Luna 2* había llegado casi cinco años antes. Pero en esta ocasión se había añadido un refinamiento. Durante los últimos trece minutos anteriores al impacto se tomaron fotografías que fueron transmitidas a la Tierra por telemetría. En total fueron tomadas 4 308 fotografías a distancias más y más cortas, hasta que hubo contacto, con lo que cesó la transmisión. Por vez primera la Luna fue fotografiada desde muy cerca, con detalles muchísimo mayores que todo lo imaginable con un telescopio fijo en la Tierra (aunque la porción de la Luna así fotografiada fue sin duda muy pequeña).

Esas fotografías mostraron que la Luna estaba salpicada de cráteres muy pequeños y algunos muy grandes. Los había de sólo un metro de diámetro y 30 centímetros de profundidad.

Los Estados Unidos repitieron este sondeo con el *Ranger 8* y el *Ranger 9*, en 1965. Esas dos sondas transmitieron 13 000 fotografías de otros dos lugares de la Luna.

Durante todo 1965 las sondas que llegaron a la Luna lo hicieron en forma de "descenso duro", que daba por resultado la destrucción del objeto que caía. Lo que se necesitaba era un "descenso suave", el cual permitiera que la sonda siguiera funcionando en la superficie de la Luna.

Si la Luna tuviese atmósfera, esa tarea sería relativamente sencilla, puesto que se podría extender un paracaídas que retardara la caída de la sonda. Sin atmósfera, la disminución de la velocidad del descenso tendría que lograrse exclusivamente por medio de cohetes que dispararan en dirección de la superficie lunar y así empujaran a la sonda lejos de la Luna, con lo que reducirían la fuerza de la caída. Tal cosa demandaría un manejo muy delicado.

La Unión Soviética realizó esa hazaña el 3 de febrero de 1966, cuando su sonda *Luna 9* hizo un descenso suave en la Luna. A poco más de seis años después del primer descenso duro en la Luna, un objeto hecho por el hombre descansaba en la superficie lunar casi intacto, por lo que los instrumentos que llevaba podían funcionar. En la Tierra se recibieron las primeras fotografías tomadas desde la superficie de la Luna.

Luna 9 se posó en la parte occidental del Oceanus Procellarum, porción relativamente sin cráteres de la superficie lunar. En latín, ese nombre significa "Océano de las tormentas", lo cual da una idea de la fantasía de los antiguos astrónomos, antes que se comprendiera bien que en la Luna no hay ni agua ni aire. Las fotografías, que fueron enviadas a la Tierra durante tres días, antes que los instrumentos fallaran, no mostraban, naturalmente, ni océano ni tormentas, sino simplemente una región pedregosa, muda y desolada.

El 30 de mayo de 1966 los Estados Unidos lanzaron el *Surveyor 1*, que duplicó la hazaña soviética. Descendió suavemente en la Luna, también en el Oceanus Procellarum y transmitió fotografías de calidad algo mejor que las de la sonda soviética.

Posteriormente, los satélites norteamericanos lograron más. El *Surveyor 3*, lanzado el 17 de abril de 1967, no sólo descendió con suavidad y transmitió más de 6 300 fotografías de la superficie lunar, sino que empleó un brazo mecánico que cavó y tomó muestras del suelo lunar, en respuesta automática a señales recibidas desde la Tierra.

Esto era importante, puesto que se había conjeturado por entonces que la Luna estaba cubierta por una espesa capa de polvo suelto, producido por la fragmentación de la superficie a causa del bombardeo meteórico a través de las eras, por lo que cualquier nave espacial que se posara en la Luna se hundiría en esa capa de polvo y desaparecería, como si hubiese caído en un mar de arena movediza seca. El simple hecho de que las sondas de descenso suave permanecían en la superficie contradecía tal suposición, y la excavación del brazo mecánico demostró claramente que el suelo lunar poseía la misma clase de consistencia que el suelo terrestre.

El *Surveyor 5* que descendió en la Luna en el Mare Tranquillitatis ("Mar de la tranquilidad", designación muy apropiada), llevó hasta un pequeño dispositivo para analizar muestras del suelo lunar. En total, las sondas *Surveyor* transmitieron más de 50 000 fotografías, y la superficie lunar, vista desde el nivel del suelo, se convirtió en imagen muy conocida.

El 31 de marzo de 1966 la Unión Soviética lanzó la *Luna 10*, que se movió en órbita lunar. Los Estados Unidos duplicaron esa proeza con el lanzamiento de *Lunar Orbiter 1*, el 10 de agosto de 1966. Esas sondas y otras más que giraron en torno de la Luna enviaron a la Tierra fotografías de todas partes de la Luna, con toda clase de detalles, por lo que los mapas de toda la Luna son ahora tan confiables y casi tan detallados como los de la Tierra.

Lo que surgió de esos mapas confirmó las sospechas despertadas por las primeras fotografías de la cara oculta. En tanto que el lado que ve a la Tierra tiene un número considerable de "mares", que en realidad son extensas regiones casi circulares, relativamente libres de cráteres, con suelos que parecen haberse levantado como derrames de lava en los remotísimos tiempos de la historia de la Luna, el lado de atrás está casi libre de tales accidentes.

La corteza de la Luna tiene un espesor aproximado de 60 kilómetros en el lado cercano a la Tierra y de unos 100 kilómetros en el lado distante, hasta donde hemos podido saber por medio de las sondas. Como resultado de esto, el impacto de un bólido grande en el lado cercano penetraría en la corteza y permitiría que la roca calentada burbujeara desde las capas fundidas del interior, en tanto que un bólido semejante, al caer en el lado lejano, sería resistido por la corteza más gruesa y más fuerte.

¿Pero por qué ha de ser la corteza asimétrica, de esa manera? Parece natural suponer que la Tierra tuvo algo que ver con este fenómeno, pero hasta ahora no se han presentado hipótesis convinventes a este respecto.

Un descubrimiento que a nadie sorprendió fue el de que la Luna carece de campo magnético. Las teorías presentes acerca de la existencia de campos magnéticos en torno de cuerpos astronómicos indican que hay dos requisitos. El primero de ellos es que en el centro de ese cuerpo celeste debe haber un núcleo líquido capaz de ser conductor de una corriente eléctrica. El segundo requisito es que el cuerpo celeste mismo debe girar con suficiente rapidez para causar remolinos en el líquido central. Entonces, a su vez, el movimiento circular de la descarga eléctrica creará un campo magnético.

La Tierra tiene núcleo líquido en el que abunda el hierro, y gira con rapidez, por lo que no es sorprendente que tenga también un campo magnético.

La Luna, en cambio, tiene una densidad de sólo tres quintos de la tierra. En general, debe ser mucho menos rica en sustancias relativamente densas, como el hierro. Además, la Luna, por tener una masa considerablemente más pequeña que la de la Tierra, indudablemente es menos caliente en el centro. (El calor central surge del movimiento de cuerpos más pequeños hechos pedazos, que juntos formaron un cuerpo más grande, y la gravitación relativamente pequeña de la Luna podría producir únicamente velocidades bajas que se convertirían en calor relativamente pequeño).

La combinación de ligereza y frialdad relativas hace suponer con razonable seguridad que la Luna carece de núcleo de hierro líquido, y que probablemente sea todo roca. Aunque tuviese un núcleo de hierro líquido que pudiera conducir electricidad, la rotación de la Luna es demasiado lenta para causar en ese núcleo remolinos significativos. Así pues, de ser acertadas nuestras teorías, la Luna no debe tener campo magnético y, en efecto, no lo tiene.

LLEGADA A LA LUNA

Pero si las sondas no tripuladas pasaban cerca de la Luna, giraban en torno de ella y descendían en ella ¿podrían los seres humanos hacer lo mismo?

Los Estados Unidos anunciaron desde fecha muy temprana que se proponían lograr tal cosa. Se sentían lastimados porque la Unión Soviética se les había adelantado y los habría opacado constantemente en lo que llegó a conocerse como la "carrera del espacio". Además, los Estados Unidos habían quedado humillados el 17 de abril de 1961, cuando fue rechazado el intento de invasión de Cuba por insurgentes de ese país con apoyo norteamericano, en la Bahía de Cochinos.

Para reivindicar el prestigio norteamericano, el presidente John F. Kennedy (1917-1963) anunció, en mayo de 1961, que los Estados Unidos pondrían a un hombre en la Luna antes que terminara la década. Con ese fin en mente la Administración Nacional de Aeronáutica y del Espacio (NASA), estableció el "Programa Apolo".

El "Programa Geminis", que lo precedió, y que se ocupó principalmente en maniobras espaciales, encuentros, enganches y "paseos" en el vacío, tenía el propósito fundamental de crear las técnicas indispensables para alunizar, como se llamó al acto de posarse una nave espacial en la superficie del satélite de la Tierra. El programa Geminis concluyó a fines de 1966, y el primer vuelo del programa Apolo se fijó para febrero de 1967.

Se demoró por la muerte trágica de los astronautas Grissom. White y Chaffee, mientras trabajaban en tierra, dentro de una nave espacial Apolo. Fue necesario rediseñar ese vehículo. Después se realizaron con éxito varios lanzamientos del programa Apolo, sin tripulantes.

Finalmente, el 11 de octubre de 1968 se lanzó la primera nave Apolo tripulada (con tres astronautas a bordo). Fue el *Apolo 7*, al mando de Walter M. Schirra (1923-   ). Fue esa la primera nave espacial norteamericana con tres tripulantes y también la tercera excursión de Schirra por el espacio exterior. En el transcurso de 163 órbitas se probaron los sistemas de guía y control del Apolo, así como la capacidad de los motores de propulsión a chorro de volver a encenderse cuando se deseara. Quedaba sólo un poco más de un año para cumplir la promesa del presidente Kennedy.

Dos meses después, el 21 de diciembre de 1968, fue lanzado el

Apolo 8, al mando de Frank Borman (1928-). A la sazón, Borman tenía la marca de permanencia en el espacio, pues tres años antes, en el *Geminis 7*, él y James A. Lovell (1928-) habían permanecido en órbita durante 220 revoluciones, o aproximadamente dos semanas. Otra característica de ese vuelo había sido que *Geminis 6*, lanzado once días después de *Geminis 7*, y al mando de Schirra, se había encontrado con el *Geminis 7* y se había unido a esa nave, realizando así una maniobra que sería necesaria en un alunizaje.

El *Apolo 8* intentó una maniobra sin precedente. Los tres astronautas llevaron a esa nave espacial a la Luna y la pusieron en órbita en torno de ese cuerpo celeste. Por primera vez en la historia unos seres humanos estuvieron lo suficientemente cerca de la Luna para estudiarla sin apresuramiento y a simple vista. Vieron de esa manera algunos detalles que ningún telescopio instalado en la superficie de la Tierra podría mostrar. *Apolo 8* permaneció a corta distancia de la Luna el tiempo en que realizó diez órbitas, o un poco más de seis días. Volvió entonces a la Tierra sin percance alguno, después de haber permanecido en el espacio un poco más de diez días. Hasta entonces ésa fue la proeza espacial más sensacional.

Apolo 7 y *Apolo 8* habían permanecido intactos durante todo el tiempo que estuvieron en el espacio, aunque cada uno de ellos consistía realmente en dos naves espaciales. Se tenía el propósito de que, con el tiempo, después de entrar en órbita lunar, una de las naves, llamada "módulo lunar", con dos hombres a bordo, se separara de la otra nave, llamada "módulo de mando". El módulo lunar descendería entonces hasta la superficie de la Luna, en tanto que el módulo de mando permanecería en órbita. Al cabo de cierto tiempo el módulo lunar dejaría la superficie de la Luna y se engancharía nuevamente con el módulo de mando.

Entonces los astronautas del módulo lunar entrarían en el módulo de mando. El módulo lunar sería desechado y el módulo de mando, con los tres astronautas a bordo, volvería a la Tierra.

El 3 de marzo de 1969 fue lanzado el *Apolo 9*, al mando de McDivitt, y el módulo lunar fue revisado por primera vez en el espacio exterior, pero, por precausión, el *Apolo 9* permaneció en órbita terrestre durante todo ese experimento. Estuvo en el espacio hasta que completó 151 órbitas, en cerca de diez días.

El siguiente paso se tomó el 18 de mayo de 1969, cuando fue lanzado el *Apolo 10*, al mando del Thomas P. Stafford (1930-), quien había estado en el espacio en dos ocasiones anteriores y con Schirra cuando se hizo el primer enganche venturoso.

El *Apolo 10* repitió hazaña del *Apolo 8*, al colocarse en órbita lunar el 21 de mayo y permancecer en ella hasta dar treinta y un vueltas. En esta ocasión, el módulo lunar se separó y llevó a Stafford, junto con Eugene A. Cernan (1934-) hacia la superficie de la Luna. (Cernan había estado con Stafford en el vuelo del *Geminis 9* tres años antes, y en esa ocasión Cernan había maniobrado en un paseo espacial durante más de dos horas.)

Stafford y Cernan bajaron hasta a 15 kilómetros de la superficie de la Luna y volvieron al módulo de mando, en el cual John W. Young (1930-), quien había estado en dos de los vuelos del programa Geminis, los esperaba. Esa nave espacial volvió sin incidentes a la Tierra después de ocho días en el espacio.

Se había hecho ya todo, salvo alunizar.

El 16 de julio de 1969 fue lanzado el *Apolo 11*, con tres astronautas a bordo: Neil Armstrong, Edwin E. Aldrin y Michael Collins. Los tres habían nacido en 1930.

Amstrong había sido el capitán de *Geminis*, lanzado el 16 de marzo de 1966. Se había enganchado con un cohete no tripulado, pero un desperfecto impidió que se realizara toda la maniobra hasta su conclusión, como se había proyectado.

Aldrin había estado en el *Geminis 12*, el último de esa serie, lanzado el 11 de noviembre de 1966. Durante ese vuelo de cuatro días, Aldrin emprendió un paseo espacial que duró cinco horas y media.

Collins había estado en el *Geminis 10*, lanzado el 18 de julio de 1966, vehículo que había enganchado con un cohete no tripulado en forma más satisfactoria que *Geminis 8*, pero no a la perfección.

Así pues, cada uno de esos tres astronautas realizaban su segunda misión en el espacio exterior. El 20 de julio de 1969, cuando *Apolo 11* giraba suavemente en torno de la Luna en una órbita que lo mantenía a una altura de 100 a 120 kilómetros por encima de la superficie lunar, el módulo en que iban Armstrong y Aldrin descendió hasta la superficie, cerca de la orilla sudoccidental del Mare Tranquillitatis.

A las 4:18 p.m. hora de verano del Este, del 20 de julio de 1969, el módulo lunar, que estaba bajo el control manual de Armstrong, hizo un alunizaje venturoso. Por primera vez en la historia seres terrestres se hallaban en la superficie de otro mundo. El alunizaje se había logrado en la década de 1960, como lo había predicho el presidente Kennedy, con 164 días para que se venciera el plazo. Sin embargo, Kennedy mismo no vivió para ver ese triunfo, pues había sido asesinado el 22 de noviembre de 1963. Era Richard M. Nixon (1913-), el hombre a quien Kennedy había derrotado en la contienda electoral, el ocupante de la Casa Blanca.

Armstrong salió del módulo lunar y fue el primer ser humano que puso el pie en la Luna. En ese momento dijo: "Éste es un pequeño paso del hombre, pero un paso gigantesco de la humanidad". Aldrin lo siguió. Todo esto fue visto por centenares de millones de atónitos seres humanos, pegados a los receptores de televisión en todo el mundo.

El suelo lunar sostuvo a los astronautas y al módulo sin ningún problema. Los dos visitantes estuvieron en la Luna un total de 21 horas y 36 minutos, tomando fotografías, recogiendo muestras de piedras, clavando una bandera norteamericana y preparando algunos experimentos que enviarían a la Tierra por telemetría los resultados, después que ellos hubiesen abandonado la Luna.

A continuación, el módulo lunar se elevó desde la superficie de la Luna y volvió al módulo de mando, en el cual Michael Collins había estado en órbita en torno de la Luna. Los tres astronautas volvieron sanos y salvos a la Tierra el 24 de julio.

Durante los siguientes tres años y medio se hicieron otros seis vuelos a la Luna. El más emocionante fue el del *Apolo 13*, lanzado el 11 de abril de 1970, al mando de Lowell, quien había estado en el *Apolo 8* y que realizaba su cuarta misión espacial.

Fue ese el único vuelo del programa Apolo dirigido a la Luna que no logró su propósito. Una explosión en el tanque de oxígeno dio por resultado la pérdida de toda la energía en el módulo de servicio, que se hallaba bajo el módulo de mando y que contenía el sistema de propulsión para efectuar correcciones a medio camino con el objeto de entrar en órbita lunar y volver a la Tierra. Tal accidente significaba que no había forma alguna de alunizar. Gracias al oxígeno y a la energía que llevaba el módulo lunar, los astronautas lograron girar en torno de la Luna y volver sin más percances a la Tierra.

El *Apolo 15*, lanzado el 26 de julio de 1971; al mando de David R. Scott (1932-   ), quien había estado en el *Geminis 8* y el *Apolo 9*, alunizó el 29 de julio. Llevaba un ''explorador lunar'', vehículo diseñado para moverse en la Luna. Dos años después que los seres humanos pisaron la Luna, condujeron por la superficie de ese cuerpo celeste lo que, fundamentalmente, era un automóvil. Usaron el explorador lunar tres veces y en total recorrieron una distancia de 28 kilómetros.

En seis alunizajes se recogieron centenares de kilogramos de piedras lunares, que fueron traídas a la Tierra.

Desde diciembre de 1972 no ha habido alunizajes, y por el momento no se tiene proyectado realizar más. Sin embargo, es indudable que el horizonte humano se ha ensanchado, hasta incluir a la Luna. Con toda seguridad, los seres humanos podrán volver a la Luna cuando lo deseen, si dedican los esfuerzos y los recursos necesarios para hacer tal cosa.

10

El sistema solar interior

UTILIZACIÓN DEL ESPACIO

Si la humanidad llega a volver a la Luna, indudablemente no será en las circunstancias del programa Apolo. En ese programa se empleó la Tierra misma como base y también se emplearon naves espaciales primitivas, que fueron desechadas después de haber sido usadas una sola vez. Tal cosa bastó para los primeros intentos de exploración, pero en la siguiente etapa debe hacerse algo mejor.

Para que se pueda hacer más, será necesario determinar con exactitud hasta qué grado pueden los seres humanos funcionar en el espacio exterior durante periodos prolongados, deberán idearse naves espaciales que puedan usarse varias veces, se deberán establecer bases permanentes en el espacio exterior y será preciso crear una complicada tecnología espacial.

El 14 de mayo de 1973 los Estados Unidos lanzaron su primera estación espacial (satélite concebido para que permaneciera en el espacio durante muchos años y para que albergara a astronautas durante periodos prolongados). Esa estación espacial, llamada *Skylab*, era más o menos cilíndrica, tenía 15 metros de longitud y 6.6. metros de anchura, y estaba dividida en dos cámaras. Su masa era de 70 toneladas.

El *Skylab* estuvo ocupado en tres ocasiones diferentes, cada vez por un grupo de tres astronautas. El primer grupo permaneció en el *Skylab* veintiocho días, el segundo cincuenta y nueve y el tercero, ochenta y cuatro. La última misión quedó terminada el 8 de febrero de 1974. Se efectuaron diversos experimentos científicos, pero el más importante de todos ellos fue el hecho mismo de que durante un mes, dos meses y, por último, tres meses, los seres humanos que habían permanecido en el espacio en condiciones de gravitación nula, funcionaron normalmente sin experimentar trastornos importantes, físicos o mentales.

Después de la tercera misión, el *Skylab* continuó girando en torno a la Tierra, sin mantenimiento y sin uso, durante cinco años más. Se movió por la exosfera a una altura original de 425 kilómetros, más o menos, donde había suficientes ráfagas de atmósfera superior para reducir su energía cinética y hacerlo descender, al cabo de cierto tiempo.

Lo anterior se sabía cuando fue lanzado. Se calculaba que el *Skylab* permanecería en órbita diez años y que al cabo de ese tiempo sería posible enviar naves espaciales diseñadas para hacerlo subir más.

Desgraciadamente, se atrasó el perfeccionamiento de la nave que podría haberse empleado para tal fin, en tanto que el Sol, más activo que de ordinario en su máximo de manchas solares, calentó y ensanchó la atmósfera superior un poco más de lo normal, lo cual sujetó al *Skylab* a una resistencia del aire mayor de la esperada.

A fines de 1978 era ya evidente que el *Skylab* se precipitaría hacia la Tierra en el curso de 1979 y que no había forma alguna de impedir tal cosa. Antes habían caído a la Tierra algunos satélites y sus fragmentos: un satélite soviético, que llevaba componentes nucleares, se había estrellado en una zona remota de Canadá, algunos años antes. Sin embargo, el *Skylab* era, con mucho, el objeto más grande hecho por el hombre que iba a caer del espacio exterior y se temía en todas partes que fuese a causar daños. La nerviosidad prevaleciente no la calmaron las seguridades de la NASA de que era remotísimo que hubiese daños, y que las probabilidades de ser alcanzado por un fragmento del *Skylab* equivalían aproximadamente a las de ser alcanzado por un meteorito.

Por fin, el 11 de julio de 1979 el *Skylab*, después de haber terminado sus 34 980 órbitas, se lanzó a la Tierra en su 34 981 vuelta. Los científicos encargados del descenso hicieron todo lo posible por controlar la situación y lograr que la caída fuese en el océano. Gran parte del *Skylab* cayó en el Océano Índico, pero varios pedazos cayeron en los desiertos de Australia occidental. No hubo daños ni bajas.

Entretanto, de 1975 en adelante, la Unión Soviética tuvo estaciones espaciales propias, las cuales sirvieron con fines muy semejantes a los que dieron los Estados Unidos al *Skylab*, pero durante un periodo más largo y con mayor éxito. En dos ocasiones, tripulaciones de tres permanecieron en el espacio continuamente por un periodo de medio año. Un cosmonauta estuvo en cada una de esas misiones, por lo que permaneció en el espacio de gravitación cero durante todo un año, en conjunto. Tampoco se supo del surgimiento de graves problemas físicos o mentales.

Así pues, parece indudable que los seres humanos pueden vivir y trabajar durante periodos largos en el espacio exterior. Lo que debe hacerse ahora es mejorar nuestras naves espaciales.

Por esta razón, los Estados Unidos y la Unión Soviética perfeccionan las naves espaciales de enlace, que puedan ser empleadas repetidas veces. Su propósito es que entren y salgan del espacio exterior una y otra vez.

El programa norteamericano de naves de enlace, o trasbordadores orbitales, estuvo plagada por múltiples dificultades y por los intensos esfuerzos para asegurar la solución de todos los problemas técnicos. Por ejemplo, las losetas de cerámica que cubrían el trasbordador (en total 31 000), tenían que permanecer firmemente adheridas a la nave aun en las condiciones más difíciles, para que pudieran resistir con toda seguridad el calor y la resistencia atmosférica en el vuelo de regreso.* Después de todo, se trataba del único experimento de vuelo espacial con tripulantes que no estaría precedido por vuelos sin tripulantes, y los astronautas que fueran a bordo debían ser protegidos a cualquier costo.

Como resultado de lo anterior, el programa de las naves de enlace fue demorado repetidas veces y aplazado en más de una ocasión la fecha calculada para el primer vuelo. Por último, el 12 de abril de 1981, el *Columbia*, primer trasbordador de servicio, entró en órbita perfectamente y dos días después aterrizó sin tropiezo, ante la vista de toda la nación, que aplaudió entusiasmada.

Indudablemente se harán más vuelos de enlace, y los trasbordadores se emplearán para colocar a satélites en órbita y para llevar al espacio exterior componentes estructurales, que sirvan posteriormente para la construcción de grandes estructuras que no sería práctico lanzarlas completas desde la Tierra.

Al hacer lo anterior parece razonable suponer que construiremos estructuras que nos ayuden a aprovechar los recursos que el espacio exterior cercano ponga a nuestra disposición.

Desde luego, contamos con la energía solar que irradia incesantemente en nuestra dirección. Los combustibles fósiles de los que dependemos principalmente para la obtención de energía no durarán indefinidamente y, en particular, el petróleo, fuente copiosa de energía, no sobrevivirá hasta mucho después del siglo XX. Ya existe ahora un fuerte movimiento en favor de la utilización de la energía solar como fuente alternativa.

* Las losetas dan al trasbordador un aspecto extraño que recuerda *La Luna de ladrillo,* de Hale, por su cubierta de losetas.

Recoger la energía en la superficie de la Tierra presenta ciertas desventajas. Cualquier estación colectora instalada en la superficie quedaría en la sombra nocturna de la Tierra un promedio de doce horas, de las veinticuatro del día. Aun el aire diáfano absorbe una fracción considerable de luz solar, y esto se acentúa más mientras más alejado se encuentre el Sol del cenit y mientras más polvosa y brumosa sea la atmósfera.

En cambio, puede concebirse una estación de energía solar en órbita terrestre. Un conjunto de celdas fotovoltaicas que conviertan la energía radiante en electricidad estará expuesta a la gama completa de la radiación solar sin ninguna interferencia atmosférica. Si la estación se encuentra en órbita sincrónica (a unos 35 000 kilómetros sobre la superficie terrestre) en el plano ecuatorial, girará lo mismo que la Tierra y parecerá estar fija en un punto sobre el ecuador terrestre. Entonces encontrará la sombra nocturna de la Tierra únicamente durante el período próximo a los equinoccios, en marzo y septiembre. Estará en tinieblas un total de sólo alrededor de una semana al año.

Se ha calculado que un conjunto de celdas fotovoltaicas convertirían sesenta veces más energía solar en electricidad que el mismo conjunto instalado en la superficie terrestre. La electricidad formada en el espacio podría ser convertida en microondas y dirigida a la superficie de la Tierra, donde podría ser recogida con mucho más eficacia que si se tratara de la luz solar directa.

Sería costoso y difícil establecer en el espacio exterior una serie de tales estaciones de energía solar, pero una vez instaladas amortizarían rápidamente el gasto y se convertirían en parte esencial de la civilización tecnológica de la Tierra.

Se podrían construir también en el espacio otras estructuras útiles. Naturalmente, podría haber observatorios astronómicos. También podría haber laboratorios de investigación que aprovecharan las propiedades del espacio exterior que es difícil o imposible duplicar en la superficie de la Tierra. Tales propiedades incluyen la presencia de volúmenes indefinidos de vacío casi absoluto; temperaturas altas y bajas, dependientes de que el objeto sea expuesto a la luz solar o protegido de ella; alta radiación, si se le expone a la luz solar; y condiciones de gravitación nula. Aun el aislamiento de la Tierra por miles de kilómetros de vacío constituye una propiedad útil, puesto que en el espacio exterior se podrían realizar experimentos peligrosos, más bien que en la apiñada superficie terrestre.

Podrían colocarse en órbita muchos laboratorios industriales, cada uno de ellos muy automatizado y robotizado. En ese caso, los inevitables materiales de desperdicio y la contaminación de la industria podrían ser arrojados al espacio en vez de a la biosfera terrestre.

Las ventajas de todo esto es que el espacio exterior es un medio muchísimo menos delicado que la biosfera y muchísimo menos expuesto a que se le dañe, puesto que tiene un volumen enormemente mayor que el de la biosfera, y por ello podría diluir mucho mejor los desperdicios. Además, esos desechos no permanecerían siquiera en los contornos de la Tierra, puesto que el viento solar (corriente de partículas cargadas de alta energía que emana incesantemente del Sol en todas direcciones) los arrastraría hacia el mucho más grande y distante volumen del sistema solar exterior y más allá de él.

Así, la utilización del espacio exterior podría conservarnos todas las ventajas de una sociedad muy industrializada al mismo tiempo que eliminaría a las industrias mismas (hasta cierto grado, por lo menos) de nuestro entorno inmediato y de esa manera reduciría las desventajas.

Los metales, el concreto y el vidrio que se necesitaría para la construcción de esas estructuras espaciales podrían obtenerse de la Luna más bien que de la Tierra misma. Los únicos elementos vitales de que carece la Luna son el carbono, el nitrógeno y el hidrógeno, y esos tres elementos abundan en la Tierra, la cual podría servir de fuente provisional hasta que nuestra tecnología del espacio extendiera sus alas para llegar más allá de la Luna.

Por último, para mencionar las cosas inmateriales, el perfeccionamiento de la tecnología del espacio podrían emprenderla en forma cooperativa las naciones de la Tierra, puesto que todas ellas se beneficiarían muchísimo de los resultados. Esto podría ser un factor positivo en el fomento de mayor cooperación y en la abolición de la guerra, a la que siempre se han dedicado los seres humanos y que ahora ha llegado a un grado de intensidad y de potencia que indudablemente puede acabar con nuestra civilización y aun poner fin a la humanidad, en general.

Todo lo anterior quizá parezca un punto de vista fantasioso, pero la situación mundial presente es tan pavorosa que a nadie perjudicaría ensayarlo.

VENUS

Todo lo expuesto podría ocurrir, aun cuando el amplio horizonte de la Tierra, que ha llegado ya a la Luna, no se ensanchara más. ¿Pero no es posible extenderlo más? ¿Nos detendremos después de haber llegado a la Luna ¿*Necesitamos* detenernos?

La dificultad se encuentra en la distancia.

La distancia de la Luna a la Tierra es de entre 356 000 a 407 000 kilómetros, según la posición del satélite en su órbita. En realidad, no es una gran distancia. En promedio, la distancia a la Luna es sólo alrededor de 9.5 veces la circunferencia de la Tierra.

Esa distancia lunar la comprendió por primera vez el antiguo astrónomo griego Hiparco de Nicea (190-120 a.J.C.), desde el año 150 a.J.C. Empero, los astrónomos griegos carecían de los instrumentos necesarios para obtener una buena idea de la distancia a cualesquier otros cuerpos celestes.

Sólo después que Galileo empleó el telescopio por primera vez, en 1609, y que el físico holandés Christiaan Huygens (1629-1695) construyó un reloj exacto, en 1656, pudieron al fin ser determinadas las distancias planetarias. Los primeros valores razonables los obtuvo el astrónomo italofrancés Giovanni Domenico Cassini (1625-1711), en 1672. Sólo entonces se comprendió la vasta extensión del sistema solar.

Consideremos, por ejemplo, los demás planetas del sistema solar interior —cuerpos semejantes a la Tierra o a la Luna en su estructura química general. Son tres esos planetas: Mercurio, Venus y Marte.

De los tres, Venus es nuestro vecino más cercano. Su distancia verdadera depende de la posición de la Tierra y de ese planeta en sus respectivas órbitas. Cuando ambos cuerpos celestes se hallan del mismo lado del Sol y en línea directa con el Sol, se aproximan al máximo uno de otro. Sin embargo, aun entonces los separan, por lo menos, 38 900 000 kilómetros. En su posición más cercana a la Tierra, Marte está a 56 000 000 kilómetros y Mercurio a 80 000 000.

En otras palabras, aun en su posición más cercana, Venus está 95.6 veces más alejada de nosotros de lo que lo está la Luna en su posición más lejana; Marte, 137.6 veces; y Mercurio, 196.6 veces. En tanto que un viaje a la Luna demanda sólo tres días, uno a Venus demandaría muchos meses y en el estado presente de la tecnología tal viaje no sería nada fácil.

Con todo, si bien dudamos tener ahora la capacidad necesaria para ir a esos mundos, no hay razón por la que no podamos enviar nuestros instrumentos y, en efecto, ya lo hemos hecho. Algunas sondas espaciales han pasado cerca de esos mundos, con resultados halagadores para los astrónomos.

El primer planeta que recibió atención de esas sondas fue Venus. Se aprovechó la ocasión en que ese planeta se acercaba más a nosotros y, de cualquier manera, nos había ya proporcionado sorprendente información.

Venus está perpetuamente cubierto de nubes, por lo que nada de su superficie podría observarse con telescopios ópticos, por grandes y modernos que pudieran ser, pero la luz ordinaria no es la única clase de radiación que los astrónomos pueden emplear.

Desde 1931 el ingeniero norteamericano de radio Karl Guthe Jansky (1905-1950) había ya detectado ondas de radio que llegaban a la Tierra desde el espacio exterior. En aquel entonces los astrónomos carecían del equipo necesario para ocuparse de las ondas de radio.

Sin embargo, durante la segunda Guerra Mundial las necesidades de la contienda condujeron a la rápida creación de dispositivos para producir y detectar haces de ondas de radio comparativamente cortas, llamadas "microondas" (las cuales, no obstante el prefijo "micro", que significa "pequeño", son mucho más largas que las ondas de luz). Esas microondas pueden penetrar la bruma, la niebla y las nubes, como no pueden hacerlo las ondas luminosas. Además, las microondas pueden ser reflejadas por cuerpos sólidos, lo mismo que las ondas de luz. Las microondas reflejadas pueden ser distinguidas después de la reflexión, y por el tiempo que transcurre entre la emisión de las microondas y la detección del eco puede determinarse la distancia (y, por supuesto, la dirección) del cuerpo sólido que las reflejó.

El radar funciona por la emisión de microondas y la detección de los reflejos. Fueron los británicos quienes perfeccionaron el radar, hasta hacerlo útil, y fue por medio del radar como los ingleses estuvieron listos para rechazar a los aviones alemanes y derrotarlos en la Batalla de Inglaterra, en 1940.

Después de la segunda Guerra Mundial los astrónomos aprovecharon los adelantos logrados en el radar para crear el equipo necesario en el manejo de las ondas de radio en general. De esa manera nació la radioastronomía.

Por ejemplo, podían enviarse haces de microondas a otros mundos y detectarse sus reflejos. Así podía determinarse la distancia a esos mundos, con la misma facilidad con que se podía determinar la distancia a que se hallaban los aeroplanos que se acercaban. En 1946, el científico húngaro Zoltán Lajos Bay (1900-   ) reflejó microondas enviadas a la Luna.

Venus es un cuerpo mucho más distante y, por ello, un blanco mucho más difícil. Además, a causa de la distancia, la reflexión es más débil y menos fácil descubrirla. Sin embargo, en 1958 se enviaron microondas a Venus y se captó el reflejo. Eso permitió determinar la distancia entre Venus y la Tierra en ese momento con mayor exactitud de lo que hasta entonces había sido posible por ningún otro método, y partiendo de esa distancia, todas las demás del sistema solar pudieron ser calculadas con mayor exactitud que antes. Resultó que todas esas distancias eran realmente como 0.5% menos de lo que se había creído.

Resulta que todos los cuerpos emiten radiación. Si están lo suficientemente calientes, su radiación es bastante enérgica y de onda corta que basta para surgir en forma de ondas luminosas, por lo menos en parte. Así, si se calienta un objeto, a la postre llega al rojo. Si se le calienta aún más llega al blanco.

Los objetos cuya temperatura no alcanza la del rojo emiten ondas infrarrojas, más largas que las ondas luminosas ordinarias, y menos enérgicas. Las ondas infrarrojas no las ve el ojo humano pero pueden ser detectadas por medio de instrumentos. Mientras menos caliente esté un objeto más largas serán las ondas que emita, en general. Por la longitud de las ondas emitidas puede determinarse la temperatura de un objeto.

La superficie de Venus emite un patrón de radiación de onda larga, con inclusión de cantidades considerables de microondas, y si bien la luz ordinaria no podría penetrar en la capa de nubes del planeta, las microondas pueden penetrar fácilmente.

En 1956, se analizó el patrón de radiación de microondas de Venus, e inmediatamente pareció que Venus podría ser más caliente de lo que se había creído, y aun considerablemente más caliente. La opinión que había privado era que Venus, por estar más cerca del Sol, sería más caliente que la Tierra, pero que en atención a que tenía una capa protectora de nubes que reflejaba por lo menos tres cuartas partes de la luz solar que recibía, quizá no fuese mucho más caliente. No obstante, la radiación de las microondas enviadas a Venus parecía contradecir esa conjetura.

Durante los siguientes dos años la Unión Soviética y los Estados Unidos adquirieron la capacidad de colocar satélites en órbita en torno de la Tierra, y ambas naciones comenzaron a proyectar el envío de sondas a Venus.

La primera sonda enviada a Venus que tuvo éxito fue la *Mariner 2*, lanzada por los Estados Unidos el 27 de agosto de 1962. Viajó siguiendo una trayectoria curvada por la que avanzó 290 000 000 kilómetros en 109 días. Por último, el 14 de diciembre de 1962, cuando se hallaba a 58 000 000 kilómetros de la Tierra, en línea recta, pasó muy cerca de Venus, a una distancia de 35 000 kilómetros sobre su capa de nubes.

Los instrumentos que llevaba *Mariner 2* pudieron medir la radiación de microondas de Venus con gran detalle desde diversos puntos de su globo. Esa medición mostró que la superficie de Venus era más caliente aún que lo indicado por las primeras mediciones de microondas, hechas desde la Tierra, y todas las sondas posteriores lo han confirmado.

Ahora tenemos la certeza de que la superficie de Venus es infernalmente caliente, tanto cerca de los polos como en el ecuador, y lo mismo en el lado nocturno como en el lado diurno. La temperatura de la superficie es aproximadamente de 475° Celsius (890° Fahrenheit)*, lo cual es más que suficiente para derretir el estaño y el plomo y para hacer hervir el mercurio.

*Celsius y Fahrenheit se abrevian generalmente C y F, respectivamente. Esas dos maneras de medir la temperatura se expondrán detalladamente más adelante (véase pág. 311).

¿Por qué es Venus tan sorprendemente caliente? Parece que la causa se encuentra en la atmósfera.

La Unión Soviética envió una serie de sondas a Venus, dos de las cuales, *Venera 9* y *Venera 10*, lograron caer en el planeta mismo y descender hasta la superficie, en paracaídas, en octubre de 1975. No duraron mucho, pues las condiciones en la superficie de Venus son extremas. Sin embargo, pudieron demostrar que la atmósfera de Venus es unas noventa veces más densa que la de la Tierra.

Las sondas tomaron fotografías de la superficie de Venus, las primeras recibidas de ese planeta. Mostraban una superficie seca y rocosa, sorprendentemente bien alumbrada. Las nubes en la atmósfera de Venus impedían el paso del 97% de la luz solar que llegaba al planeta, pero la cantidad de luz que penetraba era suficiente para que la superficie de Venus estuviese tan iluminada como la de la Tierra en un día nublado.

Todo lo anterior quedó confirmado después que los Estados Unidos lanzaron la *Pioneer Venus*, el 20 de mayo de 1978. Esa sonda llegó el 4 de diciembre de 1978 y envió a la atmósfera de Venus varias sondas filiales. Resultó que la atmósfera de Venus estaba compuesta de 96.6% de bióxido de carbono y 3.2% de nitrógeno.

El bióxido de carbono tiene la propiedad de absorber la radiación de onda larga y calentar como resultado, en tanto que el oxígeno y el nitrógeno no tienen esa propiedad. La atmósfera relativamente ligera de la Tierra, compuesta de oxígeno y nitrógeno, permite que pase la luz solar durante el día, para ser absorbida por el suelo, que calienta como resultado. Por la noche, la Tierra irradia ese calor hacia el espacio en forma de radiación infrarroja de onda larga, que también pasa a través del oxígeno y el nitrógeno de la atmósfera y enfría a la Tierra, en promedio, tanto como ha sido calentada durante el día.

La densa radiación de bióxido de carbono de Venus permite que toda la luz solar que penetre las nubes llegue al suelo y lo caliente. Sin embargo, por la noche, la radiación infrarroja procedente del suelo no puede pasar a través del bióxido de carbono, por lo que Venus no se enfría. Su temperatura sube; se produce más y más radiación infrarroja; y, por último, algo de esa radiación penetra en la atmósfera e impide que Venus se caliente más. Empero, ya entonces Venus se ha calentado mucho.

A esto se le llama el "efecto de invernadero", porque a veces se afirma que el mismo fenómeno hace que los invernaderos conserven el calor cuando hace frío (aunque en este caso el efecto verdadero parece ser un poco diferente).

Gracias a *Pioneer Venus* los astrónomos han podido hacer mapas de la superficie de Venus con detalles considerables, a pesar de la capa de nubes que oscurece a ese planeta eternamente. Para levantar esos mapas es necesario emplear haces de microondas que penetran en las nubes al llegar y a continuación rebotan de la superficie para producir un haz reflejado que penetra en las nubes al salir. El haz reflejado de microondas proporciona informes acerca de la superficie, como lo haría un haz reflejado de onda luminosa. (Por supuesto, las microondas deben ser analizadas con instrumentos, en tanto que las ondas de luz podrían ser analizadas con la vista o con cámara. Además, las microondas, por ser más largas que las ondas de luz, producen resultados más borrosos, como si la superficie fuese vista astigmáticamente.)

Casi toda la superficie de Venus parece ser plana y con características que asociamos con continentes más bien que con fondos marinos, por lo que parece que Venus nunca tuvo océanos en su historia remota sino, a lo sumo, algunos mares internos. La extensión continental cubre cerca de cinco sextos de la superficie total, con pequeñas regiones de suelos bajos que corresponden a la sexta parte restante.

El enorme supercontinente venusino muestra algunos indicios de cráteres, pero no muchos. La gruesa atmósfera tal vez los haya erosionado. Sin embargo, hay algunas porciones elevadas del supercontinente, dos de ellas especialmente grandes.

En lo que sería en la Tierra la región ártica existe en Venus una gran altiplanicie a la que se le ha dado el nombre de Ishtar Terra (''Tierra de Istar''. Istar es el equivalente babilónico de la diosa romana Venus.)

Ishtar Terra es aproximadamente tan grande como los Estados Unidos. Su porción occidental es relativamente plana y a unos 3.3 kilómetros arriba del nivel ordinario de Venus. Su región oriental es una cadena montañosa, llamada Maxwell Montes, de la cual los picos más elevados llegan hasta a 11.8 kilómetros por encima del promedio de nivel de la altiplanicie. Eso significa que tales picos son 3.7 kilómetros más altos que el Monte Everest, de la Tierra.

En la región ecuatorial de Venus hay otra altiplanicie aún más grande, llamada Terra Afrodita (Afrodita es el equivalente griego de la Venus romana). Esa altiplanicie tiene una anchura de 9 600 kilómetros y en ella hay picos de 8 kilómetros de altura. Desde el extremo oriental de Terra Afrodita se extiende un grupo de grandes cañones, en una extensión de unos 5 000 kilómetros. Algunos de esos cañones rajaron la corteza hasta una profundidad de 2.9 kilómetros respecto al promedio del nivel de la superficie de Venus.

Una pequeña región elevada al Sudoeste de Terra Ishtar es Beta Regio, con dos montañas, Rhea Mons y Theia Mons, cada una de ellas de unos 4 kilómetros de altura. Quizá sean volcanes. Rhea Mons posiblemente se extienda en una región tan grande como

Nuevo México, y en ese caso será más grande que cualquier volcán de la Tierra.

Esas altiplanicies, cadenas montañosas, así como los cañones y volcanes, ocupan sólo el 5% de la superficie de Venus.

MERCURIO

El único cuerpo de gran tamaño que gira en torno del Sol a una distancia menor de la que gira Venus es el planeta Mercurio. Da la vuelta al Sol en ochenta y ocho días, y hasta 1962 se creía que también giraba en su eje en ochenta y ocho días. Esto significaría que uno de sus lados miraba siempre hacia el Sol y el otro siempre lejos del Sol.

Sin embargo, en 1962, el estudio de las microondas reflejadas de la superficie de Mercurio mostraron que en realidad giraba en su eje en 58.65 días, o sea en dos tercios de su periodo de revolución, por lo que en todas las partes de la superficie de Mercurio hay día y noche.

La temperatura máxima de Mercurio en el lugar en el que el Sol está en el cenit cuando la órbita de Mercurio lleva a ese planeta a su punto más próximo al Sol es de 425° C (800° F). Esta temperatura no es tan alta como la de Venus, no obstante que Venus está más lejos del Sol, pero Mercurio no tiene atmósfera y por ello no hay gases que almacenen y conserven el calor.

Por otra parte, la temperatura de Venus permanece muy próxima a su máximo en todo momento y en todas las partes de su superficie, mientras que Mercurio pierde calor (ya que no hay atmósfera que lo atrape) al declinar el Sol, y lo pierde especialmente al ponerse el Sol bajo el horizonte. Transcurrido el tiempo en que el Sol no ha aparecido por la larga noche y empieza a despuntar, la temperatura ha descendido a −180° C (−290° F).

A pesar del hecho de que Mercurio no tiene atmósfera, está tan alejado de la Tierra y se le ve siempre tan próximo al Sol que los telescopios con base en la Tierra no han podido distinguir casi nada de su superficie. El empleo de sondas ha hecho que cambie esta situación.

El 3 de noviembre de 1973, el *Mariner 10* fue lanzado al espacio. Pasó cerca de la Luna y el 5 de febrero de 1974 pasó por Venus, a sólo 5 800 kilómetros por encima de la capa de nubes. Enfiló entonces hacia Mercurio y se convirtió en la primera sonda de Mercurio cuando, el 29 de marzo de 1974, pasó a sólo 700 kilómetros de la superficie de ese planeta.

Giró entonces en torno al Sol en una órbita que le daba un periodo de revolución de 176 días, o dos veces la duración del año de Mercurio. Esto llevaba a la sonda de vuelta a Mercurio cada vez que ese planeta completaba dos revoluciones. El *Mariner 10* pasó por segunda vez frente a Mercurio el 21 de septiembre de 1974 y por tercera vez el 16 de marzo de 1975. En el tercer pase casi rozó su superficie, pues pasó a sólo 327 kilómetros de ella. Después del tercer pase, el *Mariner 10* había consumido ya el combustible que lo mantenía en posición estable, y por ello se volvía inútil para continuar el estudio del planeta.

Las fotografías que tomó el *Mariner 10* de Mercurio mostraban un paisaje muy semejante al de la Luna. Había cráteres en todas partes, y el más grande de los observados tenía unos 200 kilómetros de diámetro.

En Mercurio no abundan tanto los "mares" como en la Luna. El más grande visto en Mercurio tiene un diámetro aproximado de 1 400 kilómetros. Se le llama Caloris ("calor") porque se encuentra muy cerca de lugar de Mercurio donde el Sol está en el cenit cuando se le aproxima más el planeta.

En Mercurio también hay cadenas montañosas de varios centenares de kilómetros y de unos 2.5 kilómetros de altura.

El *Mariner 10* fotografió sólo unos tres octavos de la superficie de Mercurio en el transcurso de sus tres pases de observación, pero los astrónomos sospechan que el resto de la superficie del planeta es muy semejante a la ya vista.

MARTE

El planeta restante del sistema solar interior es Marte.

A diferencia de Mercurio y Venus, Marte está más alejado del Sol que la Tierra y se le puede observar con mucha mayor facilidad que a Mercurio y a Venus. En ocasiones, Marte se encuentra considerablemente más cerca de la Tierra de lo que está Mercurio en cualquier momento, y se le puede ver por la noche en lo alto del firmamento con toda su cara visible iluminada por el Sol, en tanto que Mercurio y Venus están siempre cerca del Sol y, cuando se hallan en el lado próximo de sus respectivas órbitas muestran sólo una porción de su lado iluminado por la luz solar.

Marte tiene atmósfera, pero tan leve que rara vez hay nubes o bruma que oscurezca su superficie. Por tanto, de los planetas del sistema solar interior, es el único (aparte de la Tierra misma, por supuesto) del que se han levantado mapas por medio de telescopios. El mapa general de Marte es una configuración de luz y sombra (que algunos interpretaron como tierra y mar). Sin embargo, en 1877, el astrónomo italiano Giovanni V. Schiaparelli (1835-1910), informó haber descubierto algunas marcas largas, angostas y oscuras, a las que llamó *canali* ("canales").

Esa traducción de "canales", hecha por astrónomos de la Gran Bretaña y de los Estados Unidos, fue interpretada por algunos como que significaba la existencia de vida inteligente en Marte, capaz de enormes proezas de ingeniería. El más firme proponente de esta opinión fue el astrónomo norteamericano Percival Lowell (1855-1916), quien publicó en 1894 un libro que popularizó el concepto de Marte como albergue de vida inteligente. H. G. Wells acrecentó esa popularización con su novela *War of the Worlds* (La guerra de los mundos), publicada en 1898. Desde entonces, Marte fue el más interesante de los planetas para los interesados en astronomía.

Después que las sondas espaciales enviaron a la Tierra informes acerca de la Luna y de Venus, tanto en la Unión Soviética como en los Estados Unidos se iniciaron programas muy importantes acerca del envío de sondas a Marte.

La primera sonda enviada a Marte que tuvo éxito fue la llamada *Mariner 4*, lanzada el 28 de noviembre de 1964. Pasó por Marte a una distancia de 10 000 kilómetros de su superficie, el 14 de julio de 1965.

Al pasar la *Mariner 4* frente a Marte tomó veinte fotografías que transmitió a la Tierra como señales de microonda. Por primera vez en la historia fue posible ver la superficie de otro planeta con mucha claridad.

En esas fotografías no se veía signo alguno de canales. En cambio, aparecían varios cráteres, muy semejantes a los de la Luna. Además, otra información transmitida a la Tierra por la *Mariner 4* indicaba que la atmósfera marciana se componía principalmente de bióxido de carbono y que era más tenue de lo esperado, sólo con una centésima de la densidad de la atmósfera terrestre. Las probabilidades de vida inteligente en Marte desaparecieron precipitadamente.

La *Mariner 6* fue lanzada el 24 de febrero de 1969 y la *Mariner 7* el 27 de marzo de 1969. Ambas sondas estaban provistas de equipo más avanzado que el de la *Mariner 4*. Sus fotografías serían más claras y detalladas que las de la sonda anterior.

El 30 de julio de 1969 la *Mariner 6* pasó por Marte a muy corta distancia y la *Mariner 7* lo siguió el 4 de agosto. Esas dos sondas enviaron un total de 199 fotografías a la Tierra.

Las nuevas fotografías mostraron que era indudable la existencia de los cráteres. La superficie marciana estaba salpicada de cráteres, tantos, en algunos lugares, como en la Luna. Sin embargo, las sondas nuevas mostraron también que Marte no era enteramente igual a la Luna. En las fotografías aparecían regiones en las cuales la superficie marciana parecía llana y sin accidentes, o desordenada y escabrosa, en forma tal que no se asemejaba a la superficie ni de la Tierra ni de la Luna.

Tampoco las nuevas fotografías mostraron señal alguna de canales. Las sondas también informaron que la temperatura de Marte era más baja de lo esperado, y que no parecía probable que hubiese agua en estado líquido en el planeta (aunque tiene casquetes polares que quizá contengan hielo). Sin agua que fluya en la superficie, ni oxígeno en la atmósfera y sin huella alguna de canales, las probabilidades de vida inteligente en Marte disminuyeron casi hasta cero.

El 30 de mayo de 1971 fue lanzado el *Mariner 9*. Se tenía el propósito de ponerlo en órbita en torno de Marte, lo que se logró el 13 de noviembre de 1971, cuando llegó al planeta. Fue así el primer dispositivo humano puesto en órbita en torno de otro mundo que no fuese el de la Tierra o de la Luna (sólo después de catorce años que el primer artefacto fue colocado en órbita en torno de la Tierra).

Poco después que el *Mariner 9* entró en órbita en torno de Marte, llegaron a ese planeta dos sondas soviéticas, las llamadas *Mars 2* y *Mars 3;* cada una de ellas dejó caer a la superficie de Marte una sonda filial, la primera el 27 de noviembre de 1971 y la segunda el 2 de diciembre de 1971.

Desgraciadamente, una tormenta de polvo comenzó en todo el planeta el 22 de septiembre de 1971. Seguía sin abatirse cuando las tres sondas llegaron a Marte. Las sondas soviéticas que lograron los primeros descensos en Marte no sobrevivieron a la tormenta, pero el *Mariner 9*, en órbita y sin peligrar, pudo esperar a que la tormenta pasara.

Mientras esperaba, el *Mariner 9* tomó fotografías de los dos minúsculos satélites de Marte. Hasta entonces nada se sabía acerca de ellos, salvo cuáles eran sus órbitas y el hecho de que ambos eran muy pequeños. Las fotografías revelaron que eran ovoides irregulares, sorprendentemente semejantes a patatas.

Fobos, el más cercano de los dos satélites es también el mayor, con diámetro extremo de 28 kilómetros. Deimos, el otro satélite, tiene 16 kilómetros de diámetro en su parte más ancha.

Fobos tiene muchísimos cráteres, el más grande de los cuales se le dio el nombre de Stickney, como se llamaba de soltera la esposa del astrónomo Asaph Hall (1829-1907), descubridor de los satélites. Fue esa señora quien instó a su marido a que "intentara una noche más", cuando el astrónomo se había cansado ya de buscar.

También Deimos tiene señales de cráteres. Los dos más grandes se llaman Voltaire y Swift, en honor de los dos autores satíricos que dijeron que Marte tenía dos satélites, mucho antes de que éstos fuesen descubiertos. Sin embargo, los cráteres de que se trata parece que están llenos y casi cubiertos de polvo y grava.

En diciembre de 1971 la tormenta de polvo se calmó por fin y entonces el *Mariner 9* inició su cometido de tomar fotografías de Marte. A la postre logró proporcionar un mapa de todo el planeta, por lo que su superficie se conoce ahora tan bien y tan detalladamente como la de la Luna.

Lo primero que las fotografías de Marte resolvieron definitivamente fue que no hay canales en ese planeta. Todas esas líneas oscuras y angostas fueron ilusiones de óptica (como algunos astrónomos habían opinado mucho antes del envío de las sondas). Las zonas claras y oscuras no tienen relación alguna con la tierra y el mar, sino que son el producto de polvo claro y oscuro distribuido por los vientos de las estaciones, como había conjeturado algunos años antes el astrónomo norteamericano Carl Sagan (1935-).

Los cráteres descubiertos por las primeras fotografías se hallan concentrados en su mayor parte en un solo hemisferio de Marte. El otro hemisferio tiene relativamente pocos cráteres, pero presenta otras características notables, especialmente objetos que sin duda son volcanes.

Los volcanes más notables están en una región que Schiaparelli llamó Tharsis. El más grande recibió el nombre de Olympus Mons ("Monte Olimpo"), en 1973. Es muchísimo más grande que cualquier volcán de la Tierra.

Extendiéndose hacia el Sudoeste desde la región de Tharsis hay un cañón hasta de dos kilómetros de profundidad y 500 de anchura y 3 000 de longitud, se le llama Valles Marineris ("Valle del Marinero"). Es nueve veces más largo que el Gran Cañón de Colorado, en la Tierra, catorce veces más ancho y dos veces más profundo.

Lo que se necesitaba era un descenso suave en Marte, como el que los soviéticos habían logrado en 1971, pero en un momento en que no hubiese una tormenta devastadora en el planeta.

Con lo anterior en mente fue lanzado el *Viking 1* el 20 de agosto de 1975 y el *Viking 2* el 9 de septiembre del mismo año. Ambos entraron en órbita en torno de Marte. Pasó cierto tiempo antes que se encontrara un lugar suficientemente plano para un descenso suave, pero el 20 de julio de 1976 una subsonda del *Viking 1* (llamada "aterrizadora") descendió en 22.27 grados Norte del ecuador marciano. Algunas semanas después el aterrizador del *Viking 2* descendió sin tropiezos en 47.97 grados Norte del ecuador marciano.

Al posarse en el planeta, esos aterrizadores analizaron la atmósfera marciana y revelaron que el 95% de ella era bióxido de carbono, 2.7% nitrógeno y 1.6% argón. También descubrieron que la temperatura de la superficie era muy fría. Aun en los momentos menos fríos la temperatura del suelo no subía del punto de congelación del agua.

Ya en suelo marciano, los aterrizadores tomaron fotografías que transmitieron a la Tierra. Ambos aterrizadores, aunque muy separados entre si, revelaron con sus fotografías el mismo paisaje: una zona desértica desolada, salpicada de piedras de todos tamaños, desde grava hasta peñascos. Las fotografías eran a colores y mostraron que las rocas eran de un rojo muy pronunciado. El cielo aparecía de un brillante rosa salmón, indudablemente a causa del polvo rojizo en la atmósfera.

Los aterrizadores analizaron muestras del suelo marciano, que resultó tener más hierro y menos aluminio que el suelo terrestre, pero las diferencias no se consideraron asombrosas.

Con todo, el interés principal se concentró en los experimentos que podían realizar los aterrizadores para determinar si había vida microscópica en el suelo marciano. Esto dependía de si una muestra de suelo podía tener ciertas reacciones fundamentales que tuviera la vida terrestre en circunstancias semejantes, y de ser así, si la capacidad del suelo marciano para tener esas reacciones se perdería en caso de que el mismo suelo fuese calentado en condiciones que destruirían la vida en la Tierra, de presentarse tales condiciones en nuestro mundo.

Se efectuaron tres experimentos separados, y en los tres los resultados fueron lo que se habría esperado si hubiese vida, aunque esos resultados no fueron tan concluyentes que obligaran a rechazar cualquier otro. Esto se volvió especialmente cierto porque un cuarto experimento demostró que no había material orgánico detectable en el suelo marciano y, al menos en la Tierra, todas las formas de vida, sin excepción alguna, están formadas por materiales orgánicos. Los científicos estaban dispuestos a aceptar la vida inorgánica, por lo que trataron de idear formas en las cuales el suelo marciano pudiera mostrar esas reacciones semejantes a la vida, aunque no existiese la vida misma.

La cuestión de si hay vida microscópica en Marte aún no se ha resuelto, aunque casi todos los hombres de ciencia reconocen que no es probable que haya vida en ese planeta.

11

Marte y más allá

ASENTAMIENTOS ESPACIALES

Así pues, en 1980 la humanidad ya había explorado completamente todos los grandes mundos del sistema solar interno: la Tierra y su satélite, la Luna; Venus; Mercurio; Marte y sus dos pequeños satélites, Fobos y Deimos.

Hay pequeños cuerpos celestes que una que otra vez aparecen temporalmente dentro del volumen del sistema solar interno: asteroides, meteoritos, cometas. Puede considerarse a esos cuerpos como dentro del presente horizonte de la humanidad, pues en cualquier momento que los seres humanos lo deseen podrán, por ejemplo, enviar una sonda a estudiar el cometa Halley en su próxima aparición (1986) dentro del sistema solar interior.

Asimismo, los científicos podrían enviar una sonda a estudiar el pequeño asteroide Ícaro cuando se acerque la próxima vez a la Tierra. (Este asteroide, de no más de un kilómetro de diámetro, suele aproximarse a unos 6 400,000 kilómetros de la Tierra).

Sería especialmente interesante si en una de las aproximaciones de Ícaro se instalaran en ese asteroide instrumentos apropiados, debidamente protegidos contra el calor y la radiación, pues en su órbita Ícaro se aproxima hasta unos 28 400 000 kilómetros del Sol. Ese acercamiento es considerablemente mayor que el de Mercurio o de cualquier otro cuerpo (salvo un puñado de cometas). En otras palabras, podríamos convertir a Icaro en una ''sonda solar''. (Debemos recordar que también el Sol pertenece al sistema solar interno.)

Por supuesto, toda la exploración del sistema solar interno, con excepción del sistema formado por la Tierra misma y la Luna, se ha efectuado con sondas no tripuladas, pero podríamos considerar tal cosa como algo carente de importancia. Después de todo, la exploración con sondas no tripuladas ha sido suficientemente buena. Se conoce ahora mejor el mapa de Marte de lo que se conocía el interior de África hace un siglo.

Sin embargo, no podemos omitir esta pregunta: ¿Podrán los seres humanos poner el pie alguna vez en mundos más alejados de la Tierra que la Luna?

A este respecto, debemos recordar el problema de la distancia. Marte es la siguiente meta lógica después de la Luna, puesto que Venus y Mercurio son demasiado calientes y demasiado cercanos al Sol para que valga la pena acercarse a ellos antes de llegar a Marte. Empero, un viaje redondo a Marte (o a Venus o a Mercurio) indudablemente tardaría más de un año, lo cual constituiría una hazaña formidable.

Enviar instrumentos que no demandan sistemas de conservación de la vida, en condiciones bajo las cuales un error que termina en la destrucción de los instrumentos resulta decepcionante, pero no trágico, es ya de por sí suficientemente costoso, y fracasos tales como los de *Marte 1* y *Marte 2* cuestan sumas considerables. Si se añade la necesidad de suministrar todo lo necesario para el mantenimiento de la vida durante un año o más, y lograrlo con un margen adecuado de seguridad y con sistemas de ajuste automático de fallas, los gastos (así como la inversión emocional) se multiplicarán tremendamente.

Además, podrían ser insorportables las tensiones psicológicas que surgirían al colocar unos cuantos seres humanos en un encierro solitario con normas de vida atrofiadas, durante muchos meses, sabiendo que si cualquier cosa saliera mal no habría posibilidad alguna de salvación. Si pensamos en eso parece que se vuelve más remota la posibilidad de enviar gente a Marte.

Si razonamos con optimismo podríamos señalar que los primeros de los grandes navegantes —los fenicios, los vikingos, los polinesios y los portugueses— se aventuraron en un vasto espacio abierto, confinados en espacios muy reducidos durante muchos meses, en todos los cuales se enfrentaban a la muerte en cualquier tormenta, sin esperanza de ser salvados. No obstante, lograron sus fines. Si los astronautas se conducen tan bien como los navegantes, podrían triunfar.

También podríamos hacer notar que los astronautas que cruzaran el golfo del espacio rumbo a Marte podrían mantener contacto por radio y aun por televisión con la Tierra durante gran parte del viaje, y así no sentirían la horrenda sensación de aislamiento que los navegantes deben haber sentido.

Por otra parte, resalta el hecho de que los navegantes podían encontrar tierra inesperadamente en el transcurso de sus viajes y, en efecto, algunas veces la encontraban. Tenían la ocasión de hacer pausas en cada etapa, proveerse de agua y otros suministros y entrar en contacto con otros seres humanos. Los astronautas no pueden esperar nada de eso.

Supongo que los astronautas que salgan de la Tierra pueden llegar a Marte y volver venturosamente, enfrentándose a todos los peligros y sobreviviendo al largo y solitario viaje si alguna nación, o quizá un consorcio internacional, está dispuesto a erogar el costo. Tal cosa, sin embargo, sería un verdadero *tour de force* que no podría repetirse en mucho tiempo. (A la primera circunnavegación de la Tierra por los supervivientes de la expedición de Magallanes no siguió una segunda circunnavegación antes de unos sesenta años).

Con todo, lo anterior tiene validez sólo si los astronautas tienen que partir *desde la Tierra*.

He mencionado ya la perspectiva de la utilización del espacio exterior cercano a la Tierra, o sea el espacio entre la Tierra y la Luna. Si se hace tal cosa, si el espacio próximo se anima con la construcción de estaciones de energía, observatorios, laboratorios y fábricas, no es probable que ese trabajo lo haga gente que tenga que ir de la Tierra al lugar de la construcción y regresar al planeta.

Parece lógico suponer que los constructores permanecerán en el espacio exterior durante periodos largos, especialmente si la mayor parte del material de construcción debe obtenerse de la Luna. Para sacar mineral se necesitará una base minera en la Luna, y parecería tener sentido que el proceso de refinación —que incluiría la producción de metales, oxígeno, concreto, tierra vegetal, hierba y otros materiales— se efectuara en el espacio.

En 1974 el físico norteamericano Gerard K. O'Neill (1927-   ) publicó la sugerencia de que era técnicamente posible construir grandes asentamientos en el espacio exterior capaces de albergar a diez mil o más personas; que podrían diseñarse esas colonias para que su ambiente fuese semejante al de la Tierra, con la luz solar marcando un ritmo ordinario de día y noche; que el efecto centrífugo de la superficie interior de un asentamiento rotatorio podría substituir a la fuerza de la gravitación en la superficie exterior de la Tierra; y que tales colonias podrían utilizar al Sol como fuente de copiosa energía.

Desde entonces se ha estudiado mucho el problema de tales colonias espaciales y se ha visto que, por costosos que fuesen los primeros asentamientos, los colonos mismos se encargarían de la tarea de construir asentamientos posteriores con energía y materiales obtenidos en su mayor parte fuera de la Tierra, y que los beneficios que se obtuvieran pagarían rápidamente, con enormes dividendos, cualquier inversión inicial concebible.

Además, la tecnología presente bastaría para iniciar el programa. Los esperados adelantos tecnológicos permitirían construir asentamientos extraterrestres con mayor rapidez y menor costo, e indudablemente más complicado, para todo lo cual no se requeriría más tecnología que la ya existente.

Actualmente se oponen a tales proyectos los factores económicos (el temor del costo), los factores políticos (el deseo de gastar el dinero preferentemente en armamento) y los factores psicológicos (la desconfianza hacia otras naciones y la creencia de que el espacio exterior es inútil) —pero *no* se oponen los factores tecnológicos.

Un punto de vista optimista acerca del futuro indica que antes de mucho tiempo la evidente necesidad de ensanchar los horizontes humanos hará que se construyan colonias espaciales. Esa construcción serviría también de grandioso programa que no solamente sería muy benéfico sino que induciría la cooperación humana en algo lo suficientemente grande para servir de inspiración a los corazones y las mentes, y para que la gente se olvidara de las mezquinas querellas en que se ha hundido durante miles de años, y que se traducen en guerras por la posesión de insignificantes trozos territoriales.

De lograrse tal cooperación se transformaría completamente el problema de realizar grandes viajes a otros planetas. Los seres humanos que pasaran su vida en asentamientos espaciales o que quizá hubiesen nacido en ellos, indudablemente asumirían una actitud hacia el vuelo espacial totalmente diferente de la actitud de la gente que ha pasado toda su vida en la Tierra.

Primero, en tanto que para los habitantes de la Tierra el vuelo espacial es algo exótico y extraño, para los colonos del espacio sería común y ordinario. Esos colonos trabajarían por costumbre en el espacio, ejercerían el comercio por el espacio y estarían constantemente conscientes del espacio. Aunque el espacio exterior fuese un medio ajeno al de los habitantes de la Tierra, sería el que los colonos consideraran como su propio medio.

Segundo, aunque una nave espacial ofrece un medio ambiente extremadamente extraño a los habitantes de la Tierra, ese mismo medio sería el que conocieran los colonos. Estos vivirían *dentro* de su mundo, estarían acostumbrados a un medio artificial y a la reutilización estrecha de los materiales. Una nave espacial sería más pequeña que una colonia, pero pertenecería a la misma clase de medio ambiente.

Tercero, en tanto que los habitantes de la Tierra están acostumbrados a la gravedad constante y considerable, los colonos del espacio estarían acostumbrados a una seudogravedad (el efecto centrífugo), que variaría con la posición dentro de la colonia, así como con la gravedad nula que acompañaría a cualquier labor que se realizara en una órbita de caída libre. Las anomalías de la gravitación que acompaña al vuelo espacial afectarían mucho menos a los colonos, psicológica y físicamente, que a los habitantes de la Tierra.

Cuarto, una de las mayores dificultades del vuelo espacial emprendido desde la superficie de la Tierra es la necesidad de contrarrestar la atracción del campo gravitatorio terrestre. En el caso de los asentamientos espaciales, la atracción de la Tierra sería considerablemente menor, por lo que el vuelo espacial emprendido desde esos asentamientos sería más fácil y muchísimo menos costoso, en términos de energía. Eso, a su vez, significaría que sería posible construir naves espaciales mucho más grandes y bien dotadas, lo cual haría que disminuyeran las tensiones de los prolongados viajes espaciales.

En consecuencia, podrá suponerse que cuando llegue el momento de que los seres humanos viajen a los planetas y de que el horizonte humano alcance una nueva gran expansión, serán los colonos espaciales, no los habitantes de la Tierra, quienes mostrarán el camino. Serán esos colonos los fenicios, vikingos, polinesios y portugueses del siglo XXI.

Como ya dije, la primera meta será Marte, puesto que es un mundo no menos explotable (salvo la distancia) que la Luna. En realidad, Marte sería más cómodo. Sus bajas temperaturas no son mucho peores que las de la noche lunar, y de día está a salvo de lo peor de la radiación solar. Tiene una gravedad en la superficie mayor que la de la Luna (0.4 *g*. en comparación con 0.17 *g*), y al menos tiene una atmósfera tenue, así como algo de los elementos volátiles que no existen en la Luna.

Quizá sea dudoso que los colonos vivan en Marte, como tampoco que vivan en la Luna. Presumiblemente, construirían asentamientos en órbita en torno de Marte y vivirían allí, empleando a Marte mismo únicamente como mundo minero.

Es menos probable que los colonos emprendan viajes en la otra dirección, hacia el Sol. Venus parece ser un mundo completamente inútil, en términos de explotación humana, por su calor extremo en todo momento y su atmósfera extremadamente densa.

Mercurio es menos inhóspito. Su lado nocturno no ofrecería dificultades insuperables a colonos que estuviesen acostumbrados a la noche lunar o a la marciana, pero, por supuesto, cualquier penetración en el lado nocturno sería sólo temporal. La salida del Sol fijaría el límite de cualquier labor que se realizara en la superficie. Sin embargo, sería posible emplear la primera permanencia en el lado nocturno para cavar lo suficiente desde la superficie y encontrar un nivel relativamente fresco en el cual se pudiera sobrevivir al calor de la superficie durante el período diurno de 1 400 horas. Pero aun eso parece dudoso, en el mejor de los casos.

También se habla una que otra vez de planetas "terraformados", o sea planetas alterados para que resulten más cómodos a los seres humanos. Aunque esto no pueda llevarse a cabo hasta el grado de hacer que los planetas se vuelvan habitables, podría servir para hacerlos más útiles como base de recursos.

Sin embargo, parece que la tendencia inicial de la exploración humana y de la expansión del horizonte humano es alejarse del Sol, no acercarse a él. Hay mucho más espacio lejos del Sol que cerca de él y resulta más fácil conservarse caliente en un ambiente frío que conservarse fresco en un ambiente caliente.

Marte, por ejemplo, sería sólo una estación en el camino hacia otros lugares aún más lejanos. Más allá de Marte se encuentra la faja de asteroides, con muchos mundos minúsculos, quizá 100 000, con diámetro de más de un kilómetro.

Esos asteroides ofrecerían una fuente abundante de minerales de todas clases. La masa total de los asteroides es mucho menor que la masa total de la Luna, pero sólo la capa superficial de la Luna se podría explotar, pues casi toda la Luna (así como casi toda la Tierra) es demasiado profunda para alcanzarla fácilmente. Con excepción de los asteroides más grandes (Ceres tiene un diámetro de 1 000 kilómetros y hay unas cuantas docenas de otros asteroides con diámetros mayores de 100 kilómetros), todo el material de esos cuerpos está tan cerca de su superficie que se le podría usar. Además, estamos casi seguros de que los asteroides contienen los materiales volátiles que no existen en la Luna.

Así pues, quizá llegue el día en que los asteroides representen las grandes minas de la humanidad. No sólo eso, sino que se construirán colonias en la faja de asteroides, donde existe el material necesario para esa construcción, y donde la radiación solar es aún lo suficientemente fuerte para servir como fuente útil de energía.

La faja de los asteroides ofrece un volumen de espacio quizá mil millones de veces más grande que el que ofrece el espacio comprendido dentro de la órbita lunar, y es fácil imaginar que el número de asentamientos humanos que podrían establecerse ahí sería enorme. No es difícil ver que llegará el tiempo en que la vasta mayoría de las especies humanas vivan en la faja de los asteroides.

JÚPITER

La faja de los asteroides es la frontera del sistema solar interior. Más allá de esa faja, en dirección contraria al Sol, están los vastos espacios del sistema solar exterior. En ese sistema, los mundos están más apartados los unos de los otros, y son más grandes.

Tenemos al gigantesco Júpiter, que contiene tres quintas partes de la masa total del sistema solar, si no consideramos al Sol. Más lejos aún están Saturno, Urano y Neptuno, todos ellos considerablemente más pequeños que Júpiter, pero mucho más grandes que la Tierra. Júpiter tiene cuatro satélites aproximadamente tan grandes como la Luna, o más grandes aún: Io, Europa, Ganimedes y Calisto. Saturno y Neptuno tienen sólo un satélite grande cada uno: Titán y Tritón, respectivamente.

Existen también satélites más pequeños. Júpiter y Saturno tienen cada uno alrededor de una docena. Urano tiene por lo menos cinco (pero ninguno verdaderamente grande) y Neptuno tiene uno que conocemos. Además, hay pequeños cuerpos en el sistema solar exterior no asociados con los cuatro planetas gigantes. Ahora conocemos la existencia de tres de esos cuerpos: Carón, Plutón y Quirón.

Las distancias correspondientes a la región de los planetas gigantes empequeñecen a las del sistema solar interno. Júpiter y su sistema de satélites se encuentran en el confín de la faja de asteroides, pero Saturno está a 650 000,000, kilómetros más allá de la órbita de Júpiter, o a 11.5 veces la distancia del acercamiento mayor de Marte a la Tierra. Urano está a 2 100 000 000 kilómetros más allá de la órbita de Júpiter; Neptuno, 3 700 000 000 más allá; y Plutón, en promedio, 5 100 000,000 kilómetros más alejado aún. La distancia de Júpiter a Plutón es seis veces el diámetro total del sistema solar interior.

Sin embargo, las sondas de cohete ya han penetrado más allá de la faja de asteroides, con todo éxito.

El 2 de mayo de 1972 se lanzó el *Pioneer 10*, que salió de la Tierra con una velocidad inicial de 14.5 kilómetros por segundo, la más grande de velocidad lograda por cualquier cosa hecha por el hombre hasta entonces.

El *Pioneer 10* pasó sin obstáculo a través de la faja de asteroides, donde descubrió menos partículas de las que los astrónomos habían esperado que existieran en esa región y después, el 3 de diciembre de 1973, llegó a las cercanías de Júpiter. Pasó a sólo 135 000 kilómetros de la superficie de Júpiter.

El campo magnético de Júpiter resultó ser unas cuarenta veces más fuerte que el de la Tierra, y se dejó sentir a una distancia de 7 000,000 de kilómetros de ese planeta.

Al *Pioneer 10* siguió el *Pioneer 11*, lanzado el 5 de abril de 1973 y que pasó a sólo 42 000 kilómetros de Júpiter el 2 de diciembre de 1974. El *Pioneer 11* fue puesto en una trayectoria que lo llevó sobre las regiones polares de Júpiter.

De la información transmitida a la Tierra por esas sondas parecería que Júpiter es principalmente una vasta esfera de hidrógeno, gaseoso por fuera, líquido por dentro y con un núcleo metálico sólido. Hay en Júpiter una mezcla de helio y la proporción entre el hidrógeno y el helio parece ser de 5 a 1, además de pequeñas cantidades de elementos más pesados. Posiblemente haya un pequeño núcleo rocoso en el centro mismo.

El planeta es caliente. A 1 000 kilómetros más abajo de la superficie visible la temperatura es ya de 3 600° C y en el centro de Júpiter posiblemente sea de unos 54 000° C.

Las sondas *Pioneer* no transmitieron mucha información acerca de los satélites de Júpiter, pero tal deficiencia fue corregida por otro par de sondas enviadas a Júpiter, el *Voyager 1,* lanzado el 5 de septiembre de 1977 y el *Voyager 2,* lanzado el 20 de agosto de 1977. Aunque el *Voyager 2* fue lanzado primero, viajó con mayor lentitud y por ello llegó después. El *Voyager 1* pasó por Júpiter el 5 de marzo de 1979 y el *Voyager 2* el 9 de julio de 1979.

El *Voyager 1* descubrió un anillo de detritos en torno de Júpiter, esencialmente semejantes a los que giran en torno de Saturno, pero mucho más tenues y menos extensos, por lo que ese anillo de Júpiter no es visible desde la Tierra. Se supone que ese anillo consiste en pequeñas partículas, pero hay dos o tres objetos más grandes conectados con el anillo, o justamente fuera de él, objetos lo suficientemente grandes para que se les considere como satélites individuales más cercanos a Júpiter que cualquiera de los descubiertos por instrumentos instalados en la Tierra. Posiblemente esos satélites sirvan para mantener a las pequeñas partículas confinadas dentro de los límites de los anillos.

El *Voyager 1* fotografió a cada uno de los cuatro grandes satélites de Júpiter. En orden de su mayor distancia del planeta, esos satélites son Io, Europa, Ganimedes y Calisto. Europa es el más pequeño, ligeramente menor que nuestra Luna, Io tiene casi precisamente el tamaño de la Luna y Ganimedes y Calisto son considerablemente más grandes que la Luna y su diámetro es aún mayor que el del planeta Mercurio.

Se vio que Calisto está densamente cubierto de cráteres, pues todas las porciones de su superficie forman parte de un cráter o de otro. Hay en él dos centros de blanco, donde se formaron cráteres especialmente grandes, con círculos concéntricos de materia.

Ganimedes, más cerca de Júpiter que Calisto, en consecuencia está más sujeto a la acción de las mareas de Júpiter. Esa acción de la marea puede ser una fuente de calor, y quizá Ganimedes haya retenido su calor interior más tiempo que Calisto, por ese motivo. Como resultado, sigue habiendo actividad geológica en Ganimedes después de la primera etapa de formación de cráteres. La corteza se movió y sufrió cambios, por lo que, aunque Ganimedes tiene regiones de formación de cráteres como los de Calisto, hay también regiones en la superficie interna de ese satélite donde el terreno es evidentemente más nuevo y está acanalado, más bien que con cráteres.

Europa, aún más próximo a Júpiter, es todavía más caliente, lo suficiente para derretir el hielo que forma parte de su estructura exterior. (Ganimedes y Calisto tienen abundante agua en todas partes y sus densidades bajas lo demuestran, pero esa agua se encuentra en forma de hielo, dondequiera).

El océano mundial que cubre a Europa está helado en la superficie, por lo que el satélite se encuentra bajo lo que parece ser una lápida de hielo marino que circunda a ese globo. Así pues, la superficie de Europa es fenomenalmente lisa. Cualquier bombardeo de meteoros que haya ocurrido probablemente terminó al hundirse esos proyectiles en el hielo y quedar ocultos en el agua de abajo de la capa helada. La recongelación borraría toda huella del impacto. (Hay indicios de tres cráteres, sin embargo, en lugares donde el hielo tal vez se haya amontonado en torno de la perforación, sin que haya transcurrido aún suficiente tiempo para que termine el proceso de emparejamiento de la superficie).

Otro aspecto raro de Europa es que la superficie está cubierta por negras marcas rectas que tal vez sean resquebrajaduras en la capa de hielo. Esas líneas rectas se asemejan muchísimo a las que los astrónomos dibujaban antaño en sus mapas de Marte e interpretaban como canales.

Io, el más interno de los satélites grandes, naturalmente es el más afectado por la acción de las mareas de Júpiter. Tres días antes que el *Voyager 1* pasara cerca de Júpiter, un artículo publicado en la revista *Science* predijo que posiblemente se encontraran volcanes activos en ese satélite como resultado de su cercanía al planeta. Esa predicción resultó correcta. En Io el *Voyager 1* descubrió no menos de ocho volcanes en erupción, que arrojaban polvo y cenizas en la superficie sin aire. Gran parte de esas erupciones consiste en vapor de azufre, que se hiela, por lo que Io está cubierto por una capa de lava sulfurosa roja y amarilla, que llena cualquier cráter que se haya formado. Puede verse que algunos cráteres formados recientemente todavía no se llenan por completo de esa lava.

LOS PLANETAS MÁS ALEJADOS

Varias de las sondas enviadas a Júpiter siguen una órbita concebida en tal forma que permita a esas sondas pasar cerca de Saturno. Así se han convertido en sondas de Saturno, además de serlo de Júpiter. El *Pioneer 11* pasó a menos de 20 200 kilómetros de la superficie visible de Saturno el 1 de septiembre de 1979. Transmitió fotografías detalladas de los anillos, que resultaron ser más complicados de lo que habría sido posible descubrir con telescopios instalados en la Tierra.

Después, el 12 de noviembre de 1980, el *Voyager 1* pasó por Saturno. En esa ocasión los anillos aparecieron en las fotografías remitidas en toda su enorme complejidad. Están formados por cerca de mil subanillos. Aun la "división Cassini", la cual, desde la Tierra, pareciá ser una banda completamente vacía que dividía los dos anillos principales, resultó contener varios subanillos delgados de partículas. Los anillos se extienden más hacia Saturno y están más alejados de él que lo que es posible ver desde la Tierra. Algunos subanillos parecen no ser completamente simétricos, y unos de ellos parece estar trenzado. Como en el caso de Júpiter, los satélites pequeños (por lo menos tres de ellos) se encuentran a lo largo de las orillas de los anillos y tal vez sirvan para confinar las partículas dentro de los anillos.

Varios de los satélites fueron fotografiados. Casi todos tienen cráteres, como era de esperarse. Mimas tiene un cráter muy grande en relación con su propio tamaño. La colisión que formó ese cráter quizá haya casi despedazado el satélite mismo.

Se encontró que el satélite Dione tenía otro segundo satélite más pequeño que compartía su misma órbita y que estaba separado de él en 60°. Dione y su compañero señalan los vértices de un triángulo equilátero, con Saturno en el tercer vértice. A esto se le llama "situación troyana", primera que se descubre en que figuran un planeta y dos satélites. Júpiter, el Sol y dos grupos de asteroides forman los vértices de un par de triángulos equiláteros adyacentes. Esa configuración se llamó así porque a los asteroides se les dieron nombres de héroes de la guerra de Troya. El astrónomo francoitaliano Joseph Louis Lagrange (1736-1813) fue el primero que demostró, allá por 1790, que tal configuración era gravitacionalmente estable.

Se descubrió que el satélite Encelado era muy liso, más bien como el satélite Europa, de Júpiter, pero el *Voyager 1* no lo captó muy bien. El *Voyager 2,* el cual (al escribir estas líneas) está próximo a llegar a Saturno, posiblemente produzca mejores resultados a este respecto.

Japeto es otra curiosidad. Aun desde la Tierra se notó que era mucho más brillante cuando se hallaba del lado de Saturno que cuando estaba del otro lado. Puesto que los astrónomos suponían que siempre daba hacia un lado de Saturno, tal cosa significaba que un hemisferio era visible de un lado de Saturno, y el otro hemisferio se veía del otro lado del mismo planeta. La conclusión a que se llegó fue que Japeto, por alguna razón, reflejaba mucho más luz desde un hemisferio que desde el otro. El *Voyager 1* mostró que tal cosa era verdad, pues Japeto aparecía claramente como un satélite de "dos tonos". Una mitad de él probablemente está cubierta de hielo y la otra mitad es roca viva, pero ¿por qué?

Sin embargo, el más interesante de todo el sistema es Titán, enorme satélite de Saturno, que rivaliza en tamaño con Ganimedes, de Júpiter. Aun desde la Tierra se ha descubierto que Titán tiene atmósfera —el único satélite en el sistema solar del que se sabe que tiene una atmósfera que contiene más que vestigios ultratenues de gas. Además, se ha descubierto en su atmósfera un gas especial, el metano.

El metano se compone de moléculas que contienen un átomo de carbono y cuatro átomos de hidrógeno. Es la más sencilla de las moléculas orgánicas. Se ha conjeturado que en la superficie de Titán quizá haya moléculas más complicadas de las misma clase, por lo que allí podría ser un mundo de océanos de gasolina y continentes de asfalto. Aun más sorprendente es la idea de que la vida tiene por base moléculas orgánicas y que Titán podría poseer formas de vida de alguna clase. Los astrónomos esperaban que el *Voyager 1* aclarara algunas incógnitas a este respecto.

En efecto, resultó que Titán tiene atmósfera, mucho más densa de lo esperado, por lo menos 1½ veces más densa que la atmósfera terrestre. Sin embargo, la gran densidad obedece al nitrógeno, gas que no se detecta fácilmente desde la Tierra. El metano aparecía como impureza importante. La superficie era lo suficientemente fría para que el satélite tuviese lagos de nitrógeno líquido, tal vez con metano en solución. No obstante, podrían existir formas de vida si pudieran sobrevivir a las temperaturas del nitrógeno líquido. Desgraciadamente, no hubo forma de ver la superficie, pues la atmósfera de Titán posee una bruma tan inpenetrable como las nubes de Venus. Para penetrar esa atmósfera se necesitarán microondas.

Hasta ahora (en los momentos de escribir estas líneas), las sondas no han transmitido informes desde más allá de Saturno, aunque por lo menos uno de los *Voyagers* tal vez llegue a las cercanías de Urano y siga aún funcionando. Sin embargo, con instrumentos terrestres los astrónomos han logrado enterarse de algunas cosas concernientes al sistema solar exterior durante los últimos años.

El 10 de marzo de 1977 el astrónomo norteamericano James L. Elliot, al observar la ocultación de una estrella por Urano, descubrió que la estrella parpadeaba varias veces en cierta forma al aproximarse a Urano y después parpadeaba precisamente en forma contraria después de alejarse de Urano. La mejor interpretación de tal cosa es que rodean a Urano varios anillos delgados de partículas.

Como hemos explicado, tenemos tres planetas con anillos, que son Júpiter, Saturno y Urano, y ahora no será sorprendente si resulta que el muy distante Neptuno también tiene anillos. El detrito que gira quizá sea un acompañamiento tan natural de los planetas grandes como lo es que esos planetas tengan una familia de satélites. Lo que verdaderamente parece extraordinario no es que Saturno tenga anillos sino que tenga un conjunto de anillos enormes y brillantes.

El 1 de noviembre de 1977 el astrónomo norteamericano Charles Kowall descubrió un asteroide cuya órbita se hallaba entre las de Saturno y la de Urano. Dio a ese asteroide el nombre de Quirón. Esto puede anunciar la existencia de toda una familia de asteroides en el sistema solar exterior. Lo que llamamos la "faja de asteroides" tal vez sea la más cercana y, por ello, la más fácilmente advertida de varias posibles fajas.

Aun Plutón tuvo una revelación que hacer. Es el planeta más distante y fue descubierto en 1930 por el astrónomo norteamericano Clyde William Tombaugh (1906-). Originalmente se creyó que era un cuerpo celeste de dimensiones considerables, tan grande como la Tierra (aunque no un gigante como los otros planetas exteriores). Sin embargo, mientras más se les estudiaba más razones había para considerarlo como un cuerpo pequeño. Con cada nuevo cálculo su masa parecía disminuir.

Plutón tiene una órbita más elíptica que la de cualquier otro planeta y, en su perihelio, está realmente más próximo al Sol, durante un periodo de veinte años, que lo que lo está Neptuno.* Ahora Neptuno se acerca a su perihelio y se le ve más fácilmente desde de la Tierra que como se le verá durante los siglos XXI y XXII.

El 22 de junio de 1978 le fue posible al astrónomo norteamericano James W. Christy descubrir a duras penas que Plutón tenía un satélite, casi tan grande como el planeta mismo. Su descubridor dio a ese satélite el nombre de Carón.

De la distancia entre Plutón y su satélite y del periodo de revolución del satélite fue al fin posible calcular la masa de Plutón. Esa masa resultó ser de sólo 1/8 de las masa de nuestra Luna, por lo que ahora se sabe que Plutón es mucho más pequeño de lo que antes se había creído. Plutón tiene un diámetro de unos 3 000 kilómetros y Carón uno de cerca de 1 200 kilómetros. Esos mundos no son más grandes que los satélites de tamaño moderado.

Los descubrimientos de la última década, logrados por medio de sondas o en otra forma han demostrado que el sistema solar externo tiene mucho más por descubrir de lo que se había esperado, y que las exploraciones que se sigan haciendo de él darán resultados muy interesantes.

Sin embargo, ¿estamos condenados a continuar haciendo esas exploraciones por medio de sondas más y más perfeccionadas, o es concebible que algún día los seres humanos mismos penetrarán en el sistema solar externo?

Si consideramos que tales exploraciones deberán partir desde la

*Cuando aparece el sistema solar en un diagrama plano, las órbitas de Neptuno y de Plutón parece que se cruzan, pero en realidad esas órbitas están inclinadas la una respecto a la otra y Plutón está mucho más distnate de Neptuno en la tercera dimensión, en los puntos de "cruzamiento".

Tierra, no parece probable la penetración por seres humanos. Las sondas tardan dieciocho meses en pasar de la Tierra a Júpiter, y otros veinte meses en llegar a Saturno. Evidentemente, la exploración, en viaje de ida y vuelta, aun a los mundos más cercanos del sistema solar exterior, requerirá un tiempo casi igual a una década.

Sin embargo, una vez que la faja de asteroides se convierta en parte del dominio humano e incluya muchos asentamientos poblados, el problema se vuelve menos agudo. Algunas veces algunos de los asentamientos humanos en el espacio exterior quizá estén a una distancia relativamente próxima a Júpiter y puedan hacer el viaje a Saturno. Tal vez existan asteroides que se encuentren más allá de Júpiter (como Quirón), y si en ellos se establecen bases, o en los satélites exteriores de Saturno, tal vez se puedan intentar viajes más allá de Saturno.

Indudablemente no es probable que los seres humanos se aventuren a penetrar en la atmósfera de los cuatro grandes planetas exteriores en el futuro previsible. Además, los mundos más interesantes del sistema solar externo, aparte de los planetas gigantescos mismos —los cuatro satélites grandes de Júpiter— tal vez sean inalcanzables sin adelantos tecnológicos que todavía no se preven. Esos cuatro satélites giran dentro del campo magnético de Júpiter, y la intensidad de la radiación que allí hay sería mortal para las tripulaciones de naves espaciales como las que ahora se construyen.

No obstante lo anterior, hay por lo menos ocho satélites menores de Júpiter que giran fuera del campo magnético de ese gran planeta, y en ellos se podrían establecer observatorios para el estudio de Júpiter y de sus satélites internos, hasta que los seres humanos aprendieran la técnica de acercarse más a ellos.

COMETAS

Aun en el supuesto de que todo el sistema planetario quede a la postre dentro del horizonte humano, tal cosa no significará necesariamente que nuestras exploraciones habrán terminado.

Plutón es el objeto planetario más lejano que conocemos. Ahora, como ya lo dije, Plutón se acerca a su perihelio y está más próximo al Sol que Neptuno. Sin embargo, Plutón se alejará en el transcurso del próximo siglo y cuarto y llegará a su punto más alejado del Sol, su afelio, allá por el año 2114. Entonces se hallará aproximadamente a 7 350 000 000 kilómetros del Sol, o 1.6 veces más retirado del máximo alejamiento de Neptuno.

¿Pero existe en el sistema solar algún cuerpo que conozcamos con una órbita que lo lleve más allá de Plutón?

¡Sí existe! Hay algunos cuerpos que vemos una que otra vez, con órbitas tan alargadas que aunque estén muy cerca del Sol en el perihelio, llegan mucho más allá de la distancia de Plutón respecto al Sol en el afelio. Esos cuerpos son los cometas.

Indudablemente, algunos de los cometas que vemos han sido capturados por la atracción gravitatoria de los planetas (especialmente la de Júpiter) por lo que, aun en su afelio, están más próximos al Sol que Plutón.

En cambio, otros planetas, que en un extremo de su órbita se encuentran dentro del sistema planetario, en el otro extremo están a 1 000 000 000 000 kilómetros del Sol, o a distancias todavía mayores. Podemos imaginar que los instrumentos que se colocaran en un cometa, así cuando el mismo se hallara al alcance humano, serían llevados al espacio transplutoniano y registrarían las condiciones en el espacio distante durante el millón de años, más o menos, que transcurra antes que ese cometa vuelva a entrar al sistema planetario —suponiendo, por supuesto, que los instrumentos se conserven, registren y transmitan durante ese periodo, y también suponiendo que el género humano mismo perdure.

Naturalmente, podrá haber muchos cometas que nunca entran en el sistema planetario, pero que durante todos los 4 600 000 000 años de la historia del sistema solar han girado en torno al Sol, sin ser vistos y hasta ahora invisibles, por la enorme distancia a que se encuentran.

Los astrónomos creen que quizá haya hasta 100 000 000 000 cometas que giran en esas órbitas tan distantes, que en ninguno de sus puntos se acercan a menos de un trillón de kilómetros del Sol.

Esos cometas aventureros que nos visitan a los que estamos en el sistema solar interno, llegan porque sus respectivas órbitas fueron perturbadas por colisiones entre ellos mismos, o por las influencias gravitatorias de las estrellas vecinas del Sol. Esto ocurre muy rara vez, y durante toda la larga historia del sistema solar, la distante nube de cometas no ha perdido más de una sexta parte, a lo sumo, de su contenido original.

Los cometas que llegan al sistema solar interno se convierten en asombrosos espectáculos, pues el calor del Sol calienta su estructura helada, de la que se desprende una neblina de vapor y polvo que se arrastra hacia afuera y forma una larga cola, a causa de los vientos solares, que son una corriente de partículas subatómicas cargadas de electricidad, eternamente lanzadas a gran velocidad desde el Sol en todas direcciones. El efecto del calor y del viento solar erosiona al cometa, expulsa a sus componentes volátiles y deja un residuo que tal vez no sea representativo de su composición original. Con todo, la composición original posiblemente sea el resto casi sin cambios de la vasta nébula de polvo y gas, de la cual se formó el sistema solar. Por lo tanto, tal vez sea valioso estudiar los cometas distantes, para llegar a la comprensión de los comienzos del sistema solar.

Empero, esto no significa que tengamos que aventurarnos trillones de kilómetros más allá de Plutón para lograr esa comprensión. Puede haber cometas que entren al sistema planetario, pero cuyas órbitas tengan perihelios que estén mucho más allá de la órbita de Saturno. Esos cometas nunca se verían desde la Tierra, pero podrían ser localizados y estudiados si exploráramos el sistema solar externo. En el mejor de los casos, de hallarse muy lejos del Sol no se calentarían gran cosa y continuarían teniendo esencialmente la composición que tuvieron desde su formación.

Es muy posible que la gente decida que es inútil aventurarse trillones de kilómetros más allá de Plutón, simplemente para descubrir más ejemplos de cometas exactamente iguales a los que podrían encontrarse en la región de los planetas exteriores.

Así pues, si no hubiese nada permanente más allá de Plutón, salvo un gran número de cometas, la regla de que "visto uno se ven todos" podría impedir que la humanidad se aventurara más allá, y entonces Plutón señalaría eternamente el límite extremo del horizonte del género humano.

12

Las estrellas

LA DISTANCIA A LAS ESTRELLAS

Sucede que un horizonte humano reducido al sistema solar sería sin duda muy limitado, ya que existe muchísimo más allá de Plutón y aun más allá de los cometas. Afuera del sistema solar se extiende un vasto universo de estrellas.

La humanidad ya apunta hacia esas estrellas. *Pioneer 10,* la primera de las sondas enviadas a Júpiter, avanza ahora completamente afuera del sistema planetario. En los momentos de escribir estas líneas, esa sonda está cerca de la órbita de Urano. Dentro de tres años pasará por la órbita de Neptuno y se dirigirá hacia afuera, indefinidamente.

El *Pioneer 10,* que sale hacia lo desconocido, lleva un mensaje de la Tierra, grabado en una placa cubierta de oro, de 15 por 22 centímetros. Ese mensaje fue concebido por Carl Sagan y Frank D. Drake (1930-   ) y dibujado por Linda Sagan.

Lo más notable de ese mensaje es la imagen en líneas de un hombre y una mujer, sin ropa, con las diferencias en el sexo discretamente indicadas, con lo que se proporciona información mínima acerca de la clase de seres que construyeron el *Pioneer 10* y lo lanzaron. El hombre de la imagen levanta una mano en una forma que se espera que sea interpretada como gesto de amistad y paz. Si no se interpreta así, al menos muestra la existencia de cuatro dedos largos y del pulgar.

Detrás del hombre y la mujer aparece un perfil del *Pioneer 10,* a escala. Si seres inteligentes encuentran al *Pioneer 10* algún día y miden sus dimensiones, también conocerán el tamaño de los seres humanos.

En la parte inferior de la placa hay círculos que representan al Sol y a sus nueve planetas, lo que proporciona cierta indicación de sus tamaños relativos y de los anillos de Saturno, junto con una línea que señala el recorrido de *Pioneer 10* entre los planetas. Eso debe bastar para identificar el sistema solar como el lugar de origen de la sonda.

Se incluyen en la placa otros símbolos que expresan el lugar del Sol en la galaxia y que dan una idea de nuestro adelanto científico.

Pioneer 11, que también saldrá del sistema solar, lleva un duplicado de la placa.

Respecto a las sondas *Voyager*, informan no sólo por la vista sino también por el sonido. Además de llevar fotografías de escenas típicas de la Tierra llevan una grabación de sonidos representativos.

Es muy improbable que seres inteligentes lleguen a encontrar estos pequeños mensajes vagabundos en la infinitud del espacio, y si alguna vez los encuentran, casi seguramente será dentro de varios millones de años. Sin embargo, parece que es típico del género humano el deseo de proclamar su existencia y sus triunfos, por si acaso, lo cual tal vez sea un orgullo admirable y justificable.

¿Pero por qué ha de desear la gente enviar mensajes más allá del sistema solar? ¿Qué hay en ese más allá?

El concepto mismo de que algo existe más allá es relativamente moderno. Durante toda la antigüedad y los tiempos medievales las estrellas fueron vistas como chispas luminosas adheridas a la atmósfera oscura y sólida del firmamento que giraba en torno de la Tierra, a no más de algunos kilómetros por encima de las cumbres de las más altas montañas. El cielo era la frontera sólida de la Tierra, un simple accesorio, no un universo.

Aun después que la escala del sistema solar fue determinada por Cassini en 1672, y que se entendió que Saturno (en aquel entonces el planeta más lejano que se conocía) estaba a unos 1 400 000 000 kilómetros del Sol, y que las estrellas debían estar aún más lejos, la situación no mejoró. Era todavía posible concebir las estrellas como pintadas en un firmamento sólido que no se hallaba mucho más allá de Saturno. El firmamento se convirtió en la frontera del sistema solar, pero aun así no era un universo.

Una persona que opinaba lo contrario vivió más de dos siglos antes que Cassini. Fue esa persona un sabio alemán llamado Nicolás de Cusa (1400-1464) quien, en un libro publicado en 1440, sostuvo que el espacio era infinito y que las estrellas eran soles regados en todo ese espacio infinito, en número infinito. Afirmó que todos esos otros soles estaban rodeados de sistemas planetarios, por lo que había un número infinito de mundos habitados.

Nicolás de Cusa no tenía pruebas en apoyo de sus opiniones, pero las sostuvo por intuición muy profunda, por sentir que eran lógicas. En aquel entonces tales puntos de vista deben haber parecido excéntricos y muchos sabios deben haber sonreído indulgentemente al conocerlos. Sin embargo, la carrera de Nicolás de Cusa no parece que se haya dañado, pues en 1448 fue consagrado cardenal y vivió y murió en paz.

Esas opiniones fueron adoptadas siglo y medio después por el sabio italiano Giodarno Bruno (1548-1600), pero ya entonces había ocurrido la Reforma protestante. Además, Copérnico había publicado su libro, en el que afirmaba que el Sol era el centro del sistema planetario, y la Iglesia católica creía que debía luchar por su vida misma contra las rebeliones científicas y religiosas. Había entonces menos tolerancia por lo que parecieran ser opiniones excéntricas, y Bruno fue quemado en la hoguera.

Con todo, en los tiempos de Bruno ya había por lo menos prueba negativa en favor de las grandes distancias que nos separan de las estrellas.

Cuando Copérnico anunció su teoría hubo quienes señalaron que si la Tierra efectivamente se movía por el espacio y giraba en torno al Sol, los astrónomos verían las estrellas desde regiones del espacio radicalmente diferentes, dependiendo esto de si la Tierra se hallaba en un extremo de su órbita o en el otro. Ese cambio de posición produciría un "paralaje" en las estrellas (de ser correcta la sugerencia de Nicolás de Cusa). Las estrellas que estuviesen más cerca parecerían cambiar de posición en el firmamento, con relación a aquellas que estuviesen más alejadas, al paso que la Tierra avanzara en su órbita.

Esa objeción era muy buena y bastaba, por sí misma, para demostrar que Copérnico o Nicolás de Cusa erraba (o ambos, tal vez), a menos que hubiese alguna forma de explicar la ausencia de paralaje.

Había esa forma. Copérnico la descubrió y se valió de ella. Señaló que el paralaje se volvía más pequeño con la distancia, por lo que las estrellas debían estar tan lejanas de la Tierra que era insignificante todo el cambio en la posición, aun de la estrella más cercana, al pasar nuestro planeta de un extremo a otro de su órbita. En resumen, *había* paralaje entre las estrellas, pero a causa de su gran distancia resultaba demasiado pequeño para poder ser medido.

Para los tradicionalistas tal concepto parecía casi tan ridículo como el de que la Tierra giraba en torno al Sol, pero al volverse más y más útil la teoría de Copérnico pareció más y más aceptable la deducción de que las estrellas se hallaban sumamente distantes.

El astrónomo inglés Edmund Halley (1656-1742) reiteró los conceptos de Nicolas de Cusa allá por 1718, con el objeto de realizar el primer cálculo científico de la distancia a que nos hallamos de las estrellas. Supóngse que las estrellas son, en efecto, soles, y que su luz insignificante, en comparación con la de nuestro propio Sol, obedece exclusivamente a su vasta distancia de nosotros. Considérese que Sirio es la estrella más brillante en el firmamento. Supóngase que es realmente un cuerpo celeste exactamente igual al Sol, en tamaño y en brillantez. ¿Cuán distante debe estar para que brille únicamente con su fulgor aparente en el firmamento, que es la brillantez de una estrella diminuta?

Calculó Halley que, en ese caso, la distancia de Sirio de la Tierra era de 125 000 veces la distancia del Sol a la Tierra. Empleando el valor moderno de la distancia del Sol a la Tierra (más bien que el valor un tanto menor de que disponía Halley) esto significaría que Sirio se halla a 19 000 000 000 000 (o 1.9×10^{13}) kilómetros de nosotros.

Esa distancia es enorme —19 billones de kilómetros— que no se comprende fácilmente. Una forma sensacional de expresar esa distancia es recurriendo a la velocidad de la luz.

La primera determinación útil de la velocidad de la luz fue hecha en 1676 por el astrónomo danés Olaus Römer (1644-1710). Con ese fin, se valió de la manera como los eclipses de los satélites de Júpiter se tardaban al alejarse la Tierra de Júpiter (al paso que los dos planetas se movían en sus respectivas órbitas) y avanzaban al aproximarse la Tierra. El valor que obtuvo fue sólo de tres cuartas partes del ahora aceptado, pero excelente para un primer intento. El valor de la velocidad de la luz, aceptado actualmente, es de 299 792.5 kilómetros por segundo.

Esta velocidad es enorme, en relación con las usuales en la Tierra. En un año, la luz que viaje por el vacío del espacio exterior a esa velocidad llegará a una distancia de 9 460 563 614 000 (o casi 9.6×10^{12}) kilómetros, y a esa distancia se le llama "año-luz".

Una idea de la magnitud de un año-luz se obtendrá si comprendemos que el diámetro de la órbita de Plutón, el planeta más distante, es de sólo un poco más de una milésima parte de un año-luz.

Con todo, el cálculo de Halley colocaba a Sirio a una distancia de cerca de dos años-luz de nosotros.

Naturalmente, el cálculo de Halley dependía de que Sirio fuese tan luminoso como el Sol, lo cual podría no ser así, por lo que su cálculo debería aceptarse con gran cautela. Para obtener un cálculo más confiable de la distancia sería necesario medir el paralaje de una estrella, demasiado pequeño para que pudieran medirlo los telescopios disponibles en los tiempos de Halley.

Esa hazaña no se realizó hasta 1838, cuando el astrónomo alemán Friedrich Wilhelm Bessel (1784-1846) anunció la determinación del paralaje de la pálida estrella 61 Cisne. Poco después, el astrónomo escocés Thomas Henderson (1798-1844) anunció la determinación del paralaje de la brillante estrella Alfa Centauro y el astrónomo germano-ruso Friedrich von Struve (1793-1864) anunció la determinación del paralaje de la estrella brillante Vega.

Resultó que Alfa Centauro (realmente, un conjunto de tres estrellas) se hallaba más cerca de nosotros que cualquier otra estrella, y aun así, su distancia era de 4.3 años-luz. La estrella 61 Cisne está a 11.2 años-luz y Vega a 27 años-luz. Resulta que Sirio es unas 23 veces más luminoso que el Sol, por lo que tendría que estar mucho más retirado que lo que Halley calculó. Sirio, realmente, está a 8.16 años-luz.

Supongamos, entonces, que hemos perfeccionado nuestras técnicas espaciales hasta el grado en que podamos viajar a través del sistema solar sin demasiadas dificultades, por haber aprendido a realizar recorridos hasta de 9 000 000 000 kilómetros en unos cuantos años, en naves espaciales grandes y cómodas. Sin embargo, una distancia así es sólo 1/4 500 de la distancia a Alfa Centauro, la estrella más próxima. Si pudiéramos cruzar la órbita de Neptuno de un extremo al otro en dos años, esa misma velocidad promedio no nos permitiría llegar a la estrella más próxima en menos de 9 000 años.

Ocurre que hay en nuestro firmamento muchas estrellas visibles que se encuentran a centenares de años-luz, y aun esas estrellas son nuestras vecinas. El Sol y todas las estrellas en el firmamento que podemos ver sin telescopio son parte de una enorme estructura en forma de rehilete, llamada ''galaxia'', la cual tiene un diámetro de 100 000 años-luz. También hay otras galaxias, cada una de ellas tal vez con un trillón o un cuatrillón de estrellas, a varios millones de años-luz y quizá a trillones de años luz de nosotros.

LA BARRERA DE LA LUZ

Parece inútil hablar de esas estrellas enormemente distantes cuando aun las más cercanas nos parecen fuera de nuestro alcance; pero esos remotísimos cuerpos siguen ejerciendo una enorme atracción en nosotros.

En años recientes los astrónomos han aprendido muchísimo acerca del universo, gracias a los radiotelescopios y a los satélites que pueden captar la radiación, como la de los rayos X, absorbida por nuestra atmósfera y por ello imposible de observar desde la superficie de la Tierra.

Sabemos que existen objetos tales como cuásares, pulsares, hoyos negros y galaxias en explosión, acerca de los cuales nadie había oído hablar hasta hace sólo un cuarto de siglo, y ahora le encantaría a mucha gente saber más en relación con esos objetos. Sería extremadamente peligroso aproximarse demasiado a ellos, por supuesto, pero podríamos aproximarnos *un poco* más a ellos que desde donde ahora estamos sin correr ningún riesgo.

Además, ¿tienen otras estrellas sistemas planetarios? ¿Existen planetas suficientemente semejantes a la Tierra para permitir asentamientos o sustentar vida propia? No hemos encontrado vida en nuestro propio sistema solar, salvo en la Tierra, y posiblemente no la encontremos en el futuro, pero nuestro sistema solar es sólo uno entre incontables cuatrillones, posiblemente, ¿y por qué no habría de haber vida en otras partes? ¡También inteligencia y aun civilizaciones!

Pero aunque la curiosidad nos consuma, esas vastas distancias siguen descorazonándonos.

Uno de los primeros pensamientos optimistas es que las distancias tienden a acortarse al paso que la tecnología avanza. Necesitó la nave superviviente de la expedición de Magallanes casi tres años para circunnavegar el mundo. Necesitaron los astronautas tres días para ir de la Tierra a la Luna, distancia unas 9.5 veces mayor que la de la circunferencia de la Tierra. Por tanto, el promedio de velocidad de los primeros astronautas fue unas 3 500 veces mayor que el promedio de la velocidad de los primeros circunnavegantes. ¿No podría ser que con los adelantos en la tecnología fuese posible que multiplicáramos la velocidad de nuestras naves interestelares 3 500 veces en relación con la velocidad de las naves de nuestro programa Apolo?

Llegar a la Luna en tres días significa un promedio de adelanto hacia la Luna de aproximadamente 1.5 kilómetros por segundo. Al aumentar esa velocidad unas 3 500 veces nos podemos imaginar viajando a un promedio de 5 250 kilómetros por segundo. A ese promedio de velocidad necesitaríamos, no obstante, unos 250 años para llegar a Alfa Centauro, la estrella más cercana.

Si entonces aumentáramos la velocidad 3 500 veces más viajaríamos a unos 18 000 000 kilómetros por segundo. De esa manera necesitaríamos sólo cuatro semanas para llegar a Alfa Centauro.

Desgraciadamente, tal cosa no puede hacerse con tanta facilidad como se puede escribir acerca de ello. En 1905 el físico germano-suizo Albert Einstein (1879-1955) expuso su teoría especial de la relatividad, de acuerdo con la cual es imposible que cosa alguna viaje a más velocidad que la de la luz en el vacío. La teoría especial ha sido puesta a prueba innumerables veces en las ocho décadas transcurridas desde que fue enunciada, en innumerables formas, por innumerables personas, y se ha sostenido inconmovible. Ningún físico espera que sea superada la velocidad de la luz.

De ser tal cosa así, ello significa que la velocidad mayor a que cualquier nave espacial pueda viajar será de 299 792.5 kilómetros por segundo, y a esa velocidad se necesitarán 4.3 años para llegar a la estrella más cercana, 30 000 años para llegar al centro de nuestra galaxia, 30 000 años para circunnavegarla, 2 300 000 años para llegar a la galaxia de Andrómeda, 1 000 000 000 años para llegar al cuásar más próximo, 10 000 000 000 años para llegar al cuásar más lejano que hemos detectado, y posiblemente 40 000 000 000 años para circunnavegar el universo.

En suma, la velocidad de la luz, inimaginablemente grande en comparación con las velocidades terrestres, se convierte en un reptar terriblemente lento en términos del universo en general, y por ello estamos condenados a arrastrarnos así de lentamente, o aún más despacio. Cualquier cosa salvo unas cuantas estrellas vecinas está realmente fuera de nuestro alcance, aunque estemos dispuestos a pasar la vida entera viajando.

¿Pero podemos estar seguros de tal cosa? Algunas personas que no entienden verdaderamente la física creen que, en alguna forma, encontraremos la forma de "romper la barrera de la luz" con sólo recurrir a suficiente propulsión a chorro.

Tal cosa, desafortunadamente, no es así. La aceleración aumenta la energía del movimiento, o la "energía cinética", pero en esa energía figuran dos factores: velocidad y masa. A velocidades bajas, casi todo el aumento en energía implica velocidad, por lo que un objeto avanza más y más aprisa, en tanto que la masa aumenta sólo en una proporción indetectable. Sin embargo, al aumentar la velocidad, menos y menos del aumento adicional de la energía cinética corresponde a la velocidad, y más y más corresponde a la masa. Al aproximarse la velocidad a la de la luz, casi todo el aumento en la energía cinética corresponde a la masa, por lo que la masa se vuelve más y más grande en tanto que la velocidad casi no cambia. Al aumentar la fuerza del motor de retroimpulso y al continuar haciendo tal cosa con la mayor persistencia, lo único que se logrará será inflar la masa más y más hacia el infinito, sin llegar a afectar nunca la velocidad lo suficiente para que supere la barrera de la luz.

Posiblemente nos parezca que no es esa la forma como el universo debería ser, ¡pero esa la forma como *es*!

Indudablemente, la relatividad especial se aplica a objetos que conocemos. Los objetos con masa, como nosotros mismos y nuestras naves espaciales, pueden viajar a cualquier velocidad (teóricamente) desde cero hasta la de la luz. Los objetos sin masa, como las ondas luminosas, pueden viajar en un vacío *únicamente* a la velocidad de la luz, ni más aprisa ni más despacio.

¿Pero qué puede decirse de objetos con una cantidad de masa que se expresa por medio de lo que los matemáticos llaman "números imaginarios"? Si tales números se ajustan a las ecuaciones de Einstein, parecería que cualquier objeto que posea tal masa deberá siempre moverse *más aprisa* que la velocidad de la luz. Podrá moverse a cualquier velocidad, desde la de la luz hasta una velocidad infinita, pero nunca *menos* que a la velocidad de la luz.

La existencia de tales partículas más rápidas que la luz fue sugerida por primera vez en 1962 por los físicos O.M.P. Bilaniuk, V.K. Deshpande y E.C.G. Sundarshan. Algunos años después, el físico norteamericano Gerald Feinberg (1933-) inventó la palabra "taquión", (de la palabra griega que significa "pronto") para describir esas partículas.

Así pues, supongamos que se convirtieran partículas ordinarias en correspondientes taquiones. Esos taquiones se moverían instantáneamente a una velocidad increíble, y si los mismos taquiones fuesen convertidos nuevamente a partículas ordinarias en determinado momento, se podrían cubrir enormes distancias en cosa de unos cuantos días, o aun de segundos.

Desgraciadamente, nadie ha detectado aún los taquiones y muchos físicos afirman que esas partículas no pueden existir, ni siquiera en teoría. Si pudieran existir, el empleo del "impulso taquiónico", o sea la conversión de partículas ordinarias en taquiones, el control del vuelo taquiónico y la reconversión de los taquiones a partículas ordinarias, representaría dificultades de enorme magnitud. No podemos sentirnos confiados en que esas dificultades puedan ser superadas en un futuro previsible.

Otra forma de considerar la barrera de la luz es suponiendo que se aplica únicamente a condiciones que hemos podido investigar y poner a prueba. En condiciones mucho más allá de cualquier cosa que podamos poner a prueba, el límite quizá desaparezca.

Por ejemplo, hay hoyos negros en los cuales la materia se comprime a tales extremos que la densidad y las intensidades gravitatorias se aproximan al infinito. En tales condiciones ¿seguiría teniendo validez la teoría especial de la relatividad?

Algunos astrónomos han sugerido que los objetos que pasen a través de un hoyo negro tal vez resurjan en otra parte muy distante del universo en un lapso muy corto. En ese caso, podríamos considerar los hoyos negros como si cada uno de ellos fuese la terminal de determinada "línea de trenes subterráneos cósmicos". Si localizamos cada hoyo negro y determinamos dónde surge su otro extremo, podríamos lograr ir de un lugar del universo a cualquier otro seleccionando los hoyos negros adecuados y quedaríamos limitados a la barrera de la luz únicamente al viajar desde la salida de un hoyo negro hasta la entrada de otro.

El caso es que no todos los físicos concurren en este concepto de los hoyos negros. Aun en el supuesto de que los hoyos negros sean trenes subterráneos cósmicos, el problema de encontraralos, localizarlos, descubrir que están lo suficientemente cerca unos de otros para los fines prácticos y (principalmente) encontrar una forma de entrar en uno de ellos sin ser despedazados por fuerzas de marea, presenta dificultades tan enormes como las del impulso taquiónico.

Así pues, tampoco podemos predecir confiadamente el aprovechamiento de los hoyos negros para los viajes interestelares en el futuro previsible.

Quizá tengamos simplemente que aceptar la existencia y la invulnerabilidad de la barrera de la luz.

ABAJO DE LA BARRERA DE LA LUZ

En cierta forma, la barrera de la luz no es tan mala como parece. La teoría especial deja en claro que la experiencia del paso del tiempo se vuelve menos rápida a medida que la velocidad aumenta. Al principio el efecto retardador es imperceptiblemente pequeño, pero al llegar a una velocidad próxima a la de la luz el efecto se vuelve más y más pronunciado hasta que, a la velocidad de la luz, la experiencia del paso del tiempo desaparece.

En otras palabras, si los viajeros del espacio pudieran avanzar a la velocidad de la luz, no experimentarían la sensación del paso del tiempo, por lejos que viajaran. Podrían ir de la Tierra al cuásar más distante, a 10 000 000 000 kilómetros, y les parecería que todo había ocurrido en un instante.

En ese caso ¿por qué molestarse en pasar a través de hoyos negros o en convertir naves y tripulaciones en taquiones? ¿Por qué no convertir sencillamente la nave y la tripulación en ondas de luz que retuvieran dentro de su complejidad todos los detalles de la nave y de la tripulación? El vuelo sería entonces proyectado en la dirección deseada y las ondas luminosas se reconvertirían en nave y tripulación. Cualquiera que fuese el destino se llegaría a él sin que el tiempo transcurriera.

Sin embargo, ese procedimiento presenta dificultades tan complejas y al parecer tan insuperables como las de los taquiones y los hoyos negros. Indudablemente nada de ello está a nuestro alcance en el futuro previsible.

¿Existe alguna manera de alcanzar la velocidad de la luz (o una velocidad cercana a la de la luz) sin necesidad de convertir las partículas en ondas luminosas?

¿Qué podría decirse de la aceleración ordinaria? No podemos acelerar una nave a más allá de la velocidad de la luz, pero podemos acelerarla (en teoría) hasta a cualquier velocidad no superior a la de la luz.

Por supuesto, la aceleración no puede ser demasiado rápida, pues destrozaría a los tripulantes contra la parte posterior de la nave. Supongamos, empero, que aceleramos a 1 *g* (la aceleración normal que se asocia con el campo gravitatorio de la superficie de la Tierra).

Podríamos experimentar eso indefinidamente y sentirnos, no obstante, completamente cómodos. En realidad, nos sentiríamos como si estuviésemos de pie en la Tierra y experimentando la fuerza de la gravedad en la superficie.

Acelerando a 1 *g* avanzamos a cada segundo 0.0098 kilómetros más aprisa que en el segundo anterior. Si tal cosa continuara indefinidamente* se necesitaría aproximadamente un año para progresar desde la velocidad cero hasta la velocidad de la luz, en cuyo tiempo la nave habría viajado la distancia de medio año-luz.

Al llegar a ese punto la nave podría dejar de acelerar y limitarse a correr por inercia. La nave podría deslizarse por el vacío indefinidamente, sin reducción de su velocidad y sin desviación alguna, siempre que no hubiese estrellas cercanas que ejercieran sobre ella una atracción gravitatoria considerable. (De haber estrellas cercanas se podría tomar en consideración tal circunstancia.)

Durante ese deslizamiento a una velocidad muy cercana a la de la luz habría muy poca sensación del paso del tiempo –unos cuantos minutos, algunos días, varias semanas, según lo cerca de la velocidad de la luz a que se viajara y la distancia que la nave recorriera por inercia. Cuando se llegara a medio año-luz del punto de destino, se podría desacelerar hasta 1 *g,* durante un año.

Entonces cualquier vuelo interestelar no parecería durar mucho más de dos años. Con un año dedicado a la exploración, el viaje redondo a Alfa Centauro duraría unos cinco años, y el viaje redondo a alguna estrella de la galaxia de Andrómeda también se podría hacer en cinco años.

Lo anterior parecería una situación muy apetecible, salvo que habría algunas desventajas.

Primero, cuando una nave se deslizara a la velocidad de la luz, o a una velocidad casi igual a la de la luz, sólo a la tripulación le parecería que se retardaba el paso del tiempo. A todos los que quedaron en la Tierra (o en cualquier otra parte del universo donde el movimiento transcurriera a velocidades ordinarias), el tiempo se sentiría pasar de la manera normal.

Así, un viaje redondo a Alfa Centauro podría parecer a los astronautas que tardaba sólo cinco años, pero al volver a la Tierra descubrirían los viajeros que habían transcurrido once años. Esto posiblemente no les inquietara gran cosa, pero si hubieran viajado a la galaxia de Andrómeda y regresado a la Tierra encontrarían que en nuestro planeta habrían transcurrido ya 4 600 000 años y posiblemente no quedaran ya seres humanos que les dieran la bienvenida. De haber viajado al cuásar más distante y haber vuelto, todo en cinco años,

*En realidad, no sería así, pues al ir la nave más y más aprisa, más y más de la fuerza de aceleración se convertiría en masa y menos y menos en velocidad. Sin embargo, simplificaremos esta cuestión, sólo para los fines de la argumentación.

20 000 000 000 años habrían transcurrido en la Tierra, y el Sol sería entonces una estrella enana blanca en proceso de extinguirse. La Tierra probablemente habría quedado destruida durante la etapa en la que el Sol hubiese sido una estrella gigante roja.

Aunque los astronautas comprendan lo anterior y estén dispuestos a explorar el universo sin pensar en volver a la Tierra, debemos preguntarnos si es verdaderamente práctico esperar acelerar hasta una velocidad cercana a la de la luz.

Un año de aceleración a 1 *g* consume una enorme cantidad de combustible, más del que podamos esperar que lleve una nave, especialmente si se considera que habrá, a la postre, un año de desaceleración, igualmente costoso en combustible.

Aun empleando la forma más eficaz de energía, se consumiría tanta para acelerar durante un año y desacelerar durante otro año que sería muy dudoso que resultara práctico llevar ese combustible.

Pero podría ser que las naves no tuvieran necesidad de llevar ningún combustible, salvo pequeñas cantidades para situaciones de apuro. En lugar de combustible la nave espacial podría absorber los leves vestigios de materia en el espacio interestelar y emplearlos como combustible. Se necesitaría una enorme "aspiradora" para hacer tal cosa, pues sería tal vez indispensable absorber toda la materia en un volumen de muchos miles de kilómetros cúbicos por segundo.

Además, aun en el supuesto de que se resolviera el problema del combustible en una forma u otra (lo que no parece probable), quedaría el otro problema.

Por ejemplo, al acercarse la velocidad más y más a la de la luz, más de la fuerza empleada para acelerar sirve para elevar la masa de la nave espacial y menos para elevar su velocidad. Llega el momento en que, cualquiera que sea el mecanismo propulsor, la nave no podrá desperdiciar más y más energía para convertirla en menos y menos aumento de la velocidad.

Supongamos, por ejemplo, que el punto de desintegración se alcanza al 90% de la velocidad de la luz. Eso parece bastante bueno, pero, en realidad, no lo es. A 90% de la velocidad de la luz la tripulación de la nave experimenta el 31 por ciento del paso normal del tiempo. Tal cosa significa que un viaje al centro de nuestra galaxia, por ejemplo, duraría hasta 10 000 años, y un viaje a la galaxia de Andrómeda duraría 800 000 años.

Si la nave no puede alcanzar ese último 10% de velocidad para alcanzar la de la luz, y reducir así la experiencia del paso del tiempo hasta una fracción verdaderamente pequeña, en relación con la normal, entonces la exploración dentro del lapso normal de una vida humana tendrá que limitarse a las estrellas más cercanas a nosotros, a aquellas que se hallen a no más de unos 200 años-luz.

Aun eso posiblemente no sea lo peor. El espacio interestelar no está absolutamente vacío y mientras más aprisa vaya una nave, menos podrá evitar una colisión. Es extremadamente improbable que una nave choque contra una estrella, las cuales están distribuidas muy separadas las unas de las otras. Una nave espacial podría viajar muy aprisa sin rumbo fijo y probablemente no chocaría con ningún cuerpo verdaderamente grande en un periodo de varios millones de años.

El número de cuerpos pequeños que hay en el espacio—montañas en vuelo, peñascos, guijarros—debe ser mucho mayor que el número de estrellas, planetas y satélites. El choque con cualquiera de esos cuerpos pequeños, aun con los del tamaño de una piedrecilla, a velocidades cercanas a la de la luz, sería indudablemente catastrófico.

Aunque no hubiese despojos en todo el espacio interestelar, o aunque la nave espacial lograra evitar todos los despojos, tal cosa no bastaría. Sabemos que el espacio interestelar contiene partículas de polvo, así como moléculas y átomos individuales. Podemos ver realmente las nubes de polvo desde nuestro mirador en la Tierra, y podemos detectar algunos de los átomos y de las moléculas dentro de esas nubes. Aun el espacio que parece transparente contiene una leve dispersión de átomos de hidrógeno. El espacio más límpido probablemente se encuentra entre una galaxia y otra, y se calcula que allí hay un átomo de hidrógeno por metro cúbico. Hay una dispersión más nutrida de átomos de hidrógeno en el espacio interestelar dentro de una galaxia.

Los átomos de hidrógeno tienen importancia. Si una nave espacial viaja a una fracción grande de la velocidad de la luz y choca con un átomo de hidrógeno, tal cosa equivale a que un átomo de hidrógeno que se mueva a una fracción grande de la velocidad de la luz choque con una nave espacial. Tal átomo de hidrógeno que se mueva a gran velocidad será un rayo cósmico.

Si hay sólo un átomo de hidrógeno en cada metro cúbico, la nave espacial que viaje a una velocidad próxima a la de la luz quedará expuesta a algo que se aproxime a un trillón (10^{18}) de partículas de rayos cósmicos cada segundo. La nave se volvería rápidamente radiactiva, y todos los que estuvieran a bordo se quemarían absolutamente.

Para evitar ese peligro de la radiación podría ser necesario viajar a una velocidad no mayor que la décima parte de la velocidad de la luz, o tal vez a menor aún, en regiones generalmente con más polvo. A esa velocidad, la experiencia subjetiva del paso del tiempo es casi normal, y se necesitarían cuarenta años para llegar a la estrella más próxima.

DESLIZAMIENTO

Por lo que hemos visto, parecería que, salvo algún adelanto tecnológico completamente inesperado ahora, los seres humanos jamás podrán viajar a una velocidad mayor que la de una fracción relativamente pequeña de la velocidad de la luz. Esto, a su vez, significa que los seres humanos tal vez nunca podrán hacer un viaje de ida y vuelta aun a la estrella más próxima en el lapso de una vida de duración normal.

¿Existe, empero, alguna forma en que el lapso normal de la vida pueda extenderse indefinidamente? ¿Qué ocurriría si los seres humanos pudiesen ser rápidamente congelados y puestos en estado de vida latente? Entonces podría esperarse que no estuviesen muertos sino simplemente en una condición en la cual el metabolismo se suspendía. Si se les pudiese conservar así, a temperaturas del nitrógeno líquido, indefinidamente, entonces, al acercarse su nave a algún destino, podrían ser rápidamente calentados y vueltos a la vida y podrían continuar sin la sensación del tiempo transcurrido mientras ellos yacían en estado latente.

Desafortunadamente, sería dificilísimo lograr que un cuerpo grande y caliente, como el de un ser humano, quedara congelado con rapidez en cada una de sus partes, para evitar cambios degenerativos que serían fatales. Sería igualmente difícil lograr que todas las partes de un cuerpo grande y muy frío se calentaran rápidamente, para evitar cambios degenerativos igualmente fatales.

Entoces tenemos que el congelamiento y el descongelamiento no son lo que suponemos que va a ocurrir en el futuro previsible, no obstante que no parece tan impensable como los taquiones, los hoyos negros o la conversión de los seres humanos en ondas luminosas.

Pero supongamos que la duración de la vida de los seres humanos se extiende considerablemente, por lo que podrán emprender largos viajes sin necesidad de que se les congele. En efecto, para que los seres humanos lleguen a ser casi inmortales necesitarán emprender largos viajes, ya que el sistema solar pronto estará lleno a reventar a causa del rápido aumento de la población.

Tampoco es muy grande la probabilidad de que la duración de la vida de los humanos pueda prolongarse muchísimo, aunque esto, tal vez, sea menos improbable que recurrir venturosamente a la congelación.

Con todo, parece justo concluir que si han de emprenderse viajes al espacio interestelar, éstos tendrán que hacerse a velocidades relativamente bajas, sin congelamiento y con tripulantes con duración normal de vida. Esto, a su vez, significa que los exploradores interestelares tendrán que proyectar pasar toda su vida a bordo de su nave, tener allí hijos que a su vez pasen toda su vida en la nave, y así sucesivamente durante muchas generaciones.

Esto podrá parecer al principio como una situación horrible, que la gente no pueda soportar, pero debemos recordar que no nos estamos refiriendo a habitantes actuales de la Tierra, acostumbrados a las condiciones especiales que privan en la Tierra.

¿Qué podremos decir si consideramos los numerosos asentamientos espaciales que tal vez llenen algún día la faja de asteroides y las regiones externas del sistema solar? Cada asentamiento espacial será en sí mismo una "nave estelar". Propulsados y alimentados, posiblemente, por fusión controlada de hidrógeno, esos asentamientos podrían, si se deseara, poner fin a nuestro acompañamiento forzado del Sol en su órbita de doscientos cincuenta millones de años en torno del centro de la galaxia. Cada uno de esos asentamientos podría desprenderse, tomar su propio rumbo y moverse en el espacio a voluntad.

No habría una gran sensación de aislamiento o de encarcelamiento, pues la tripulación sería la gente del asentamiento, la que había nacido allí y vivido allí, toda su vida, cuyos padres y quizá también sus abuelos habían vivido allí cuyos hijos crecían allí. Abandonarían el contacto con otros asentamientos, con su legendario mundo acestral, en la Tierra, y aun con el Sol mismo, pero todo ello podría hacerse. Ya existen precedentes. Durante toda la historia diversos habitantes de la Tierra han abandonado sus hogares ancestrales para establecerse en otras partes. (Mis propios padres lo hicieron.)

Los habitantes del asentamiento estarían mejor, pues no saldrían de su hogar sino que se irían con su hogar.

En ese caso no habría problema tampoco en lo concerniente al combustible. Puesto que los colonos no harían ningún intento de alcanzar una velocidad inmensa, sino que quedarían satisfechos con deslizarse a no más de decenas o centenas de kilómetros por segundo, necesitarían muy poco combustible. Al cruzar la nube de cometas en la periferia del sistema planetario del Sol, posiblemente recogieran uno o dos pequeños cometas y los llevaran con ellos. Cada cometa sería una fuente de materia volátil helada —hidrógeno, oxígeno, carbono, nitrógeno— que serviría para reponer la pérdida inevitable a bordo de la nave, y como combustible para la central de fusión de hidrógeno.

En realidad, el espacio exterior tal vez no esté tan vacío como creemos, y posiblemente no transcurriría una sola década sin que se presentara la ocasión de inspecccionar algún objeto asteroidal. Una que otra vez quizá apareciera un suministro de materia no volátil, que permitiría a la nave estelar renovar sus existencias de metales y cerámica.

A la larga, muy "a la larga", tal vez después de muchas generaciones, la nave estelar posiblemente se aproximara a una estrella. Ese encuentro tal vez no fuera accidental. Los astrónomos de la nave estudiarían todas las estrellas que estuviesen a una distancia razonable y escogerían aquella que tuviera grandes probabilidades de contener en su sistema mundos habitados. Entonces la nave estelar se encaminaría hacia esa estrella.

Podría entonces presentarse la ocasión de un "aterrizaje", de una larga pausa para "estirar las piernas", de poder reconstruir por completo la nave estelar, o de construir otra, desde el comienzo, con diseños mejorados. La nave estelar partiría entonces con alguna de su gente y dejaría a otros en el planeta.

Los que hubiesen quedado atrás podrían experimentar, durante muchas generaciones, los placeres de la expansión y del crecimiento y, a la postre, podrían construir naves estelares que salieran al espacio desde un nuevo núcleo.

Habría tal vez muchas naves estelares que abandonarían el sistema solar y uno que otro planeta colonizado. Cada sistema planetario se asemejaría al diente de león con sus semillas, que esparciera nuevos gérmenes de vida en todas direcciones. Las diversas naves estelares, después de una larga separación, producirían variaciones culturales y biológicas, que a su vez engendrarían infinita riqueza de experiencia y cultura y que quizá producirían nuevas especies humanas, una variedad abundante de todo aquello que no sería concebible duplicar en un solo mundo o en un solo sistema planetario.

Diferentes culturas podrían tener la oportunidad de entrelazarse cuando se interceptaran los caminos de dos naves estelares.

Al descubrirse mutuamente desde una gran distancia, el acercamiento de dos naves estelares podría ser motivo de gran regocijo en cada una de ellas. Después de todo, cada una habría compilado sus propios datos, que pondría a la disposición de la otra nave. Habría descripciones, en los datos de cada nave, de sectores del espacio nunca antes visitado por la otra. Se expondrían nuevas teorías y nuevas interpretaciones de teorías antiguas. Se intercambiarían literatura, música y obras de arte y se estudiarían las diferencias en las costumbres.

Ninguna nave estelar tendría tiempo, aun en varios millones de años, para explorar más de una parte insignificante de la vasta extensión cósmica, pero a medida que cada nave estelar sembrara sus gérmenes en planetas aquí y allá, y tales planetas produjeran a su vez nuevas naves estelares, todos, en conjunto se extenderían por las porciones habitables de la galaxia y posiblemente se trasladaran a galaxias vecinas.

En el transcurso de todo lo anterior podría ser que los seres humanos, tarde o temprano, encontraran la esfera en expansión de naves estelares construidas por civilizaciones no humanas, algunas de ellas más antiguas y más adelantadas que las nuestras, de las cuales pudiéramos aprender más.

En nuestra presente etapa primitiva de historia es típico de nosotros pensar que tales contactos con seres extraños significan necesariamente guerra y conflicto, pero el espacio esterior es suficientemente grande para que en él quepamos todos, y por lo menos es posible que la curiosidad resulte ser una fuerza más potente que la desconfianza. La inteligencia posiblemente sea un fuerte influjo de enlace, de suerte que se reconozca un "parentesco de inteligencia" y se haga caso omiso, por carecer de importancia, de las diferencias físicas de los seres dotados de esa inteligencia.

Pero, para empezar, ¿que induciría a los habitantes de las naves estelares a salir del sistema planetario solar? (¿o de *cualquier otro* sistema planetario?).

Podríamos hablar, en términos elevados, de curiosidad, de anhelo de aventuras, del deseo de ver regiones incógnitas, pero la longitud del viaje y el tiempo que transcurriría antes que se encontrara cualquier cosa importante serían tan grandes que la generación que comenzara la expedición no podría estar segura de ver cosa alguna que fuese interesante, o curiosa o excitante. ¿Entonces, para qué abandonar las regiones conocidas del sistema solar?

Podría haber razones de mucho peso.

Cada asentamiento espacial tendría su propio equilibrio ecológico, que indudablemente sería mucho más sencillo que el de la Tierra. Los colonos espaciales de cada pequeño mundo indudablemente tratarían de excluir las hierbas malas, las sabandijas y los microbios transmisores de enfermedades en la medida en que todo esto no impidiera una ecología variada y útil que pudiera mantener su propio equilibrio indefinidamente. Podría ser que cada asentamiento espacial tuviese su propio ecosistema, un tanto diferente de los otros.

En ese caso ¿cómo se practicaría el comercio? ¿Cómo trabajarían juntos en programas realizados en el espacio los seres humanos procedentes de diferentes asentamientos? Aquí en la Tierra tenemos actualmente reglamentos que prohiben la importación de plantas y animales de un país a otro —reglamentos de cuarentena, para evitar la propagación de epidemias o enfermedades. ¡En los asentamientos espaciales tendrían que imponerse reglamentos mucho más estrictos!

Algunos colonos posiblemente se resignaran a las inevitables infecciones y decidieran que, a la postre, tendría que haber un solo "ecosistema espacial", con pequeñas variaciones entre un asentamiento y otro. Sin embargo, aun la gente que aceptara esto quizá no querría importar parásitos y enfermedades de la Tierra misma, que tiene un vasto y rebelde ecosistema.

Por tanto, algunos asentamientos posiblemente se retiraran a un aislamiento biológico. Podrían argüir que era preferible reducir el comercio y la cooperación, para evitar el riesgo de la contaminación de lo que consideraran como el ecosistema ideal de su propio pequeño mundo.

A la postre, en busca de la cuarentena definitiva, podrían abandonar el sistema solar y emigrar junto con sus plantas y animales a la pureza del espacio distante, donde nada, salvo las lentas fuerzas de la evolución (o la labor más rápida de la ingeniería genética deliberada) podría cambiar el equilibrio que hubiesen establecido.

Podría ser *ése* el motivo de la siembra de asentamientos en el universo, no la curiosidad o el deseo de sensaciones fuertes o de aventuras, sino el temor de otros mundos y el horror de la contaminación.

Y esto quizá permita a los seres humanos (y a sus parientes por la inteligencia, si los hay) de extender su horizonte hasta que, si hay suficiente tiempo, se vuelva confinante de los límites del universo.

Parte II

Los horizontes del tiempo

13

La edad de la historia

EL CALENDARIO

Hasta aquí he descrito cómo los seres humanos han ensanchado los horizontes del espacio, poco a poco, hasta los límites del universo. ¿Qué decir ahora de algo tan fundamental como el espacio y tan constantemente medido, como es el tiempo?

Es posible que sólo los seres humanos, entre todas las especies vivientes, no vivan exclusivamente en el presente. Posiblemente sólo los seres humanos pueden recordar el pasado con ciertos detalles, prestar mucha atención a ese pasado y, con la experiencia adquirida de la regularidad de determinados cambios, aprender a prever bastante bien el futuro.

El día mismo se determina como resultado de un fenómeno astronómico periódico como es la marcha interminable del Sol en el firmamento. Esto, en realidad, es el resultado de la rotación de la Tierra, pero sólo desde los tiempos de Copérnico, en el siglo XV, la rotación de la Tierra comenzó a ser aceptada en general como un hecho, y se entendió que era una ilusión el paso del Sol por el firmamento.

A causa de la inclinación del eje de la Tierra, el Sol también parece moverse paulatinamente más alto, de día a día, en la bóveda celeste; después más bajo, otra vez más alto, y así sucesivamente, en un periodo mucho más largo que un día. De ese movimiento aparente del Sol, de arriba a abajo, dependen las estaciones, que son el pulso de la vida en la Tierra. En diversas partes de la Tierra hay una sucesión de estaciones de lluvia y de sequía, o de calor y de frío. La vida vegetal crece, muere y renace, en tanto que la vida animal emigra, yendo y viniendo. De todo esto se dan cuenta los seres humanos.

Por tanto, desde mucho antes que comenzara la historia, fue preciso crear unidades de tiempo más prolongadas que la de un día.

Después del Sol, el cuerpo celeste más notable es la Luna, la cual pasa por un cambio periódico, casi tan evidente como el día y la noche, en forma de fases cambiantes. Desde un delgado semicírculo inmediatamente después del crepúsculo, (la "Luna nueva"), se agrada y se retira del Sol hasta que se convierte en Luna llena, que se eleva al anochecer; se achica y se acerca al Sol, hasta que queda en un delgado semicírculo, un cuerno apenas visible poco antes del alba. Poco después otra Luna nueva aparece en el firmamento, después del crepúsculo. Esas fases se elevan como resultado de la revolución de la Luna en torno a la Tierra.

Todo este ciclo se completa en 29.53 días, y para aquellos que primero calcularon ese periodo, ello significó que el intervalo entre las lunas nuevas era a veces de veintinueve días y otras veces de treinta días. Ese intervalo era el "mes", y los calendarios lunares han tenido por base ese mes desde hace varios miles de años. Aun en el presente, el calendario religioso de los judíos y de los musulmanes es de índole lunar.

La semana es una unidad artificial. Tal vez su propósito haya sido señalar la llegada de las principales fases de la Luna: nueva, cuarto creciente, llena y cuarto menguante. Esas fases empiezan a intervalos de 7.38 días. Para que fuese estrictamente lunar, la semana tendría que tener a veces una duración de siete días y otras veces ocho. Los pueblos del valle del Tigris y el Éufrates, que eran los más avanzados astrónomos en los albores de la civilización, probablemente estuvieron influidos por el Sol, la Luna, Mercurio, Venus, Marte, Júpiter y Saturno, los siete cuerpos celestes fácilmente visibles, que se movían de manera complicada contra el fondo incambiable de las estrellas fijas. Al conferir honores divinos al Sol, la Luna y los planetas y dedicarles a cada uno de ellos un día, surgió el concepto de la semana invariable de siete días. Ese concepto se transmitió a los judíos, posteriormente a los cristianos, y actualmente sigue teniendo validez entre nosotros. Es una unidad de tiempo muy inconveniente, que no encaja perfectamente ni con el mes ni con el año.

Es más fácil separar el ciclo de las estaciones contando los meses en vez de los días. No obstante que las estaciones no son matemáticamente regulares, como el día, la semana y el mes, forman un ciclo importantísimo, ya sea que los seres humanos sean colectores de alimentos, cazadores o agricultores. Con el tiempo, los seres humanos aprendieron que el ciclo de las estaciones, o "año", que señalaba el periodo de la revolución de la Tierra en torno al Sol, era un poco mayor que el conjunto de doce meses lunares.

En efecto, el año tiene una duración de 12.37 meses lunares. Los babilonios idearon una norma de años, a veces de doce meses y otras veces de trece, norma que se repetía cada diecinueve años. Esta norma la adoptaron los griegos y los judíos (y todavía se emplea en el calendario religioso judío).

Los egipcios tenían un ciclo de las estaciones más sencillo, y dependían casi exclusivamente del acontecimiento anual consistente en que el Nilo se salía de cauce, lo que ocurría, en promedio, cada 365 días. Por tanto, fijaron el año de 365 días, que dividían en doce meses de treinta días cada uno, seguido de cinco días de festividades. Los meses no se ajustaban a las fases de la Luna, pero a los egipcios no les molestaba tal cosa. Ese fue el primer calendario solar.

Los romanos adoptaron el calendario egipcio en el año 44 a.J.C. y con ayuda del astrónomo griego Sosígenes añadieron el refinamiento del año bisiesto. Puesto que la duración verdadera del año era de 365 días y 1/4, a cada cuarto año se le consideraba como de 366 días.

En realidad, el año no es exactamente de 365¼ días, sino de 365.2422 días, que es un poco menos. Esto significa que tres veces cada cuatro siglos un año que ordinariamente sería bisiesto no debería serlo. La necesidad de esa modificación la señaló por primera vez el sabio inglés Roger Bacon (1220-1292), pero resulta muy difícil cambiar un calendario en cualquier época. El cambio no se efectuó con éxito hasta que el Papa Gregorio XIII (1501-1585) lo ordenó, en 1582, y aun así, sólo la Europa católica obedeció ese mandato inmediatamente. Sin embargo, el nuevo "calendario gregoriano" se extendió y ahora es universal.

No hay periodos mayores de un año, salvo los múltiplos. Una "década" es diez años, una "centuria" o siglo, es 100 años y un "milenio" es 1 000 años.

Se emplea menos la palabra "lustro", que significa cinco años. Esa palabra procede de la latina "lustrare", con el significado de "purgar" o "purificar", pues los romanos levantaban un censo cada cinco años, ya avanzada su historia, y con ello la gente quedaba purificada, como para recomenzar su vida. Los romanos tenían también un periodo conocido como la "indicación". Se modificaba la tasa de los impuestos en cada indicación, a intervalos de quince años.

A la manera griega, una "olimpiada" era un periodo de cuatro años, porque los juegos olímpicos se efectuaban con ese intervalo (como se siguen efectuando actualmente, en su ciclo renovado).

Por último, tenemos la "generación", que representa el promedio de diferencia en edad entre los padres y los hijos. No hay un periodo generalmente convenido que represente una generación, interpretada a veces como veinticinco años, treinta años o treinta y tres años.

DURACIÓN DE LA VIDA

En tiempos primitivos el promedio de la duración de la vida quizá haya sido de no más de treinta y tres años, aun en condiciones favorables, por lo que una generación era literalmente el tiempo que transcurría antes que los padres fuesen sustituidos por sus hijos. Sin embargo, aun en tiempos primitivos había personas que vivían más que ese plazo.

Así, la Biblia tiene el famoso versículo que dice: ''Los días de nuestra edad son setenta años'' (Salmo 90:10). Esto parece fijar en setenta años la duración normal de la vida, si no hay un fin prematuro a causa de enfermedades o violencia (lo cual, antes de los tiempos recientes, generalmente ocurría).

En la antigüedad no pudo haber mucha gente afortunada que llegara a esa edad, pero la situación ha cambiado. En el mundo, considerado en conjunto, la duración normal de la vida se calcula que es de cincuenta y cinco años, pero esto toma en cuenta muchas regiones en las cuales no ha llegado la medicina moderna. En Afganistán el promedio de vida es de 37.5 años. En Angola es de 33.5 años y en algunas otras partes de África el índice de longevidad de los varones es de sólo 25 años.

En los Estados Unidos, en cambio, ese índice, correspondiente a las mujeres, es de 77.2 años y el de los varones blancos, de 69.4 años. Esto significa que más de la mitad de la población blanca llegará a los setenta años bíblicos.

Por supuesto, algunas personas viven más del promedio actual, no sólo ahora sino también cuando ese promedio era muy bajo.

Entre las figuras históricas del pasado que ha vivido más de noventa años se encuentran el orador griego Isócrates (436-338 a.J.C.), el historiador romano Casiodoro (490-583 a.J.C.), el general bizantino Narses (478-573), el duxveneciano Enrico Dandolo (1108-1205), el pintor italiano Ticiano (1477-1576), el sabio francés Bernard de Fontenelle (1657-1757), el diplomático francés Louis de Richelieu (1696-1788) y el químico francés Michel E. Chevreul (1786-1889).

Nada sorprendente es que alguien llegue a edad tan avanzada, aun cuando el promedio de vida sea bajo. Siempre hay personas que sobreviven a los peligros de las enfermedades y de la violencia. Después que esas personas llegan a los sesenta años, ya se ha inmunizado lo suficiente para evitar muchas enfermedades infecciosas. Si la persona es hombre ya no está expuesta a morir en combate; si es mujer, ya no podrá morir de parto. Los pertenecientes a las clases media y alta no es probable que mueran de hambre. En esos casos especiales, la duración adicional de la vida fue tan alta en los tiempos antiguos y medievales como lo es ahora, pues las enfermedades que matan después de los sesenta años son las degenerativas: cáncer, arteriosclerosis, artritis, enfermedades del hígado y la lenta degeneración que acompaña a la edad. Todo estos males son ahora tan mortales como lo fueron antes.

Puesto que más gente llega ahora a los sesenta años, tenemos también más gente que llega a los noventa años patriarcales. Se supone que hay en el mundo alrededor de 25 000 personas que han complido los cien años, y de ellos la mitad se encuentra en los Estados Unidos.

Se oye hablar de lugares en los que mucha gente vive mucho más que un siglo: en el Cáucaso, en los Andes y en otras partes. Todo lo que esas regiones tienen en común, sin embargo, es la falta de certificados de nacimiento.

Sólo en tiempos recientes de la historia mundial se han llevado registros fieles de natalicios y, a falta de esos registros, la edad de las personas (que notoriamente se contrae entre aquellas que ya alcanzaron la madurez) tiende a aumentar entre aquellas que ya alcanzaron la senectud, por vanidad. Las edades citadas anteriormente, de gente famosa de tiempos de la antigüedad y del Medievo, tal vez hayan sido exageradas, aunque esto no es seguro. Cualquier edad de la que se afirme que pasa mucho de los cien años, sin documentos que la acrediten, es prácticamente seguro que ha sido exagerada.

Al retroceder a tiempos legendarios, las edades suelen exagerarse mucho más allá de lo creíble. Al examinar la Biblia y retroceder en el tiempo encontramos que Josué murió a la edad de 110 años, Moisés a la de 120, Jacob a la de 147, Isaac a la de 180, Tera (abuelo de Isaac) a la de 205, Eber (padre del tatarabuelo de Tera) a la de 464, Shem (bisabuelo de Eber), a la de 600, Noé (padre de Shem), a la de 950 y Matusalén (abuelo de Noé), a la de 969.

Se ha intentado encontrar alguna forma natural de explicar esas edades tan avanzadas como, por ejemplo, suponer que las excesivamente prolongadas se contaron en meses lunares, no en años, por lo que Matusalén, si vivió 969 meses lunares, en realidad vivió sólo 78 años y medio.

Con todo, esas explicaciones no son nada convincentes. Es mucho más probable que los judíos antiguos, al mencionar a esos primeros patriarcas, citaban versiones de leyendas babilónicas aún más antiguas, que atribuían edades que llegaban hasta decenas de miles de años a reyes que habían gobernado en tiempos legendarios. Los autores bíblicos, por sentirse escépticos, con razón, respecto a esas edades, las redujeron a sólo unos cuantos siglos, lo cual, naturalmente, no bastó, pero fue al menos un paso en la dirección correcta.

Si nos limitamos a personas cuyos nacimientos han sido ampliamente documentados, la edad humana más larga que se cita comúnmente es la de Pierre Joubert, de Quebec, Canadá, nacido el 15 de julio de 1701 y muerto el 16 de noviembre 1814, cuando tenía sólo 113 años y un tercio.

Los seres humanos tienen un periodo de vida sorprendentemente largo. Si se considera a los mamíferos como grupo, resulta que mientras más grandes son, más viven (en promedio). Las musarañas pigmeos generalmente mueren de viejas al llegar a un año, a lo sumo, aunque se les alimente bien y se les proteja de todo peligro. Los tigres y los leones suelen vivir hasta veinte años; los rinocerontes, treinta y cuarenta, y los hipopótamos y elefantes hasta cincuenta y sesenta.

La edad más larga de que se haya informado, correspondiente a un mamífero terrestre no humano fue la de un elefante de la India que llegó a los sesenta y nueve años, después de haber pasado toda su vida en un zoológico, bien cuidado. Esto significa que cualquier ser humano que celebra su septuagésimo cumpleaños contempla a un mundo en el cual los únicos mamíferos terrestres que vivían ya cuando él nació y que siguen vivos son otros hombres y mujeres ancianos. (Es posible que las ballenas más grandes sobrepasen en edad a los mamíferos terrestres y que algunas vivan hasta noventa años, pero aun esas ballenas sólo se aproximan, pero no igualan, a la duración extrema de la vida humana).

Los seres humanos no comparten su inusitada longevidad ni siquiera con otros primates. No se sabe de monos gibones que hayan vivido más de treinta y dos años, ni de orangutanes mayores de treinta y cuatro, ni de gorilas que sobrepasen los cuarenta, ni de chimpancés de más de cincuenta y uno.

Esta discrepancia aparece más claramente si consideramos los latidos del corazón. Mientras más pequeño es el animal, más rápido es el latido de su corazón y, por decirlo así, más aprisa vive. Si sumamos el número de latidos que ocurren en el transcurso del máximo tiempo de vida de un animal, resulta que en un número sorprendente de casos el total de los latidos llega a cerca de mil millones. En otras palabras, cualquiera que sea el tamaño del animal, el corazón del mamífero parece servir para mil millones de latidos, como máximo.

La única excepción parece ser el ente humano. A la edad de setenta años, el corazón humano ha latido ya 2 500 000 000 veces y es posible que en casos extremos el número de esos latidos llegue a 4 000 000 000. Se ignora la razón de esto.

Las aves viven generalmente más que los mamíferos del mismo tamaño, lo cual sorprende, en cierto modo, pues los pájaros tienen una temperatura corporal más alta y un ritmo metabólico más alto, por lo que parecen vivir más aprisa. Por otra parte, su sistema respiratorio es más eficiente que el de los mamíferos, lo que tal vez les ayude.

Se cuentan muchas historias de pájaros extremadamente viejos. Son comunes los cuentos de pájaros que han vivido más de cien años, pero las edades largas siempre tienden a la exageración. Ningún pájaro cuya vida haya sido vigilada desde su nacimiento, sin posibilidad de error, ha llegado siquiera a los setenta años.

Por tanto, es posible que el ser humano sea el animal de sangre caliente que más vive.

Pudiera parecer que esa marca de longevidad la batirían los animales de sangre fría, cuyo ritmo metabólico es más bajo, que pueden aletargarse cuando hace frío y que, sencillamente, viven más lentamente. Sin embargo, entre los reptiles, las serpientes, en general, no viven más de treinta años, si acaso. Los lagartos y cocodrilos más viejos han llegado únicamente a los cincuenta años.

Quedan entonces los quelonios (tortugas y galápagos), que entre los reptiles son los de vida más lenta. Aquí sí hay casos auténticos de galápagos que han vivido más de cien años. Se cree que la marca de longevidad corresponde aun galápago que murió en 1918 y que posiblemente haya tenido más de 152 años de vida.

Es posible que algunos peces vivan más de un siglo. Supuestamente, esto se aplica en particular a los esturiones. Se juzgó que un esturión atrapado en el Lago de los Bosques, de la frontera entre Canadá y los Estados Unidos, tenía 152 años de edad. Se han presentado también pretensiones de longevidad correspondientes a grandes invertebrados, en especial, tales como calamares enormes y almejas gigantes, pero todo esto es incierto.

Las plantas son otra cosa. Muchos árboles pueden vivir más que cualquier animal. El pino blanco puede vivir el doble que el más viejo de los galápagos o esturiones y más de tres veces lo que vive un centenario humano. De hecho, algunos árboles, notablemente los cedros rojos y las secoyas sobrepasan la marca de los 1 000 años, y se cree que los más viejos tienen unos 4 000 años.

Sin embargo, el más viejo de todos los árboles y de todo lo viviente es un nogal americano de Nevada oriental, que tal vez llegue a los 4,900 años. De ser así, prendió poco después del año 3 000 a.J.C. y es más antiguo que las pirámides de Egipto.

Supongamos, con todo, que examinamos las células individuales más bien que los organismos multicelulares. Los árboles, aun los más grandes y más viejos, consisten casi exclusivamente en materia muerta. Las células vivas forman una pequeña porción de la masa total y ninguna de esas células vive más de treinta años sin perder su identidad por la división o la sustitución. Esto es aún más señalado en el caso de los organismos unicelulares, de los cuales se dice con frecuencia que son potencialmente "inmortales". Tal vez así sea, en el sentido de que la continuidad celular puede retrotraerse hasta el comienzo de la vida, pero esto también es cierto en lo que atañe a los organismos más grandes. La identidad de determinado organismo unicelular se pierde rápidamente por la división, a veces sólo después de unos cuantos minutos.

No obstante, consideremos las células del cerebro humano. Esas células funcionan continuamente sin división o sustitución durante cien años, o un poco más, si el ser humano vive ese tiempo. Ninguna otra célula resiste tanto, a menos que consideremos las células de los nervios en algunas otras criaturas vivientes tales como el galápago o el esturión, ¿pero quién cambiaría una célula de los nervios humanos por una de esas células?

CRONOLOGÍA

Sin embargo, la edad no debe ser considerada únicamente en lo que concierne a los individuos. En el caso de los seres humanos, por ejemplo, el lenguaje permite a los ancianos transmitir su experiencia a los jóvenes, por lo que se forma un conjunto de tradiciones.

Desgraciadamente, la memoria es imperfecta y la bruma se vuelve más espesa cada vez que lo ocurrido se relata y se vuelve a relatar. Además, las consejas rara vez son cuantitativas. No se recuerdan con exactitud los años, y cuando los números parecen sorprendentes se les recuerda mejor y se les hace más sorprendentes aún.

Esta situación mejoró con la invención de la escritura, pero aun así se registraban los acontecimientos sin gran método y sólo en lo concerniente a lo considerado como de suma importancia. Además, antes de la invención de la imprenta era difícil anotar los sucesos y lo que se anotaba se conservaba en un número muy reducido de ejemplares, por lo que fácilmente se extraviaba o se destruía.

Antes del siglo XIX rara vez se llevaban registros detallados o en los que se prestara mucha atención a la exactitud, y ello únicamente en naciones industrialmente avanzadas.

Aun en los casos en que se llevaban y conservaban registros cuidadosos, no era posible una "cronología" exacta, es decir, no era posible describir con exactitud *cuándo* había ocurrido determinada cosa, a menos que hubiese alguna forma reconocida de identificar las fechas.

Los años podían ser identificados gracias a algún suceso notable en la localidad; "el año de la gran nevada" o "dos años después que la población fue arrasada por el fuego" o "tres años después que se reventó la presa". Lo malo de ese sistema era que nadie ajeno a la localidad podría saber cuándo había ocurrido el suceso que daba la clave.

Los atenienses elegían un gobernador ("arconte") cada año, e identificaban el año por el arconte. De la misma manera, los romanos podían identificar un año por los cónsules en funciones ese año. Sin embargo, para que ese sistema pudiera ser útil era preciso conservar una lista exacta de arcontes o cónsules y tenerla al día.

En los últimos libros de la Biblia se datan algunas veces los acontecimientos diciendo que ocurrieron en determinado año del reinado de tal y tal soberano. En un caso así era necesario tener una lista de reyes y saber durante cuánto tiempo había reinado cada uno. Si todas las naciones identificaban los sucesos como ocurridos en determinado año del reinado de sus propios gobernantes, entonces sería indispensable correlacionar esos reinados y saber cuándo el rey fulano había sido coronado, en términos del reinado del rey sutano, de otra nación. Ayuda a esto cuando dos reinados se han enfrentado en una batalla y cada uno de ellos data ese combate en determinado año, de acuerdo con su propio sistema.

En general, resulta difícil correlacionar sistemas y por esa razón raras veces podemos estar seguros del año exacto (y mucho menos del día exacto) en el cual determinado acontecimiento ocurrió en los tiempos antiguos. De los relatos del Nuevo Testamento nadie puede determinar el día exacto, o ni siquiera el año exacto, del nacimiento de Jesús de Nazaret. Por tradición se dice que nació el 25 de diciembre y que, una semana después, el 1 de enero, empezó el primer año de nuestro sistema presente de fechar. Sin embargo, los historiadores consideran que eso es casi seguramente erróneo.

Al parecer, la primera persona que inició la sencilla cuenta de los años, sin interrupción, e irrespectivamente de reyes, gobernadores o sucesos importantes, fue Seleuco I, uno de los generales macedonios que heredaron una porción del imperio de Alejandro Magno, después de la muerte de ese conquistador, ocurrido en el año 323 a.J.C.

En 312 a.J.C. Seleuco I se apoderó de Babilonia y se proclamó rey de casi todos los dominios asiáticos de Alejandro. Consideró ese suceso ocurrido como el año 1, y de ahí en adelante el número de los años aumentó a intervalos regulares. Esa fue la "era seléucida".

La importancia de la era seléucida fue que los judíos cayeron bajo el dominio de los monarcas seléucidos en el 114 e.s. (el año 114 de la era seléucida, equivalente al año 198 a.J.C.). Desde entonces, los judíos hicieron uso de la era seléucida para fechar sus transacciones, y en atención a que extendían sus actividades mercantiles por todo el mundo mediterráneo, fue posible comparar determinado año de la era seléucida con los métodos locales de identificar los años, aquí y allá. Tal cosa fue importante ayuda en el establecimiento de un sistema coordinado de cronología, con validez en todo el mundo antiguo.

Naturalmente, era conveniente fijar el año que empezaba la era tan atrás en el tiempo como fuese posible, para que hubiese menos ocasión de ocuparse de sucesos anteriores al año 1, lo cual haría necesario recurrir a números negativos. Por ejemplo, parecería torpe decir que Alejandro Magno había muerto en -11 e.s.

El historiador griego Timeo (345-250 a.J.C.) logró que esa torpeza fuese menos probable al introducir el sistema de las olimpiadas en su historia de Italia y Sicilia. Los juegos olímpicos se efectuaban cada cuatro años y Timeo, después de numerar las olimpiadas, fechaba los sucesos como ocurridos en el primero, segundo, tercero o cuarto año de tal y tal olimpiada.

Ahora bien ¿cuándo fue la primera olimpiada en nuestro propio sistema de cronología? El año de la primera olimpiada se fija, por tradición en 776 a.J.C., aunque, por supuesto, no podemos tener la certeza de que esa sea la fecha correcta.

Eratóstenes, el sabio griego que fue el primero en calcular el tamaño de la Tierra, fue también el primero en emprender un estudio sistemático de la cronología, al tratar de datar la lista de sucesos en diversas naciones de acuerdo con una regla fija. Lo mismo que Timeo, recurrió al sistema de las olimpiadas. Empero, se remontó más de 776 a.J.C. y trató de fechar la Guerra de Troya, primer suceso histórico de los griegos. Eratóstenes fijó la fecha de la caída de Troya 408 años antes de los primeros juegos olímpicos y, por tanto, colocó ese acontecimiento en el año que nosotros llamaríamos de 1184 a.J.C.

A causa de lo anterior a Eratóstenes se le considera como "padre de la cronología".

Los romanos hicieron su propio intento de sistema de cronología universal al numerar los años desde la fecha de la fundación de Roma. Naturalmente, nadie sabía en qué año había sido fundada Roma, por lo que los romanos se vieron obligados a aceptar suposiciones y tradiciones. El sabio romano Marco Terencio Varro (116-27 a.J.C.) fijó la fundación de Roma como ocurrida en el tercer año de la quinta olimpiada, o sea 753 a.J.C.

Desde esa fecha los romanos empezaron a contar los años. Por ejemplo, el asesinato de Julio César ocurrió en el año 709 a.u.c. ("ab urbe condita", que significa "desde la fundación de la ciudad"), o 44 a.J.C. de acuerdo con nuestro sistema. De la misma manera, la caída de Constantinopla en 1453, que señaló el fin del Imperio Romano, ocurrió en el año 2206 a.u.c.

Naturalmente, el establecimiento de un sistema de cronología no significó que fuesen necesariamente correctos todos los años asignados a determinados sucesos, pero constituyó un inmenso mejoramiento respecto a lo antes acostumbrado.

No basta, en sí misma, una forma eficaz de contar los años, para fijarle un día exacto a determinado suceso. El acontecimiento histórico más antiguo del que se sabe la fecha exacta es el de la batalla entre los ejércitos de Lidia y de Media, gracias únicamente a un accidente astronómico. Esa batalla, librada en algún lugar de Asia Menor, se suspendió con motivo de un eclipse total de Sol no esperado, que atemorizó a ambos ejércitos. Los astrónomos calcularon hacia atrás y determinaron el día en el cual pudo verse en Asia Menor un eclipse solar, en el siglo de la batalla, y de esa manera se supo que el combate ocurrió, o estuvo a punto de ocurrir, el 28 de mayor de 585 a.J.C.

Los primeros cristianos emplearon la "era romana" (o "era de Varro") en su cronología, pero les debe haber parecido mal referir todas las fechas a la fundación de una ciudad pagana que durante varios siglos había perseguido a los cristianos.

Puesto que la creencia cristiana era que la historia entera del mundo había cambiado con el nacimiento de Jesús, parecía tener sentido dividir esa historia en dos partes, la porción anterior al nacimiento y la posterior a él. Naturalmente, era necesario dejar establecido primero el año del nacimiento de Jesús, en términos de la era romana.

La primera persona que intentó tal cosa fue un cristiano del siglo VI, el sabio Dionisio Exiguo, que trabajó en Roma. Allá por el año 525 trató de calcular el año del nacimiento de Jesús, y decidió que la fecha era el 25 de diciembre, 753 a.u.c.

De acuerdo con este sistema, el 1 de enero de 754 a.u.c. es el comienzo del año conocido ahora como a.D.1 ("anno Domini" o "año del Señor"), en tanto que el 31 de diciembre, 753 a.u.c. es el último día del año que ahora llamamos 1 a.J.C. ("antes de Jesucristo"). A este sistema se le da el nombre de "era cristiana".

La era cristiana no se difundió inmediatamente. El primer sabio que la empleó en sus escritos históricos fue el inglés Bede (673-735). Carlomagno (742-814) ordenó su uso en su extenso imperio, pero no se le empleó de manera general en toda Europa occidental hasta después del año 1 000. Ahora, por supuesto, es de uso universal, por igual en el mundo cristiano que en el no cristiano (por lo menos con fines seculares e internacionales). Esto obedece principalmente a que durante el periodo comprendido entre 1750 y 1950 Europa dominó en el mundo.

Curiosamente, Dionisio cometió un error. La Biblia dice claramente que Jesús nació durante el reinado de Herodes el Grande, de quien se sabe con certeza que murió en 750 a.u.c., equivalente a 4 a.J.C., según el sistema de Dionisio. En consecuencia, Jesús no pudo haber nacido después de 4 a.J.C. (es decir, cuatro años antes de su nacimiento). Algunos eruditos creen que quizá nació en el año 11 a.J.C.

TIEMPO HISTÓRICO

Si se cuenta con un sistema cronológico aceptable, ¿hasta dónde puede retrotraerse la historia, si se asignan las mejores fechas que sea posible calcular a los acontecimientos históricos?

Como ya dije, en la historia griega el primer suceso histórico de importancia fue la Guerra de Troya, a la que se le asigna el año 1184 a.J.C. Indudablemente, hubo gran cantidad de acontecimientos anteriores, que muchos griegos aceptaron como verdaderos, como las hazañas de Hércules, Teseo, Perseo y otros. Sin embargo, casi todos los sabios griegos posteriores consideraron a esos personajes como legendarios, y no desperdiciaron mucho tiempo investigándolos.

Con todo, hubo civilizaciones más antiguas que la de Grecia. En Egipto, por ejemplo, floreció una muy alta civilización cuando los griegos eran aún tribus bárbaras. Manetón, sacerdote egipcio que vivió allá por 300 a.J.C. escribió una historia de Egipto, en griego. Dividió a los gobernantes de Egipto, desde los tiempos en que esas tierras se convirtieron en una sola nación, hasta sus propios tiempos, en treinta "dinastías" (es decir, grupos de gobernantes de una sola familia). Ese sistema se ha empleado desde entonces.

El tercer rey de la 12a. dinastía fue Sesostris III, y en el séptimo año de su reinado, según las constancias que han quedado, Sirio se elevaba en el firmamento a la salida del Sol, en la época del año en que el Nilo se salía de cauce. A los astrónomos les era fácil calcular cuándo Sirio se elevaba en esas circunstancias, pues tal cosa ocurre cada 1460 años. Por ejemplo, ocurrió en 412 a.J.C.., año muy posterior a la 12a. dinastía. Ocurrió también en 1872 a.J.C., y ese año se acepta como el séptimo del reinado de Sesostris III. Desde ahí todo lo demás podía calcularse, para adelante y para atrás.

Los sucesos anteriores al reinado de Sesostris III pueden haber ocurrido realmente con una diferencia aproximada de una década, pero los historiadores parecen estar razonablemente convencidos de que la Gran Pirámide data aproximadamente de 2500 a.J.C., unos trece siglos antes de la Guerra de Troya, y creen asimismo que Egipto fue unido por Narmer, de la 1a. dinastía, poco más o menos en 2850 a.J.C.

Ligeramente más antigua que la civilización egipcia fue la del valle del Tigris y el Éufrates, donde los sumerios crearon la escritura, poco antes del 3000 a.J.C. Éste fue el primer sistema de escritura que ha tenido el mundo y desde ese momento comienza la historia, puesto que los sucesos pudieron ya registrarse. Por supuesto, se les podía registrar erráneamente, o con alteraciones (por accidente o con intención) pero ello representaba, no obstante, un adelanto respecto a la tradición oral.

Así pues, la historia tiene ahora 5 000 años.

Un grupo de relatos antiguos de la historia humana de especial importancia para nuestra propia civilización occidental es el que tiene la Biblia por base. Para los judíos y cristianos de tiempos anteriores al siglo XIX (y para muchos de ellos, aún en el presente), ninguna parte de la Biblia es legendaria. La consideran como la palabra inspirada por Dios y literalmente fidedigna en todos sus pormenores.

En la Biblia no se emplea una cronología sistemática, lo cual crea problemas. Sin embargo, en los últimos libros del Antiguo Testamento se menciona una que otra vez a monarcas conocidos por los historiadores griegos. Por ejemplo, el rey judío Josías murió en combate contra el faraón egipcio Necao, de quien se conocía la fecha de su reinado. Por ese motivo, puede afirmarse con seguridad que Josías murió en 144 a.u.c., o 609 a.J.C. Al aprovechar tales datos de la Biblia se puede investigar hacia atrás y verificar los cálculos cuantas veces se mencionen con claridad acontecimientos referentes a Asiria o a Egipto.

De esa manera podría retrocederse a 1020 a.J.C. como fecha de la ascensión de Saúl, primer rey de Israel. Eso ocurrió 164 años después de la fecha tradicional de la Guerra de Troya. Tal cosa no se consideró satisfactoria, pues tanto los judíos como los cristianos, por orgullo nacional y religioso, querían hacer hincapié en la mayor antigüedad de su propia historia, en comparación con la de los paganos. Así pues, intentaron retrotraer los sucesos bíblicos hasta Abraham, de quien se decía que había puesto fin a la adoración de ídolos y establecido el culto del dios de la Biblia.

El historiador eclesiástico Eusebio de Cesárea (260-340), dedujo la fecha del nacimiento de Abraham, partiendo de diversas declaraciones en la Biblia, y decidió que había ocurrido en 2016 a.J.C., doce y medio siglos antes de la fundación de Roma y ocho y un tercio siglos antes de la Guerra de Troya. Esto permitió una primacía satisfactoria en antigüedad a la historia judeocristiana e introdujo la "era de Abraham".

No obstante, si se seguía con la Biblia hacia atrás, hasta el nacimiento de Abraham, puesto que aparecían todos los antepasados de ese patriarca, hasta la Creación, con la edad a la cual cada uno de esos antepasados había tenido sus hijos, era posible calcular el año en que Dios había creado la Tierra, de acuerdo con la descripción hecha en el Génesis.

Si se hacía tal cosa se obtendría una "era mundana", desde la cual todos los sucesos pudieran fecharse y no fuese posible tener años negativos.

Los judíos comenzaron a emplear ese sistema allá por el año 800 de nuestra era, y en 1100 se había vuelto ya tradición y alcanzado la forma que aún conserva. Según los cálculos rabínicos, Dios creó la Tierra en el año 3761 a.J.C., unos doce y medio siglos antes de la construcción de las pirámides. Según esos cálculos, la edad de la Tierra en estos momentos es de 5 742 años.

Diversos eruditos cristianos hicieron sus propios cálculos, y decidieron que la Creación ocurrió en el año 5500 a.J.C., con una diferencia aceptable de una década de más o de menos. Según esto, la antigüedad del mundo es de cerca de 7 500 años.

Por otra parte, el cálculo que entre los protestantes de habla inglesa ejerció mayor influjo fue el de James Ussher (1581-1656), obispo anglicano nacido en Irlanda. Calculó que la creación del mundo había ocurrido precisamente 4 000 años antes del nacimiento de Jesús, es decir, en el año 4004 a.J.C. Las ediciones de la Biblia del rey Jacobo ("la versión autorizada"), que generalmente se acepta como *la* Biblia de los protestantes devotos del mundo de habla inglesa, generalmente llevan el sistema cronológico de Ussher colocado en los márgenes, o a la cabeza de la columna.

Según los cálculos de Ussher, la edad de la Tierra (y, por ende, la del universo) actualmente es de 5 985.

14

La edad de la Tierra

UNIFORMISMO

Como hemos visto, antes del siglo XVIII la exploración del tiempo había parecido que fijaba el horizonte definitivo del pasado, en términos terrenales, en no más de unos cuantos miles de años del presente. ¿Es esto cierto, realmente? ¿Tiene la Tierra, sin duda, una edad no mayor de los 6 000 años?

Hay señales de que han ocurrido en la Tierra muchísimos acontecimientos interesantes, los cuales sería de pensar que han necesitado de mucho tiempo para su realización. El filósofo griego Jenófanes (560-478 a.J.C.) fue el primero en señalar tal cosa, dentro de nuestra tradición occidental.

Era Jenófanes un racionalista completamente escéptico respecto a los mitos griegos acerca de dioses y héroes. Creía que era ridículo imaginar que seres divinos tuviesen figura humana, y decía que si los bueyes pudiesen esculpir estatuas esculpirían dioses con aspecto de bueyes.

Hizo notar, entre otras cosas, que había conchas de mar incrustadas en roca dura de lo alto de las montañas, y de ello sacó la lógica conclusión de que algunos lugares que ahora están muy arriba del nivel del mar debieron haber estado alguna vez abajo de ese nivel. Hubo allí crustáceos, sus conchas quedaron sumergidas en el cieno, que se transformó en roca, la cual fue levantada muy arriba del nivel del mar. Puesto que no hubo esos cambios en el mundo con frecuencia notable, se supone que ocurrieron con suma lentitud, y de ahí se colige que la Tierra es sumamente vieja, o bien, hubo una enorme catástrofe en un pasado relativamente cercano.

En efecto, los griegos, lo mismo que la mayoría de otros pueblos, tenían leyendas referentes a catástrofes. Jenófanes se habría reído de las leyendas mismas, pero quizá habría estado dispuesto a reconocer que eran recuerdos imperfectos, dramatizados y novelizados, de sucesos verdaderos.

De acuerdo con una de esas leyendas, Faetón, hijo del Sol y de una mujer mortal, trató por un día de ser el auriga, del carro del Sol. No pudo impedir, sin embargo, que los caballos celestes se desbocaran, por lo que el Sol, al apartarse de su ruta, casi destruyó la Tierra, antes que Zeus matara a Faetón con uno de sus rayos y restaurara el orden. Cualquier cosa inusitada que ocurriera en la Tierra podía ser explicada como resultado de los sucesos de ese nefasto día.

En la Europa cristiana, las opiniones de Jenófanes, lo mismo que otras observaciones semejantes, fueron explicadas por medio de la gran catástrofe bíblica del Diluvio.

Hubo indiscutiblemente una gigantesca inundación en el valle del Tigris y el Éufrates en los comienzos de la historia escrita. La prueba de esa inundación la obtuvo el arqueólogo inglés Charles Leonard Woolley (1880-1960), quien en la década de 1920 descubrió gruesas capas de arena, depositadas por el agua, que databan aproximadamente de 2800 a.J.C.

Los valles formados por ríos están expuestos a tales inundaciones, pero la de 2800 a.J.C. parece haber sido inusitadamente grave. Debió haber matado a gran parte de la población del valle, y posiblemente haya destruido a toda una civilización. A los habitantes de la región les ha de haber parecido que el mundo llegaba a su fin y esa creencia, al ser relatada una y otra vez, no ha de haber disminuido en sus exageraciones. Con el tiempo, el suceso se describió como diluvio universal, en el cual sólo una familia sobrevivió.

Ese acontecimiento se relató en forma dramática en el poema épico de Gilgamesh, que tuvo su origen en la civilización sumeria, poco después del Diluvio, y que se extendió por todo el mundo civilizado de entonces. El relato fue recogido por los israelitas y, a la postre, se registraron dos versiones diferentes en la Biblia, en los capítulos del sexto al noveno del libro del Génesis. La fecha, según la cronología Ussher, fue 2349 a.J.C.

Se describe el Diluvio bíblico como si hubiese cubierto todo el mundo y como si hubiese matado a todo ser viviente terrestre, excepto Noé, y su mujer, sus tres hijos, sus tres nueras y los diversos animales que había metido en el arca.

Por tanto, todo lo que parecía estar mal en la Tierra se atribuía al Diluvio. Todos los restos de antiguos entes vivientes se decía que eran animales ahogados en el Diluvio. Todas las rocas que se hallaban donde no debían estar se decía que habían sido dispersadas por el Diluvio. Las antiguas conjeturas respecto a los cambios lentos en la Tierra, la formación de los deltas de los ríos, los cambios en el nivel del mar y la erosión se hacían a un lado, para declarar que todo ello obedecía al Diluvio. Se decía que la Tierra había sido formada en el año 4004 a.J.C. (o en alguna otra fecha no muy lejana a ésa), que había pasado por un tremendo cataclismo 1 655 años después, y que eso era todo.

Sin embargo, no todos estaban satisfechos con esa explicación; 6 000 años no bastaban.

El primer sabio moderno que dijo abiertamente y con todo detalle que tal cosa no podía ser así fue el naturalista francés Gerges L.L. de Buffon (1707-1788), quien pasó cincuenta años escribiendo y publicando una enorme enciclopedia de ciencias naturales, compuesta por él mismo, en treinta y seis volúmenes (había proyectado que fuesen cincuenta). En el quinto volumen, publicado en 1778, expuso sus ideas acerca de la evolución de la Tierra.

Sentía la necesidad del transcurso de más tiempo para explicar los cambios por los que había pasado visiblemente la Tierra, y por ese motivo sugirió que la Tierra había nacido, no 6 000 años antes, sino 80 000. Sugirió que no había sido la palabra de Dios lo que había realizado esa obra, como lo decía el Génesis, sino una colisión del Sol con otro cuerpo celeste de peso semejante. (Buffon llamó cometa al cuerpo provocador del choque, pues en su época no se tenía conocimiento alguno acerca de la índole de los cometas.)

A continuación describía Buffon la marcha en la evolución de la Tierra. Había comenzado de materia fundida, que lentamente se había solidificado, pero antes que la rotación hubiese ensanchado sus regiones ecuatoriales hasta formar la comba que al presente se observa. La corteza sólida de la Tierra se encogió posteriormente y formó las montañas, y el vapor de agua en la atmósfera se condensó y formó los océanos. La fauna marina se formó hace unos 40 000 años y algunos de los primeros organismos quedaron atrapados en el fango, donde se fosilizaron. Parte del agua se filtró, por grietas, al interior de la Tierra y por ese motivo quedó expuesta una posición seca. Aparecieron animales en esa tierra seca, o firme, y por último surgió el hombre. Buffon llegó a imaginar una forma de evolución por degeneración: algunos caballos que degeneraban hasta convertirse en asnos, algunos hombres hasta volverse simios, etcétera.

Aunque Buffon razonaba con cuidado y recurría a la observación y, cuando le era posible, al experimento, no podía hacer frente a la fuerza de la religión ultrajada. Se vio obligado a retractarse.

Sin embargo, en 1789, un año después de la muerte de Buffon, se inició la Revolución Francesa y el poder de las iglesias quedó sumamente debilitado. Pudieron entonces los científicos desechar las antiguas leyendas babilónicas, aun en su forma bíblica, y considerar la historia de la Tierra con base en las pruebas. El horizonte del tiempo comenzó a agrandarse, hacia atrás.

La tarea de agrandar ese horizonte la emprendió el geólogo escocés James Hutton (1726-1797). Sus cuidadosos estudios del terreno de la Tierra lo convencieron, como habían convencido a otros, antes que él, que había una lenta evolución de la estructura superficial. Parecía muy claro que algunas rocas estaban esparcidas como sedimento, y comprimidas; otras estaban fundidas en el interior de la Tierra y eran llevadas a la superficie por la acción volcánica; el viento y el agua desgastaban las rocas expuestas; y otras cosas también parecían muy claras.

La gran aportación de Hutton a todo lo anterior fue su opinión de que las fuerzas que en el presente operan lentamente para cambiar la superficie de la Tierra han operado en la misma forma y en el mismo ritmo durante todo el pasado de la Tierra. Ese es el "principio uniformista". Creía Hutton que la principal causa de todos estos cambios lentos era el calor interno de la Tierra. En suma, el planeta era una gigantesca máquina de calor.

A Hutton le parecía que la historia de la Tierra debía ser extremadamente larga, puesto que, aunque los cambios que ocurrían eran sumamente lentos, había habido tiempo para que ocurriera un inmenso número de ellos. Decía Hutton que "no había vestigios de un comienzo ni perspectivas de un fin".

En 1785 Hutton publicó *Theory of the Earth* (Teoría de la Tierra), obra en la cual expuso sus opiniones. Al hacer tal cosa se convirtió en el "padre de la geología".

Por supuesto, hubo fuerte resistencia a las opiniones de Hutton, pero la influencia eclesiástica en la Gran Bretaña no era lo suficientemente fuerte para obligarlo a retractarse. Además, aun sus opositores estaban obligados a aceptar la teoría de una Tierra muy antigua. Lo que esos opositores tenían que hacer era combinar las pruebas claras de una Tierra muy antigua con la Tierra relativamente joven descrita por la Biblia.

El naturalista suizo Charles Bonnet (1720-1793) trató de explicar el creciente número de fósiles que se descubrían en las rocas, al exponer la hipótesis de que una que otra vez ocurría en la Tierra una catástrofe que ponía fin a todo lo viviente y que dejaba sus huellas en forma de fósiles, después de lo cual todo recomenzaba. Esa teoría fue la del "catastrofismo", opuesta a la del "uniformismo".

El catastrofismo permitía declarar que aunque la Tierra había existido durante muchísimo tiempo, la gente podría suponer que había ocurrido la última catástrofe hace 6 000 años, y que posteriormente Dios había creado la Tierra como ahora existe y como la describe la Biblia.

Las catástrofes permitían a los sabios evitar la suposición de que las formas de vida evolucionan y cambian. Aunque los fósiles y aquellos que se asemejaban a organismos vivientes, aun con importantes diferencias, hacían inevitable pensar en la evolución, era aún posible negar esa evolución si se sostenía firmemente que los fósiles pertenecían a creaciones pasadas, y que no tenían conexión alguna con la vida presente.

Otro géologo escocés, Charles Lyell (1797-1875), prosiguió desarrollando los puntos de vista de Hutton y su uniformismo. Entre 1830 y 1833 publicó *The Principles of Geology* (Los principios de la geología), en tres volúmenes. Ese libro estaba bien escrito y se vendió bien. La cuidadosa presentación y el análisis de las pruebas contribuyeron a establecer el uniformismo,* y la cuestión de si la Tierra tenía más de 6 000 años de existencia dejó de ser controvertida entre los científicos. La respuesta era que indudablemente tenía más de 6 000 años, y aun muchos, muchísimos más.

LA CONSERVACIÓN DE LA ENERGÍA

La incógnita era ésta: ¿Cuánto tiempo más?

Si se acepta el uniformismo, podría medirse el ritmo al que ocurre algún cambio continuo, y, en seguida, calcular cuánto tiempo se necesitaría para producir algún resultado definitivo observado. ¿Cuán aprisa crece el delta del Nilo y, por tanto, cuánto tiempo tardó en formarse? ¿Con qué rapidez se asientan los sedimentos y, por tanto, cuánto tiempo tardó en formarse una capa observada de roca sedimentaria?

O supongamos, para comenzar, que el océano era de agua dulce y gradualmente se saló a causa de los vestigios de sal arrastrada desde la tierra por los muchos ríos. Si se analiza el contenido de sal del agua de río, y se calcula el total de agua de río que llega al océano, sería posible argüir que fue necesario el transcurso de 1 000 000 000 años para que el agua de los océanos se volviera tan salada como lo es ahora.

Este cálculo no sería definitivo, pues no podría tenerse la certeza de que los ríos fluyeron en el pasado exactamente como fluyen ahora, o de que algunos brazos de mar poco profundos no quedaron

*Desde el tiempo de Lyell los geólogos han abandonado el uniformismo extremo. Aunque en la mayor parte de los casos los acontecimientos se desarrollan con lentitud y en forma constante, *ha habido* uno que otro suceso violento. Esos sucesos nunca han podido acabar por completo con la vida, pero uno o dos de ellos parecen haber causado indudablemente mucho daño. Sin embargo, ninguno de esos sucesos ha ocurrido en tiempos históricos. En otras palabras, no hubo Diluvio universal, como lo describe la Biblia, en el tercer milenio a.J.C.

aislados y se evaporaron, dejando salinas en tierra seca, cuyo contenido tendría que ser restado del de los océanos.

De cualquier manera, todos los métodos de cálculo de la edad de la Tierra a base de la medición del ritmo lento de los procesos geológicos y considerando los cuantiosos resultados, dejaron en claro que la Tierra tiene por lo menos algunos centenares de millones de años de existencia.

Por supuesto, lo anterior favoreció a los geólogos, como también favoreció a los biólogos, gracias a las nuevas consideraciones respecto al lento desarrollo de las formas de vida.

El geólogo inglés Willian Smith (1769-1839) había estudiado cuidadosamente los fósiles y demostrado que las diversas capas de roca (estratos) presentaban, por sí mismas, características de fósiles; que podían seguirse esos estratos a través de muchos kilómetros de campo abierto y siempre encontrar los mismos fósiles característicos de cada estrato. Además, mientras más profundos eran los estratos y, por tanto, presumiblemente más antiguos, más se diferenciaban los fósiles allí encontrados de los organismos vivientes. Smith publicó sus observaciones en 1816 y con ello cobró ímpetu el concepto de la evolución biológica, o sea el cambio lento de organismos, de especie a especie, de formas primitivas a formas del presente.

Por supuesto, no era tanto el hecho de la evolución lo que preocupaba a los biólogos, sino el mecanismo. ¿Cuál era la *causa* de que las especies estuviesen sujetas a cambios?

En 1809, el primer intento de dar respuesta a esta pregunta lo realizó el naturalista francés Jean Baptiste de Lamarck (1744-1829). Opinó que los animales cambiaban algo en el transcurso de su vida como resultado de su actividad natural. Así, un antílope que se alimentara de hojas estiraría constantemente el cuello para alcanzarlas, y al hacer tal cosa alargaría ligeramente su cuello. Ese cuello más largo lo transmitiría a su descendencia, la cual continuaría portándose como sus antepasados hasta que al final el antílope se convertiría en jirafa. Sin embargo, esa "herencia de las características adquiridas" no explicaba lo suficiente. No explicaba cómo la jirafa había adquirido su piel manchada, algo no característico de otros antílopes. La piel manchada era útil como camuflaje natural, pero ¿*hacían* las jirafas algo que tendiera a que su piel se tornara más manchada?

Con todo, en 1859 el naturalista inglés Charles Robert Darwin (1809-1882) publicó su obra *Origin of Species* (El origen de las especies), en la cual expuso el concepto de la "evolución por selección natural". En cada generación habría variaciones diversas de individuo a individuo, y aquellos individuos que fuesen más rápidos, o más fuertes, o más astutos, los que tuviesen más resistencia o que poseyeran un pelambre que se mezclara mejor con su medio ambiente, tendrían mayores oportunidades de vivir y de reproducirse. A la larga habría cambios sucesivos que mejorarían la adaptación de una especie a su medio. Suficientes cambios producirían una nueva especie que constituiría un adelanto respecto a la especie antigua, en ciertas formas.

Este concepto tropezó con una resistencia casi violenta de parte de los dirigentes convencionales de los cultos religiosos de ese tiempo (resistencia que persiste en la actualidad), pero fue aceptado por la comunidad científica y por aquellos que razonaban desde base distinta de la tradición, la autoridad y la emoción.

Sin embargo, lo que se necesitaba para que la evolución darwiniana funcionara (lo mismo que cualquiera de las variaciones modificadas y mejoradas de la misma teoría, que se han expuesto desde entonces), era el transcurso de mucho tiempo. La selección natural sin guía, escogiendo entre pequeños cambios fortuitos, los más de los cuales son adversos, demanda mucho tiempo, y es evidente que ese mucho tiempo debe contarse en millones de años.

Por tanto, causó desconcierto que al mismo tiempo que Darwin exponía su teoría, la edad de la Tierra parecía contraerse repentinamente. No se acortó hasta dejarla en 6 000 años, pero sí considerablemente, hasta inquietante total, como resultado de nuevos descubrimientos en el campo de la física.

En el decenio de 1840 se volvía más y más evidente que existían muchas formas de energía y que una forma podía ser transformada en otra, con facilidad. Sin embargo, tomando en cuenta el calor como una forma de energía, esa transformación podría realizarse sin ganancias o pérdida neta.

El físico alemán Hermann Ludwig von Helmholtz (1821-1894) lo expresó, por fin, en palabras, en 1847, de manera clara y convincente y desde entonces quedó establecida la "ley de conservación de la energía". Esa ley declaraba que aunque la energía podía cambiarse de una forma a otra, no podía crearse ni destruirse.

Establecido ese principio, Helmholtz empezó a considerar el Sol.

Siempre se había supuesto que el Sol era eterno, o que existiría hasta que Dios deseara apagarlo. Se le consideraba como recipiente de la luz que iluminaba a la Tierra.

Pero las fuentes de luz que existen aquí en la Tierra continúan iluminando mientras haya algo que pueda quemarse. Cuando el combustible se consume la luz se apaga. Podría argumentarse que la luz celestial está sujeta a otras reglas, pero Helmholtz consideró que la ley de conservación de la energía tenía que ser universal. El Sol derramaba enormes cantidades de energía, la cual tenía que proceder de alguna parte.

Si el Sol fuera una enorme hoguera de carbón, entonces, a juzgar por la intensidad de la energía que emitía, toda la sustancia solar se quemaría en unos 1 500 años. Puesto que el Sol había existido, sin duda, por lo menos desde hacía unos 6 000 años, aun de acuerdo con los más estrictos creyentes en la Biblia, debía existir alguna otra fuente más copiosa de energía que la del carbón ardiente.

Helmholtz consideró varias posibilidades, pero no encontró ninguna satisfactoria. Su conclusión definitiva, que expuso en 1854, fue que el Sol se contraía. Su sustancia se iba hacia adentro, atraída por la fuerza de la gravitación, y de esa manera la energía del movimiento de caída (''energía cinética'') se convertía en radiación. Tan vasto era el Sol que aun un pequeño grado de caída suministraba todo lo necesario para su radiación. En toda la historia de la civilización, la contracción total del Sol había sido demasiado pequeña para que puediese ser medida con los instrumentos disponibles en la época de Helmholtz.

¿Pero qué decir si la Tierra fuese muchísimo más antigua que la civilización? Si nos imagináramos a nosotros mismos remontándonos más y más atrás en el tiempo, el Sol tendría que haber sido más y más grande. No habrían transcurrido muchos millones de años antes que el Sol hubiese alcanzado un tamaño tal que absorbiera a la Tierra, la cual no podría ser más antigua que cuando fuera absorbida, como máximo absoluto.

No parecía probable que ese máximo fuera a ser lo suficientemente extenso para que los geólogos explicaran los cambios observables en la corteza terrestre, o para que los biólogos explicaran los cambios en la evolución.

Lo anterior lo puso de manifiesto la obra del físico escocés William Thomson, conocido posteriormente como Lord Kelvin (1824-1907). Desde 1846 demostró que si la Tierra hubiese tenido su origen como parte del Sol (como Buffon lo había sostenido sesenta años antes) se habría enfriado desde la temperatura de la superficie del Sol hasta la temperatura que ahora tiene su superficie, en un periodo de tal vez unos 100 000 000 de años.

Además, la Tierra tenía una protuberancia ecuatorial producida por su rotación, pero su velocidad presente de rotación no es lo suficientemente alta para producir esa protuberancia. En efecto, la rotación de la Tierra gradualmente aminora a causa de las mareas producidas por la Luna. Debió haber un tiempo, en el remotísimo pasado, cuando la rotación era lo suficientemente rápida para producir la protuberancia, y en aquel entonces la Tierra debió haber estado lo suficientemente caliente para ser líquida. Después que se produjo la protuberancia, la Tierra se enfrió hasta el punto de solidificación, y la protuberancia quedó fija. No se modificó mientras que la rotación de la Tierra continuaba disminuyendo y se volvía demasiado lenta para justificar la magnitud de la protuberancia. Los cálculos de Kelvin demostraron que, también sobre esta base, la Tierra se había solidificado y había hecho posible la vida en ella, hace unos 100 000 000 de años, pero no antes.

Esos cálculos los hizo Kelvin antes que Helmholtz hubiese publicado su teoría acerca de que el Sol conservaba su radiación por medio de la contracción. Después de esa publicación, Kelvin calculó cuánta radiación se produciría si el Sol hubiese comenzado como globo de 300 000 000 kilómetros de diámetro (y, por tanto, hubiese llenado la órbita de la Tierra) y se hubiese contraído hasta su tamaño presente. Al ritmo actual de liberación de energía, el Sol habría tenido que contraerse durante 25 000 000 años. Es obvio que la Tierra no pudo haber existido cuando el Sol era tan grande que su superficie se extendía hasta la Tierra misma.

Así pues, siguiendo esta forma de razonar, parecía claro que la Tierra no podía de ninguna manera tener una antigüedad mayor de 100 000 000 de años y que, muy posiblemente, no tenía una edad mayor de los 25 000 000 de años. Esto último era demasiado poco, por un amplio margen, para los geólogos y biólogos.

RADIACTIVIDAD

Pero en 1896 el físico francés Antoine Henri Becquerel (1852-1908) descubrió, más o menos por accidente, que ciertas sustancias emitían radiación continuamente. A ese fenómeno se le llamó "radiactividad". La constante investigación de esas radiaciones, realizada por muchos físicos, reveló que eran los metales pesados, como el uranio y el torio, los que emitían radiaciones y que tal cosa ocurría porque los átomos* se desintegraban. Al ocurrir tal cosa, continuamente se liberaba calor. En alguna parte del núcleo del átomo había una fuente de energía, cuya existencia se le llamó "energía nuclear".

Esto cambió todo. Indudablemente, la desintegración de un solo átomo radiactivo producía una cantidad infinitesimal de calor, y muy pocos átomos, en cualquier muestra ordinaria de materia, se desintegraban. Ésa era la razón por la que la energía nuclear había pasado inadvertida a través de las largas eras de la historia humana. Con todo, si se consideraran todos los átomos radiactivos que se desintegraban en la Tierra misma cada segundo, se dispondría de suficiente calor para mantener a la Tierra con su presente temperatura durante muchísimo tiempo.

Por tanto, carecían de validez los cálculos que consideraban que la Tierra se enfriaba a un ritmo constante y algo rápido, desde los tiempos en que había sido parte del Sol. Gracias a la radiactividad, la

*Los átomos son las unidades submicroscópicas de las cuales se compone la materia. Tendremos mucho que decir acerca de ellos más adelante, en este libro.

Tierra se enfriaba indudablemente con mucha lentitud, por lo que podrían desecharse los cálculos sobre breves periodos de vida con base en el ritmo de enfriamiento.

Además, podría ser que la energía nuclear, no la contracción, fuese la fuente de la energía y la radiación del Sol. En ese caso, el Sol podría haber estado radiando de igual manera durante miles de millones de años sin ningún cambio notable en su tamaño, razón por la cual también habría que desechar los cálculos concernientes a su continua contracción.

Así pues, en los comienzos del siglo XX, después de cincuenta años de angustiosas dudas, una vez más fue posible pensar que la Tierra era lo suficientemente antigua para dar campo a las observaciones y teorías de los geólogos y los biólogos.

En efecto, el fenómeno de la radiactividad ofreció a los científicos una forma de medir la edad de la Tierra, mejor de lo que antes había sido posible.

El físico Ernest Rutherford (1871-1937), nacido en Nueva Zelanda, demostró en 1904 que determinadas variedades de átomos radiactivos se desintegraban a ritmos fijos. Cualquier átomo por sí mismo podría desintegrarse en un momento imposible de predecir, pero un gran número de átomos de determinada variedad, hallándose juntos, seguían las reglas aplicables a lo que se llama "reacción de primer orden".

En una reacción así, la mitad de los átomos se habrán desintegrado después de cierto intervalo, digamos de *x* años. La mitad del remanente se desintegrará después de *x* años adicionales; la mitad de lo que entonces quede se desintegrará después de otro *x* años; y así sucesivamente. A ese período de *x* años Rutherford lo llamó "vida media". Cada variedad de átomo radiactivo tenía su vida media característica, desde muy breve hasta muy larga.

El primer elemento que se descubrió que era radiactivo, el uranio, existe en dos formas (o "isótopos") en la Naturaleza: el uranio-238 y el uranio-235. El primero tiene una vida media de 4 500 000 años y el segundo tiene una vida media de 700 000 000 años. Puesto que se está volviendo usual dar a cada 1 000 000 000 años la equivalencia de "un eón", podríamos decir que la vida media de uranio-238 es de 4.5 eones, y que la vida media de uranio-235 es de 0.7 eones.

El torio, segundo elemento que se descubrió que era radiactivo, tiene una sola forma, el torio-232, con vida media de 13.9 eones.

Ese mismo año de 1904 el físico norteamericano Bertram Borden Boltwood (1870-1927) produjo lo último que faltaba para probar difinitivamente que los átomos de uranio y de torio, al desintegrarse, se convertían en átomos de otros elementos, los que a su vez se desintegraban a través de una larga cadena de tales sucesos, hasta que terminaban como isótopos estables de plomo. El uranio-

238 terminaba como plomo-206, el uranio-235 terminaba como plomo-207 y el torio-232 terminaba como plomo-208.

Prosiguiendo con sus investigaciones, Boltwood señaló en 1907 que podría ser posible emplear esas desintegraciones para determinar la edad de una roca, o al menos, el tiempo durante el cual esa roca había permanecido sólida e imperturbada. Al medir la cantidad de uranio-238 y plomo-206 en determinada roca, podría calcularse cuánto tiempo había transcurrido antes que se formase esa cantidad de plomo-206 y esa cantidad de uranio-238, sabiéndose ya cuál era la vida media de este último.

En esto hay una dificultad. No todo el plomo es producto del uranio y del torio. Algo de plomo podría haber en la roca desde el comienzo. Después de todo, hay rocas que no contienen ni uranio ni torio, que probablemente nunca lo tuvieron y que, no obstante, contienen plomo.

Afortunadamente, existe un modo de vencer esa dificultad. El plomo en estado virgen, consiste en cuatro isótopos. Tres de esos isótopos pueden formarse de uranio y torio, pero el cuarto, el plomo-204, no puede formarse de esa manera. Cualquier plomo-204 que exista ha existido desde que la Tierra se formó.

En las muestras de plomo que, hasta donde podemos determinar, nunca han tenido relación alguna con el uranio o el torio, invariablemente hay cuarenta y siete átomos de plomo-206 por cada tres átomos de plomo-204. Por tanto, si hay uranio y plomo en una roca, se debe analizar primero en busca de plomo-204. Si esa cantidad se multiplica por 47/3 se obtiene la cantidad de plomo-206 que había, sin referencia al uranio. Cualquier cantidad de plomo-206 que haya *por encima* de esa cifra fue producida por la desintegración del uranio.

Esta clase de cálculos no dan inmediatamente la edad de la Tierra. No todas las rocas contienen cantidades mensurables de uranio. Aquellas rocas que sí las contienen pudieron haberse fundido alguna vez, en el remoto pasado. La acción volcánica siempre funde rocas, y pudieron existir muchos periodos de volcanismo activo en la historia de la Tierra. Casi todas las rocas se han fundido en un tiempo u otro, o se han quebrado por erosión o solución, y en esos dos elementos responden de manera diferente a los cambios geológicos cuando no están helados dentro de la roca sólida.

Así pues, para poder llegar a una conclusión útil, derivada del uranio y el plomo en la roca, ésta debe no haber sido perturbada por la fusión, la erosión o la solución durante larguísimo tiempo. Por tanto, sólo se puede determinar la edad durante la cual la roca ha permanecido imperturbada, tiempo que puede ser considerablemente menor que la edad de la Tierra.

Aun así, fue posible encontrar rocas que, por su contenido de uranio y de plomo, tenían sin duda más de un eón de edad. Hasta ahora, la roca más antigua que se ha medido es una procedente del Oeste de Groenlandia, que resultó tener una edad aproximada de 3.7 eones, o 3 700 000 000 años.

Esto da únicamente la edad mínima de la Tierra, la cual podría ser mucho más antigua. Sin embargo, podría ser que ningún fragmento de roca disponible haya sobrevivido intacta durante más tiempo. ¿Hay alguna forma como podamos extender el horizonte del tiempo más allá de la edad de las rocas imperturbadas?

LA FORMACIÓN DEL SISTEMA SOLAR

De acuerdo con el punto de vista bíblico, no sólo la Tierra sino todo el universo —la Luna, el Sol, los planetas y las estrellas— se formó hace 6 000 años. Ese cálculo podría ser erróneo, pero si todo el universo se formó *al mismo tiempo,* con determinar la verdadera edad de cualquier cuerpo astronómico obtendríamos también la edad de la Tierra.

¿Pero se formó todo el universo al mismo tiempo? No necesariamente. Por ejemplo, Buffon sugirió que la Tierra se había formado del Sol, a causa de una catastrófica colisión del Sol con otro cuerpo. De ser así, el Sol podría haber existido durante incontables eones antes de la formación de la Tierra. En ese caso, no obstante, podría ser que por lo menos los diversos planetas se hubiesen formado simultáneamente.

Empero, en 1796 el astrónomo francés Pierre Simon de Laplace (1749-1827) sugirió que todo el sistema solar, incluido el Sol, había tenido su origen de una vasta nube turbulenta de polvo y gas, llamada "nébula" (derivado de "nube" en latín).

Esa nube se contrajo por la atracción de su propia gravitación, y al contraerse su rotación aumentó de acuerdo con la "ley de conservación del momento angular". Por último, la nube giró tan aprisa y adquirió una prominencia ecuatorial tan grande que un anillo de materia se desprendió por completo de su ecuador y se condensó hasta convertirse en planeta. Esto ocurrió una y otra vez hasta que lo que quedó de la nube fue el Sol.

Esa "hipótesis nebular" tuvo mucha aceptación durante todo el siglo XIX. De ser aceptada resultaría que el planeta más alejado del Sol será el más antiguo, y que los demás son menos antiguos en la medida en que estén más cerca del Sol, el cual quedará como el cuerpo más joven del sistema solar. Aun en este caso, la Luna podría tener la misma edad que la Tierra, puesto que es probable que se haya formado del mismo anillo de materia que haya servido para formar la Tierra.

Pero la hipótesis nebular no conservó su popularidad. Resulta que los planetas tienen el 98% del momento angular (esto es, de todo lo que gira, por decirlo así) en el sistema solar, y el Sol tiene sólo el 2%. Si los planetas se formaron de anillos de materia que se desprendió de la masa principal de la nebulosa al contraerse ¿cómo pudieron esos anillos, relativamente pequeños, cobrar tanto momento angular?

Así las cosas, en 1900 el geólogo norteamericano Thomas Chrowder Chamberlin (1843-1928) revivió los conceptos de Buffon. Sugirió que otra estrella había pasado cerca del Sol en el pasado distante. La fuerza gravitacional de cada uno de esos cuerpos sobre el otro arrancó materia de los dos. La materia extraída, arrancada en una larga hilera, adquirió efecto lateral (como el "English" del billar) por la fuerza gravitatoria de las dos estrellas al pasar una frente a la otra. Esos fragmentos de materia empezaron a girar, y el momento angular se concentró en ellos por la influencia gravitacional.

Según la teoría de Chamberlin, todos los planetas tienen la misma edad.

Durante unos treinta años esa teoría tuvo aceptación, pero una investigación más minuciosa demostró que presentaba dificultades insuperables. La atracción de la gravedad no podía arrancar suficiente materia, ni podía lanzarla hacia afuera, hasta distancias muy grandes, ni podía darles suficiente efecto lateral. Además, el interior del Sol era muchísimo más caliente de lo que se creía en 1900, y cualquier materia arrancada del Sol no se enfriaría hasta convertirse en planetas, sino que simplemente se extendería en el espacio como gas ralo.

Por último, en 1944, el astrónomo alemán Carl Friedrich von Weizsacker (1912-   ) se volvió a la hipótesis nebular. Ya entonces se sabía mucho más que en los tiempos de Laplace. Se entendía más acerca de cómo giraría una nebulosa, y cómo las partes exteriores de la misma producirían remolinos y contracorrientes. Weizsacker demostró que el Sol y todos los planetas –todo el sistema solar– se habían formado más o menos al mismo tiempo. En cuanto al momento angular, ya se podía demostrar que el Sol tenía un campo electromagnético, y que al condensarse el Sol de la materia de la nébula, ese campo electromagnético podía servir para trasladar el momento angular a los planetas.

Ahora los astrónomos creen estar seguros de que todo el sistema solar se formó al mismo tiempo y que la edad de cualquiera de las partes de ese sistema nos dará la edad de la Tierra. Se descubrió que las piedras de la Luna, traídas desde altiplanicies lunares, tienen una edad de entre 4.0 y 4.2 eones, o medio eón más antiguas que la más vieja de las rocas terrestres analizadas.

Empero, las piedras lunares dan sólo la edad mínima.

Al paso que se formaban los planetas, según el presente concepto acerca del origen del sistema solar, el polvo y el gas de la nébula se juntaron y se convirtieron en fragmentos, los cuales a su vez se juntaron hasta transformarse en fragmentos más grandes, en guijarros, peñascos y montañas. Se formaron así los núcleos de cuerpos mayores, que barrieron con los despojos. Hacia el fin de la formación planetaria, los despojos que quedaron fueron lo suficientemente grandes para perforar hoyos en las cortezas de los planetas, mientras éstos recogían los últimos despojos.

Los últimos cuerpos recogidos dejaron cráteres aún visibles, no sólo en la Luna, sino también en Mercurio, Marte y en varios satélites de Marte, Júpiter y Saturno. (La Tierra los tendría también, pero la acción del aire, el agua y de la vida en nuestro planeta los ha erosionado y borrado, con excepción de las leves huellas dejadas por la caída reciente de meteoritos.)

En un tiempo u otro, la caída de grandes cuerpos sobre la Luna perturbó, pulverizó y probablemente fundió durante algún tiempo toda la superficie visible de la Luna. Lo que ahora vemos de la superficie lunar ha permanecido relativamente tranquila y sin cambio sólo desde que cesó el bombardeo de meteoritos. Claramente, ese bombardeo terminó hace poco más de cuatro eones, pero cabe preguntar: ¿cuánto tiempo duró el bombardeo antes de entonces?

Lo que deberíamos hacer sería analizar la estructura de cuerpos más pequeños que la Luna. Mientras más pequeño sea el cuerpo, menos probable será que haya atraído despojos en los primeros tiempos del sistema solar, y más probable será que haya permanecido imperturbado.

No nos es fácil obtener tales cuerpos pequeños para analizarlos, con una sola excepción. Hay meteoros que una que otra vez entran en la atmósfera de la Tierra y caen vertiginosamente. Algunos son suficientemente grandes para sobrevivir al paso a través de la atmósfera y caer al suelo como meteoritos, algunos de los cuales pueden ser hallados y estudiados.

La edad de los meteoritos se ha determinado analizándolos en busca de uranio y plomo, y también siguiendo la lenta desintegración radiactiva de cierto isótopo de renio que se convierte en osmio. Todos los diversos métodos de análisis rinden aproximadamente el mismo resultado, por lo que la edad de los meteoritos se calcula que varía entre 4.4 y 4.6 eones.

Por tanto, se concluye que todo el sistema solar, con inclusión de la Tierra, se formó hace unos 4.6 eones, o lo que es lo mismo, hace 4 600 000 000 años. Durante unos 500 000 000 años posteriores disminuyó gradualmente el bombardeo de despojos sobre los cuerpos celestes grandes. Desde hace poco más de 4 000 000 000 años, los mundos del sistema solar, entre ellos la Tierra, han estado razonablemente quietos. Ahora se cree que la vida sencilla, en forma de células primitivas, tal vez surgió en la Tierra hace unos 3 500 000 000 años, y que a pesar de uno que otro periodo próximo a la catástrofe, la vida no ha desaparecido por completo desde entonces, y nunca ha tenido que volver a comenzar.

Así pues, en dos siglos los científicos ensancharon el horizonte del tiempo desde los 6 000 años bíblicos hasta los 4 600 000 000 años correspondientes a la edad de la Tierra, aumento de 760 000 veces.

15

Todo acerca del tiempo

EL UNIVERSO EN EXPANSIÓN

Pero, hasta aquí, sólo se ha tratado de la edad del sistema solar, que es únicamente un punto en la inmensidad del universo. ¿Se formaron todas las estrellas del universo al mismo tiempo que el Sol? ¿Tiene todo el universo 4.6 eones de edad?

Es concebible que así sea. También concebible que el universo haya existido durante un número indefinido de eones, y que el Sol y su familia de planetas sean sólo recién llegados. Después de todo, en la nebulosa de Orión, por ejemplo, hay condensaciones que aún ahora brotan a una vida brillante como estrellas acabadas de nacer. Y si una estrella nace ahora y otra hace 4.6 eones ¿por qué no una tercera estrella nació hace 46 eones?

Fue bastante difícil determinar la edad de la Tierra. Así pues, ¿cómo será posible determinar la edad del universo? Sin embargo, en cierto modo, la edad del universo es el más sencillo de los dos problemas.

La clave de esa determinación se obtuvo desde 1842, cuando el físico austriaco Christian Johann Doppler (1803-1853) demostró que bajaba el tono del sonido cuando la fuente del mismo se alejaba del observador, y subía el tono cuando la fuente se aproximaba al observador.

Era fácil interpretar lo anterior, tratándose de ondas sonoras. Cuando la fuente se alejaba, las ondas se estiraban más, y las ondas largas tienen un tono más bajo que las cortas. Cuando la fuente se acercaba, las ondas se comprimían. A esto se le llama el "efecto Doppler".

En 1848 el físico francés Armand H.L. Fizeau (1819-1896), demostró que esto mismo se aplicaba a la luz, que también es un fenómeno de ondas. Si una fuente de luz se aleja del observador, la luz que emite se desplaza hacia la onda larga del rojo; si se acerca, la luz se desplaza hacia la onda corta del violeta. Fizeau señaló que se podía seguir ese desplazamiento comparando la posición de las líneas en el espectro de una fuente en movimiento con la posición de las líneas de una luz semejante procedente de una fuente estacionaria.

Puesto que el efecto Doppler tenía validez a cualquier distancia, podría aplicarse a una estrella. En 1868 el astrónomo inglés William Huggins (1824-1910) demostró que había un desplazamiento distinguible, aunque pequeño, hacia el rojo, en las líneas espectrales de la estrella Sirio. De esa manera pudo demostrar la velocidad a la cual Sirio se aleja de nosotros.

Posteriormente se sometieron a la misma prueba muchas otras estrellas y se descubrió que algunas se alejaban y otras se aproximaban a velocidades que variaban desde muy poco hasta 100 kilómetros por segundo, aproximadamente.

Con el tiempo, al mejorar los telescopios y los espectroscopios, se tomaron los espectros de otras galaxias y se estudiaron sus líneas espectrales. El primero en hacer tal cosa fue el astrónomo norteamericano Vesto Melvin Slipher (1875-1969). En 1912 determinó que la galaxia de Andrómeda se acercaba al sistema solar a unos 200 kilómetros por segundo. Prosiguió estudiando los espectros de otras galaxias (esto cuando aún no se comprendía que fuesen galaxias). Descubrió, sorprendido, que todas ellas, con excepción de una, se alejaban de nosotros a velocidades considerablemente mayores que las velocidades de las estrellas.

Esa labor la llevaron adelante los astrónomos norteamericanos Edwin Powell Hubble (1889-1953) y Milton La Salle Humason (1891-1972). Ambos continuaron estudiando los espectros de galaxias y encontraron que, sin ninguna otra excepción, las galaxias se alejaban. Además, mientras más débiles eran más aprisa huían.

Hubble hizo cuanto pudo por calcular las distancias a esas galaxias, y en 1929 se sintió suficientemente confiado en sus resultados para anunciar lo que se llamó la "ley de Hubble", que afirma que el grado de recesión es proporcional a la distancia de la galaxia respecto a nosotros. En otras palabras, si la galaxia A se hallaba cinco veces más retirada de nosotros de lo que se hallaba la galaxia B, entonces la galaxia A se apartaba de nosotros cinco veces más aprisa que la galaxia B. Además, al penetrar más adentro del espacio, se registraban velocidades de recesión de miles y hasta decenas de miles de kilómetros por segundo.

Parecía peculiar que hubiese algo concerniente a nuestra propia galaxia que empujara a todas las demás galaxias hacia afuera, y que empujara a las más distantes más eficazmente que a las más cercanas. Esto, realmente, no tenía sentido. Cualquier cosa que estuviese ocurriendo nada tenía que ver con nosotros.

La conclusión a que se llegó inmediatamente fue que el universo se hallaba en expansión, es decir, que toda las galaxias se alejaban las unas de las otras. (En realidad, las galaxias están dispuestas en racimos que se mantienen unidos por la atracción gravitatoria y son los racimos los que se alejan los unos de los otros. La razón por la que hay dos galaxias cercanas que se acercan a nosotros es que forman parte de nuestro propio grupo local de galaxias).

Por tanto, si estuviésemos en un planeta de *cualquier* galaxia, todos los racimos galácticos fuera del nuestro parecerían alejarse, y mientras más alejados estuviesen, más aprisa se retirarían. Así pues, no hay nada especial acerca de *nosotros*.

Lo que hizo que el concepto del universo en expansión pareciese más atractivo fue la teoría general de la relatividad, de Einstein, presentada en 1916, la cual predecía que ocurriría tal expansión.

Inmediatamente, un universo en expansión ofrecía una manera de determinar la edad del mismo universo.

Supongamos que nos volviésemos hacia atrás en el tiempo y consideráramos lo que había ocurrido en el universo. Eso se asemejaría a proyectar una película cinematográfica hacia atrás. Si el universo se expande y crece al paso que avanzamos en el tiempo, entonces se contraería y se volvería más pequeño al paso que retrocediéramos en el tiempo.

En lo tocante a la expansión, podemos imaginar que podría continuar indefinidamente puesto que, hasta donde sabemos, no hay ninguna barrera que detenga la expansión, por muy grande que sea. En lo tocante a la contracción, el caso es distinto. Si el Universo se contrae los suficiente, se encogerá hasta llegar al volumen cero, y no podrá contraerse más. Ese tendrá que ser el tiempo cero, el momento en que comenzó el universo.

Lo anterior lo consideró el astrónomo belga George Lemaître (1894-1966), aun antes que Hubble anunciara su ley. En 1927 Lemaître sugirió que en el pasado remoto el universo tenía toda su masa, es decir, todas sus galaxias, comprimidas en un volumen pequeño. Llamaba Lemaître a ese pequeño volumen el "huevo cósmico". Había estallado en un enorme cataclismo que creó el universo como lo conocemos. Las galaxias lanzadas más hacia afuera todavía indican la fuerza de la explosión inicial. El físico ruso-norteamericano George Gamow (1904-1968), que estuvo de acuerdo con esa teoría, llamó a la explosión del huevo cósmico "el gran estallido" y esa designación se difundió.

Sin embargo, en el decenio de 1940 no todos aceptaron ese concepto. Gamow hizo notar que al principio el universo debió haber sido minúsculo e inimaginablemente caliente. La radiación que emitía debía ser de onda ultracorta y enérgica. Sin embargo, al ensancharse y enfriarse el universo, la radiación debe haberse vuelto constantemente más y más de onda larga. Ahora, el universo debe ser tan grande y tan frío que la radiación debe ser de longitud de microondas. En consecuencia, los astrónomos deberían descubrir un leve fondo de radiación de microonda en todas las direcciones, por igual.

En la década de 1940, cuando Gamow anunció lo anterior, los astrónomos no contaban con instrumentos capaces de hacer esa observación, pero las técnicas de la radioastronomía avanzaron rápidamente. En 1965, dos físicos norteamericanos, Arno A. Penzias (1933-) y Robert W. Wilson (1935-), detectaron la radiación de fondo de microondas y notaron que esa radiación procedía de todas las direcciones. Desde entonces, el concepto del gran estallido ha sido aceptado, en general, por los astrónomos.

Queda en pie la incógnita: ¿Cuándo ocurrió el gran estallido? Si lo consideramos como el origen del universo, resolver esa incógnita nos dará la edad del universo.

Supongamos que la velocidad de alejamiento de una galaxia aumenta a razón de 1 kilómetro por segundo por cada 6 500 años luz adicionales que esté distante. Eso significa que una galaxia que se encuentre a 6 500 000 años-luz alejada de nosotros debe estar alejándose a razón de 1 000 kilómetros por segundo. ¿Hace cuánto tiempo, si nos retraemos en el tiempo, se hallaba esa galaxia encima de nosotros?

Si esa galaxia hubiese viajado desde un punto cercano a nosotros hasta un punto distante 6 500 000 años-luz, a razón de 1 000 kilómetros por segundo, habría necesitado 2 000 000 000 años para cubrir esa distancia.

Además, una galaxia dos veces más alejada de nosotros se retiraría dos veces más aprisa, y necesitaría 2 000 000 000 años para cubrir la distancia doble, a su velocidad doble. Un objeto diez veces más alejado se retiraría diez veces más aprisa y también necesitaría 2 000 000 000 años para cubrir esa distancia.

En otras palabras, si todas las galaxias se alejan de nosotros a una velocidad que aumenta en 1 kilómetro por segundo por cada 6 500 años-luz adicionales, entonces *todas* las galaxias, si vemos hacia atrás en el tiempo, se encogieron hasta convertirse en el huevo cosmico, hace 2 000 000 000 años. Entonces el gran estallido ocurrió hace dos eones y el Universo tiene una edad de dos eones.

Los primeros cálculos de Hubble dieron realmente ese resultado, y una vez más los geólogos se enfrentaron a una imposibilidad.

Cincuenta años antes no habían podido aceptar la cifra de Kelvin, de 25 000 000 años como la edad de la Tierra, porque sabían que la Tierra era considerablemente *más* vieja y, al mismo tiempo, no podía ser más vieja que el Universo.

Uno de los mejores métodos que Hubble encontró para determinar la distancia de las galaxias más cercanas fue valiéndose de ciertas estrellas variables llamadas "cefeidas".

En 1912 la astrónoma norteamericana Henrietta Swan Leavitt (1868-1921) había demostrado que mientras más largo fuera el periodo de variación de una estrella, más luminosa era la misma, de acuerdo con cierta fórmula. Si Hubble notaba que podía distinguirse una cefeida en determinada galaxia, entonces sabía por su periodo lo luminosa que era realmente. Partiendo de esa luminosidad podía calcular la brillantez que tendría a cualquier distancia Así, por la brillantez que mostraba la estrella podía calcular su distancia.

En 1942 el astrónomo germano-norteamericano Walter Baade (1893-1960) aprovechó el oscurecimiento de las poblaciones con motivo de la guerra para estudiar detalladamente la galaxia de Andrómeda. Descubrió que en ella había diferentes variedades de cefeidas. La fórmula de Leavitt se aplicaba a una variedad, pero no a las otras, y esas otras eran las que Hubble había empleado para determinar las distancias.

Se calcularon nuevas fórmulas aplicables a las otras variedades de cefeidas, y de ello resultó que las galaxias estaban unas diez veces más lejanas de lo que Hubble había creído. Sin embargo, sus velocidades de alejamiento eran las mismas que antes se habían calculado. Esa velocidad fue medida directamente por el espectroscopio y no dependía de las cefeidas en ninguna de sus variedades.

Resultó que a la misma velocidad de alejamiento se necesitaría diez veces más tiempo para cubrir diez veces la distancia hasta las galaxias en cada racimo galáctico. El universo necesitaría no 2 000 000 000 años para contraerse hasta convertirse en un punto, sino 20 000 000 000 años. Eso significaría que el gran estallido ocurrió, no hace dos eones, sino hace veinte eones.

Sin embargo, eso sería así únicamente si la velocidad del alejamiento permaneciese siendo la misma, independientemente de lo que se retrocediera en el tiempo. Pero no es probable que haya sido así

Después que ocurrió el gran estallido, los diversos fragmentos del huevo cósmico reventaron hacia afuera contra el empuje de la gravitación de todas sus partes. Al lanzarse la materia hacia afuera, la velocidad de alejamiento tuvo que disminuir, gracias a la atracción continua del campo gravitatorio general del universo. Actualmente, el universo debe estar ensanchándose a una velocidad menor que nunca antes.

Puesto que el universo se expande con más y más lentitud, si retrocediéramos en el tiempo veríamos el universo contraerse más y más aprisa, como debería ser, ya que mientras más pequeño se volviera más potente sería su atracción gravitatoria. Esto significa que, puesto que se acelera, se unió en menos de veinte eones.

Así pues, haciendo un cálculo razonable, que tome en cuenta el efecto de la gravedad, el gran estallido ocurrió hace quince eones, por lo que el universo tiene la edad de 15 000 000 000 años.*

Se desprende de lo anterior que el universo tenía un poco más de diez eones de edad cuando se formó el sistema solar; y que el universo vivió dos terceras partes de su presente existencia sin la Tierra.

Si la Tierra es 760 000 veces más antigua de lo que supuso James Ussher con fundamento en la Biblia, el Universo, en cojunto, es 2 500 000 veces más viejo.

LA MUERTE DEL SOL

Parecería que no podemos remontarnos más atrás en el tiempo, pues nada puede hallarse más allá del comienzo de todo cuanto podemos observar. ¿Pero qué podrá decirse acerca de aventurarse en la dirección contraria? ¿Qué podrá decirse acerca del horizonte del tiempo futuro?

Parecería que por ese lado todo está permanentemente oscuro. Podemos recordar el pasado, estudiar los anales conservados por los seres humanos que vivieron antes de nosotros, deducir el pasado con base en lo que podemos ver y observar en el presente, pero ¿qué podemos hacer en lo concerniente al futuro?

En realidad, aunque no poseemos una bola de cristal y no podemos predecir con toda certeza cuál será el ganador en la carrera de caballos del mañana, o señalar con exactitud quién entre nosotros será atropellado por un automóvil, o quién conocerá a un miembro atractivo del sexo opuesto en determinada fecha, sí podemos hacer ciertas predicciones generales.

Por ejemplo, con fundamento en todas las estadísticas disponibles acerca de nacimientos, defunciones y duración de la vida, podemos predecir que de cada 100 000 seres humanos de sesenta años, determinado número morirá al cabo de un año y determinado número continuará con vida al cabo de cinco años. Es muy probable que las predicciones que hagamos a este respecto sean bastante acertadas. No podemos decir con exactitud quiénes morirán y quiénes sobrevivirán, pero no por ello deja de ser útil la predicción estadística.

*Acerca de esto hay opiniones que discrepan y recientemente algunos astrónomos han presentado pruebas que favorecen la edad de nueve eones, no obstante lo cual, algunos otros astrónomos sostienen que la edad del universo es mayor de los quince eones. Hasta que se resuelva esta controversia sería prudente aceptar el cálculo de los quince eones.

¿Podemos examinar la Tierra y hacer cálculos acerca de cuándo morirá o, por lo menos, cuándo dejará de ser un mundo habitable? Indudablemente, hay posibilidades de cataclismos que alterarían la progresión ordenada de los sucesos y dificultarían más la predicción, pero, en cierto modo, se puede tomar en cuenta hasta los cataclismos.

Por ejemplo, hay muchos objetos del tamaño de una montaña que giran a gran velocidad en torno del Sol en órbitas que los llevan a unos cuantos millones de kilómetros de la órbita de la Tierra, y de vez en cuando esos objetos y la Tierra se encuentran en puntos de sus respectivas órbitas que los colocan moderadamente cerca unos de la otra. A esos objetos se les llama "rozadores de la Tierra" y en 1937 uno de ellos, de diámetro aproximado de un kilómetro, pasó a menos de 400 000 kilómetros de la Tierra.

Si sus órbitas fuesen permanentes, los rozadores de la Tierra nunca nos tocarían, pero esos objetos están constantemente afectados un poco por la atracción gravitatoria de la Tierra, así como por la atracción de otros planetas a los que se acercan, por lo que sus órbitas se modifican continuamente. Podría ser que alguna vez la órbita de algún rozador de la Tierra se interceptara con la órbita de la Tierra, y entonces ese objeto y la Tierra llegarían al mismo tiempo al punto de cruce. Los astrónomos pueden calcular que un incidente así puede ocurrir, en promedio, a intervalos de determinado número de millones de años.

Al parecer, un choque de esa índole ocurrió hace aproximadamente 65 000 000 años y, según se conjeturó en 1980, levantó tal nube de polvo que oscureció el Sol en gran parte durante tres años. Como resultado de ello murió la vegetación y casi todos los animales. Todos los dinosaurios y varias otras especies de animales desaparecieron completamente y la Tierra quedó casi esterilizada. (Eso fue lo que más se acerca a la clase de "catástrofes" sugeridas por Bonnet hace dos siglos.)Algunas formas de vida sobrevivieron a esa catástrofe, que fueron las ancestrales de todas las formas vivientes de ahora, con inclusión de nosotros mismos, pero lo ocurrido casi puso fin a la vida, y podría repetirse.

Sin embargo, esos cataclismos son imprevisibles. Algo extremadamente espantoso podría ocurrir dentro de un año, o dentro de un millón de años, o quizá nunca. ¿Hay sucesos *inevitables* que señalarían el fin de la Tierra, de la misma manera que los sucesos de hace 4.6 eones señalaron su comienzo?

Si solamente afectan a la Tierra, probablemente no los hay. Si pudiéramos imaginar que los contornos de la Tierra se conservarán exactamente como están ahora, lo suficientemente benignos para permitir la vida en todo el planeta, entonces la Tierra posiblemente durará indefinidamente, tal como está ahora.

¿Pero continuarán siendo benignos los contornos de la Tierra? Hasta ahora, la influencia más importante sobre la Tierra es el Sol. La radiación solar calienta a la Tierra y suministra la energía para los movimientos del aire y del agua, la energía que la vida vegetal convierte en tejido que suministra alimento al mundo animal, etcétera. Fue la colisión con un asteroide, ocurrida hace 65 000 000 años, que impidió el paso de gran parte de la luz solar durante tres años, por lo que la Tierra quedó casi esterilizada.

¿Podemos esperar que el Sol dure eternamente?

¡Indudablemente que no!

La Tierra misma está en estado de equilibrio. Hay en ella desplazamientos de la corteza, volcanes, terremotos, surgimiento de montañas, erosión, corrientes en su núcleo fundido y campos magnéticos en el espacio exterior cercano, y todos esos fenómenos *no* son progresivos. Esos cambios no operan en una sola dirección sino que fluctúan en torno de algún promedio.

El Sol es fundamentalmente diferente. Pierde energía a una tasa enorme, energía que derrama en el espacio sin que pueda recuperarla, momento tras momento, año tras año, eón tras eón. Como Helmholtz fue el primero en comprenderlo, la energía tiene que llegar de alguna parte, y de dondequiera que llega tendrá que consumirse alguna vez.

Si el Sol quemara carbón y comenzara a quemarlo ahora, se convertiría en cenizas muertas en 1 500 años, si liberara energía constantemente como en el presente.

Si ganara energía al contraerse, con su nivel presente de liberación de energía tardaría sólo 9 250 000 años en contraerse desde su tamaño presente hasta quedar en nada.

En cualquier caso, si el Sol hubiese empezado a radiar energía desde el momento de su formación, hace 4.6 eones, estaría muerto y desaparecido desde hace casi el mismo tiempo.

Por supuesto, es la energía nuclear la que mantiene al Sol vivo, y esa energía puede durar muchísimo más que cualquier otra fuente de energía, pero aun así, "muchísimo más" no significa eternamente. ¿Cuánto tiempo podrá durar la energía nuclear del Sol?

Eso depende exactamente de la clase de energía nuclear que haya en el Sol. Los detalles fundamentales fueron calculados por el físico germano-norteamericano Hans Albrecht Bethe (1906-   ), en 1938.

En el núcleo solar la temperatura es lo suficientemente alta —unos 15 000 000° C, como lo calculó por primera vez Eddington en los comienzos de la década de 1920— para que los átomos choquen los unos contra los otros con fuerza tremenda. La mayor parte del Sol es hidrógeno y los átomos ligeramente más grandes de helio. A ese proceso se le llama "fusión de hidrógeno".

El helio formado en el proceso de la fusión de hidrógeno tiene una masa 0.71 por ciento menor que la del hidrógeno del cual se formó. Esa pérdida de masa se convierte en energía.* Los físicos saben cuánta energía está representada por esa pérdida de masa y calculan que 588 000 000 000 kilogramos de hidrógeno deben convertirse en helio *cada segundo* para que el Sol continúe radiando energía a la misma medida que ahora.

Esto parece desastroso, como si el suministro de hidrógeno del Sol no pudiera durar mucho. Sin embargo, 588 000 000 000 kilogramos de hidrógeno representan únicamente 3×10^{-18} (es decir, tres trillonésimas) de la masa del Sol.

Si el Sol hubiese comenzado como una bola de hidrógeno puro, y si hubiese estado convirtiendo hidrógeno en helio en la proporción presente durante los 4.6 eones de su vida hasta ahora, únicamente se habría consumido la vigésima parte de su suministro y el Sol continuaría convirtiendo hidrógeno en helio en la misma cantidad que ahora alrededor de otros 87 eones.

Sin embargo, esto no es absolutamente así. El Sol *no* comenzó como bola de hidrógeno puro porque, desde luego, cuando ocurrió el gran estallido se formó un universo que contenía, para empezar, una cantidad considerable de helio. Al llegar el tiempo en que el Sol se formó, diez eones después del gran estallido, había aún menos hidrógeno y todavía más helio.

Por tanto, cuando el Sol se formó parece que tenía 80% de hidrógeno y 20% de helio, y que actualmente tiene 75% de hidrógeno y 25% de helio. Si el hidrógeno que ahora queda continuara consumiéndose a la medida presente hasta que se agotara, el Sol continuaría brillando con la misma intensidad que ahora, posiblemente otros 68 eones.

Desgraciadamente, ése también es un cálculo exagerado, puesto que lo que cuenta es lo que ocurre en el núcleo del Sol, donde la temperatura es lo suficientemente caliente para la fusión, y no lo que ocurre en el Sol en conjunto. Al continuar la fusión, el núcleo del Sol se enriquece en helio muchísimo más que el Sol en general. El núcleo se vuelve más y más denso, se contrae y se calienta más y más. A la postre, aunque el resto del Sol permanezca como ahora está, el núcleo se volverá lo suficientemente caliente para obligar al helio a fundirse en formas de materia aún más masiva, y el calor que así se forme obligará al Sol a ensancharse enormemente.

La expansión enfriará la superficie del Sol hasta dejarla simplemente al rojo, pero la radiación total liberada por la superficie mucho

*La masa es una forma de energía, por lo que la conversión no viola la ley de la conservación de la energía, algo que Einstein hizo notar en su teoria especial de la relatividad, en 1905.

más grande (ya que el Sol se ensanchará hasta alcanzar un volumen un millón de veces mayor que el actual) será enorme y, naturalmente, destruirá la Tierra. En ese estado de expansión el Sol será un "gigante rojo".

Este cambio no es sencillamente teórico. Hay en el firmamento muchos gigantes rojos: enormes estrellas distribuidas escasamente sobre un vasto volumen, que fulguran al rojo. Betelgeuse, Antares y Mira son los tres ejemplos mejor conocidos.

Después que el Sol, o cualquier otra estrella, se ensanche hasta convertirse en gigante rojo, pasará por otra fase, todas las cuales son relativamente breves, en comparación con el largo tiempo que haya permanecido en la "secuencia principal", es decir, el tiempo durante el cual la fusión del hidrógeno es la fuente principal de energía, como es el caso del Sol actualmente.

En vista de lo anterior, lo que debemos preguntarnos en esto: ¿Durante cuánto tiempo permanece una estrella, y principalmente el Sol, en la secuencia principal? Sólo durante ese periodo podrá permanecer la Tierra como mundo habitable.

Resulta que el tiempo que una estrella permanece en la secuencia principal depende de su masa. Mientras más grande sea la masa de una estrella más grande será la masa de su hidrógeno. Sin embargo, mientras más grande sea la masa de una estrella más grande será la cantidad de hidrógeno que deberá fundirse para calentar a la estrella hasta el grado en que permanezca dilatad y no se desintegre a causa de su propia atracción gravitatoria.

La cantidad de hidrógeno que debe fundirse aumenta a un ritmo mucho más rápido, a medida que aumenta la masa de la estrella, que el ritmo que aumenta el suministro de hidrógeno. Esto significa que mientras mayor sea la masa de una estrella más aprisa su consumo de hidrógeno llega al punto en que comienza la etapa de gigante roja. En otros términos, mientras más masa tiene una estrella, menos dura su secuencia principal.

Las estrellas de mayor masa que se conocen permanecerán en la secuencia principal únicamente 1 000 000 años, o menos. Sirio, la estrella más brillante de nuestro firmamento, moderadamente grande, ya que tiene 2.5 veces la masa de Sol, paga por esa masa al permanecer en la secuencia principal únicamente un total de 500 000 000 años, o sea medio eón.

Si el Sol tuviese la masa de Sirio habría entrado en la fase de gigante rojo desde hace más de 4.1 eones y la vida en la Tierra escasamente habría tenido tiempo para producir las más primitivas formas celulares antes que la Tierra se volviese inhabitable. (Naturalmente, la Tierra habría tenido que estar a más distancia de ese sol con más masa que a la distancia que está de nuestro Sol, pues de otra suerte el planeta nunca podría haber sido habitable.)

Se calcula que el Sol, considerando la masa que tiene, permanecerá en la secuencia principal un total de unos doce eones, a lo sumo. Puesto que ya ha existido 4.6 eones, quedan 7.4. Lentamente se volverá más caliente durante ese periodo, y su último eón, aproximadamente, quizá sea demasiado caliente para que pueda haber vida en la Tierra.

Así pues, podemos considerar que el Sol es una estrella de edad mediana, y que el tiempo que le queda como objeto alentador de la vida es sólo un poco más que el tiempo de su vida que ya ha transcurrido. Aun en el caso de que la humanidad (y sus sucesores que surjan por la evolución) logren conservar la Tierra a través de todas sus crisis, la Tierra, como mundo habitable, llegará a su fin dentro de unos 6 000 000 000 años.

LA MUERTE DEL UNIVERSO

Pero el Sol es sólo una estrella entre, tal vez, 300 000 000 000 estrellas en nuestra propia galaxia, además de enormes números existentes en otras 100 000 000 000 galaxias. Podrá ser que la Tierra, mucho antes que llegue a su fin como planeta habitable, sea abandonada por sus habitantes, que tal vez se dispersen en planetas que giren en torno de algunas otras estrellas. O de no ocurrir tal cosa, quizá haya otras formas de vida inteligente, ya existentes o que surjan en el futuro, y que puedan seguir floreciendo después que nosotros lleguemos a nuestro fin.

En realidad, no necesitamos concentrarnos tanto en la inteligencia para que nos preocupe si existe o no existe vida inteligente (o vida de cualquier otra clase). Las estrellas mismas seguirán brillando y posiblemente eso, en sí mismo, baste para señalar al universo en general aún con vida. ¿Durante cuánto tiempo más brillarán las estrellas, en general, después que nuestro propio Sol haya consumido su evanescente vida y no exista más?

Indudablemente, para cuando nuestro Sol haya pasado por la secuencia principal, todas las estrellas que ahora existen y que tienen más masa que el Sol habrán pasado desde antes de la secuencia principal, pero sólo aproximadamente el 4% de las estrellas de nuestra galaxia tiene más masa que el Sol. Otro 9% tienen más o menos la masa del Sol y saldrán de la secuencia principal un poco antes o un poco después, dependiendo esto de cuándo se hayan encendido.

Eso deja alrededor de 87% de las estrellas de nuestra galaxia (y, presuntamente, de todas las galaxias) que tienen menos masa que nuestro Sol y que permanecerán en la secuencia princial durante un tiempo considerablemente mayor de doce eones. Casi todas ellas tienen periodos de vida de secuencia principal notablemente más largos que el tiempo que ha pasado desde el gran estallido, y posiblemente hayan nacido como estrellas en los primeros días del universo y se hallen todavía en su juventud comparativa.

Las estrellas con menor masa que existen, tan pequeñas que producen sólo suficiente presión y temperatura en sus núcleos para encender los fuegos nucleares, y que brillan únicamente con una mortecina luz roja (son las "enanas rojas" más pequeñas), consumen su hidrógeno tan despacio que no obstante su suministro comparativamente pequeño de material fusible permanecen en la secuencia principal hasta unos 200 eones.

Pero esto toma en consideración únicamente las estrellas que existen ahora. Indudablemente, se están formando nuevas estrellas sin cesar. El Sol mismo se formó hace menos de cinco eones, cuando el universo tenía ya diez eones, y hay estrellas que se están formando ante nuestra vista. ¿No continuarán formándose estrellas durante periodos indefinidos en el futuro, de suerte que aun después de 200 eones, cuando la última estrella que ahora existe deje la secuencia principal, las galaxias sigan encendidas por otras estrellas, ninguna de las cuales existe ahora?

Es verdad que se han formado multitud de estrellas durante toda la existencia del universo, que se están formando ahora y que continuarán formándose en el futuro. Sin embargo, las posibilidades de que eso siga ocurriendo disminuyen continuamente.

La fuente principal de formación de nuevas estrellas se encuentra en las vastas nubes de polvo y gas que existen aquí y allá en el universo. Empero, ese suministro, por vasto que sea, tiene su límite. Hay "galaxias elípticas" casi sin polvo y gas. Aun en las "galaxias espirales" (como la nuestra), en las que abunda el polvo y el gas, esa abundancia se limita a los brazos de la espiral. Ni el núcleo ni los racimos globulares que, en conjunto, forman las nueve décimas partes de la masa de tales galaxias, contienen mucho polvo y gas.

El número de estrellas que pueda formarse en el futuro de esa materia prima es, por tanto, equivalente a sólo un pequeño porcentaje del número de estrellas que se ha formado en el pasado.

Con todo, eso representaría aún tal vez 10 000 000 000 estrellas únicamente en nuestra propia galaxia, pero aunque esto parezca un gran número, es poco en comparación con el de las estrellas que ahora existen. Después de 200 eones, cuando todas las estrellas que ahora existen hayan pasado de la secuencia principal, la brillantez de la galaxia (que depende casi exclusivamente de las estrellas que están en la secuencia principal), será sólo de 1/30 de brillantez de ahora, y después del transcurso de 400 eones será sólo de 1/1000 de la brillantes de ahora.

Hay formas por las cuales las estrellas pueden volver a ser, al menos en parte, gas y polvo.

Después que una estrella se convierte en gigante rojo, las reacciones de la fusión continúan en su núcleo, al paso que más y más elementos complejos se forman y el suministro básico de hidrógeno continúa disminuyendo. Tarde o temprano, el núcleo se vuelve pesado por el hierro. Una vez que el hierro se forme en el núcleo, no hay posibilidad de ninguna otra reacción nuclear que libere allí energía. El hierro es, por así decirlo, la ceniza definitiva de la actividad estelar.

Esto significa que no se produce suficiente energía en el hasta entonces núcleo en fusión activa para que la estrella se conserve dilatada, en oposición a su propia fuerza gravitatoria, por lo que se contrae rápidamente. De hecho, se deshace.

Al deshacerse la estrella, su energía cinética se convierte en calor, como lo señaló Helmholtz, y su temperatura aumenta rápidamente hasta enormes alturas. Casi todo el combustible de hidrógeno, que aun en esta etapa abunda fuera del núcleo, entra en proceso de fusión. Empero, la explosión de brillantez pronto se apaga y la estrella deshecha se enfría mansamente, pues no cuenta con ninguna otra fuente de calor.

Mientras más masa tiene la estrella, más catastrófica es su desintegración, mayor es su brillantez momentánea y menor su estado definitivo.

Las estrellas con la masa del Sol, o menos, se apagarán con relativa tranquilidad y perderán con ello poca masa. Formarán las llamadas "enanas blancas", que serán del tamaño de un planeta pequeño, aunque retendrán toda la masa de la estrella, puesto que los átomos se desintegrarán y sus fragmentos se comprimirán mucho más que si los átomos permanecieran intactos.

La enana blanca es "blanca" porque brilla al blanco en la superficie inmediatamente después de la desintegración, e irradia muchísimo más calor por metro cuadrado que lo que irradiaría una estrella ordinaria. Sin embargo, la cantidad de radiación disminuye, al principio con rapidez y después más y más lentamente. Transcurrirán varios eones antes que una enana blanca deje de emitir luz visible y se enfríe lo suficiente para oscurecerse, pero tal cosa ocurrirá, con el tiempo.

Pero por muy caliente y radiante que sea una enana blanca por cada unidad de su extensión superficial, esa estrella es tan pequeña que el total de la luz que emite es mucho menos que la de una estrella ordinaria. Después que el Sol se convierta en enana blanca, como ocurrirá cuando pase de su etapa de gigante roja, su brillantez total será sólo de 1/10 000 de la actual. Eso será cerca de los comienzos de la vida de la enana blanca, y la brillantez se reducirá más a medida que el Sol envejezca.

Las estrellas que tienen evidentemente más masa que el Sol se desintegran en forma tan catastrófica que estallan y arrojan parte de su masa al espacio interestelar. La cantidad así perdida puede variar desde un 2% en el caso de estrellas no mucho más grandes que el Sol, hasta un 95% en el caso de verdaderas gigantes que tienen cincuenta veces más masa que el Sol. Tales explosiones dan por resultado las "supernovas", las cuales constantemente aparecen aquí y allá en el universo, algunas con un brillo temporal tan grande como el de toda una galaxia de estrellas ordinarias.

Las supernovas, después de la explosión, se desintegran en objetos muchísimo más condensados que las enanas blancas y también muchísimo menos luminosos. Se condensan hasta convertirse en estrellas de neutrones o en hoyos negros, los cuales puede considerarse que en nada contribuyen a la brillantez de una galaxia.

Las supernovas contribuyen al suministro de polvo y gas del universo, y son importantes en la formación de estrellas por tres motivos:

1. Aumentan, por supuesto, la materia prima.
2. La onda de choque de su explosión puede iniciar una onda de compresión en una nube de polvo y gas que tal vez exista cerca de la supernova. Eso pone en movimiento la formación de una estrella, o aun la formación de todo un racimo de estrellas.
3. En el polvo y el gas de la supernova abundan los átomos de mucha masa que se formaron en el núcleo de la estrella, y esos átomos son importantísimos en la formación, a la larga, de la vida.

Ningún átomo, con excepción del de hidrógeno o de helio, que son los más sencillos, se formó cuando ocurrió el gran estallido, sino que se formó en el interior de alguna estrella y se esparció en el espacio como resultado de una explosión estelar. Aproximadamente el 1.5% de la masa del Sol consiste en átomos que no son de hidrógeno o de helio, y esos átomos procedieron de la explosión de estrellas que existieron y estallaron antes que se formaran el Sol y su familia planetaria. Toda la Tierra, salvo una pequeña cantidad de hidrógeno y un vestigio de helio, se formó de materia que alguna vez fue el núcleo de estrellas, y esto también es cierto de todos los átomos en los tejidos con vida (sin exceptuar los nuestros) que no son hidrógeno, lo cual significa el 90% de la masa total.

No obstante lo anterior, las supernovas no garantizan de ningún modo la continuación indefinida de un universo refulgente.

Primero, el número de estrellas que tienen suficiente masa para estallar y aumentar el polvo y el gas del universo es comparativamente pequeño. Menos del 1% de esas estrellas tienen la suficiente masa para producir una exploxión verdaderamente espectacular (aunque ese 1% significa 3 000 000 000 estrellas únicamente en nuestra propia galaxia, y miles de millones de estrellas existieron en el pasado y muchas más existirán en el futuro).

Segundo, el polvo y gas que esparcen en el espacio al estallar contiene comparativamente poco hidrógeno y abunda en los núcleos de mayor masa.

Los elementos de mayor masa pueden ser indispensables en la formación de planetas semejantes a la Tierra, así como en la formación de la vida, pero *no* son importantes como combustible de fusión. El único combustible de fusión importante es el hidrógeno, el cual constantemente se gasta y *no* se repone, ni siquiera en las explosiones de las supernovas.

En efecto, las nubes de polvo y gas que se condensan y forman estrellas al paso que el universo envejece, constantemente y se vuelven menos ricas en hidrógeno y más ricas en otros elementos, por lo que las estrellas que se forman tienen en potencia menos tiempo de duración en la secuencia principal.

A pesar de la formación de nuevas estrellas y de la explosión de estrellas viejas, nuestra galaxia, así como todas las demás galaxias, gradualmente se apagan y después de, digamos, unos 400 eones, desde el punto de vista de su brillantez, habrán muerto prácticamente. Las galaxias consistirán entonces en enanas blancas en proceso de enfriamiento, en estrellas de neutrones, en hoyos negros crecientes y, por supuesto, en un número indefinido de pequeños cuerpos planetarios carentes de luz.

De las estrellas de secuencia principal, que brillen mucho, como nuestro Sol, quedarán dispersas unas cuantas. Si imagináramos a alguien que contemplara el universo como es ahora, con todo su extenso campo de centenares de miles de millones de galaxias, con su total de decenas de miles de trillones de estrellas, y a continuación ese mismo observador contemplara el universo como será dentro de 400 eones, con sólo unas cuantas luminarias aisladas, podríamos excusarlo si pensara que el universo había muerto.

La situación sería aún peor si el universo, que ahora está en expansión, continuara ensanchándose indefinidamente. Cada racimo galáctico moribundo continuaría entonces alejándose más y más de todos los demás racimos galácticos moribundos, por lo que dentro de 400 eones las chispas luminosas que quedaran se extenderían en un espacio unas veinticinco veces más amplio del que ocupa el universo actual. Por tanto, la oscuridad sería mucho más profunda.

EL UNIVERSO EN CONTRACCIÓN

¿Pero *continuará* por siempre la expansión del universo?

El universo se expande contra la fuerza general gravitatoria de la materia que lo compone y por ello se nota el grado de esa expansión.

Sin embargo, la fuerza gravitatoria también se debilita a medida que el universo se dilata.

Lo que ocurre es lo mismo que cuando un cohete se eleva aunque tenga en su contra la fuerza de la gravedad de la Tierra. Si el cohete inicia su ascenso a una velocidad lo suficientemente grande, mayor que la velocidad de escape de la tierra, logrará, por decirlo así, ganarle a la gravitación. La velocidad del cohete disminuirá, pero la fuerza gravitatoria más débil nunca lo detendrá por completo.

Si el universo fue arrojado hacia afuera por el gran estallido inicial, con una velocidad mayor que la velocidad de escape del universo, se dilatará indefinidamente. Si la velocidad inicial fue menor que la velocidad de escape, la expansión cesará con el tiempo y el universo comenzará a contraerse de nuevo.

Si el universo se contrae de nuevo, el grado de contracción aumentará constantemente hasta que todo en el universo se una en un "gran aplastamiento". Habiendo comenzado, presumiblemente, como objeto increíblemente pequeño e increíblemente caliente, el universo quizá termine en la misma forma. No se habrá perdido nada en esa transformación. No sólo se unirá de nuevo toda la materia del universo, sino también toda la radiación inmaterial.

Podrá ser que el gran aplastamiento provoque un nuevo gran estallido que forme un nuevo universo en expansión, de hidrógeno y helio, de suerte que todo el proceso se reinicie. En ese caso podremos hablar de un número infinito de universos sucesivos, cada uno de ellos separado del anterior y del siguiente por un gran aplastamiento/estallido.

En un caso así ¿cuán separado en el tiempo estaría cada aplastamiento/estallido? Eso depende de lo abajo que esté la expansión universal de la velocidad de escape. Mientras más abajo esté esa expansión de la velocidad de escape más corto será el intervalo entre cada aplastamiento/estallido.

Por supuesto, ese intervalo tendrá que ser de no más de treinta eones, puesto que han transcurrido ya quince eones desde el último aplastamiento/estallido y el universo sigue en expansión.

Supongamos que el intervalo es de 1 000 eones, o 1 000 000 000 000 años.

En ese caso, después de 400 eones el universo parecería muerto, pero tal cosa sería únicamente aparente. Su grado de expansión habría disminuido muchísimo y, después de 500 eones, habría llegado a un cese momentáneo, aunque durante varios eones, antes y después de esa detención, cualquier movimiento (primero hacia afuera y después hacia adentro) sería demasiado pequeño para que se notara.

Lentamente, a través de los eones que siguieran a la gran detención, el universo se contraería más y más aprisa, hasta que llegara el tiempo del gran aplastamiento y después otro gran estallido que fulgurara hacia afuera.

¿Pero ocurrirá realmente todo esto? ¿No podría ser que el universo estuviese "abierto"; que la velocidad de expansión en el momento del gran estallido fuese superior a la velocidad de escape del universo, por lo que el universo se dilatará continuamente y no solamente morirá sino que quedará muerto para siempre?

Eso es debatible. Los astrónomos calculan que para que el grado de expansión del universo esté por debajo de la velocidad de escape, el promedio de densidad del universo (si la materia de todas las estrellas y otros objetos celestes se esparce por igual en todas partes) debe ser el equivalente a unos 3 átomos de hidrógeno por metro cúbico. Eso bastaría para un campo gravitario apenas lo suficientemente intenso para detener la expansión con el correr del tiempo y "cerrar" el universo.

Si el promedio de densidad fuese aún más grande, la expansión se detendría más aprisa. Mientras más elevado fuese el promedio de densidad más breve sería el intervalo entre uno y otro gran aplastamiento/estallido.

Con todo, en realidad, los atrónomos que hacen los mejores cálculos posibles acerca del promedio de densidad del universo encuentran que ese promedio es de sólo el 1%, aproximadamente, de lo necesario para cerrar el universo. De ser eso así, entonces sencillamente no hay suficiente fuerza gravitatoria para detener la expansión. El universo es abierto, se ensanchará por siempre, morirá y su muerte será definitiva.

Supongamos, sin embargo, que consideremos la composición verdadera del universo. Los átomos que componen el universo están, a su vez, compuestos principalmente de partículas llamadas "protones", "neutrones" y "electrones" (de los cuales nos ocuparemos posteriormente, en este libro). Además, tenemos los "fotones", que son unidades fundamentales de luz y de otra radiación semejante. Por último, existen minúsculas partículas llamadas "neutrinos".

Si toda la materia del universo estuviera repartida igualmente y si tomáramos un volumen igual a 30 metros cúbicos, según los mejores cálculos disponibles actualmente ese volumen contendría 1 protón, 1 electrón, 1 000 000 000 fotones y 3 000 000 000 neutrinos.

Consideremos por separado cada uno de esos componentes. En lugar de un protón hay una entre 10 probabilidades que se halle un neutrón. Sin embargo, el neutrón tiene casi la misma masa que el protón, por lo que esto no afectaría el promedio de densidad, por lo que, para simplificar, podremos hablar únicamente de protones.

El electrón tiene únicamente 1/1 836 la masa de protón, por lo que su presencia o ausencia afecta el promedio de densidad del universo en sólo 1/20 de 1%, lo que nos permite hacer caso omiso de ello.

El fotón no tiene "masa en reposo", lo que significa que no tendría masa si estuviese en reposo relativo al universo en general. Sin embargo, se mueve muy rápidamente y contiene energía. Ese contenido de energía es en sí mismo equivalente a cierta cantidad de energía de una partícula es mucho menor que la masa en reposo de energía de una partícula es mucho menor que la masa en reposo de una partícula como el protón. En efecto, la energía de todos los miles de millones de fotones en los susodichos 30 metros cúbicos es muchísimo menos en equivalencia de masa que la masa en reposo de un protón. Por tanto, los fotones pueden ser pasados por alto en lo concerniente a la determinación de la intensidad del campo gravitatorio del universo.

Lo mismo puede decirse del neutrino que del fotón, el cual también puede no ser tomado en cuenta.

Entonces podríamos concluir que de todo lo que haya en los 30 metros cúbicos lo único que necesitamos contar es el único protón, lo que no basta. Necesitaríamos por lo menos cien protones en ese volumen para que la expansión se detuviera y el universo pudiese ser considerado como cerrado.

Empero, en 1980, el físico norteamericano Frederick Reines (1918-) anunció los resultados de ciertos experimentos que parecieron hacer ver que el neutrino tenía, después de todo, una muy pequeña cantidad de masa en reposo. Algunos cálculos parecían indicar que tiene una masa igual a 1/13 000 de la del electrón, o aproximadamente 1/23 000 000 de la del protón.

De ser así (debe advertirse que los experimentos que parecen indicar tal cosa están aún sujetos a mucha controversia) entonces los 3 000 000 000 neutrinos en los 30 metros cúbicos tendrían una masa total igual a la de 125 protones. Con eso bastaría y sobraría para cerrar el universo y asegurar que algún día se contraiga y que un nuevo universo joven llegue a nacer.

Así pues, como lo hemos visto, el horizonte del tiempo se ha extendido hacia atrás quince eones, hasta el nacimiento del universo; y hacia adelante, en el futuro, de diez a cien veces más, hasta la muerte del universo, o hasta su renacimiento.

16

Instantes de tiempo

HASTA EL SEGUNDO Y MÁS ALLÁ

Al otear los horizontes del tiempo, tanto en el pasado como en el futuro, hemos forzado el entendimiento hasta llegar a lo increíblemente largo. Sin embargo, existe también un horizonte donde figuran espacios de tiempo insospechadamente cortos y, en cierto modo, fue mucho más fácil, antes de los tiempos modernos, ocuparse de años y siglos que de horas y segundos.

En la antigüedad, el problema de medir fracciones de un día surgía del hecho de que parecía no haber cambios cíclicos naturales en un periodo menor de un día. Al principio, lo más que se podía hacer era juzgar en qué porción del firmamento se hallaba el Sol, y hablar de la aurora, de la salida del Sol, de la mañana, del mediodía, de la tarde, del anochecer, del crepúsculo y de la noche.

Poner la vista en el Sol para juzgar cuál es su posición no resulta ni cómodo ni seguro. Es mucho más fácil clavar una estaca en el suelo y estudiar la sombra que proyecta. En la zona templada boreal, donde surgieron las primeras civilizaciones, el Sol sale por el oriente, cruza el firmamento (manteniéndose siempre al Sur de cenit) y se pone en el Occidente. La sombra apunta al Oeste en la mañana, y se acorta a medida que el día avanza. Es lo más corta al mediodía, cuando apunta al Norte, y después se alarga hacia el Este, al paso que el día declina.

"Relojes de sol" semejantes se emplearon en Egipto desde unos 3500 años a.J.C. Con el transcurso de los siglos esos dispositivos se volvieron más complicados y a la postre se emplearon relojes de sol que permitían dividir el día en porciones de aproximadamente la misma duración. Se volvió convencional dividir el día en doce "horas" (de la palabra griega que significa "tiempo del día").

Se escogió el doce porque era fácil dividir ese número en partes completas entre dos, tres, cuatro y seis. Por imitación, la noche también se dividió en doce horas (aunque los relojes del sol son inútiles en la determinación del paso del tiempo cuando el Sol no brilla en el firmamento), y de esa manera se llegó a las veinticuatro horas del día.

Puesto que lejos del ecuador los días se vuelven más largos y más cortos en un ciclo anual, lo mismo que las noches, en el sentido opuesto, la división igual de los dos periodos significaba que las horas diurnas eran más largas en el verano que en el invierno y las horas nocturnas más largas en el invierno que en el verano.

Esto era inconveniente, pues el sentido interno del tiempo no cambiaba con las estaciones. La gente sentía hambre y cansancio a intervalos semejantes, ya fuese invierno o verano. Afortunadamente, había otros medios de calcular el paso del tiempo, como establecer un movimiento muy lento y seguir su progreso.

La arena que pasara por un orificio pequeño tal vez tardara una hora en terminar de pasar de una cámara superior a otra inferior, medida por un reloj de sol en el equinoccio (cuando el día y la noche tienen la misma longitud). Tales "relojes de arena" medían cada hora con igualdad, ya fuese de día o de noche.

La ventaja de los relojes de arena es que funcionan de noche con la misma regularidad que de día, y lo mismo cuando el cielo está nublado que cuando está despejado.

Otra manera de juzgar el paso del tiempo era encendiendo lámparas o velas y observar el descenso del nivel del aceite o la disminución de la altura de la vela.

El mejor dispositivo de este género era el "reloj de agua", o "clepsidra" (de la palabra griega que significa "agua oculta"). En esos relojes el agua goteaba de un recipiente a otro. Del descenso en el nivel del agua en un recipiente y el ascenso en el otro se podía juzgar el paso del tiempo. Se empleaban ingeniosos métodos para lograr que el goteo fuese constante. Para señalar las horas se usaban punteros en flotadores.

Los egipcios empezaron a usar clepsidras allá por 1400 a.J.C. y los griegos los imitaron desde aproximadamente 150 a.J.C.

En el siglo XIV de nuestra era empezaron a emplearse relojes mecánicos. Por medio de engranes se hacían girar manecillas en torno de un cuadrante o esfera. Pesas que, por supuesto, empujaban hacia abajo, hacían que los engranes giraran de diente en diente a intervalos regulares. Puesto que el mecanismo era tal que los engranes se detenían, a continuación escapaban de su confinamiento y se movían únicamente para detenerse de nuevo, de la misma manera una y otra vez, a ese mecanismo se le llamó "escape".

Los relojes mecánicos fueron mejorados constantemente durante toda la Edad Media, y por primera vez se pudo confiar en que los relojes midieran fracciones de una hora. (La hora, fijada convencionalmente por primera vez por los sumerios en el valle del Tigris y el Éufrates antes de 2000 a.J.C. quedó dividida en sesenta minutos. También en este caso sesenta es un número conveniente, pues se le puede dividir de muchas maneras en partes sin fracción. "Minuto" procede de la palabra latina que significa "parte pequeña").

Los mejores relojes mecánicos del Medievo podían señalar la hora con atraso o adelanto de cinco minutos por día.

En 1581 se operó un cambio definitivo cuando un adolescente italiano llamado Galileo Galilei (1564-1642) se puso a observar el candelabro colgante de la catedral de Pisa, que oscilaba, en tanto que se efectuaban los servicios religiosos. Tomó el tiempo de las oscilaciones contando sus propias pulsaciones y notó que parecía que el candelabro necesitaba el mismo tiempo para moverse de un lado a otro, fuese largo o corto el arco de su oscilación. Puso a prueba esa observación en su casa, suspendiendo pesas del techo y haciendo que oscilaran en arcos de diversos tamaños.

Por primera vez se encontró un movimiento cíclico que pudiera servir para la medición de pequeños intervalos.

Resultó que el péndulo no tiene una oscilación absolutamente constante. Tarda un poco más una oscilación larga que una corta. Sin embargo, aproximadamente en 1657 el astrónomo holandés Christiaan Huygens (1629-1695), ideó una forma de lograr que el péndulo oscilara con un arco de cicloide, especie de semicírculo aplanado, en vez de oscilar con un arco de círculo. En esas condiciones la oscilación era indudablemente constante. Entonces Huygens ideó un reloj en el cual unas pesas colgantes mantenían al péndulo oscilante y esa oscilación constante movía el escape.

De esa manera se inventó el "reloj de caja" o "reloj de péndulo", en el que un péndulo largo señala los segundos. (Cada segundo tiene 1/60 de un minuto. Se le llama "segundo" por ser la segunda división de la hora, o sea 1/60 de 1/60 de hora).

El primer reloj de péndulo de Huygens no se adelantaba ni atrasaba más de diez segundos al día, por lo que resultaba treinta veces más exacto que el mejor de los relojes mecánicos. Ya para 1730 los relojes de péndulo habían sido mejorados hasta un punto en que perdían o ganaban sólo un segundo por día; en 1830, sólo 1/10 de segundo por día; en 1885, 1/100 de segundo por día; y en 1925, 1/5 000 de segundo por día.

En 1675, el físico inglés Robert Hooke (1635-1703) descubrió que los resortes espirales muy finos (‘‘pelos’’ o ‘‘muelles volantes’’) podían ensancharse y contraerse en torno de una posición de equilibrio, en tiempos constantes. Al usar un ‘‘muelle real’’ fuerte que no se desenroscara en lugar de pesas, y un muelle volante en lugar de péndulo, podría fabricarse un reloj portátil, el primer ‘‘reloj de bolsillo’’ práctico.

El fabricante inglés de instrumentos John Harrison (1693-1776) mejoró tales dispositivos portátiles hasta que llegaran a una exactitud tal que se adelantaran o se atrasaran menos de un minuto después de estar a bordo de un navío que hiciera un recorrido de cinco meses por alta mar, cabeceando.

Otros cronómetros, como los eléctricos o los de cristales o átomos oscilantes, han permitido exactitud casi absoluta. Existen ahora ‘‘relojes atómicos’’ que ni se atrasan ni se adelantan más de un segundo en 1 000 años.

Podría preguntarse para qué se necesita tanta exactitud en la medición del tiempo. ¿Qué importancia tiene una discrepancia de un segundo en una hora o en dos, y menos aún en 1 000 años?

En la vida ordinaria, la necesidad de creciente exactitud llegó con el adelanto de la industrialización. El advenimiento del ferrocarril y la introducción de los horarios volvieron importante llevar el tiempo al minuto. Con la llegada de la radio se hizo deseable que los radioescuchas supieran la hora con exactitud.

En el siglo XIX los relojes de bolsillo eran de rigor entre los varones prósperos de las naciones industriales. Después de la primera Guerra Mundial los relojes de pulsera fueron la regla entre una gran fracción de la población de uno y otro sexo. Actualmente, casi todos los habitantes de una nación como los Estados Unidos, está interesado, en una forma u otra, en saber en cualquier momento qué hora es.

Sin embargo, la medición ultraprecisa del tiempo es indispensable para los científicos, quienes consideran importantes los intervalos extremadamente breves.

VIDAS MEDIAS

Consideremos, por ejemplo, las vidas medias radiactivas. El uranio-238 tiene una vida media de 4 500 000 000 años. Esto no se mide directamente. No es posible esperar 4.5 eones para ver que la mitad de uranio se ha desintegrado. En cambio, se puede contar un número de desintegraciones en un número fijo de átomos de uranio-238 en un periodo fijo y, partiendo de allí, calcular la vida media. Naturalmente, mientras más exacta sea la medición de ese periodo fijo más confiable será el resultado definitivo que corresponda a la vida media.

Las primeras vidas medias encontradas fueron muy largas, porque los primeros átomos radiactivos descubiertos eran los que existían todavía a pesar del hecho de que se habían estado desintegrando en la Tierra desde la formación del planeta, hace 4.6 eones. En ese tiempo la mitad del uranio-238 original se había desintegrado, aunque quedaba todavía suficiente uranio para que se le considerara como metal comparativamente raro, pero no excesivamente raro.

Pero no todas las vidas medias son largas. El uranio-238 se convierte, a la larga, en plomo-206, pero esto ocurre a través de una cadena de átomos radiactivos intermedios. En cualquier mineral que contenga uranio-238 también están presentes todos los átomos radiactivos intermedios.

Todos esos átomos radiactivos intermedios tienen una vida no tan larga como la del uranio-238, por lo que se desintegran más de prisa de lo que se acumulan. Eso significa que hay muchas concentraciones presentes de esos átomos intermedios. Se puede demostrar que mientras más corta es la vida media, más pequeña es la concentración de los átomos intermedios, en relación con la concentración del uranio-238.

Por ejemplo, en las rocas que contienen uranio-238 hay también un isótopo llamado radio-226. El radio-226 está presente en concentraciones de sólo 1/2 840 000 del uranio-238. Por tanto, la vida media del radio-226 es de sólo 1/2 840 000 la del uranio-238, o aproximadamente 1 620 años. (En realidad, es más fácil determinar la vida media del radio-226 y, desde ahí, calcular la vida media del uranio-238.)

Hay vidas medias más cortas que la del radio-226, y esas vidas medias breves pueden calcularse de diferentes maneras. Así se demostró que mientras más breve fuese la vida media de cualquier átomo que se desintegrara emitiendo ciertas radiaciones llamadas "partículas alfa", más enérgicas serían esas partículas alfa. La energía de las partículas alfa podía determinarse al notar cuán profundamente penetraban en la materia, y a partir de eso se pueden calcular sus vidas medias.

Entre los intermedios de la desintegración del uranio-238, el polonio-210 tiene una vida media de 138.4 días, el bismuto-214 tiene una vida media de 19.7 minutos, el astatinio-218 tiene una vida media de dos segundos y el polonio-214 tiene una vida media de 0.000 16 segundo.

Naturalmente, esos átomos de vida tan corta no existirían actualmente en la Tierra si no se estuviesen formado constantemente por la desintegración del uranio-238.

En la desintegración del torio-232 se forma su intermedio aún más inestable, que es el polonio-212, con vida media de 0.000 000 3 de segundo. Esto es sólo un tercio de un millonésimo de segundo, no obstante lo cual, la existencia de una sustancia tan evanescente que no puede aislarse en cantidades visibles, la indica la índole de las partículas alfa que emite. También sus propiedades pueden ser determinadas.

El horizonte humano de los intervalos breves se ha extendido mucho más allá del millonésimo de segundo. En la década de 1930 y posteriormente se construyeron enormes "aceleradores de partículas", que permitían a los físicos trabajar con partículas mucho más pequeñas que los átomos ("partículas subatómicas") y dotarlas con enormes energías. Al estrellar esas partículas subatómicas contra los átomos y unas contra otras, los físicos produjeron nuevas variedades de partículas subatómicas, con vidas medias excesivamente breves.

Esas partículas evanescentes nacen con suficiente energía para moverse a una velocidad casi igual a la de la luz. Sin embargo, duran tan poco que aun a esa velocidad dejan huellas muy cortas en los instrumentos diseñados para observarlas por la marca de gotitas de agua o de minúsculas burbujas de gas que dejan.

Así, el tetamesón existe, después de su formación, durante sólo 10^{-10} de segundo, (aproximadamente cien billonésimas de segundo) y hay "partículas de resonancia" cuyas vidas se calculan en algo así como 10^{-23} de segundo (diez billonésimas de una billonésima de segundo).

Con todo, lo anterior no es el límite. En los últimos años los físicos han estado trabajando en la "grandiosa teoría unificada", la cual se espera que se ocupe de todas las diferentes clases de fuerzas que conocemos,* y las agrupe a todas bajo un solo conjunto de relaciones matemáticas. Valiéndose de la GTU (o GUT, como le conoce en inglés), los físicos han calculado el posible desarrollo de los acontecimientos inmediatamente después del *big bang* (gran estallido). La GTU *quizá* produzca resultados significativos (como es cencebible) en lo concerniente a sucesos ocurridos después de tan sólo 10^{-43} de segundo del *big bang*. Esto es 0.000 000 000 000 000 000 000 000 000 000 000 000 000 000 1 de segundo, o un diezmillonésimo de un billonésimo de un billonésimo de un billonésimo de segundo.

*En realidad, hay sólo cuatro de esas fuerzas. Ellas son, en el orden de su descubrimiento: la interacción gravitatoria, la interacción electromagnética y dos diferentes interacciones nucleares, la fuerte y la débil.

VIAJE A TRAVÉS DEL TIEMPO

¿Hay alguna forma de viajar a través del tiempo?

En un sentido, así lo hacemos constantemente. Cada uno de nosotros viaja hacia adelante a través del tiempo a razón de un segundo por segundo.

Sin embargo, la pregunta es ésta: ¿Podemos cambiar ese tiempo?

Sí podemos, si estamos en movimiento relativo al universo en general. El cambio en el tiempo es pequeño a velocidades ordinarias. Una persona que viaje en un avión supersónico alrededor del mundo a razón de un kilómetro por segundo durante diez años, de acuerdo con su propio reloj exactísimo, descubrirá al terminar ese intervalo que para los que hayan permanecido en la Tierra habrán transcurrido diez años y 9.5 días, por lo que en ese intervalo habrá el viajero avanzado 9.5 días en el futuro.

Naturalmente, si se mueve más y más aprisa, la discrepancia será mayor. Si el viajero está en una nave espacial que se mueva a una velocidad de 260 000 kilómetros por segundo (siete octavos de la velocidad de la luz) el tiempo pasará para él sólo a la mitad de aprisa que para los que se queden en la Tierra. Su reloj registrará cinco años (y el viajero *experimentará* cinco años), en tanto que los relojes en la Tierra registrarán diez años (y todos en la Tierra *experimentarán* esos diez años).

Si el viajero se mueve aún más aprisa, la discrepancia continuará creciendo. Si se mueve a 295 000 kilómetros por segundo (98.3% de la velocidad de la luz) cuando hayan transcurrido para él cinco años, 27.2 años habrán transcurrido en la Tierra, y así sucesivamente.

De esta manera (en teoría) el viajero podría entrar tan lejos en el futuro como lo deseara, siempre que poseyera la energía que lo acelerara a tal velocidad y que le permitiera volverse y después desacelerar para volver a la Tierra. (Y siempre también que viajar a esa velocidad fuese práctico. Véase la página 253.)

En cuanto a retroceder en el tiempo, eso es algo completamente distinto.

Podemos *ver* hacia atrás, en el tiempo. De hecho, no podemos evitar hacer tal cosa. La luz siempre necesita tiempo para llegarnos, por corta que sea la distancia, y vemos los objetos únicamente como eran cuando la luz salió de ellos. Si estamos a 3.3 metros de algo, vemos ese algo como era 10^{-8} de segundo (un centésimo de millonésima de segundo) antes. (Naturalmente, esa diferencia de tiempo es totalmente insignificante en la escala ordinaria, y consideramos que estamos viendo algo "como es *ahora*".)

En cambio, tarda ocho minutos la luz en llegarnos desde el Sol, por lo que vemos al Sol como era ocho minutos antes (y si hubiese desaparecido hace tres minutos, no lo sabríamos en los siguientes cinco minutos). Vemos la estrella Alfa Centauro como era hace 4.3 años y la estrella Arturo como era hace cuarenta años.

Cuando contemplamos la galaxia de Andrómeda, la vemos como era hace 2 300 000 años, y cuando vemos al cuásar más distante lo vemos como era aproximadamente hace 10 000 000 000 de años. La luz que vemos que emana de ese cuásar tan distante inició su largo viaje muchos eones antes que existiera nuestro sistema solar.

Naturalmente, mientras más lejos escudriñemos en el pasado menos vemos, ya que debemos ver a través de distancias más y más grandes.

Si pudiéramos viajar lejos de la Tierra a una velocidad mayor que la de la luz, y si observáramos la Tierra mientras nos alejábamos de ella, iríamos más aprisa que los rayos de luz que salieran de la Tierra y, en teoría, podríamos observar la historia del planeta ocurriendo hacia atrás. Pero entonces, mientras más lejos viajásemos y más remoto fuese el pasado que tratáramos de ver, menos podríamos hacerlo, pues obtendríamos esa más y más remota visión retrospectiva a costa de distancias más y más grandes.

¿Podríamos hacer lo que se hace en los relatos de ciencia-ficción: sentarnos en algún aparato, darle vuelta a algunas perillas y proyectarnos hacia la Tierra como será en el año 3000 de nuestra era, o como fue en el año 3000 a.J.C.

Eso parece extremadamente improbable. La Tierra gira en torno al Sol a una velocidad de 30 kilómeltros por segundo. En tres horas viaja 324 000 kilómetros. Si entráramos en una máquina del tiempo, oprimiéramos un botón y saliéramos de la máquina para quedar tres horas en el pasado, encontraríamos que nos hallábamos en el espacio exterior, con la Tierra a 324 000 kilómetros de nosotros.

Si imaginamos que la máquina del tiempo se movía junto con la Tierra y que podíamos oprimir un botón y salir de la máquina para quedar tres horas en el pasado, pero continuando en la Tierra, entonces habríamos tenido que viajar los 324 000 kilómetros exactamente en el tiempo que hubiésemos tardado en oprimir el botón, y en ese caso, tendríamos que haber viajado a una velocidad mayor que la de la luz.

Por supuesto, todo eso es aún más complicado, pues la Tierra no sólo se mueve en torno del Sol, sino que se mueve junto con el Sol en torno del centro de la galaxia, y junto con la galaxia en una ruta dentro del grupo local de galaxias y entre las galaxias, en general.

Si en alguna forma pudiéramos duplicar esos movimientos, parecería lógico suponer que se necesitaría energía para hacer tal cosa, por lo que viajar a través del tiempo demandaría tanta energía como viajar a través del espacio. Además, también demandaría igual tiempo, lo que instantáneamente negarla toda esa idea.

Más aún: en esto entran algunas paradojas. Por ejemplo, el tan repetido cuento de ciencia-ficción, del hombre que vuelve al pasado y mata a su propio abuelo, por lo que él mismo nunca nació y no pudo entonces cometer el crimen, es sólo una forma en la cual los viajes hacia el pasado destruirían el principio de la causalidad.

Por último, aun en el supuesto de que se pudiera violar el principio de la causalidad y de que pudiéramos imaginar que algún adelanto tecnológico del futuro volviese práctico el viajar a través del tiempo, hasta donde sabemos, quedaría en pie el hecho de que nadie procedente del futuro nos ha venido a visitar.

Eso podría significar que los viajeros del tiempo tienen la precaución de no dejarse ver, o también podría significar que nadie en el futuro resolverá el problema. (Sospecho que lo probable es lo último).

17

Rapidez

SERES VIVIENTES

Antes de seguir adelante, combinemos las dos zonas que ya hemos examinado: las del espacio y el tiempo. Es posible moverse a través del espacio en un tiempo determinado, como ya tuvimos ocasión de darlo por sentado en todo lo que va de este libro.

La tasa de desplazamiento, es decir, la distancia que uno viaja en el espacio en determinado tiempo, es la ''rapidez''. (Si se considera la rapidez en determinada dirección, se puede hablar de ''velocidad'', término más preciso. Sin embargo, para los propósitos de este capítulo necesitamos hablar únicamente de rapidez. La dirección del desplazamiento carece de importancia.)

Los seres humanos siempre han podido moverse en una de dos maneras principales: andando y corriendo. Al andar, por lo menos un pie permanece en el suelo constantemente, en tanto que al correr hay momentos en que ambos pies se apartan del suelo. (Trotar es una manera lenta de correr, con propósitos de resistencia o de ejercicio. También es posible avanzar saltando, brincando, dando volteretas, etcétera, pero esas maneras son juegos o exhibiciones, no modos normales de avanzar.)

A paso vivo normal podemos avanzar a razón de 5 kilómetros por hora, aunque esa rapidez puede aumentarse si es necesario. Generalmente, cuando se necesita mayor rapidez los seres humanos empiezan a correr, pero es posible caminar distancias considerables a paso rápido, generalmente por ejercicio, o en competencias deportivas.

A aquellos que no tienen ocasión de emprender caminatas largas o rápidas les sorprende descubrir lo que el organismo humano puede lograr gracias al entrenamiento y la práctica. La marca mundial de la marcha de 20 kilómetros es de 1 hora, 25 minutos y 19.4 segundos, que equivale a una rapidez de 14 kilómetros por hora.

Naturalmente, al aumentar la distancia baja el promedio de rapidez. La marca de la marcha de 50 kilómetros es de 4 horas, 27.2 segundos, que equivale a una velocidad de 12.5 kilómetros por hora.

Correr, en igualdad de circunstancias, es más rápido que caminar. La carrera más famosa es el maratón, llamado así porque se supone que representa la distancia que cubrió el corredor ateniense Feidípides al ir a informar al pueblo ateniense el resultado de la batalla de Maratón, en 490 a.J.C. La distancia del maratón es de 42.2 kilómetros, y la marca mundial es de 2 horas, 8 minutos y 33.6 segundos. Esto representa un promedio de velocidad de 19.7 kilómetros por hora, que es aproximadamente 1.6 veces más aprisa de lo que la misma distancia podría ser recorrida por un andarín experto.

Naturalmente, en distancias más cortas aumenta el promedio de velocidad. La marca de la carrera de 10 kilómetros es de 27 minutos, 30.8 segundos, con un promedio de velocidad de 21.8 kilómetros por hora. La carrera de 1 milla (1.6 kilómetros) se ha efectuado en 3 minutos, 51.1 segundos, con promedio de velocidad de 25 kilómetros por hora. La marca de la carrera de 100 yardas (91.40 metros) es de 9.0 segundos, con promedio de velocidad de 36.56 kilómetros por hora.

Por supuesto, el promedio de velocidad de un atleta que haga la carrera de 100 yardas se reduce porque, para comenzar, tendrá que acelerar desde posición de reposo. En 1963, a un corredor se le cronometró entre las marcas de las 60 yardas y las 75 yardas, y en esa distancia de 15 yardas logró una velocidad de 44.9 kilómetros por hora, tal vez la velocidad más alta a que un ser humano se haya lanzado sin ayuda por el espacio, a una distancia significativa.

Durante casi toda la existencia de los seres humanos, éstos han tenido que depender de sus propios músculos para moverse a distancia. Los caballos fueron domados por nómadas asiáticos allá por el año 2000 a.J.C., y desde entonces esos animales han sido empleados más y más por seres humanos que deseaban viajar con rapidez mayor que la que ellos mismos podían sostener (o que deseaban viajar con un gasto menor de esfuerzo personal).

Para fines comunes, los caballos ordinarios pueden moverse más aprisa que los hombres, en general; los caballos criados especialmente para que sean veloces, en condiciones favorables dejan muy atrás a corredores humanos en distancias semejantes.

La marca mundial de la carrera de 3 millas (4.83 kilómetros), establecida por un caballo de carreras, es de 5 minutos, 15 segundos, lo que representa un promedio de velocidad de 55.2 kilómetros por hora. En distancias más cortas, los caballos pueden alcanzar velocidades de 64 kilométros por hora, lo cual es casi 50% más aprisa que la mayor velocidad a que puede correr un ser humano, y esa velocidad la pueden conservar los caballos en distancias hasta de 1.5 kilómetros.

No hay muchos animales terrestres que puedan correr más que un caballo de carrera. Una liebre grande norteamericana, que corra a su máximo, quizá pueda ir al parejo de un caballo de carrera, gracias a su facultad de dar grandes saltos. Un canguro grande, asustado y que corra por salvar su vida, puede dar saltos más largos que los de la liebre (se ha registrado un salto de canguro de 12.8 metros) y puede también alcanzar a un caballo de carrera.

Aunque parezca extraño, un animal de dos patas también puede hacer tal cosa. Se cree que el avestruz, cuando corre por salvar su vida, puede alcanzar una velocidad de 70 kilómetros por hora. Es indudable que el avestruz es el organismo viviente más rápido que corre por el suelo sobre dos patas.

Muchas especies de venados, antílopes y gacelas pueden correr más aprisa que un caballo. Se afirma que el venado rojo ha alcanzado velocidades hasta de 67 kilómetros por hora. Al parecer, el antílope americano puede alcanzar velocidades de cerca de 100 kilómetros por hora cuando se esfuerza hasta su límite.

Todos estos animales terrestres que he mencionado son herbívoros. Viven en tierras planas y la única forma segura de que disponen para escapar de los predatores carnívoros es la rapidez. Los más ligeros entre ellos son los que tienen mayores probabilidades de sobrevivir, y la marcha de la evolución ha producido animales que pueden correr a campo traviesa sorprendentemente bien.

Los carnívoros, en general, no corren tan aprisa como sus víctimas. Suelen hallar la manera de alimentarse poniéndose al acecho o persiguiendo ocultos y saltando sobre su presa en el momento oportuno. También se aprovechan de los animales jóvenes, o viejos, o enfermos, o lastimados, que por un motivo u otro no pueden huir junto con el resto de la manada, a la mayor velocidad.

Sin embargo, algunos carnívoros *sí* son muy veloces. El coyote puede correr a 55 kilómetros por hora si se ve perseguido, tal vez *no tan aprisa* como la liebre grande norteamericana, pero muy aprisa, no obstante.

Con todo, el más rápido de todos los animales terrestres es un carnívoro: el guepardo, que es una especie de leopardo. En una distancia de medio kilómetro puede sostener una velocidad hasta de 102 kilómetros por hora. Derriba hasta a gacelas, pero sólo si lo puede hacer en un tiempo muy corto (o si la gacela, por algún motivo, no puede alcanzar su máxima velocidad) ya que si el guepardo se apodera de su presa en menos de un minuto tiene que disminuir su velocidad y la gacela, aunque no es tan rápida como él, tiene mayor resistencia y puede continuar corriendo más tiempo.

Los seres humanos pueden avanzar por el agua, pero nunca tan aprisa como por tierra. El agua opone más resistencia que el aire y se necesita más energía, en igualdad de circunstancias, para abrirse paso a través del agua que del aire. Tal cosa lo descubre inmediatamente quien llegue corriendo por la playa a meterse al mar.

La mayor velocidad registrada del avance de un ser humano por el agua es de sólo 8.1 kilómetros por hora.

Los seres humanos distan mucho de estar bien adaptados al movimiento en el mar. Otros animales de sangre caliente que han vuelto al mar y que viven allí gran parte o la totalidad del tiempo, están mejor adaptados. Son más o menos hidrodinámicos, lo que les permite reducir al mínimo la resistencia del agua, y cuentan con aletas, paletas o colas que les sirven para propulsarse.

Aun así, los delfines, las focas y los pingüinos más rápidos no superan una velocidad de 40 kilómetros por hora.

Con mucho, los peces son los animales marinos mejor adaptados a su medio. Por tanto, no es sorprendente que los viajeros acuáticos más rápidos se encuentren en ese grupo, especialmente entre los más grandes y musculosos.

Se sabe que el gran tiburón azul avanza a razón de 65 kilómetros por hora, lo que resulta tan rápido como el caballo de carrera más veloz, pero aun así hay otros animales marinos que lo superan. Se afirma que el pez aguja se mueve a velocidades hasta de 80 kilómetros por hora, o sea tan aprisa como un antílope muy rápido. Con todo, el pez vela se lleva la palma: se registró en uno de ellos la velocidad de 110 kilómetros por hora, mayor que la que puede alcanzar el guepardo.

Si bien es más difícil avanzar venciendo la resistencia del agua que la del aire, viajar por el aire directamente, sin tocar el suelo, ofrece mayores posibilidades de rapidez que viajar por el suelo. En otras palabras, en igualdad de circunstancias, se puede volar más aprisa de lo que se puede correr.

Eso es parte de la explicación de la velocidad de animales que dan zancadas largas, como en el caso de los caballos y los avestruces, o que dan largos saltos, como en el caso de las liebres grandes y los canguros. Esos animales son casi voladores.

Mas si hablamos de verdaderos voladores descubrimos que la lista incluye a cuatro clases diferentes de animales (véase la página 94).

De esos animales, los pterosaurios se extinguieron desde hace 65 000 000 de años e ignoramos lo aprisa que hayan podido volar. Existe la impresión general entre los paleontólogos de que no volaban muy aprisa.

En cuanto a los insectos, resulta muy difícil decir lo aprisa que verdaderamente vuelan y en qué medida las corrientes de aire contribuyen a su velocidad. Parece extremadamente dudoso que en circunstancias ordinarias algún insecto pueda volar a más de 55 kilómetros por hora y, aun así, sólo por muy breve tiempo, o a alturas en que el aire es tan ralo que ofrece poca resistencia.*

Los caballitos del diablo figuran entre los insectos más rápidos y uno de esos caballitos del diablo, extinto hace unos 300 000 000 de años, parece haber tenido la enorme envergadura (para un insecto), de 0.7 metros. Posiblemente haya sido capaz de tener arranques de velocidad de hasta 70 kilómetros por hora.

Los murciélagos, que son los únicos mamíferos voladores, al parecer han evolucionado en dirección de la maniobrabilidad, más bien que de la rapidez. La mayor velocidad de un murciélago que se haya registrado es de 51 kilómetros por hora, lo cual significa que un murciélago rápido no lo es más que un insecto rápido.

Para hallar velocidaees mayores que las de un muy liviano caballo de carrera debemos volvernos a los pájaros, que son los más rápidos de todos los seres voladores que hayan evolucionado.

Por ejemplo, al cisne se le han registrado velocidades hasta de cerca de 90 kilómetros por hora, y al ganso de Canadá hasta de cerca de 100 kilómetros por hora. En otras palabras, el ganso de Canadá es casi tan veloz como el guepardo e indudablemente puede sostener su velocidad durante mucho más tiempo.

Con todo, hay aves que sobrepasan en mucho al ganso de Canadá. Se sabe que el vencejo vuela hasta a 170 kilómetros por hora ¡o más de 2.8 kilómetros por minuto! Suponiendo que así sea, el vencejo es el organismo viviente más rápido que se conoce, que dependa de sus músculos exclusivamente para alcanzar su gran velocidad.

OBJETOS INANIMADOS

Hasta aquí nos hemos ocupado de la velocidad no ayudada de organismos vivientes. La especie humana, sin embargo, no depende únicamente de sus músculos para moverse.

Por ejemplo, tratándose de recorridos acuáticos, los seres humanos se han valido de embarcaciones de una clase u otra desde los primeros tiempos de la civilización. Las naves primitivas iban a la

* En el pasado se llegó a decir que ciertos insectos podían volar a velocidades hasta de 1 000 kilómetros por hora, pero se ha demostrado claramente que tales afirmaciones son imposibles. Al informar acerca de extremos de cualquier clase, especialmente en lo que concierne a organismos vivientes, existe siempre la tendencia a exagerar, para lograr un efecto dramático. En este libro he tratado de ser conservador, pero existe la posibilidad de que aquí o allá me haya dejado llevar por alguna exageración.

deriva, corriente abajo, y en el mejor de los casos hacían uso pasivo de la energía inanimada. Con el tiempo, los seres humanos aprendieron a impelerse con pértigas o remos, para navegar contra la corriente, pero de esa manera se seguía recurriendo a los músculos humanos en la propulsión.

Remar nunca fue una manera rápida de avanzar. Aun en botes muy ligeros, impulsados por un grupo de remeros en competencias deportivas, la velocidad más grande registrada ha sido de sólo 21.6 kilómetros por hora.

Al aparejar un barco con velas se puede aprovechar el viento para la propulsión, pero en forma pasiva. Con el transcurso de los siglos las velas se hicieron más eficientes y numerosas, y se les empleó con mayor pericia. También se mejoraron otros aspectos del diseño de los barcos. En 1890 un velero promedió 40 kilómetros por hora durante un recorrido de medio día.

Con el tiempo entró en uso la energía inanimada, producida y conservada por los seres humanos a la medida de sus deseos, en lo concerniente a los transportes y a la velocidad. Esto, por supuesto, no podía haber ocurrido sino hasta después de la introducción de eficientes máquinas de vapor, en 1774, por el ingeniero escocés James Watt (1736-1819), suceso que señaló el comienzo de lo que se llamó la "Revolución Industrial".

No transcurrió mucho tiempo antes que una máquina de vapor se colocara a bordo de un barco con el objeto de que hiciera dar vueltas a una rueda de paletas, como medio de propulsión. En 1790, el inventor norteamericano John Fitch (1743-1798) construyó el primer barco de vapor práctico, pero no logró obtener con él un éxito comercial. Sin embargo, en 1807, Robert Fulton (mencionado anteriormente en relación con los submarinos: véase página 74) construyó el *Clermont,* primer buque de vapor que tuvo éxito.

En sus comienzos, los barcos de vapor eran objetos que se movían pesadamente, y durante la primera década en que se les usó avanzaban a sólo unos 12 kilómetros por hora. Su ventaja consistía principalmente en que podían moverse cuando no soplaba el viento o bien, contra el viento.

Los barcos de vela sostuvieron la competencia de los de vapor durante las primeras seis décadas del siglo XIX, pero con la llegada de los buques con casco metálico y con máquinas más eficientes y hélices de propulsión en vez de ruedas de paletas, los vapores adquirieron una creciente supremacía desde la década de 1870. Al llegar el siglo XX las velas se reservaron, más y más, a las embarcaciones de placer.

A la postre, los barcos de vapor aventajaron con mucho a los de vela en velocidad. El transatlántico *United States* cruzó el Atlántico en 1952, de Nueva York a Le Havre, en menos de tres días y medio, con un promedio de velocidad de 66 kilómetros por hora. Posteriormente, ese mismo año, alcanzó un promedio de velocidad de 77 kilómetros por hora en la navegación de todo un día.

Los barcos de guerra son aún más veloces. Los submarinos más rápidos pueden ir a 83 kilómetros por hora; el destructor más veloz, a 113 kilómetros por hora y las naves experimentales de diseño especial pueden alcanzar hasta 130 kilómetros por hora. Así pues, no es de extrañar que los seres humanos, ayudados por la tecnología, son ahora los que surcan más aprisa el mar.

En tierra, el uso de la energía inanimada para el transporte quedó muy a la zaga del mismo uso para el transporte por mar. Hasta muy entrado el siglo XIX los humanos quedaron limitados a los músculos, ya fuesen los suyos propios o los de los caballos, para recorrer los kilómetros. (El empleo de otros animales, como camellos y burros, fue secundario).

En 1801 el inventor inglés Richard Trevithick (1771-1833) fue el primero en poner una máquina de vapor en un vehículo y hacer los arreglos necesarios para que la fuerza de la máquina hiciera girar las ruedas. Naturalmente, esto no funcionaba en terreno desigual, puesto que se desperdiciaba mucha fuerza para vencer la fricción y las irregularidades del suelo. Trevithick demostró que era práctico hacer que las ruedas giraran sobre largos rieles de metal. Así produjo no sólo la locomotora sino también el ferrocarril.

Desgraciadamente, Trevithick, lo mismo que Fitch antes que él, no pudo lograr el éxito comercial con su experimento. Tal cosa quedó reservada al inventor inglés George Stephenson (1781-1848), en 1825. Desde entonces los ferrocarriles obtuvieron creciente aceptación y entre 1850 y 1950 fueron los medios dominantes de los viajes largos por tierra.

En la década de 1820 las primeras locomotoras alcanzaban velocidades de no más de 47 kilómetros por hora, pero rápidamente aumentaron a medida que se lograban adelantos en las máquinas. Ya en 1840 se registraban velocidades hasta de 91 kilómetros por hora y por primera vez en la historia los seres humanos, ayudados por la tecnología, podían viajar por tierra a velocidades considerablemente mayores que las de un caballo de carrera y, si contaban con suficiente combustible, podían sostener esas velocidades indefinidamente. (Por supuesto, los pasajeros ordinarios del ferrocarril no viajaban a velocidades que se aproximaran a las que alcanzaban vehículos diseñados especialmente, como tampoco el jinete ordinario viajaba a velocidades semejantes a la de un jockey montado en un pura sangre que corriera en condiciones especialmente favorables).

En 1843, menos de veinte años después de la primera locomotora práctica de Stephenson, en Irlanda otra locomotora alcanzó una velocidad de 137 kilómetros por hora y el hombre pudo por fin avanzar más aprisa que el guepardo.

Ya en 1903 las locomotoras eléctricas corrían en Alemania a velocidades hasta de 210 kilómetros por hora y los seres humanos podían viajar más aprisa que cualquier otro ser viviente, aún más aprisa que el vencejo. Actualmente, las locomotoras cuya potencia se aumenta con cohetes pueden alcanzar velocidades alrededor de los 380 kilómetros por hora.

En 1860, el inventor franco-belga Jean J.E. Lenoir (1822-1900), diseño el primer motor útil de combustión interna, el cual, con el tiempo, resultó ser más liviano y más eficiente que la máquina de vapor. El motor de combustión interna era especialmente adaptable a los vehículos pequeños, y en 1860 Lenoir colocó uno de esos motores en un carro y así creó el primer "carro sin caballos", que posteriormente recibió el nombre de "automóvil".

Los automóviles no se volvieron prácticos hasta la década de 1880. Uno de los primeros automóviles verdaderos lo construyó el inventor alemán Gottlieb W. Daimler (1834-1900), en 1887.

Al ir avanzando el siglo XX el automóvil se convirtió en la forma dominante de transporte por tierra para familias, y las versiones más grandes del mismo vehículo, llamadas autobuses y camiones, se volvieron crecientemente más importantes en el transporte de grandes grupos humanos y de mercancías de todas clases.

El límite de velocidad permitida en las carreteras norteamericanas es de 88.5 kilómetros por hora (55 millas por hora), y aunque esa velocidad es la de una gacela, los conductores de automóvil tropiezan con la mayor dificultad en no sobrepasar ese límite. (En una ocasión, en 1973, cuando iba yo de Boston a Nueva York, urgido por un problema de familia, viajé a un promedio de 110 kilómetros por hora y llegué a alcazar hasta 130 kilómetros por hora. No sólo superé con creces al guepardo, sino que mantuve esa velocidad durante tres horas.)

Los corredores de autos de carrera han alcanzado velocidades hasta de 320 kilómetros por hora en tramos de una vuelta, y en 1970 un vehículo de tierra, ayudado por cohetes, alcanzó una velocidad de 1 046 kilómetros por hora, que equivale a 17.4 kilómetros por minuto. Esta velocidad se acerca a la del sonido, que se extiende por el aire, en condiciones normales, a razón de 1 192 kilómetros por hora, o 19.9 kilómetros por minuto.

Naturalmente, los aeroplanos (véase la página 103) son más rápidos que cualquier vehículo que avance por el suelo, de la misma manera que las aves son más rápidas que los animales que se mueven por el suelo. La velocidad del sonido fue superada por primera vez por el hombre (o por cualquier otro ser viviente) el 14 de octubre de 1947, en un aeroplano tripulado por Charles E. Yeager.

Desde entonces, el "vuelo supersónico" se ha vuelto común, y los aviones ayudados por cohetes han alcanzado velocidades de más de 7 300 kilómetros por hora, equivalente a 2 kilómetros por segundo y 6.1 veces más que la velocidad del sonido.

A su vez, los cohetes suelen ser más rápidos que los aviones. Las sondas dirigidas a los planetas exteriores salen de la Tierra a velocidades de unos 14.5 kilómetros por segundo. La sonda espacial Helios-B dio la vuelta al Sol en 1976, a una distancia de 43 500 000 kilómetros del Sol, y alcanzó la velocidad de 68.4 kilómetros por segundo. Hasta ahora, los cohetes son los objetos más rápidos hechos por el hombre.

Con el cohete nos aproximamos a las velocidades de los objetos astronómicos y superamos algunas de esas velocidades.

Por ejemplo, la Tierra gira sobre su eje en un día. Por tanto, cada punto de su superficie describe un círculo en torno del eje, y los puntos que describen círculos mayores se mueven a velocidades mayores en relación con el eje. El círculo más grande es el del ecuador y un punto en el ecuador terrestre se mueve, en relación con el eje de la Tierra, a 670 kilómetros por hora, o 0.46 kilómetros por segundo. Esto es menos que 1/30 la velocidad de nuestros cohetes más rápidos.

Sin embargo, la Tierra no tiene la marca de velocidad de rotación en el sistema solar. El Sol, que tiene una circunferencia 109 veces mayor que la de la Tierra, gira sobre su eje en 25.1 días. Un punto en el ecuador del Sol se mueve, en relación con su eje, a una velocidad de 7 260 kilómetros por hora, o 2 kilómetros por segundo.

Tampoco esa velocidad establece una marca. El planeta Júpiter, con una circunferencia 11.16 veces mayor que la de la Tierra, gira en no mucho más que dos quintos del tiempo que tarda la Tierra en girar sobre su propio eje. Así pues, un punto en el ecuador de Júpiter (o al menos en la capa de nubes que forma su superficie visible) gira a una velocidad de 45 000 kilómetros por hora en relación con el centro de Júpiter, o sea a 12.6 kilómetros por segundo, y aun esta velocidad es menor a la de nuestros cohetes más veloces.

Además de girar sobre su propio eje, los planetas vuelan por el espacio en su viaje en torno al Sol. Esas velocidades de revolución son mayores mientras más cerca esté el planeta del Sol y, por tanto, mientras más intenso sea el campo gravitatorio del Sol en el lugar que se encuentre el planeta.

Por ejemplo, Júpiter se mueve en torno al Sol a un promedio de velocidad (relativo al Sol), de 13.1 kilómetros por segundo, velocidad un poco menor que la de nuestros cohetes más rápidos.

Marte, que está considerablemente más próximo al Sol que Júpiter, gira a un promedio de velocidad de 24.1 kilómetros por segundo, o sea más aprisa que nuestros cohetes.

El promedio de la velocidad de revolución de la Tierra en torno al Sol es de 29.8 kilómetros por segundo, en tanto que Mercurio, que es el planeta más próximo al Sol y por ello más rápido, viaja a un promedio de velocidad de 47.9 kilómetros por segundo. Mercurio tiene una órbita excéntrica; está considerablemente más cerca del Sol en uno de los extremos de su órbita que en el otro. En su punto más cercano al Sol (perihelio), Mercurio se mueve a una velocidad de 56 kilómetros por segundo.

Hay algunos cometas que se acercan mucho más que Mercurio al Sol, y que deben viajar a velocidades cercanas a los 600 kilómetros por segundo al pasar casi rozando la superficie del Sol.

Así como los planetas giran en torno del Sol, éste gira en torno del centro de la galaxia a una velocidad de unos 300 kilómetros por segundo, en relación a su centro. Las estrellas que están más próximas al centro de la galaxia de lo que lo está el Sol, naturalmente, giran a mayores velocidades. (Por cada estrella que se aproxime *muchísimo* al centro de la galaxia, más y más estrellas se apartarán de ese centro y disminuirá la fuerza gravitatoria de esas estrellas que se hallen aún entre esa fuerza y el centro, así como disminuirían las velocidades de sus revoluciones).

Por supuesto, el universo está en expansión y las galaxias se apartan unas de otras a velocidades proporcionales a su separación. Durante la década de 1920 y posteriormente, al paso que se estudiaban espectrográficamente galaxias más y más remotas, se determinaron velocidades de recesión en el orden de miles de kilómetros por segundo; después, en el orden de decenas de miles y por último, de centenares de miles. En los comienzos de la década de 1960 se estudiaron galaxias distantes que se alejaban de nosotros a una velocidad de 240 000 kilómetros por segundo.

Ahora, al fin, nos aproximamos a la velocidad de la luz.

El ser viviente más rápido se mueve a menos de 1/6 400 000 de la velocidad de la luz. El dispositivo más rápido hecho por el hombre se mueve a menos de 1/20 000 de la velocidad de la luz. Un cometa que pase raudo frente al Sol se mueve a sólo 1/500 de la velocidad de la luz.

Una galaxia que se aleje de nosotros a razón de 285 000 kilómetros por segundo hace tal cosa a una velocidad de 80% de la luz.

En 1963 fueron descubiertos los "cuásares". Aun el menos lejano de ellos resultó estar a más de 1 000 000 000 años-luz distante, más lejos que lo que se había descubierto que estaba la galaxia más distante. Naturalmente, los cuásares se alejan de nosotros a velocidades aún mayores que las de alejamiento de las galaxias ordinarias. La galaxia más lejana que hemos descubierto hasta ahora parece estar apartándose de nosotros a una velocidad de 285 000 kilómetros por segundo, o el 95% de la velocidad de la luz.

Los únicos objetos aún más rápidos son algunas velocísimas partículas subatómicas en rayos cósmicos extremadamente enérgicos, que viajan a más del 99.9% de la velocidad de la luz, pero que no llegan a esa velocidad crítica.

La velocidad de la luz en el vacío es, pues, el límite absoluto de velocidad en el universo; 299 792.5 kilómetros por segundo.*

*En los últimos años los astrónomos han descubierto varios cuásares distantes en los cuales algunas porciones parecen separarse a velocidades mayores que la de la luz, pero parece haber absoluta confianza de que en el futuro se hallarán explicaciones de tales aparentes velocidades, sin romper los límites de la velocidad de la luz. En cuanto a los hipotéticos taquiones, más veloces que la luz, aún no se han detectado y posiblemente no existan.

Parte III

Los horizontes de la materia

18

Masa, grande y pequeña

GIGANTES VIVIENTES

Hasta aquí hemos viajado por el espacio y el tiempo y llegado hasta los límites que podemos observar o imaginar. Sin embargo, se cree generalmente que el espacio y el tiempo son únicamente el marco. Dentro de él hay objetos hechos de materia. Deberíamos también examinar los horizontes de la materia.

En cierto modo, esto es más complicado que ocuparse del espacio y del tiempo. El espacio tiene una importantísima propiedad: la extensión. El tiempo también tiene una importantísima propiedad: la duración. En la búsqueda de los extremos de uno u otro nos valemos de un instrumento de medición único, la vara métrica para el espacio y el reloj para el tiempo (aunque la tecnología moderna se vale de versiones increíblemente refinadas de esos instrumentos). En lo concerniente a la materia hallamos que la misma tiene varias propiedades diferentes, cada una de las cuales merece atención. La más importante de esas propiedades es la "masa".

La masa es un concepto concebido por Isaac Newton. Éste señaló en la década de 1680 que diferentes objetos demandan fuerzas de diferentes magnitudes para aceleración hasta la misma velocidad definitiva en determinado tiempo. La fuerza que se necesita es proporcional a la masa del objeto. Es muchísimo más fácil acelerar una pelota de béisbol a determinada velocidad en un tiempo determinado, que acelerar una bola de hierro del mismo tamaño. (Quien intente esa prueba comprobará lo anterior.) Decimos, por tanto, que la bola de hierro "tiene más masa " que la pelota de béisbol.

Además, todo trozo de materia es la fuente de un campo gravitatorio. Esos campos varían en intensidad, por lo que algunos atraen con mayor fuerza a los objetos a determinada distancia de lo que los atraen otros campos gravitatorios. La intensidad del campo gravitatorio varía de acuerdo con la masa del objeto que es la fuente del campo.

Einstein, en su teoría de la relatividad, señaló que la masa aumenta con la velocidad y alcanza un valor infinito a la velocidad de la Luz. Ésa es una de las razones por las que los objetos con masa no pueden alcanzar la velocidad de la luz y mucho menos superarla.

En esta sección, sin embargo, nos ocuparemos únicamente de la "masa en reposo", o sea la masa que tiene un objeto cuando está en reposo, en relación con el observador que mida la masa.

En lo que atañe a la masa en reposo, es razonable afirmar que la masa de un objeto equivale a la cantidad de materia que contiene. Eso significa que dos objetos idénticos, en reposo relativo el uno del otro, tienen en total dos veces la masa que la de uno solo de ellos, por separado.

Usualmente medimos la masa poniendo un objeto en contraposición de otro, en los platillos de una balanza. La atracción de la Tierra sobre los dos objetos es proporcional a la masa de cada uno de ellos. Cuando la atracción es igual sobre cada uno de ellos, de suerte que se equilibran los dos platillos y ninguno de ellos se mueve hacia abajo, sabemos que la hasta entonces desconocida masa del objeto que está en uno de los platillos es igual a la masa conocida de la suma de las "pesas legales" que hemos colocado en el otro platillo.

En términos no científicos se habla comúnmente del "peso" de un objeto, más que de su "masa", y se dice que un objeto es "más pesado" o "más ligero", en vez de decir que es "más masivo" o "menos masivo". Con todo rigor, la expresión ordinaria es impropia. El peso y la masa son intercambiables al nivel del mar en la superficie de la Tierra, pero el peso aminora al aumentar la distancia del objeto del centro de la Tierra, a diferencia de la masa, que no disminuye. Por tanto, en esta sección trataré de recordar que debo hablar de masa únicamente, no de peso.

Para los científicos, el "kilogramo" es una unidad útil de masa, que he estado empleando una que otra vez en este libro. Repito que un kilogramo equivale a 2.2 libras en unidades norteamericanas, o a 35.2 onzas. Mil kilos equivalen a una tonelada métrica, igual a 2205 libras y por ello a 1.1 toneladas cortas. En esta sección emplearé exclusivamente kilogramos y toneladas métricas.

Así el promedio de masa de un varón adulto norteamericano es de unos 73 kilogramos, y el de una mujer adulta, de unos 60 kilogramos.

Los seres humanos acusan la tendencia a pensar en los objetos como grandes o pequeños en comparación con el tamaño de ellos mismos, y ser grande, por supuesto, es más impresionante. En términos generales, los animales grandes disponen de mayor fuerza y son más peligrosos que los pequeños.* Prácticamente durante toda la historia los seres humanos han vivido con temor hacia los grandes animales de presa.

Aunque ya no es necesario abrigar ese temor en casi todas las partes del mundo civilizado, y no obstante que encontramos animales de presa únicamente en parques zoológicos y circos, seguimos asociando el tamaño y el terror, y las cintas cinematográficas en las que aparecen grandes animales como amenazas casi invariablemente gozan de popularidad. Naturalmente, para lograr el efecto deseado, las amenazas deben exagerarse más allá de toda razón. Basta pensar en la clásica película *King Kong*, con su gorila, agrandado hasta lo imposible. El agrandamiento de cualquier animal bastaría, ya fuese langosta, araña o dinosaurio.

Las leyendas hablan también de gigantes humanos. Estos se encuentran en muchos cuentos y hasta en la Biblia. Sin embargo, esos seres nunca han existido.

Indudablemente hay algunos seres humanos considerablemente más altos y de mayor masa que los normales, pero esos extremos generalmente representan desequilibrio hormonal, y sus víctimas viven poco. En tanto que la estatura normal de un varón norteamericano es de 1.72 metros, en 1940 murió un joven de veintidos años cuya estatura en el momento de su deceso era de no menos de 2.72 metros. Otro hombre, que murió a los treinta y dos años, logró una masa de unos 480 kilogramos en el transcurso de su vida, o sea 6½ veces la masa ordinaria. Por supuesto, la masa excesiva era principalmente grasa.

Si hablamos de seres humanos con estatura y masa ordinarias podremos decir que el hombre moderno es el gigante de su tipo. Los homínidos, antepasados del *Homo sapiens,* fueron todos más pequeños que nosotros.

Hay tan sólo un primate viviente que es notablemente más grande que el ser humano: el gorila. Pero ni siquiera el gorila tiene mayor estatura que el ser humano (a pesar de King Kong). No obstante, el gorila macho de tierras bajas tiene una masa de entre 165 y 180 kilogramos, que es hasta 2½ veces la masa del hombre.

El primate más grande que haya vivido perteneció al género *gigantopithecus* ("simio gigante"), y se extinguió hace por lo menos 2 000 000 de años. Hubo animales semejantes al gorila que tal vez hayan medi-

*Esta afirmación es de índole general y, obviamente, hay excepciones. Una víbora de cascabel es mucho más peligrosa que una vaca, y eso todo el mundo lo sabe.

do 2¾ metros erguidos y que hayan tenido una masa hasta de 275 kilogramos, casi el doble de masivos que los gorilas de ahora, y casi cuatro veces más masivos que los hombres (y aún así, nada de King Kong).

Por supuesto, los seres humanos siempre han conocido animales más grandes y de mayor masa que aun el primate más grande: caballos, toros, camellos. La Biblia se refiere al "behemot", bestia colosal que algunos creen que tuvo por modelo al hipopótamo, el cual es más grande que los demás animales mencionados antes. Sin embargo, el más grande de los animales de tierra que existe actualmente es el elefante africano.

El tamaño del elefante africano adulto normal es de 3.2 metros en la cruz, con masa de 5 100 kilogramos (5.1 toneladas). El elefante africano más grande que se haya medido tuvo una alzada de 3.8 metros y masa de 11 toneladas. Ese animal tuvo la masa de 150 seres humanos. (Hubo elefantes, ahora extintos, que fueron todavía más altos. Se ha informado de alturas hasta de 4.8 metros, 2½ veces la de un hombre.)

Aunque ningún otro animal actual de tierra pueda compararse en masa con el elefante africano, uno, solamente uno, es más alto: la jirafa. La jirafa más alta que se haya medido dio una altura de unos 5.8 metros (3⅓ veces más alta que el varón humano ordinario), aunque probablemente pesaba sólo la quinta parte de lo que pesaría un elefante muy grande.

Los elefantes modernos han sido superados en tamaño en tiempos pasados. El mamífero más grande que ha existido fue un animal semejante al rinoceronte, llamado *baluchitherium* ("bestia de Baluschistán") extinto desde hace 20 000 000 de años. Era más alto que una jirafa y tenía más masa que un elefante. La parte superior de su cabeza se alzaba a 8.2 metros sobre el suelo, a casi dos veces la altura de la jirafa, y tenía una masa aproximada de 20 toneladas, dos veces la masa de un elefante.

De mayor masa aún eran algunos de los reptiles gigantes que dejaron de existir hace unos 65 000 000 de años. El de mayor masa fue el *brachiosaurus* ("lagarto de brazos", a causa de sus patas delanteras largas) y, de hecho, fue el animal terrestre más masivo que jamás haya existido. Su alzada era de 6.4 metros en la cruz y la cabeza, sostenida por su largo cuello, se alzaba a 11.9 metros del suelo, por lo que era dos veces más alto que la jirafa. Su longitud completa era de unos 23 metros y su masa llegaba a unas 40 toneladas, por lo que era dos veces más masivo que el *baluchitherium* y casi cuatro veces más masivo que el elefante más grande que viva actualmente.

Los animales marinos tienen una ventaja sobre los de tierra. La flotabilidad en el agua reduce la atracción de la gravedad en ellos y no los obliga a sostener toda su masa contra esa atracción, o levantar su masa a cada paso. En consecuencia, los animales marinos pueden ser más grandes que los terrestres.

Los más grandes animales marinos actuales son los pertenecientes a las diversas especies de ballenas, y el más grande de todos, vivo o extinto, es la ballena azul. La ballena azul hembra alcanza a veces más de 30 metros de longitud. La más grande que se ha medido con precisión tenía una longitud de 33.3 metros, y debe haber tenido una masa de algo más de 135 toneladas. Una ballena azul así es casi dos veces más larga que el *baluchitherium* y 3⅓ veces más masiva. De hecho, tiene la masa de 1 900 hombres.

Sin embargo, la ballena azul no es el ser viviente más grande, pues superan a cualquier animal los árboles, que son los entes vivos de mayor masa.

Los árboles más altos son los pinos rojos del Norte de California, y el más alto pino rojo medido con precisión tiene una altura de 112 metros. Un árbol así es 3½ veces más alto de lo que es larga una ballena azul, aun sin contar el sistema de raíces del árbol, extendido debajo del suelo.

Las cosas vivientes de mayor masa son las secoyas. Esos árboles, muy semejantes a los pinos rojos, son menos altos que éstos, pero más anchos. La secoya llamada "General Sherman", que está en el Parque Nacional Secoya, tiene una altura de sólo 83 metros, pero se calcula que pesa 2 000 toneladas, o sea que tiene cerca de 15 veces la masa de la ballena más grande, y la masa de unas 28 000 personas. (Indudablemente, sólo una pequeña porción de tales árboles está realmente viva. Casi todo el árbol es madera muerta.)

DE LA TIERRA AL UNIVERSO

Naturalmente, hay objetos inanimados en la Tierra que tienen más masa que cualquier cosa viviente. Algunos de esos objetos fueron hechos por el hombre, como, por ejemplo, la pirámides de Egipto. Otros no son obras del hombre como, por ejemplo, el Monte Everest. Por supuesto, el objeto con mayor masa que hay en la Tierra es la Tierra misma.

Después que Isaac Newton hubo calculado la teoría de la gravitación, en 1687, se contó con un método de calcular la masa de la Tierra, al menos en teoría.

La Tierra ejercía atracción sobre un objeto. Si se pudiera determinar la masa de ese objeto, su distancia del centro de la Tierra, la fuerza ejercida sobre él y la constante gravitatoria, entonces se podría calcular la masa de la Tierra. De esos cuatro valores, tres eran conocidos o podían ser medidos fácilmente. Sólo el cuarto, la constante gravitatoria, era desconocida. Si se pudiera calcular de algún modo la constante gravitatoria la masa de la Tierra podría ser deducida inmediatamente.

Supongamos, entonces, que pudiera medirse la fuerza gravitatoria entre dos objetos de masa conocida. Partiendo de esa fuerza, dadas las masas de ambos objetos y la distancia entre ellos, la constante gravitatoria podría calcularse inmediatamente, y se sabría cuál es la masa de la Tierra. La dificultad en esto estriba en que es extremadamente pequeña la fuerza gravitatoria entre dos objetos lo suficientemente pequeños para tener masas conocidas y para ser capaces de que se les maneje en el laboratorio.

No obstante, en 1798 el científico inglés Henry Cavendish (1731-1810) logró hacer esa medición y la hizo con suma precisión. Obtuvo el valor de la constante gravitatoria y, de esa manera, determinó la masa de la Tierra.

Desde entonces se han hecho sólo pequeños ajustes a la cifra de Cavendish, y la masa de la Tierra que ahora se acepta es la de 5.976 $\times$ 10^{21} toneladas, o sea 5 976 000 000 000 000 000 000 toneladas métricas. En otras palabras, la Tierra tiene tanta masa como tres trillones de secoyas de las más grandes.

Con todo, la Tierra, no obstante tener ochenta y una veces la masa de la Luna y diez veces la masa del planeta Marte, es pequeña en comparación con muchos otros cuerpos astronómicos. Aun en los tiempos de la determinación de Cavendish se sabía que había tres planetas (Júpiter, Saturno y Urano) muchísimo más grandes que la Tierra y el cuarto (Neptuno) fue descubierto en 1846.

Esos cuatro planetas grandes tienen satélites. Si se puede determinar la distancia de determinado satélite a su planeta, junto con el periodo de revolución del mismo satélite en torno de su planeta, y si eso se compara con la distancia entre la Luna y la Tierra y el periodo de revolución de la Luna en torno a la Tierra, entonces será posible calcular la masa del planeta en relación con la masa de la Tierra.

De esa manera se descubrió que Júpiter era, con mucho, el planeta con mayor masa. Tiene 317.9 veces la masa de la Tierra, o sea una masa de 1.9 $\times$ 10^{24} toneladas. Tiene más de dos veces la masa de cualquier otra cosa en el sistema solar (con exclusión del Sol).

Pero no debemos excluir al Sol, que tiene una masa muchísimo mayor que la de Júpiter. Puesto que conocemos la distancia que hay de la Tierra al Sol, y el periodo de revolución de la Tierra, podemos calcular la masa del Sol en relación con la masa de Júpiter.

Resulta que el Sol tiene una masa 1 019 veces mayor que la de Júpiter y, por ello, una masa 324 000 veces mayor que la de la Tierra. La masa del Sol es de 1.99 $\times$ 10^{27} toneladas, y contiene 99.9% de la masa de todo el sistema solar. Júpiter, la Tierra y todos los demás planetas, satélites, asteroides, cometas y objetos celestes diversos forman el restante 0.1%.

¿Qué decir acerca de las estrellas? ¿Acaso algunas de ellas tienen más masa que el Sol?

En 1793, el astróno germano-inglés William Herschel (1738-1822) descubrió la existencia de "estrellas binarias" —sistemas de dos estrellas que giran entre sí. Si su distancia de nosotros fuese conocida podría calcularse la distancia de separación de las dos estrellas, y partiendo de ese dato y de su periodo de revolución podría determinarse su masa total.

Hasta la década de 1830 no se determinó la distancia a que se encuentra de nosotros ninguna estrella, y desde entonces aumentó la posibilidad de determinar la masa de por lo menos algunas estrellas.

Por ejemplo, en 1844, Bessel descubrió que Sirio tenía una estrella compañera demasiado débil para poderla distinguir. Bessel sabía que la estrella estaba allí, porque Sirio se movía en una órbita minúscula, en torno de *algo*. En 1862 el fabricante norteamericano de instrumentos Alva Graham Clark pudo ver por fin a la tenue compañera.

Partiendo de la distancia que nos separa de Sirio, de la separación entre Sirio y su mortecina compañera y del tamaño comparativo de las órbitas de las dos estrellas fue posible calcular la masa de ambas. La opaca compañera de Sirio tiene aproximadamente 1.05 veces la masa del Sol, en tanto que Sirio tiene 2.14 veces la masa del Sol.

Por tanto, el Sol no es el objeto de mayor masa en el universo. Sin embargo, las estrellas con mayor masa que el Sol son considerablemente menos comunes que las de menor masa.

En 1924 el astrónomo inglés Arthur Stanley Eddington (1881-1944) demostró que había una relación entre la masa y la luminosidad de las estrellas. Mientras mayor es la masa de una estrella mayor es su luminosidad, y esta última aumenta muchísimo más aprisa que la masa. Si una estrella tuviese una masa excesivamente grande produciría energía en tal cantidad que se destrozaría ella misma.

La mayor masa que una estrella puede tener sin desintegrarse, salvo en condiciones muy raras, es de unas setenta veces la masa del Sol. En 1920 el astrónomo canadiense John Stanley Plaskett (1865-1941) descubrió una estrella extraordinariamente masiva. Esa estrella tiene por lo menos cincuenta y cinco veces la masa del Sol, o 1.1×10^{29} toneladas.

William Herschel fue el primero en reconocer que las estrellas visibles en el firmamento forman un sistema plano, semejante a un lente, pero fue necesario el transcurso de un siglo para poder calcular las verdaderas dimensiones de esta "galaxia de la Vía Láctea". Partiendo de la distancia del Sol al centro de la galaxia, y el periodo de revolución del Sol en torno a ese centro, podemos determinar la masa total de la galaxia. Ahora se cree que la galaxia tiene una masa igual a 140 000 000 000 de veces la masa del Sol, o 2.8×10^{38} toneladas. La galaxia posiblemente contenga hasta 300 000 000 000 de estrellas, las más de las cuales, por supuesto, tienen menos masa que el Sol.

Ya en 1920, gracias principalmente a la labor del astrónomo norteamericano Heber Doust Curtis (1872-1942) se sabía que nuestra galaxia no era el único sistema estelar en existencia. Había otros, que se extendían hacia afuera, hasta donde el telescopio podía penetrar. También se sabía que la mayoría de esas galaxias eran más pequeñas que la nuestra, algunas con masas de sólo unos cuantos centenares de millones mayores que la masa de nuestro Sol, pero había asimismo algunas otras galaxias más grandes y unas cuantas con masas hasta de diez billones de veces la masa del Sol.

Según algunos cálculos, hay en conjunto unos 100 000 000 000 de galaxias, y esa masa total del universo es, por tanto, algo así como 2×10^{49} toneladas, o lo que es lo mismo, 20 000 000 000 000 000 000 000 000 000 000 000 000 000 000 000 toneladas. (Como veremos después, existe la posibilidad de que el universo tenga una masa más de cien veces mayor.)

Es sorprendente que desde nuestro lugar, en un pequeño planeta de una estrella ordinaria, en los aledaños de determinada galaxia, hayamos podido, menos de dos siglos después de determinar la masa de la Tierra, determinar la masa de todo el universo. Tal vez más sorprendente aún es la penetración humana en otras direcciones, hacia lo infinitamente pequeño.

HASTA LAS CÉLULAS

Los seres humanos siempre han comprendido la existencia de seres vivientes con menos masa que ellos mismos: perros, gatos, aves de corral e innumerables animales salvajes.

Sin embargo, el ejemplo usual de una criatura viviente muy pequeña es el ratón. Una frase hecha muy común es: "tan pequeño como un ratón".

Indudablemente, el ratón casero es un animal pequeño pero hay muchas especies de ratones, y el casero no es el más pequeño. Esa distinción corresponde al ratón europeo de campo, que tiene sólo la mitad de tamaño del raton casero. El ratón de campo adulto suele pesar tan poco como 5 gramos. Así, el hombre adulto norteamericano del tamaño normal tiene una masa unas 14 600 veces mayor que la del ratón de campo.

Empero, el ratón de campo no es el mamífero más pequeño. Esa marca corresponde a la musaraña pigmeo, la cual pesa alrededor de

2 gramos. La musaraña pigmeo es al hombre lo que el hombre es a un gigantesco árbol secoya.

El ave más pequeña es el pájaro mosca, que también pesa unos 2 gramos cuando llega a adulto.

Es imposible que un animal de sangre caliente, como un mamífero o un ave, tenga menos masa que 2 gramos.

Al paso que un objeto disminuye en tamaño su volumen baja considerablemente más aprisa que su área superficial. Esto significa que un animal pequeño tiene más superficie en relación con su volumen que un animal grande de la misma forma general. La producción de calor corporal del animal está relacionada con su volumen; su pérdida de calor está relacionada con su superficie. Por tanto, a medida que un animal disminuye en tamaño, pierde calor más y más aprisa, en comparación con la cantidad de calor que genera.

Cuando un animal es tan pequeño como la musaraña o el pájaro mosca o colibrí, apenas puede producir calor al mismo tiempo que lo pierde, siempre que esté comiendo casi sin cesar. Por ese motivo las musarañas y los pájaros mosca comen constantemente durante todas las horas que están despiertos, y aún así están constantemente hambrientos.

En cambio, los animales de sangre fría no están limitados por la pérdida de calor y pueden ser más pequeños que cualquier animal de sangre caliente. Así, en tanto que un ratón del campo tiene unos 70 milímetros de longitud, con inclusión de su cola, la lagartija más pequeña tiene unos 40 milímetros de largo, con inclusión de cola, y hay una rana que tiene sólo unos 10 milímetros de longitud.

El vertebrado más pequeño es una clase de pez diminuto llamado gobio pigmeo. Tiene sólo unos 8 milímetros de longitud y una masa de 4 a 5 miligramos. Una musaraña pigmeo tiene igual masa que 450 gobios pigmeos.

En general, los insectos son más pequeños que los vertebrados.

Por supuesto, hay algunos traslados. El insecto más grande, el escarabajo Goliat, puede crecer hasta llegar a casi 15 centímetros de longitud, y puede tener una masa hasta de 100 gramos. Tiene cincuenta veces más masa que una musaraña pigmeo.

Sin embargo, éste es un caso sumamente excepcional. Las moscas y los mosquitos son característicos en lo concerniente a insectos. Los insectos más pequeños son las llamadas moscas hadas, con longitud de sólo 2/5 de milímetro. Son tan pequeños esos insectos que en el mejor de los casos pueden ser distinguidos como simples motas, bajo una luz fuerte.

Cuando se llega a organismos tan pequeños parecería razonable preguntar si realmente se les puede considerar como vivientes.

Podría parecer impensable que nada, todavía más pequeño, fuese tratado como viviente.

Antes de los tiempos modernos nadie se ponía a pensar si podría haber nada que viviera y que fuese tan pequeño que resultara invisible a simple vista. Abundaban los cuentos acerca de la invisibilidad, pero siempre los objetos invisibles eran de tamaño muy perceptible, hasta largos, y eran invisibles sólo por arte de magia.

Desde la antigüedad debe haberse notado que los objetos de vidrio a veces hacían parecer más grandes las cosas sobre las que descansaban, aunque las distorsiones quitaban al aumento toda utilidad. Hasta el siglo XV no se emplearon lentes que permitieran el estudio de objetos pequeños, como insectos, con mayor facilidad que a simple vista.

El problema consistía en pulir los lentes de cristal suficientemente bien, fabricados con cristal de alta calidad y con curvatura lo bastante exacta para reducir la distorsión, y de esa manera aumentar el nivel útil de magnificación.

El microscopista holandés Anton van Leeuwenhoek (1632-1723) fue el primero que hizo el pequeño lente ampliador lo suficientemente útil para que se le llamara "microscopio". Empleaba sus lentes para examinar todo, y en 1677 descubrió, en agua sucia, pequeñas cosas que mostraban todos los indicios de estar vivas, aunque eran demasiado pequeñas para ser vistas a menos que se les magnificara. Había descubierto los "microorganismos".

Valiéndose de un "microscopio compuesto" (con más de un lente), el físico inglés Robert Hooke (1635-1703) había descubierto, aún antes, en 1665, que el corcho estaba hecho de diminutos agujeros rectangulares, demasiado pequeños para poder ser vistos sin el microscopio. Les llamó "células".

Una que otra vez se observó posteriormente que los tejidos estaban divididos en pequeños segmentos, los cuales, al menos en las plantas, estaban separados por muy claras particiones leñosas. El corcho, por ser tejido muerto, consistía en particiones leñosas con los interiores vacíos. A los segmentos se les seguía llamando células, aunque no estuviesen vacíos, y a las particiones se les llamaba "paredes de célula".

El botánico alemán Matthias Jakob Schleiden (1804-1881), sugirió, en 1838, que todas las plantas estaban compuestas de células, las cuales eran unidades de la estructura del tejido de la planta. El fisiólogo alemán Theodor Schwann (1810-1882) conjeturó al año siguiente que lo mismo se aplicaba a los animales, excepto que en estos últimos las células están separadas por delgadas membranas, más bien que por paredes comparativas gruesas, razón por la cual se les nota menos. Entre esos dos hombres de ciencia surgió la "teoría de la célula".

Todos los organismos visibles sin ayuda del microscopio, desde el más grande árbol secoya hasta la más pequeña mosca, están hechos de determinado número de células, las más de las veces de un número muy elevado. Son los "organismos multicelulares". El ser humano ordinario está hecho de aproximadamente 50 000 000 000 000 células.

Por otra parte, los microorganismos que Leeuwenhoek descubrió están hechos de una sola célula cada uno, por lo que se les llama "organismos unicelulares". Naturalmente, los organismos unicelulares son infinitamente más pequeños que los organismos multicelulares, pero están igualmente vivos.

No obstante, indudablemente algunos organismos unicelulares son sorprendentemente grandes. Los huevos, por ejemplo, son organismos unicelulares. La célula es la yema del huevo, en tanto que la clara y el cascarón son "extracelulares". En cuanto a la yema, consiste casi por completo en alimento destinado al embrión en desarrollo. La verdadera sustancia viviente es un simple punto microscópico en la superficie de la yema.

Los huevos puestos fuera del cuerpo para desarrollo independiente son especialmente grandes porque el suministro de alimento dentro de ellos es todo lo que el embrión en desarrollo tendrá hasta que sea lo suficientemente grande para vivir fuera del huevo. Los huevos más conocidos son los de las aves y, generalmente, mientras más grande es el ave más grande es el huevo.

Un pequeño colibrí pone un huevo de aproximadamente 1¼ centrimetros de longitud, el cual tiene un volumen de 0.4 centímetros cúbicos, más o menos. El huevo de gallina, ese huevo tan conocido que muchos de nosotros comemos en el desayuno, tiene unos 6¼ centímetros de longitud y un volumen aproximado de 50 centímetros cúbicos. Así pues, el huevo de gallina es unas 125 veces más voluminoso que el huevo de colibrí.

El ave viviente más grande es el avestruz. La altura hasta el lomo de un avestruz macho llega a ser hasta de 1.4 metros, y su largo cuello puede sostener la cabeza hasta 2.7 metros sobre el suelo, casi dos veces la altura de un ser humano. Se sabe que el avestruz llega a tener una masa de 156 kilogramos, el doble de la del hombre promedio. Naturalmente, el avestruz pone un huevo más grande que el de cualquier otra ave.

El huevo de avestruz mide alrededor de 20 centímetros de longitud y 15 centímetros de anchura, con masa hasta de 8.5 kilogramos. Su volumen es hasta de 1 200 centímetros cúbicos, por lo que el huevo de avestruz es unas veinticuatro veces más voluminoso que el huevo de gallina.

Con todo, el huevo de avestruz no es el más grande. Los peces tambien ponen huevos, y el pez más grande es el tiburón ballena, que llega a tener una longitud de 18 metros y masa de 40 toneladas, lo que le da un tercio de la masa de la ballena más grande.

No pone un huevo ovoide, como el de las aves, sino uno de forma irregular. Se encontró uno que tenía 30 centímetros de longitud, 13¾ centímetros de anchura y 8¾ centímetros de espesor. Su volumen era de unos 3 600 centímetros cúbicos, o tres veces el volumen de un huevo de avestruz. (Sin embargo, debemos recordar que un tiburón ballena tiene alrededor de 250 veces más masa que un avestruz.)

Si incluimos a animales extintos, los dinosaurios ponían huevos aún más grandes. Los huevos de dinosaurio más grandes que se han encontrado hasta ahora tienen 30 centímetros de longitud y 25 centímetros de anchura. El volumen de un huevo así sería de unos 5 000 centímetros cúbicos, o un poco más de cuatro veces el volumen de un huevo de avestruz.

También hay aves extintas. El ave más alta que ha existido es la moa gigante de Nueva Zelanda, que alcanzaba una altura hasta de 4 metros (dos veces la altura de un hombre muy alto) y tenía una masa hasta de 225 kilogramos, casi el doble de la masa de un avestruz.

No tan alta, pero con mayor masa, era la aepiornis ("ave alta"), conocida también como "pájaro elefante". Su altura era de unos 3 metros, a lo sumo, pero su masa llegaba a un máximo de 450 kilogramos, casi tres veces la masa de un avestruz.

El huevo de la aepiornis era de 37.5 centímetros de longitud, con un volumen de 8 900 centímetros cúbicos (2⅓ galones). El huevo de la aepiornis era ocho veces más voluminoso que el del avestruz, 180 veces más voluminoso que el de gallina y 22 500 veces más voluminoso que el del colibrí. Sin embargo, aun el huevo de la aepiornis era una sola célula, la más grande célula que haya nunca existido en la Tierra.

Los huevos de los mamíferos son mucho más pequeños. Se desarrollan dentro del cuerpo de la madre y el embrión es alimentado principalmente por medio de una placenta, a través de la cual los nutrientes de la corriente sanguínea de la madre pueden esparcirse en la corriente sanguínea del embrión, en tanto que los desechos se esparcen en otra dirección. La célula del huevo de los mamíferos, o sea el "óvulo", no necesita, por tanto, el enorme suministro de alimento que se encuentra en los huevos de las aves, los reptiles y los peces.

Por ejemplo, el óvulo humano es del tamaño de la cabeza de un alfiler. Es sólo 1/280 000 del tamaño del huevo del colibrí y menos de 1/6 000 000 000 del tamaño del huevo de la aepiornis.

Es inútil medir el volumen del óvulo humano en centímetros cúbicos. Tendríamos que trabajar con fracciones minúsculas nada prácticas. Para el óvulo, lo mismo que para otras células, sería mejor emplear micras cúbicas. El óvulo humano tiene un volumen aproximado de 1 400 000 micras cúbicas.

El óvulo humano no es tan grande como algunos microorganismos. La amiba, por ejemplo, comparte muchas propiedades de los animales, en general, y es miembro del grupo llamado "protozoarios" ("primeros animales"). La amiba consiste en una sola célula, pero en atención a que vive independientemente, esa única célula debe desempeñar todas las funciones esenciales de un animal. Por tanto, debe ser moderadamente grande. El volumen de una amiba es de unas 4 200 000 micras cúbicas, o sea tres veces más que el volumen del óvulo humano.

Hay algunos protozoarios aún más grandes, lo suficiente, de hecho, para poderse ver a simple vista, más grandes que diversos animales pequeños multicelulares. El protozoario más grande que existe puede tener hasta 1.5 centímetros de diámetro. Hubo protozoarios ya extintos, llamados numulitas, de 2.4 centímetros de diámetro. Esos enormes organismos unicelulares pudieron haber rivalizado en masa con la musaraña pigmeo o el pájaro mosca.

Casi todas las células son mucho más pequeñas. El óvulo de un mamífero debe contener algún alimento para mantener el embrión durante las primeras etapas, antes que la placenta se haya establecido completamente. Por tanto, el óvulo humano, a pesar de lo pequeño que es en comparación con la amiba, sigue siendo la célula más grande en el cuerpo humano.

No debe ser sorprendente el tamaño pequeño de las células que forman un organismo multicelular, en comparación con las de muchos organismos unicelulares. Las funciones de un organismo multicelular se distribuyen entre las diversas clases de células que lo forman. Cada clase de célula se especializa en una función o en otra, y no necesita poseer la capacidad para desempeñar todas las funciones, como en el caso de la única célula del organismo unicelular. Por tanto una célula del cuerpo puede ser considerablemente más pequeña que una amiba y no obstante ello, hacer eficientemente lo que debe hacer.

Por ejemplo, la célula del hígado humano, que es una muy activa fábrica de sustancias químicas, tiene un volumen de sólo 1 750 micras cúbicas, únicamente 1/800 del volumen del óvulo humano y 1/2 400 del volumen de la amiba.

HASTA LAS BACTERIAS

La célula misma no representa el horizonte de la pequeñez en lo concerniente a cosas vivientes. Las células no son únicamente glóbulos de materia viviente. Si se les estudia con el microscopio se verá claramente que consisten en objetos minúsculos de considerable variedad, y que cada uno de ellos, indudablemente, tiene su función específica.

El más importante de estos objetos subcelulares fue descrito por primera vez en 1831 por el botánico escocés Robert Brown (1773-1858). A causa de que se hallaba ese objeto cerca del centro de las células que él estudiaba, lo llamó "núcleo" ("pequeña nuez"), pues parecía una nuez dentro de la coraza celular.

Con el tiempo se descubrió que el núcleo de la célula es particularmente importante con respecto a la producción, así como a la manera en la cual se divide en dos la célula, de suerte que cada célula hija obtiene las propiedades y capacidades completas de la célula madre.

En la sangre hay gran número de objetos semejantes a células que no son verdaderas células porque nunca se dividen y, por tanto, no necesitan tener núcleos. Esos objetos se forman en diferentes partes del cuerpo, principalmente en la médula de los huesos, de células que originalmente *sí* tuvieron núcleo. El producto final se especializa en una función: combinarse con oxígeno en los pulmones y después liberar ese oxígeno a las células del cuerpo, en general. Esos objetos se llaman "glóbulos rojos de la sangre".

Los glóbulos rojos de la sangre no necesitan mucho volumen para desempeñar su función. El volumen del glóbulo rojo de la sangre humana es de unas 90 micras cúbicas, lo que no llega a 1/20 del volumen de una célula del hígado.

La sangre también contiene objetos todavía más pequeños, llamados "plaquetas", con volumen aproximado de sólo 7 micras cúbicas. Figuran las plaquetas en la coagulación de la sangre. Lo mismo que los glóbulos rojos, las plaquetas carecen de núcleo y por ello no son verdaderas células. Son los objetos más pequeños, semejantes a células, que hay en el cuerpo.

En cuanto al tamaño del núcleo, varía de acuerdo con la clase de célula, pero su volumen típico es de unas 35 micras cúbicas, por lo que es más pequeño que el glóbulo rojo, pero más grande que la plaqueta.

Tampoco es el núcleo por sí mismo una masa homogénea de materia viviente. En 1882, el anatomista alemán Walter Flemming (1843-1905) descubrió detalladamente lo que ocurre dentro del núcleo durante la división de la célula. Logró que lo que sucedía se viera con mayor claridad, al emplear una tintura roja que teñía algunas cosas dentro del núcleo.

A aquellas cosas que recibían la tintura les dio el nombre de "cromosomas" ("cuerpos con color"), y se hizo evidente que eran los cromosomas los que más intervenían en la división de las células. Cada cromosoma se partía en dos antes de la división, y después todos los cromosomas se separaban, de suerte que cada célula hija quedaba con un juego completo de cromosomas.

Los cromosomas se dan por parejas en cada célula. Cuando el organismo femenino forma células de óvulo, cada óvulo obtiene sólo la mitad de un juego de cromosomas, uno de cada par. Cuando el organismo masculino forma espermatozoides (o células de esperma, equivalente masculino de células de óvulo), también cada uno de ellos recibe sólo medio juego de cromosomas.

Cuando los organismos se reproducen sexualmente, una célula de esperma del macho se combina con una célula de óvulo de la hembra. El "óvulo fertilizado" que resulta tiene entonces medio juego de cromosomas de la madre y medio juego del padre. Las dos mitades, en combinación, forman un juego completo, y el óvulo fertilizado se va convirtiendo en un organismo que hereda por igual características del padre y de la madre.

La diferencia entre la célula de óvulo y la célula de esperma es que la primera contiene medio juego de cromosomas, además de un suministro de alimento que debe durar hasta que se forme la placenta. La célula de esperma tiene sólo medio juego de cromosomas y muy poco más. Su única misión es utilizar su cola (pues la célula de esperma parece un diminuto renacuajo), para que llegue al óvulo el medio juego de cromosomas que lleva. Cuando el esperma o semen entra en el óvulo ocurre la fecundación.

Por tanto, la célula de esperma es una célula muy pequeña pues consiste en un poco más que un seminúcleo, aunque ello basta para que sea una verdadera célula. La célula de esperma del hombre tiene un volumen aproximado de sólo 17 micras cúbicas, menos de la quinta parte del volumen de una célula roja de la sangre. Es más grande que la plaqueta, pero la célula de esperma es la más pequeña célula verdadera que hay en el cuerpo humano, así como la célula del óvulo es la más grande.

La célula del óvulo humano es unas 82 000 veces más grande que la célula de esperma humano. Para una célula de esperma, la célula de óvulo parecería cuarenta veces más grande de lo que una ballena azul nos parecería a nosotros.

¿Son las células de esperma y las plaquetas el horizonte definitivo de pequeñez en lo concerniente a las cosas vivientes? ¡Desde luego que no!

En 1683, van Leeuwenhoek, al estar viendo a través de uno de sus microscopios de un solo lente, detectó algunos objetos que se hallaban en el límite mismo de su visión. Los describió y los dibujó. No sabía lo que eran, pero al examinar esos dibujos, los microbiólogos posteriores supieron que lo que van Leeuwenhoek había visto eran lo que, mucho después de él, se llamarían "bacterias". Nadie más las vio en más de un siglo, hasta que el biólogo danés Otto Frederik

Müller (1730-1784) las distinguió un poco mejor, con un microscopio algo más perfeccionado.

La dificultad en ver las bacterias consistía en que los lentes de los microscopios formaban espectros semejantes a un arcoiris, además de agrandar los objetos minúsculos. Esto significaba que todo objeto visto a través del microscopio estaba rodeado de un halo de colores. Mientras más pequeño era el objeto, más pronunciado era el halo, en comparación, y las bacterias tenían un halo tan pronunciado que resultaba difícil distinguirlas.

Por último, en 1830, el óptico inglés Joseph Jackson Lister (1786-1869), ideó lentes que no formaran espectros y que permitieran que los objetos pequeños no aparecieran rodeados de manchas que los opacaran. Sólo desde entonces fue posible estudiar verdaderamente las bacterias.

Sin embargo, faltaba el interés en realizar ese estudio, puesto que parecía que esos minúsculos trozos de vida carecían de importancia al menos hasta que el químico francés Louis Pasteur (1822-1895) se puso a investigar. En 1865, estudiaba la causa de una plaga en los gusanos de seda que amenazaba con acabar con la industria francesa de la seda. Localizó las minúsculas bacterias en los gusanos enfermos, que no se hallaban en los sanos, y pensó entonces que esos pequeños parásitos podrían ser la causa de la enfermedad infecciosa, y que para evitar o curar la plaga se necesitaba que los parásitos no cundieran, o matarlos si ya habían cundido.

Esa "teoría de las enfermedades causadas por gérmenes" ("germen" es el nombre dado a un microorganismo que produce una enfermedad, como algunas bacterias) fue probablemente el adelanto más importante en la historia de la medicina, que condujo a extender al doble el promedio de vida de los seres humanos en el transcurso del siguiente siglo. También llevó a un nuevo y profundo interés en las bacterias.

El botánico alemán Ferdinand Julius Cohn (1828-1898) se consagró a esa tarea, y fue el primero en tratar la "bacteriología" como rama especial de los conocimientos. En 1872 publicó un tratado en tres volúmenes sobre las bacterias, el cual puede decirse que fue el fundamento de la bacteriología.

El estudio de la bacteriología abrió a la vida nuevos horizontes de lo diminuto. La bacteria más grande que se conoce tal vez tenga un volumen no mayor de 7 micras cúbicas, lo que significa que no es mayor que una plaqueta y que es más pequeña que la mitad de la célula del esperma humano.

En cuanto a las bacterias más pequeñas que se conocen, son sin duda minúsculos trozos de vida. En 1936 fueron descubiertas en aguas de albañal unas bacterias conocidas como "organismos semejantes a los de la pleuroneumonía" (OSPN). Cada célula OSPN es una diminuta esfera de sólo 0.1 micra de diámetro. Eso da un volumen de 0.005 micras cúbicas.

Tal cosa significa que la bacteria más pequeña es sólo 1/1 400 tan voluminosa como la más grande, y únicamente 1/3 500 tan grande como la célula del esperma humano.

La célula OSPN es el organismo de vida independiente más pequeño que existe, hasta donde sabemos –el más pequeño trozo de vida capaz de vivir y reproducirse por cuenta propia (siempre, por supuesto, que la célula tenga un medio favorable, que incluya alimento). Las células OSPN son las más diminutas que contienen todas las sustancias químicas necesarias para la vida.

Se calcula que esos trocitos de vida independiente tienen una masa de algo así como 10^{-15} gramos (una milbillonésima de gramo).Se necesitarían 73 000 000 000 000 000 000 de esas bacterias para que dieran el peso de un hombre norteamericano normal.

HASTA LOS VIRUS

Con todo, por increíble que parezca, ni la misma célula OSPN representa la forma más pequeña de vida.

Hay algunas enfermedades infecciosas en relación con las cuales los científicos no podían encontrar un parásito microscópico. O era errónea la teoría de los gérmenes productores de las enfermedades, o había parásitos invisibles. Una razón por la que posiblemente no se les viese consistía en que eran demasiado pequeños, aun para los mejores microscopios disponibles. Pasteur mismo creía en la hipótesis de que había parásitos "demasiado pequeños".

En 1892, el botánico ruso Dmitri I. Ivanovski (1864-1920) investigó la "enfermedad del mosaico del tabaco" en esa planta, con síntomas que incluían el jaspeado de las hojas. Si se magulla la hoja enferma y su jugo se pone en una planta sana, ésta se contagia de la enfermedad.

Ivanovski introdujo a la fuerza el jugo de una hoja infectada a través de un filtro muy fino, capaz de impedir el paso aun de las más pequeñas bacterias, pero aun así el jugo siguió siendo infeccioso. En 1895 ese experimento fue repetido independientemente por el botánico holandés Martinus Willem Beijerinck (1851-1931). Este último llamó al agente infeccioso "virus", palabra latina que significa "veneno", pues no sabía de qué otra manera llamarlo.

El bacteriólogo británico William Joseph Elford (1900-1952) empleó en 1931 un filtro aún más fino, y logró detener al agente infeccioso. Esto demostró que el virus era una partícula (presuntamente viva) algo más pequeña que la más pequeña de las bacterias.

El bioquímico norteamericano Wendell Meredith Stanley (1904-1971), valiéndose de una gran cantidad de jugo procedente de plantas enfermas de tabaco, logró eliminar todo, con excepción del virus, y en 1935, lo cristalizó. Obtuvo una masa de cristalitos semejantes a agujas, que aisló para descubrir que poseían todas las propiedades infecciosas del virus en alta concentración.

Entretanto se había perfeccionado una nueva clase de microscopio. Los microscopios ordinarios agrandan la imagen desviando la luz reflejada del objeto observado. Esto funciona únicamente si los objetos son por lo menos un poco más grandes que las mismas ondas luminosas. De no ser así las ondas luminosas pasan sobre ellos, por así decirlo. Las ondas luminosas son muy pequeñas, pero tratándose de observar bacterias las ondas luminosas se hallan en el límite de ser demasiado grandes para que sirvan.

Los electrones son partículas pequenísimas, de las que nos ocuparemos después. En 1927, el físico norteamericano Clinton Joseph Davisson (1881-1958) demostró que los electrones, que generalmente se comportaban como partículas, en algunas formas también se comportaban como ondas. Esas ondas eran mucho más cortas que las luminosas y por ello podían ser empleadas para observar objetos mucho más pequeños que los que podían volverse visibles recurriendo a la luz.

Las ondas de los electrones no son parte del espectro electromagnético y no pueden ser tratadas de la misma manera. Las ondas luminosas pueden ser desviadas por medio de lentes, en tanto que las ondas electrónicas, por estar asociadas con una partícula cargada eléctricamente, pueden ser desviadas por medio del uso de campos electromagnéticos. Valiéndose de ese principio, el físico ruso-norteamericano Vladimir Kosma Zworykin (1889-   ) creó un "microscopio electrónico" y en 1939 contaba ya con un instrumento que podía penetrar en las profundidades de la pequeñez cincuenta veces más que el mejor instrumento óptico.

El microscopio electrónico permitió por primera vez estudiar los virus como objetos visibles, pero al comienzo hubo muchas controversias acerca de si se les podría considerar como vivientes.

Era evidente que los virus *no* tenían todo el mecanismo químico necesario para la vida independiente. Sin embargo, lograban penetrar en la célula, y una vez dentro de ella aprovechaban el mecanismo de la célula para sus propios fines. Podían multiplicarse dentro de la célula, a expensas de la misma, y a veces la mataban. Eran una forma más profunda de parasitismo de la que los biólogos habían encotrado hasta entonces, pero ¿podrían ser considerados como con vida?

El hecho de que Stanley hubiese cristalizado los virus parecía constituir un argumento contra la presunción de que tenían vida, puesto que a los cristales se les asocia con sustancias químicas, no con organismos vivientes. Sin embargo, los virus eran tan pequeños que se les podría considerar como organismos vivientes que, en ciertas formas funcionaban como substancias químicas.

La decisión definitiva se tomó cuando los científicos llegaron a reconocer el importantísimo papel desempeñado en todos los organismos vivientes por los ácidos nucleicos, con inclusión de una variedad conocida como "ácido desoxirribonucleico", que generalmente se abrevia "ADN". Esto se comprendió por primera vez como resultado de la labor del médico canadiense Oswald Theodore Avery (1877-1955), realizada en 1944, y de la labor combinada del bioquímico inglés Francis H.C. Crick (1916-), y el bioquímico norteamericano James Dewey Watson (1928-), realizada en 1953.

Crick y Watson demostraron que el ADN es la clase esencial de molécula en los cromosomas, y que controla la producción de proteínas en células y tejidos. También controla la forma como las características son heredadas por las células hijas de las células madres en la división celular y por los hijos de sus padres en la reproducción de los organismos. La unidad del cromosoma que controla la producción de una sola variedad de proteína se llama "gene".

Resultó que todos los virus consisten en ácidos nucleicos envueltos en una corteza de proteína. Los más grandes y complejos tienen ADN como la variedad del ácido nucleico que poseen. Los más pequeños y sencillos tienen una variedad ligeramente distinta, que generalmente se abrevia "ARN". Por ejemplo, el virus del mosaico del tabaco contiene ARN.

Podría considerarse un virus como un gene, o un grupo de genes, que existen aislados, capaces de penetrar en una célula y apoderarse (como invasores) del control que ordinariamente ejercen los propios genes de la célula.

Al considerar el volumen de una partícula de virus sería mejor emplear una nueva unidad, el "nanómetro cúbico", el cual equivale a una milmillonésima de micra cúbica. Por ejemplo, la célula OSPN, que tiene un volumen de 0.005 micras cúbicas, puede decirse también que tiene un volumen de 5 000 000 de nanómetros cúbicos.

Hay algunos virus tan grandes que sobrepasan el límite del tamaño de las bacterias. Por ejemplo, hay un grupo de virus particularmente grandes, llamados "rickettsia", porque fueron identificados por primera vez por el médico norteamericano Howard Taylor Ricketts (1871-1910), en 1906. Son lo suficientemente grandes para que se les pueda ver con el microscopio óptico, y pueden tener hasta diez veces el volumen de las bacterias más pequeñas que viven libremente. Sin embargo, a los rickettsia les falta por lo menos un componente químico indispensable y pueden multiplicarse únicamente dentro de las células, como ocurre con los virus.

Los virus rickettsia causan enfermedades tales como la fiebre tifoidea y el tifo. El volumen del virus rickettsia del tifo es de 54 000 000 nanómetros cúbicos.

Un virus más pequeño, como el que causa la gripe, tiene un volumen de 800 000 nanómetros cúbicos, y su tamaño es sólo de algo más de 1/6 de la bacteria más pequeña. El virus del mosaico del tabaco tiene un volumen de 50 000 nanómetros cúbicos, sólo 1/100 el tamaño de la bacteria más pequeña (por lo que no es de extrañar que haya pasado por los filtros de Ivanovski), y el gene promedio tiene un volumen de 40 000 nanómetros cúbicos.

El virus más pequeño que se conoce es el que causa la necrosis reticular, deformadora de la papa o patata. Posiblemente tenga un volumen de sólo 200 nanómetros cúbicos. Con ese volumen podría tener 1/2,500 el tamaño de la bacteria más pequeña, y una masa de 8×10^{-19} gramos.

Hay una asombrosa variedad de formas de vida en la Tierra. Se necesitaría 2.5×10^{27} virus de la necrosis reticular (dos mil quinientos cuatrillones), para igualar la masa de un árbol secoya. Sin embargo, el minúsculo virus está tan vivo como el enorme árbol.

Aun así, ni siquiera el virus más pequeño es el extremo en pequeñez. Está formado por objetos más pequeños que él, y cuando los seres humanos pudieron estudiar los virus y determinar su tamaño, el horizonte de la pequeñez se había extendido mucho más allá de los virus.

19

Átomos y más allá

LA DIVISIBILIDAD DE LA MATERIA

Los antiguos griegos discutían acerca del grado hasta el cual podía dividirse cualquier objeto. Las vasijas de barro podían romperse fácilmente, y los trozos volverse a romper hasta formar otros más pequeños, y así sucesivamente hasta que todo quedase convertido en polvo finísimo. ¿Podría ese polvo ser fragmentado más y más, sin límite alguno? ¿O había acaso una porción de vasija (o de cualquier otra cosa) tan pequeña que no pudiese ser dividida más, por ningún medio, hasta quedar convertida en algo más pequeño?

Ni los filósofos que creían en la existencia de lo que pudiera considerarse como el objeto más pequeño, ni aquellos que negaban que pudiera existir tal cosa habían hecho observaciones experimentales. Ambos bandos argüían lógicamente, partiendo de suposiciones fundamentales.

Sin embargo, como es natural, si se parte de suposiciones diferentes se termina con conclusiones diferentes. Puesto que ningún conjunto de conclusiones se comprueba por medio de su comparación con el universo mismo, no existe una forma clara de escoger entre las conclusiones distintas. Se escoge la opción que hace sentir mayor tranquilidad.

En general, los más influyentes filósofos griegos se pronunciaron por la divisibilidad indefinida y por la inexistencia de una partícula indivisible.

La primera persona, cuyo nombre conocemos, que sostuvo el

concepto minoritario de la partícula definitiva fue el filósofo griego Leucipo. Defendió esa tesis allá por el año 450 a.J.C. También parece haber sido el primero que expuso la "regla de la causalidad", de que cada efecto procede de una causa natural. Tal cosa elimina cualquier consideración de lo sobrenatural o de la magia.

Mejor conocido que Leucipo es su discípulo Demócrito (470-380 a.J.C.) Demócrito enunció que toda la materia consiste en minúsculas partículas, infinitesimalmente pequeñas, por lo que la materia *parece* continua. Creía que esas partículas eran tan pequeñas que hacían inconcebible nada de menor tamaño. Por considerar que esas partículas eran indivisibles les llamó *átomos,* palabra griega que significa "indivisible".

Sostuvo Demócrito que los átomos eran eternos, incambiables e indestructibles, y que con excepción de ellos nada existía. Los había en diferentes variedades, y todos los objetos existentes estaban hechos de combinaciones de átomos. Si los objetos que conocemos son diferentes, ello obedece únicamente a que las combinaciones de átomos que los componen son diferentes.

En todo lo anterior Demócrito se hallaba esencialmente en lo justo, a la luz del pensamiento moderno, pero no tenía forma alguna de demostrar que tenía razón, por lo que sus puntos de vista fueron hechos a un lado.

Se supone que Demócrito escribió setenta y dos obras, pero sus conceptos no tenían la aceptación necesaria para que los amanuenses tuviesen incentivos para copiarlos muchas veces. El hecho de que, desde un principio, se hicieron pocas copias de las obras de Demócrito, explica probablemente la razón principal por la que ahora no existe ninguna de ellas. Conocemos el pensamiento de Demócrito únicamente porque lo mencionaron (generalmente en forma adversa) otros filósofos cuyas obras sobreviven, al menos parcialmente.

Con todo, el "atomismo" de Leucipo y de Demócrito nunca desapareció completamente. Hubo unos cuantos filósofos que aceptaron la posición de la minoría.

El más importante de los filósofos griegos posteriores que se pronunciaron por el atomismo fue Epicuro (341-270 a.J.C.), fundador de una escuela filosófica que tuvo muchos seguidores y que se conoció como "epicureísmo". Epicuro enseñó un concepto atomista del universo, difundido por sus discípulos. No ha sobrevivido ninguna de las 300 obras suyas.

El autor romano Tito Lucrecio Caro (95-55 a.J.C.) fue epicúreo. En el año 56 a.J.C. publicó *De Natura Rerum* (De la naturaleza de las cosas), obra en que describió el universo en términos completamente atomistas. Consideraba que aun la mente y el alma estaban compuestas de átomos y que, de haber dioses, también ellos estarían formados por átomos.

Tampoco sobrevivió el único libro de Lucrecio. Por lo menos, en la Edad Media se ignoraba que existiese algún ejemplar, y todo lo que se conocía de la obra procedía de citas de otras fuentes. Pero en 1417 se descubrió un manuscrito, casi inesperadamente. Se le copió y fue muy leído.

En 1454 el inventor alemán Johann Gutenberg (1398-1468) ideó la forma de imprimir con tipo movible y en esa forma se volvió tan fácil producir ejemplares idénticos de cualquier libro en gran número que desde entonces no se ha perdido totalmente ningún libro de alguna importancia.

Una de las primeras obras que se imprimieron fue la de Lucrecio, por lo que, después de todo, sobrevivieron los conceptos griegos del atomismo.

Uno de los filósofos modernos influido por la obra de Lucrecio y que adoptó los conceptos del atomismo griego fue el francés Pierre Gassendi (1592-1655). Los escritos de Gassendi influyeron, a su vez, en el físico y químico irlandés Robert Boyle (1627-1691). Por fin, fue Boyle (veintiún siglos después que Leucipo había expresado la idea por primera vez), quien se ocupó del atomismo desde el punto de vista experimental.

Experimentó con el aire, mucho menos denso que los líquidos o los sólidos, como el agua o la piedra. En efecto, determinado volumen de aire tiene una masa aproximadamente 1/750 de la correspondiente al mismo volumen de agua, y menos de 1/2 000 de la que tendría el mismo volumen de piedra.

Esta diferencia en la densidad podría surgir de una de dos posibilidades, desde el punto de vista del atomismo. O los átomos del aire son menos densos que los del agua o de la piedra, o son tan densos como los del agua o de la piedra, pero se hallan más dispersos (o, hasta cierto grado, por supuesto, son ambas cosas a la vez).

Supongamos que los átomos de los líquidos y de los sólidos están en contacto entre sí, en tanto que los átomos del aire están muy separados los unos de los otros por la nada, y que esa es la causa de que el aire sea mucho menos denso que otras sustancias. En ese caso, los átomos del agua o de la piedra, por estar en contacto entre sí, o casi en contacto, no podrán ser unidos ("comprimidos") fácilmente, para que ocupen menos volumen. El aire, en cambio, podrá ser comprimido con facilidad al hacer que se junten más los átomos separados. El aire podría ser comprimido en la misma forma que una esponja puede serlo, por el mismo motivo. (Esto lo había sospechado el ingenioso ingeniero griego Herón, allá por el año 60 d.J.C.).

En 1662 Boyle realizó ese experimento. Se valió para ello de un tubo de vidrio en forma de J, con el extremo corto cerrado. Vertió mercurio en el extremo abierto del tubo, mercurio que ocupó el fondo de la J, con lo que atrapó el aire en el extremo corto y cerrado. Al verter más mercurio, el peso adicional del mismo comprimió el aire atrapado en el extremo corto del tubo. Esto no ocurría en el caso de líquidos y sólidos, por lo que el experimento constituyó un poderoso argumento en favor del atomismo.

Naturalmente, podría argüirse que el experimento evidenciaba la constitución atomística del aire y otros gases, pero nada más. Los líquidos y los sólidos podrían, no obstante, ser continuos. Sin embargo, es fácil hacer que el agua hierva, calentándola, o que se evapore a temperaturas ordinarias y, en uno y otro caso, se convierte en vapor de agua, que es un gas, el cual puede ser comprimido sin dificultad. Muchas sustancias que son sólidas o líquidas pueden ser convertidas en vapor, por lo que al aceptar el hecho de que los gases consisten en átomos se acepta el hecho de que *todas* las sustancias probablemente consisten en átomos.

Por supuesto, podría ser que las sustancias se dividen en partículas diminutas, pero que tal proceso es fortuito, por lo que las partículas pueden ser de cualquier tamaño y sin ningún significado fundamental. La evaporación y el hervor podrían simplemente fragmentar una sustancia, como un mazo fragmenta una piedra, y las partículas que así se formaran podrían siempre fragmentarse en pedazos más pequeños.

Este concepto fue puesto a prueba comenzando con la obra del químico francés Joseph Louis Proust (1754-1826). En 1799, Proust demostró que una sustancia, el carbonato de cobre, se componía de cobre, carbono y oxígeno, y que invariablemente estaba integrada por la misma proporción, por peso, de cada una de esas sustancias. Sin importar cómo se preparara el carbonato de cobre en el laboratorio, o cómo se le aislara de la roca, 10 gramos de carbonato de cobre contienen, siempre, 5 gramos de cobre, 4 gramos de oxígeno y 1 gramo de carbono.

Prosiguió demostrando que existía una situación semejante en el caso de muchas otras sustancias, y formuló la generalización de que todos los compuestos (sustancias formadas por diversas variedades de átomos) siempre contienen elementos (sustancias compuestas de una sola variedad de átomos) en ciertas proporciones definidas y nunca en otras. A esto se le llama "la ley de las proporciones definidas".

Ahora bien, si la materia fuese continua y se le pudiese dividir en porciones de cualquier tamaño, parecería muy probable que diversos elementos podrían combinarse en cualquier proporción, de la misma manera que el azúcar en polvo y la cocoa en polvo pueden mezclarse en cualquier proporción. Por tanto, una ley de las proporciones definidas parecería significar que cada elemento estaba integrado por ciertas partículas fundamentales de tamaño definido, que podrían combinarse únicamente en ciertos números relativos. Esas partículas fundamentales debían ser los átomos a que se habían referido Leucipo y Demócrito.

PESOS ATÓMICOS

Aprovechando los descubrimientos de Proust y otras observaciones químicas que daban creciente credibilidad al concepto del atomismo, el químico inglés John Dalton (1766-1844), a partir de 1803 formuló una "teoría atómica de la materia". Indicó que estaba en deuda con los antiguos filósofos griegos al aceptar la palabra "átomo" para designar las partículas definitivas.

Propuso que todos los átomos de determinado elemento eran idénticos, y que los átomos de un elemento eran diferentes de los de todos los demás elementos. Hasta allí iba acorde con Demócrito. Sin embargo, Dalton fue más allá: sostuvo que los átomos diferían en masa y que podrían medirse sus masas relativas. Hasta expuso sugerencias respecto a cómo, precisamente, las masas de ciertos átomos estaban relacionadas entre sí.

Las cifras de Dalton correspondientes a los "pesos atómicos", como se llamaron esas masas relativas (incorrectamente, pues "masas atómicas" habría sido mejor), no eran muy exactas. Los primeros pesos atómicos razonablemente exactos fueron calculados, a partir de 1828, por medio de cuidadosos análisis de diversos compuestos, hechos por el químico sueco Jöns Jakob Berzelius (1779-1848).

Berzeluis empleó la masa del átomo del oxígeno como su norma, a la que dio valor de 16. Con esa norma, el peso atómico del azufre es 32. En otras palabras, el átomo del azufre tiene dos veces más masa que el átomo del oxígeno.

Hay otros átomos con mayor masa. El átomo de mayor masa que se presenta en cantidades razonables en la naturaleza es el del uranio. Su peso atómico es 238, por lo que el átomo del uranio es casi quince veces más masivo que el átomo del oxígeno. En décadas recientes se han hecho en laboratorio átomos con mayor masa aún, cuyos pesos atómicos llegan a la marca de 260.

En el extremo opuesto, hay pesos atómicos inferiores al del oxígeno. El peso atómico del nitrógeno es 14, y el del carbono, 12. El peso atómico más bajo es el del hidrógeno, con cifra de 1.

¿Pero cuál es el tamaño de los átomos individuales, en términos de unidades ordinarias de masa o de volumen?

En nada ayuda conocer la masa *relativa*. Podría saberse que el átomo de azufre tiene dos veces la masa del átomo de oxígeno, pero ese solo dato no nos dirá cuánta masa posé cualquiera de esos dos átomos, medida en gramos, o cuán ancho es cualquiera de los dos, medido en metros.

En 1811 surgió una posible clave de la solución cuando el físico italiano Amadeo Avogadro (1776-1856) expuso argumentos que condujeron a la conclusión de que volúmenes semejantes de diferentes gases contenían números semejantes de partículas de materia. Esto significaría que si un gas es tres veces más denso que otro, ello obedece a que las partículas individuales que forman el primer gas tienen tres veces más masa que las partículas que forman el segundo gas. De ser así, la "hipótesis de Avogadro" podría emplearse para determinar el peso atómico, partiendo de densidades relativas.

Esa hipótesis fue pasada por alto, al principio, porque no fue bien comprendida. Los químicos no se dieron cuenta del hecho de que las partículas que forman los gases no son necesariamente átomos separados. Podrían ser grupos de dos o más átomos unidos en forma más o menos permanente. A esos agrupamientos se les llamó "moléculas". Así pues, el gas oxígeno consiste en moléculas de oxígeno, cada una de las cuales está integrada por un par de átomos de oxígeno, en tanto que el vapor de agua consiste en moléculas de agua, de tres átomos cada una, dos átomos de hidrógeno y un átomo de oxígeno.

Esto significa que aunque volúmenes iguales de oxígeno y de vapor de agua contienen igual número de partículas (¡moléculas!), el número total de *átomos* en el volumen de oxígeno es sólo 2/3 del total de átomos en el volumen del vapor de agua.

Hasta 1860 no se aclaró lo anterior definitivamente. Ese año, en una conferencia internacional de químicos (la primera en su género), el italiano Stanislao Cannizzaro (1826-1910), en una exposición muy vigorosa, explicó claramente la diferencia entre átomos y moléculas, y cómo valerse con éxito de la hipótesis de Avogadro.

Dado el peso atómico del oxígeno como 16, los químicos empezaron a hablar de 32 como "peso molecular" del oxígeno, ya que cada molécula de oxígeno está formada por dos átomos de oxígeno. El peso molecular del agua es 18, puesto que cada molécula de agua está formada por un átomo de oxígeno (peso atómico, 16) y dos átomos de hidrógeno (cada uno de ellos con un peso atómico de 1).

Se puede no saber cuánta masa posé una molécula individual de oxígeno, pero sabemos que cierto número (llamémosle *N*) de moléculas de oxígeno pesa 32 gramos. Ese mismo número de moléculas de agua pesaría 18 gramos, puesto que la masa relativa de una molécula de agua respecto a una molécula de oxígeno es de 18 a 32. De hecho, ese mismo número de *cualquier* molécula tendría una masa de x gramos, si esa molécula tuviese un peso molecular de x.

Puesto que lo anterior es consecuencia de la hipótesis de Avogadro, *N* recibe el nombre de "número de Avogadro".

Ahora bien, la incógnita es ésta: ¿Cuál es el valor del número de Avogadro? Una vez que se determinara, conoceríamos la masa de una molécula individual y de los átomos separados de los que se compone la molécula.

Eso, empero, no era una incógnita que pudiera resolverse fácilmente. Al principio, todo lo que los químicos podían saber sin duda alguna era que el número de Avogadro parecía muy alto.

EL TAMAÑO DE LOS ÁTOMOS

El camino para resolver la incógnita se abrió en 1827, cuando Robert Brown (quien posteriormente habría de descubrir el núcleo de la célula) vio en el microscopio una suspensión en agua de granos de polen. Notó que los granos individuales se movían en forma irregular. Pensó que tal cosa obedecía a la vida oculta dentro de los granos de polen. Sin embargo, cuando estudió partículas de tintura, del mismo tamaño, también suspendidas en agua, encontró el mismo movimiento errático, no obstante el hecho de que esas partículas indudablemente carecían de vida.

Ese fenómeno se conoció como "movimiento browniano", y durante algunas décadas siguió siendo un misterio.

En 1860, el matemático escocés James Clerk Maxwell (1831-1879) hizo un análisis minucioso de las propiedades de los gases, partiendo de la suposición que estaban formados por átomos o moléculas que se movían con rapidez y al azar en todas direcciones. Esa suposición explicaba muy bien las propiedades de los gases, por lo que rápidamente fue aceptada esa "teoría cinética de los gases".

Era comprensible que los átomos o moléculas de líquidos y sólidos no podían tener el movimiento ilimitado que tendrían en los gases, pero indudablemente tendrían *algo* de movimiento. En los líquidos, los átomos o las moléculas se moverían de un lado a otro casi rozándose, como se mueve la gente cuando se congrega y forma muchedumbre. En los sólidos, los átomos o las moléculas vibrarían en su lugar, a semejanza de soldados en formación, pero inquietos.

Comprendido lo anterior, el movimiento browniano pudo asimismo ser comprendido. Cualquier objeto suspendido en un líquido es empujado por todos lados, por las moléculas en movimiento del líquido. En general, de todas las direcciones posibles empujarían números iguales de moléculas y el resultado neto sería el equilibrio, por lo que los objetos en suspensión no se moverían. Indudablemente, las leyes de las probabilidades asegurarían que habría siempre algunos pocos átomos más que empujaran desde una dirección que de otra en determinado momento, pero por tratarse de muchos billones de átomos, unos cuantos más de un lado o de otro no modificarían el resultado.

Mientras más pequeño fuese el objeto en suspensión menor sería el número de moléculas de líquido que empujarían juntas, por lo que la existencia de unas cuantas más de un lado o de otro se haría sentir en proporción mayor. Con objetos tan pequeños como lo son los granos de polen, unos cuantos átomos que empujaran desde una sola dirección harían más notable el movimiento de los granos de polen; después, unos cuanto átomos procedentes de otra dirección empujarían de una manera distinta. Inevitablemente se produciría el zangoloteo indefinido del movimiento browniano. Se contaba ya con algo visible que dependía del movimiento de unos cuantos átomos o moléculas individuales.

Theodor H.E. Svedberg (1884-1971), estudiante sueco de química, sugirió en 1902 la anterior interpretación del movimiento browniano. Posteriormente, en 1905, el mismo año que concibió la teoría especial de la relatividad, Einstein publicó sobre esa misma base un análisis matemático del movimiento browniano. En la ecuación final se incluía el número de Avogadro. Si eran conocidas todas las demás cantidades de la ecuación se podría calcular el valor del número de Avogadro.

El físico francés Jean Baptiste Perrin (1870-1942) se dedicó a dirigir un experimento que le permitiría determinar el valor de las diversas cantidades de la ecuación de Einstein.

En 1908, Perrin suspendió en agua partículas de resina de goma. Si estuviesen sujetas únicamente a la gravedad, las partículas caerían al fondo del tubo. Sin embargo, el movimiento browniano mantiene a las partículas en movimiento y las suspende a diferentes alturas, por arriba del fondo.

De acuerdo con la ecuación de Einstein, el número de partículas halladas a crecientes alturas, arriba del fondo del tubo, deberían desprenderse en cierta forma, y Perrin comprobó que, *efectivamente* caían exactamente en la forma predicha. De esas observaciones calculó los valores en la ecuación de Einstein, con excepción del número de Avogadro. Después de hacer tal cosa se podía calcular dicho número. Perrin así lo hizo, y fue la primera persona en obtener un concepto razonable del verdadero tamaño de los átomos y de las moléculas.

El valor más aproximado del número de Avogrado que se acepta actualmente es de 6.022×10^{23}, que viene a ser un poco más de seiscientos mil trillones. Se necesitaría ese número de moléculas de oxígeno para obtener una masa de 32 gramos; ese mismo número de moléculas de agua para obtener una masa de 18 gramos; y ese mismo número de moléculas de hidrógeno (compuestas de dos átomos de hidrógeno cada una) para obtener una masa de 2 gramos. Ese mismo número de átomos individuales de hidrógeno, que son los átomos con menos masa, se necesitarían para obtener una masa de 1 gramo.

Un átomo separado de hidrógeno pesaría $1/6.022 \times 10^{23}$ gramos, o 1.67×10^{-24} gramos , o un poco más de un cuatrillonésimo de gramo. (Por supuesto, otros átomos pesarían proporcionalmente más).

Por tanto, no es de sorprender que se haya necesitado tanto tiempo para decidir que la materia está compuesta de átomos, y tal cosa sin tener que decidir cuál era la masa de los diversos átomos. Lo maravilloso es que se haya podido realizar esa labor.

Puesto que 18 gramos de agua tienen un volumen de 18 centímetros cúbicos y contienen 6.022×10^{23} moléculas de agua, es fácil calcular cuál es el volumen de una sola molécula de agua y, trabajando también con otras sustancias, cuál es el volumen de átomos separados de diversas clases.

Por ejemplo, los átomos de hidrógeno, suponiendo que sean esféricos, tendrían un diámetro de 1.35×10^{-10} metros, o un poco más de cien billonésimas de metro. Otros átomos de mayor masa son un poco más grandes, pero aun el átomo de mayor masa que se conozca probablemente no tenga un diámetro mayor de 8×10^{-10} metros.

Lo anterior significa que unos 405 átomos de hidrógeno pueden ser comprimidos en un nanómetro cúbico, y también significa que el virus de la necrosis reticular de la papa, el más pequeño fragmento de vida que se conoce, puede contener tal vez 75 000 átomos.

ELECTRONES

Con todo, por sorprendente que parezca, al determinarse por fin el tamaño y la masa del átomo de hidrógeno, el mismo no se hallaba ya en el horizonte de la pequeñez. Los hombres de ciencia habían avanzado mucho más allá.

Los antiguos griegos habían definido los átomos como las partículas más pequeñas que pudieran existir, y los químicos modernos del siglo XIX habían aceptado tal concepto. Sin lugar a duda, todos los descubrimientos químicos durante un siglo después de la enunciación por Dalton de la teoría atómica, parecían confirmar la definición griega del átomo. El átomo de hidrógeno, como el más pequeño, parecía ser también la más minúscula partícula de materia que pudiera existir.

Los comienzos de un nuevo adelanto brotaron de experimentos con electricidad. Los científicos sabían que la corriente eléctrica viaja fácilmente a lo largo de metales y otros "conductores". Sabían también que la corriente (bajo fuerza suficiente) podía saltar a través de no conductores. Por ejemplo, las corrientes podían saltar a través del aire, produciendo una chispa y un chasquido. Así pues, la cuestión lógica era determinar si una corriente eléctrica podría ser obligada a pasar a través de un vacío. Ocurrió que en 1855 el inventor alemán Heinrich Geissler (1814-1879), ideó una mejor manera de sacar el aire de tubos de cristal. Así creó mejores vacíos para experimentos científicos.

Se selló metal en "tubos Geissler" en dos lugares, con un hueco al vacío entre esos dos lugares. Se forzó entonces una corriente eléctrica desde uno de los pedazos de metal, el "cátodo", a través del hueco, hasta el otro pedazo de metal, el "ánodo".

El físico alemán Julius Plücker (1801-1868) al experimentar de esa manera en 1858, notó un fulgor fluorescente verduzco en el cátodo. Otro físico alemán, Eugene Goldstein (1850-1931) decidió que la fluorescencia consistía en radiación que surgía del cátodo y, en 1876, llamó a ese fenómeno "rayos catódicos".

Siguió una disputa que duró dos décadas respecto a si los rayos catódicos eran una radiación semejante a la luz, o si consistían en una corriente de partículas. En 1895, Perrin (quien posteriormente habría de ser el primero en medir el tamaño de los átomos y de las moléculas), demostró que cuando los rayos catódicos bañaban un cilindro, éste obtenía una carga eléctrica negativa que crecía con el tiempo. No se sabía que las radiaciones semejantes a la luz fuesen capaces de llevar una carga eléctrica, por lo que parecía ser que los rayos catódicos consistían en partículas.

Las partículas de los rayos catódicos fueron consideradas como las fundamentales de la electricidad, y el físico holandés Hendrik Antoon Lorentz (1853-1928) sugirió que se le llamase "electrones".

Puesto que estaban cargados de electricidad, los electrones podrían ser desviados de su ruta por otras partículas cargadas de electricidad, así como por imanes. El físico inglés Joseph John Thomson (1856-1940) logró a la vez demostrar las desviaciones y, por el grado de esas desviaciones, calcular la masa del electrón, en 1897. Esa masa resultó ser increiblemente pequeña: sólo 1/1 837 de la masa del átomo de hidrógeno, o 9.1×10^{-28} gramos.

El electrón no estaba relacionado únicamente con corrientes eléctricas. En 1902 el físico alemán Philipp E.A. Lenard (1862-1947) empezó a estudiar ciertos efectos eléctricos producidos en el metal cuando caía luz sobre él. Descubrió que la luz provocaba que los átomos de metal lanzaran electrones. Ese "efecto fotoeléctrico" pareció hacer surgir la posibilidad de que los átomos contuviesen electrones. Además, puesto que diversos metales emitían electrones idénticos, hasta donde se podía determinar, comenzó a parecer como si los electrones fuesen un componente común de todos los átomos.

Por primera vez, los científicos comprendieron que aunque los átomos eran los objetos más pequeños que figuraban en fenómenos químicos ordinarios, esos átomos eran, no obstante, objetos complejos, formados de entidades aún más pequeñas. Los electrones fueron las primeras "partículas subatómicas" que se descubrieron.

LOS NÚCLEOS ATÓMICOS

Entretanto, en 1896, se descubrió la radiactividad. Poco después se supo que las radiaciones emitidas por el uranio eran de tres clases. Se les llamó "rayos alfa", "rayos beta" y "rayos gamma", por las tres primeras letras del alfabeto griego. Resultó que los rayos gamma eran semejantes a los rayos de luz, pero con longitudes de onda extremadamente cortas. Los rayos beta consistían en corrientes de veloces electrones.

Pero los rayos alfa eran algo nuevo. Consistían en corrientes de partículas con mucho más masa que los electrones, en realidad, 7 000 veces más y, por ello, cuatro veces más masa que el átomo de hidrógeno. A pesar de ello, los rayos alfa parecían ser inusitadamente pequeños, ya que podían pasar a través de capas delgadas de materia, cosa que los átomos no podían hacer.

El físico británico Ernest Rutherford (1871-1937) bombardeó la materia con corrientes de partículas alfa. Comenzando en 1906 descubrió, por ejemplo, que las partículas alfa podían pasar a través de una laminilla de oro de media micra de espesor, como si no existiese. Ni se les detenía, ni se reducía su velocidad, ni se les desviaba de su ruta. Sin duda, media micra es algo sumamente delgado, pero de espesor suficiente para contener seis o siete átomos de oro. Las partículas alfa podían pasar a través de todos esos átomos.

Pero ocurrió entonces que unas cuantas partículas alfa *sí* fueron desviadas de sus rutas, y ello en forma muy notable. En realidad, unas cuantas partículas alfa retacharon cuando chocaron con la laminilla de oro.

En 1911, Rutherford anunció su interpretación de esas observaciones. Dijo que el átomo consistía en un núcleo muy pequeño, que contenía casi toda la masa del átomo, y que en torno de ese núcleo había una nube de electrones muy ligeros. Las partículas alfa, que atravesaban velozmente la laminilla de oro, pasaban casi todas a través de la periferia de los átomos, llena de electrones, puesto que las capas exteriores del átomo ocupaban casi todo el volumen del mismo. Sin embargo, no estaban afectadas en forma que pudiera notarse, puesto que los electrones tienen muchísimo menos masa que las partículas alfa.

Con todo, unas cuantas partículas, por mera casualidad, pasarían cerca del núcleo, de gran masa, de uno de los átomos, y serían desviadas. Unas cuantas partículas alfa hasta chocarían de frente contra un núcleo, y recularían.

Se descubrió que el núcleo lleva una carga eléctrica positiva. En 1914, el físico inglés Henry G.J. Moseley (1887-1915), demostró que cada uno de los elementos tiene un núcleo atómico con determinada magnitud de carga eléctrica. En cada caso, la carga está neutralizada por los electrones cargados negativamente en la periferia.

Así, un átomo de oxígeno tiene un núcleo con una carga de +8, en tanto que afuera de su núcleo hay ocho electrones, cada uno de ellos con una carga de −1. Como resultado, el átomo de oxígeno, en conjunto, es eléctricamente neutro. El átomo de uranio tiene un núcleo con carga de +92, y como equilibrio posee noventa y dos electrones en la periferia.

También en 1914, Rutherford sugirió que el núcleo atómico obtenía su carga eléctrica positiva de la posesión de un número de partículas, cada una de ellas con una carga de +1. A esa partícula con una carga positiva por unidad, le dio el nombre de "protón". La carga de protón es precisamente igual en tamaño a la carga de electrón, aunque su signo es opuesto. No obstante, el protón es 1 836 veces más masivo que el electrón.

El núcleo no contiene protones exclusivamente. En 1932, el físico inglés James Chadwick (1891-1974), detectó una partícula subatómica que tenía un poco más de masa que el protón (y que asimismo tenía 1 838 veces más masa que el electrón), pero que carecía de toda carga. A esas partículas subatómica eléctricamente neutra se le dio el nombre de "neutrón".

El núcleo atómico está compuesto de protones y neutrones, y cada clase diferente de átomo está compuesta de una combinación diferente.

Cada elemento tiene un número fijo de protones en su núcleo, pero el número de neutrones puede variar en pequeño grado. Cada número diferente de nuetrones da por resultado una variedad ligeramente distinta ("isótopo") del elemento. Así, todos los átomos de oxígeno tienen ocho protones en sus núcleos. Los más de ellos tienen también ocho neutrones, que son entonces ejemplos del isótopo "oxígeno-16". El número 16 representa el total de protones y neutrones. Unos cuantos átomos de oxígeno tienen nueve y hasta diez neutrones en el núcleo, además de ocho protones, y son el "oxígeno-17" y "oxígeno-18".

Los núcleos más pequeños son los de hidrógeno, pues llevan una carga de +1. Casi todos los átomos de hidrógeno tienen núcleos que consisten únicamente de un protón, y nada más, y se les llama "hidrógeno-1". Los átomos de hidrógeno suelen tener también un neutrón, o hasta dos, en el núcleo, y el nombre de esos isótopos es "hidrógeno-2" e "hidrógeno-3".

En lo concerniente a tamaño, empezamos a entrar en dificultades cuando nos ocupamos de partículas subatómicas. Todas las partículas tienen propiedades de ondas, y mientras menos masa tiene la partícula más pronunciado es su aspecto de onda. El electrón tiene tan poca masa que es difícil decir que tenga determinado tamaño. Más bien es una onda extendida.

Sin embargo, los protones y los neutrones tienen suficiente masa para que predomine el aspecto de partícula en su naturaleza y, como partículas, cada uno de ellos tiene aproximadamente 2.5×10^{-15} metros de diámetro, o 2.5 milbillonésimas de metro. Los núcleos más complejos resultan algo más grandes en comparación con los más pequeños, a medida que empacamos más y más protones y neutrones en su interior. El núcleo más grande que existe naturalmente es el uranio-238, que contiene noventa y dos protones y 146 neutrones. Su diámetro es de 1.55×10^{-14} metros, o sea alrededor de 6.2 veces más ancho que un protón.

En cualquier átomo, el núcleo tiene cerca de 1/100 000 el diámetro del átomo del que forma parte. Si el átomo fuese una esfera hueca, se le podría llenar con unos 10^{15} núcleos, o mil billones de ellos.

NEUTRINOS

Ni siquiera los protones y neutrones representan los límites de la pequeñez. En 1953, el físico norteamericano Murray Gell-Mann (1929-) sugirió que el protón y el neutrón estaban integrados por tres partículas aún más fundamentales, a las que dio el nombre de "quarks". A pesar de esto, no debemos esperar ir más abajo en lo concerniente a volumen, pues por debajo del protón y del neutrón el volumen deja de tener mucho significado.

Sin embargo, en lo concerniente a masa, es el electrón, con su masa de 9.1×10^{-28} gramos, el que se acerca más al horizonte definitivo. En efecto, el electrón es la partícula con menor masa, que se sabe que lleva carga eléctrica, y desde hace mucho tiempo se tiene la sensación de que a este respecto hemos alcanzado el horizonte de la pequeñez.

Por supuesto, hay partículas con menor masa que la del electrón, pero todas esas partículas carecen de carga eléctrica. Además, esas partículas que son menos que el electrón tienen (o se sospecha que tienen) masa cero, por lo que generalmente no se les considera como partículas de materia.

Existen tres variedades de partículas con masa cero: los fotones, que son las partículas fundamentales de la luz y de la radiación relacionada con ella; los gravitones, que se cree que son partículas fundamentales de acciones recíprocas gravitatorias, pero que aún no han sido descubiertas; y los neutrinos.

De esas tres variedades, parece que la de los neutrinos es la que más se acerca a la nada. En tanto que los fotones y gravitones se afectan los unos a los otros mutuamente, y obran recíprocamente con la materia, no puede decirse lo mismo de los neutrinos. Éstos pasan a través de la materia como si ésta no existiera. Un rayo de neutrinos puede pasar a través de todo el Sol y al hacer tal cosa casi no será perturbado. Uno que otro neutrino, de entre muchos trillones de ellos, quizá dé en el blanco de un núcleo y pueda entonces obrar recíprocamente, pero nada más.

La existencia del neutrino la postuló por primera vez en 1931 el físico austriaco Wolfgang Pauli (1900-1958), por razones puramente teóricas. La extrema dificultad en detectar algo sin masa, sin carga y sin tendencia a obrar recíprocamente, impidió hasta 1956 su descubrimiento por el físico norteamericano Frederick Reines (1918-).

Sin embargo, en 1980, los experimentos hechos en los Estados Unidos y en la Unión Soviética han hecho parecer que existe la posibilidad (pues las observaciones se hacen en los límites extremos de lo que puede detectarse), de que los neutrinos tengan masas que no sean *completamente* de cero. La masa de un neutrino tal vez sea 1/13 000 la de un electrón, o aproximadamente 1/23 000 000 la de un protón.

Si lo anterior resulta cierto, el neutrino se coloca en el extremo más bajo de la masa, ya que la que se supone que tiene es aproximadamente de 7×10^{-32} gramos, o sea setencientas billonésimas de una trillonésima de gramo.

Podemos ver ahora la gama completa de la masa en el universo. Supongamos que imaginamos treinta gigantescos árboles secoya. Un neutrino es respecto a esos árboles lo que ellos son respecto a todo el universo, hasta su estrella más remota, y la mente humana se ha ensanchado en una dirección y otra hasta medir la masa más descomunal así como la masa más minúscula.

20

Densidad y presión

LAS DENSIDADES ANTIGUAS

Tratándose de masa, hay ocasiones en que la simple cantidad no es todo lo que cuenta. Lo que también puede ser de importancia es lo compacta que sea la masa: cuánta masa se encontrará en determinado volumen. Esa ''masa por volumen'' es la ''densidad'', y determinada sustancia, en determinado conjunto de condiciones, tiene una densidad característica.

Cuando se estableció el sistema métrico, el valor del gramo y del metro se escogió deliberadamente, de suerte que 1 centímetro cúbico de agua tuviese una masa de 1 gramo. Por tanto, la densidad del agua es de 1 gramo por centímetro cúbico.

En realidad, las mediciones iniciales no fueron absolutamente exactas, y la densidad del agua, en condiciones estándar de presión y temperatura, se acepta ahora que es de 0.999 973 gramos por centímetro cúbico. Por supuesto, esta desviación del 1 es tan pequeña que tiene muy escaso interés para quien no sea científico profesional. La densidad del agua también varía con la presión y la temperatura, pero sólo en un grado relativamente pequeño. Continuaremos considerando que la densidad del agua es de 1 gramo por centímetro cúbico.

Actualmente, el sistema preferido de unidades es el de la versión ''SI'' (Systeme International) del sistema métrico, en la cual los kilogramos y los metros se emplean en vez de los gramos y centímetros. Por supuesto, un kilogramo equivale a 1 000 gramos y un metro equivale a 100 centímetros.

Un metro cúbico es igual a 100 × 100 × 100, o 1 000 000 centímetros cúbicos. Si un centímetro cúbico de agua pesa 1 gramo, entonces 1 000 000 centímetros cúbicos (1 metro cúbico) de agua debe pesar 1 000 000 gramos, equivalentes a 1 000 kilogramos.

Por tanto, el agua tiene una densidad de 1 000 kilogramos por metro cúbico (valor que se empleó anteriormente en este libro).

Cuando el agua se congela, las moléculas que la forman adquieren una configuración más suelta. La masa se extiende sobre un volumen ligeramente más grande y la densidad disminuye. La densidad del hielo es aproximadamente de 917 kilogramos por metro cúbico.

Los sólidos flotan en el agua si son menos densos que el agua. Así pues, el hielo flota en el agua. Esta es una situación inusitada, ya que casi todos los demás líquidos se vuelven más densos al congelarse.

Otra sustancia muy conocida que flota en el agua es la madera. Las diferentes clases de madera están compuestas de sustancias semejantes, que son en sí mismas ligeramente más densas que el agua. Sin embargo, las fibras de madera están compactadas con mayor o menor soltura y ocupan más volumen que si estuvieran más apretadas.

En ciertas clases de madera, las fibras están realmente muy apretadas y por ello esas maderas son tan densas o más densas que el agua. Sin embargo, la mayoría de las maderas son de fibra no muy compacta y su densidad varía desde la mitad hasta tres cuartas partes la del agua. La madera de balsa tiene sus fibras muy sueltas y su densidad es de sólo unos 140 kilogramos por metro cúbico, a lo sumo.

Se dice comúnmente que la madera flota en el agua porque es "más liviana" que el agua. Esa afirmación es incompleta. Lo que se quiere decir verdaderamente es que *determinado volumen* de madera es más liviano, o menos masivo, que el mismo volumen de agua. En otras palabras, la madera es *menos densa* que el agua y por eso flota.

La mayoría de los objetos sólidos comunes son más densos que el agua y por ello se hunden si se les pone en agua. Por ejemplo, las piedras se hunden. Diferentes clases de piedra tienen diferentes densidades, pero la densidad típica de las diversas piedras que forman la corteza terrestre es de unos 2 800 kilogramos por metro cúbico, o 2.8 veces la densidad del agua.

Los metales, en general, son más densos que el agua. Esta regla tiene sus excepciones. Por ejemplo, el metal litio (el menos denso de los metales) tiene una densidad de sólo 534 kilogramos por metro cúbico y, por tanto, tiene sólo un poco más de la mitad de la densidad del agua. (Puede flotar en el agua, pero también reacciona con el agua y gradualmente se disuelve cuando está en contacto con ella).

Con todo, el litio y todos los demás metales no muy densos, fueron descubiertos en tiempos recientes. Los antiguos conocieron sólo siete metales (además de diversas mezclas o aleaciones de los mismos), todos ellos considerablemente más densos que el agua, y aun que las piedras. Posiblemente haya sido la inusitada densidad, así como el aspecto de las pepitas, lo que atrajo la atención de las antiguas civilizaciones hacia los metales.

Por ejemplo, la densidad del estaño, el menos denso de lo siete metales conocidos por los antiguos, es de 7 280 kilogramos por metro cúbico, o sea 2.5 veces la densidad de una piedra como el granito. Entre los otros metales conocidos desde la antigüedad, el hierro tiene una densidad de 7 860 kilogramos por metro cúbico; el cobre, 8 920 kilogramos por metro cúbico; y la plata, 10 500 kilogramos por metro cúbico.

Más denso que cualquiera de esos metales, pero lo suficientemente común y barato para que la gente ordinaria lo conozca desde la antigüedad es el plomo, con densidad de 11 300 kilogramos por metro cúbico y, por ello, unas cuatro veces más denso que la piedra.

Así pues, no debe sorprender que el plomo se haya convertido en sinónimo de "pesadez". Hablamos de "caer a plomo", que significa caer con todo el peso del cuerpo, de "pies de plomo", cuando no podemos caminar aprisa, por el cansancio, o de "párpados de plomo", que se cierran por el peso del sueño, etcétera.

Cuando se mueven objetos de tamaño semejante, los más densos tienen mayor masa y por tanto más momento, más energía cinética y mayor efecto destrozador al chocar. Por ese motivo los proyectiles cambiaron de piedra a metal al avanzar la tecnología militar y, en especial, las balas se hacen de plomo.

Por otra parte, cuando los ingenieros desean establecer una línea vertical, ponen un trozo de material denso en el extremo de una cuerda, que llaman plomada, para estirarla hasta obtener la verticalidad, resultado de la atracción gravitatoria. De la palabra latina *plumbum* proceden plomo y plomada.

Sin embargo, el plomo no fue el metal más denso que conocieron los antiguos. Otros dos metales conocidos eran más densos, pero también más raros, y la gente ordinaria no entraba en contacto con ellos, por lo que no experimentaba la extraordinaria densidad que poseían. Así pues, el plomo continuó siendo sinónimo de pesado.

Uno de esos metales especialmente denso es líquido: el mercurio. Tal cosa es sorprendente, pues la mayoría de los líquidos no son especialmente densos. El agua, con densidad de 1 000 kilogramos por metro cúbico es el líquido más denso que conocieron los antiguos (aparte del mercurio). Los diversos aceites vegetales y animales tienen densidades de unos 900 kilogramos por metro cúbico; el alcohol tiene una densidad de 790 kilogramos por metro cúbico; y otros líquidos, más o menos las mismas densidades.

En cambio, el mercurio tiene una densidad de 13 600 kilogramos por metro cúbico y, por tanto, es 20% más denso que el plomo. A alguien que no conozca la densidad del mercurio y encuentre una botella llena de ese metal en un laboratorio de química e intente levantar la botella con la misma fuerza que bastaría para levantar un líquido ordinario de ese volumen, se le podrá perdonar si piensa, por un momento, que la botella está pegada a la mesa.

Empero, el mercurio no es el metal más pesado. El oro tiene una densidad de 19 300 kilogramos por metro cúbico, y por ello es 70% más denso que el plomo. Puesto que el oro es el menos común y con mucho el más hermoso de los metales conocidos por los antiguos, no les sorprendió que representara un extremo.

¿Por qué los sólidos y los líquidos difieren tanto en densidad? ¿Por qué el oro es treinta y seis veces más denso que el litio? En todos los metales, lo mismo en el litio como en el oro, los átomos se encuentran en contacto, y las diferencias en lo compacto de su colocación son más bien pequeñas.

Pero es el caso que los átomos individuales difieren en masa. Algunos tienen muchos protones y neutrones compactados en el núcleo, y otros tienen pocos. Los átomos con muchas partículas nucleares compactadas de esa manera tienen un peso atómico más alto, así como mayor masa. En consecuencia, sería de esperar que, en general, mientras más alto fuese el peso atómico, más denso fuese el elemento.

El litio, por ejemplo, tiene un peso atómico de 7, en tanto que el oxígeno y el silicio (principal componente de las piedras) tienen pesos atómicos de 16 y 28, respectivamente. El hierro, por otra parte, tiene peso atómico de 56, y el oro de 197.

Sin embargo, el volumen de los átomos y la manera como están distribuidos desempeñan un papel secundario. Por ejemplo, el mercurio tiene un peso atómico de 201 y el plomo de 207, pero aunque cada uno de ellos tiene un peso atómico un poco mayor que el del oro, su densidad es considerablemente menor que la del metal amarillo. El átomo de más elevado peso atómico que existe en la naturaleza en cantidad considerable es el del uranio; y aunque su peso atómico es 238, un 20% mayor que el del oro, la densidad del uranio es aproximadamente de 19 000 kilogramos por metro cúbico, un poco menos que la del oro.

LAS DENSIDADES MODERNAS

El oro tal vez haya llamado por primera vez la atención de la gente allá por el año 4000 a.J.C., y durante cinco milenios sostuvo la marca de alta densidad. Habría sido perdonable que esa marca nunca hubiese sido superada.

Hasta la década de 1740 esa marca no fue rota. En esa década el sabio español Antonio de Ulloa (1716-1795) estudió pepitas de un metal encontrado en las arenas del Río Pinto, en Colombia. Puesto que ese metal era blancuzco, los españoles que se hallaban en el lugar en que fue encontrado lo llamaron *platina del Pinto*.

El examen del metal reveló inmediatamente que no era plata. Se vio que era considerablemente más denso que la plata, con punto de fusión mucho más alto, y también mucho más inerte (es decir, considerablemente menos inclinado a reacciónar con otras sustancias. Por tanto, se dio al nuevo metal un nombre propio: "platino" en español y en italiano, "platinum" en inglés, "platine" en francés y "platin" en alemán.

A causa del elevado punto de fusión y de lo inerte del platino, ese metal resultó excelente para uso en la fabricación de equipo químico, y tuvo gran demanda con ese propósito. Allá por 1800, el químico inglés William Hyde Wollaston (1766-1828) ideó un método (que mantuvo en secreto casi hasta el fin de sus días) para labrar el platino en forma tal que se pudieran construir recipientes de alta calidad con ese metal. Ese método lo hizo rico, razón por la cual otros químicos estudiaron el platino aun con mayor avidez.

En 1803 otro químico inglés, Smithson Tennant (1761-1815), descubrió, al trabajar con platino, que otros dos metales semejantes se mezclaban con él en pequeñas cantidades. A esos metales les llamó "iridio" y "osmio" –iridio por la palabra griega que significa "arcoiris", a causa de los diferentes colores de sus compuestos, y osmio por la palabra griega que significa "olor", ya que su compuesto con oxígeno despedía un olor nauseabundo.

Con el tiempo resultó que los pesos atómicos del osmio, el iridio y el platino eran, respectivamente, 190, 192, y 195, un poco más abajo que el peso atómico del oro.

En cambio, en densidad, esos metales rebasaban la marca del oro y, cosa curiosa, en orden inverso del peso atómico. Esas densidades son: platino, 21 450 kilogramos por metro cúbico; iridio, 22 421 kilogramos por metro cúbico; y osmio, 22 480 kilogramos por metro cúbico

El platino es 11% más denso que el oro, y el osmio es 5% más denso que el platino. Sabemos ahora lo suficiente acerca de las sustancias químicas para estar completamente seguros de que esos tres metales (y sus aleaciones, unos con otros) son los únicos materiales más densos que el oro en las condiciones que prevalecen en la superficie de la Tierra, y que, entre ellos, el osmio es el que sustenta la marca. Nada encontraremos que sea más denso que el osmio.

Ahora, dirijámonos en la dirección opuesta. Ya mencioné que el litio es el metal menos denso, con su marca de 534 kilogramos por metro cúbico. Este es sin duda el sólido compacto menos denso que existe en circunstancias ordinarias.

Es posible tener materiales menos densos, si no son compactos. La madera de balsa es sólo unas cuatro veces menos densa que el litio, pero esa madera tiene fibras tan sueltas que gran parte de su volumen aparente es sólo aire. Por tanto, su densidad es el promedio de la densidad de la madera y del aire que contiene. De manera semejante, la densidad general de una pelota de ping-pong es mucho menor que la de la madera de balsa, porque la densidad de la pelota es el promedio pesado de la densidad de la delgada cáscara esférica de celuloide y la densidad del contenido interior de aire. Las burbujas de jabón son aún menos densas, porque sus capas de líquido son más delgadas y menos densas que el celuloide.

Si deseamos limitarnos a sustancias compactas, para encontrar algo menos denso que el litio tendremos que recurrir a materiales que son sólidos únicamente a temperaturas bajas. (Más adelante, en este mismo libro, nos referiremos a temperaturas.)

El elemento con el más bajo peso atómico, 1, es el hidrógeno. El hidrógeno se solidifica a la temperatura de -260° C., y como sólido tiene una densidad de 86.6 kilogramos por metro cúbico. Esto es sólo 1/6 de la densidad del litio. El hidrógeno sólido es el compacto menos denso que puede existir en cualesquier condiciones, y el osmio es 260 veces más denso que el hidrógeno sólido.

Los líquidos, en general, son menos densos que los sólidos, y esto se aplica al caso del hidrógeno, el cual, en forma líquida, a -253° C, tiene una densidad de 70 kilogramos por metro cúbico y es sólo 4/5 tan denso como en su forma sólida. Es el líquido menos denso que puede existir en cualquier condicion.

Nos quedan únicamente los gases.

Si bien en los sólidos y los líquidos los átomos están en contacto entre sí, en los gases los átomos (o las moléculas) de que están compuestos no están en contacto. Las partículas definitivas de los gases están separadas por grandes volúmenes de vacío. Por tanto, los gases no son compactos, y su densidad es menor que la de los líquidos o de los sólidos, por la misma razón que es baja la densidad de las burbujas de jabón, pues no forman una sustancia firme, sino entremezclada con un medio de densidad menor.

Sin embargo, podemos definir ciertas condiciones estándar de presión y temperatura, y medir la densidad en esas condiciones. Esto nos dará densidades uniformes manejables.

Los átomos o moléculas de los gases están distribuidos más o menos igualmente, en ciertas condiciones. Así, la densidad es proporcional a la masa de los átomos o moléculas que forman el gas.

De las sustancias que son gases en condiciones estándar, la que tiene partículas de más alta masa es el radón, material radiactivo que se desintegra rápidamente, por lo que existe sólo en vestigios. Si se pudiera reunir en cantidades considerables y medir su densidad, ésta sería de 10.2 kilogramos por metro cúbico.

Supongamos, sin embargo, que consideramos el hexafluoruro de uranio, que es sólido en condiciones ordinarias. Sin embargo, no se necesita mucho calor para convertirlo en vapor gaseoso. Las partículas individuales de ese gas son las moléculas del hexafluoruro de uranio, cada una de las cuales contiene un átomo de uranio y seis átomos de flúor. El peso molecular es 352, y la densidad de ese gas es aproximadamente de 16 kilogramos por metro cúbico.

Los vapores de hexafluoruro de uranio son probablemente el gas más denso que podemos esperar encontrar en condiciones que se acerquen a las que prevalecen en la Tierra, no obstante lo cual tiene menos de la cuarta parte de la densidad del hidrógeno líquido, que es la menos densa de las sustancias líquidas o sólidas.

El aire mismo está compuesto de una mezcla de oxígeno y nitrógeno. La densidad del oxígeno en condiciones estándar es de 1.43 kilogramos por metro cúbico, y la del nitrógeno, de 1.25 kilogramos por metro cúbico. Puesto que el aire está compuesto de 4/5 de nitrógeno y 1/5 de oxígeno, la densidad del aire en condiciones normales es de 1.29 kilogramos por metro cúbico.

Por baja que sea esa densidad, y por muy acostumbrados que estemos a hacer caso omiso del aire, en él se encuentran considerables masas. Una sala de una casa habitación norteamericana de tamaño moderado, (3.70 metros de anchura por 5.50 metros de longitud, con techo de 2.45 metros de anchura) tiene un volumen de 49.8 metros cúbicos. El aire de una habitación así tiene una masa de 64.3 kilogramos, peso promedio de un adulto norteamericano. (Si esa sala se llenara de hexafluoruro de uranio, ese vapor tendría una masa de 790 kilogramos.)

Hay varios gases menos densos que el aire. El amoniaco tiene una densidad, en condiciones estándar, de 0.77 kilogramos por metro cúbico; el metano, de 0.72 kilogramos por metro cúbico; el helio, de 0.18 kilogramos por metro cúbico; y el hidrógeno, de 0.09 kilogramos por metro cúbico.

Así pues, el hidrógeno gaseoso tiene un poco menos de 1/14 de la densidad del aire, y es 1/249 778 veces tan denso como el osmio.

Hasta aquí nos hemos ocupado de sustancias que se encuentran en la superficie de la Tierra. Supongamos que extendemos nuestras miras y que, al hacer tal cosa, encontramos a la postre densidades más altas y más bajas que cualquiera que haya en la superficie de la Tierra.

PRESIONES EN LA TIERRA

Bajo el influjo de un campo gravitatorio, todo es atraído en una sola dirección, que parece ser la de "abajo", lo que da la sensación de peso. Ese peso se distribuye sobre un espacio o área, y la cantidad de peso por unidad de área es la "presión".

Nosotros mismos vivimos en el fondo de un océano de aire –la atmósfera– atraída hacia abajo por el campo gravitatorio de la Tierra. Su peso nos presiona en todas direcciones, y nos somete a la "presión del aire". No nos damos cuenta de esta presión del aire en circunstancias ordinarias porque los fluidos dentro de nuestros tejidos empujan hacia afuera con una presión exactamente igual a la de la presión del aire, por lo que neutralizan el efecto. Por tanto, durante casi toda la historia los seres humanos no han notado la existencia misma del fenómeno.

Con todo, se hizo evidente en diversas ocasiones en el pasado que por bien construida que estuviese una bomba y por muy asiduamente que la gente hiciera funcionar la manivela de la bomba, no era posible elevar el agua arriba de un poco más de 10 metros sobre su nivel natural.

Se hicieron varias conjeturas que explicaran tal cosa, y en 1643 el físico italiano Evangelista Torricelli (1608-1647) se ocupó del asunto. Se hizo la suposición de que el aire, no obstante que parecía acercarse mucho a la nada, en realidad tenía peso, como lo tenían otras cosas. De ser así, ejercería presión y sería esa presión del aire la que empujara el agua arriba de su nivel natural. Quizá hubiese sólo determinada cantidad de aire y, por ello, sólo determinada presión de aire, y el total de esa presión bastaba únicamente para equilibrar una columna de agua de un poco más de 10 metros de altura.

Para comprobar esa hipótesis, Torricelli se valió del mercurio, cuya densidad es casi 13.5 veces más que la del agua. Si la presión del aire podía equilibrar una columna de agua de un poco más de 10 metros de altura, bastaría también para equilibrar una columna de mercurio de aproximadamente 3/4 de metro de altura. Esa columna de mercurio pesaría tanto como la mucho más alta columna de la mucho menos densa agua.

Torricelli, tomó un tubo de vidrio de 1.3 metros de longitud y lo cerró en uno de sus extremos. Lo llenó de mercurio, lo tapó con un corcho, lo puso derecho en un gran recipiente de mercurio y le quitó el corcho. El mercurio comenzó a salir del tubo, como era de esperarse, pero no salió completamente. Quedó en el tubo una columna de mercurio de 0.76 metros de altura, apoyada por el peso del aire que presionaba hacia abajo contra el mercurio en el recipiente.

Así supo que la presión de la atmósfera era igual a la presión de una columna de mercurio de 0.76 metros de altura.

Una columna de mercurio que tuviese 1 metro cuadrado en área transversal y 0.76 metros de altura pesaría 10 332 kilogramos, lo cual es fácil determinar. Esto significa que el peso de todo el aire sobre 1 metro al cuadrado en la superficie de la Tierra a nivel del mar también debe pesar 10 332 kilogramos.

Así pues, podemos decir que la presión del aire es igual a 10 332 kilogramos por metro cuadrado, y podemos decir que 10 332 kilogramos por metro cuadro es "1 atmósfera".

Debe advertirse que hablamos aquí de un kilogramo de peso, que no es el kilogramo empleado en el sistema métrico, en el cual es unidad de masa. El peso es una fuerza, la fuerza con la cual algo presiona contra algo más, bajo la atracción del campo gravitatorio.

La propiedad fundamental de una fuerza es la de poder acelerar una masa.

Supongamos que comenzamos con un kilogramo de masa en reposo en un vacío. Imaginemos una fuerza capaz de poner en movimiento ese kilogramo y, al continuar siendo aplicada, capaz de mover ese kilogramo más y más aprisa. La fuerza podría hacer que el kilogramo se moviese a una velocidad de 1 metro por segundo al final de un segundo, 2 metros por segundo al final de un segundo segundo, 3 metros por segundo al final de un tercer segundo y así sucesivamente.

Se dice entonces que el tamaño de esa fuerza es de 1 kilogramo-metro por segundo por segundo. Para evitar tener que emplear esa frase multisilábica perpetuamente, los científicos definen una fuerza de 1 kilogramo-metro por segundo por segundo como igual a "1 newton", en honor de Isaac Newton, quien fue el primero en establecer esta conexión entre fuerzas y aceleraciones.

Un kilogramo de peso es equivalente, en fuerza, a casi 9.806 newtons. Por tanto, la presión del aire a nivel del mal es igual a 101 320 newtons por metro cuadrado.

Los científicos han definido 1 newton por metro cuadrado como "1 pascal", en honor del físico francés Blaise Pascal (1623-1662), quien realizó importantes experimentos en lo concerniente a la presión del aire después del fundamental descubrimiento de Torricelli. En consecuencia, la presión del aire a nivel del mar, o 1 atmósfera, es igual a 101 320 pascales.

La presión del aire no es la mayor que los seres humanos pueden experimentar. Una columna de agua de 10.332 metros de altura ejerce una atmósfera de presión. Entonces, si alguien se hunde en un lago hasta una profundidad de 10.322 metros, la presión en su cuerpo llega a un total de 2 atmósferas.

El cuerpo puede soportarlo porque la presión interna de los fluidos de los tejidos se eleva para compensar la presión externa adicional. Esto, en teoría, podría continuar indefinidamente al hundirse la persona más y más, pero surgen complicaciones, como vimos antes en el libro, que limitan el proceso.

La profundidad extrema del océano, en la fosa de las Marianas, es de un poco más de 11 kilómetros. El agua de mar es salobre, y por ello más densa que el agua dulce, por lo que una columna de determinada altura es atraída con mayor fuerza por la gravedad, y ejerce más presión que una columna semejante de agua dulce. A eso se añade el hecho de que, con la profundidad, el agua se comprime ligeramente y la densidad crece un poco más, aunque no mucho. Tomando en consideración todo lo anterior, la presión en la parte más profunda del océano es de unas 1 070 atmósferas, o 108 000 000 pascales.

Es contra presiones de esa magnitud que los seres humanos deben estar protegidos por las fuertes paredes metálicas del batíscafo, al penetrar hasta el fondo mismo del océano.

Tampoco es la presión en el fondo del océano la mayor que existe en el planeta Tierra.

El material sólido que forma la bola de la Tierra es más denso que el agua y se extiende más profundamente, por lo que si se imagina uno que se hunde más y más profundamente en la Tierra, rápidamente hallará presiones mayores que las de cualquier parte del fondo del océano.

Mil kilómetros bajo la superficie de la Tierra, el peso de la roca por encima de esa profundidad ejerce una presión de más de 40 000 000 000 pascales, o aproximadamente 400 000 atmósferas, lo cual equivale a 400 veces más que la mayor presión en el océano.

La presión continúa ascendiendo a medida que aumenta la profundidad en la Tierra. La sustancia de que está hecha la Tierra es roca de una clase u otra hasta una profundidad de unos 2 900 kilómetros, donde la roca cede al metal fundido. (Los científicos deducen tal cosa del comportamiento de las ondas sísmicas que se transmiten a través del cuerpo de la Tierra.)

Se calcula que en el centro mismo de la Tierra la presión es de 364 000 000 000 pascales, o aproximadamente 3 600 000 atmósferas.

Bajo la compresión inducida por tales presiones las densidades de los materiales se vuelven significativamente mayores de lo que serían al nivel del mar, donde sólo 1 atmósfera de presión los empuja hacia el centro. Las inmensas presiones en lo profundo de la Tierra comprimen a los átomos mismos, y obligan a las capas de los electrones de la región exterior del átomo a acercarse al núcleo, contra las vigorosas fuerzas electromagnéticas que tienden a mantener apartados a los electrones del núcleo.

Las rocas con densidades de 3 000 kilogramos por metro cúbico en la superficie tienen densidades de cerca de 6 000 kilogramos por metro cúbico a una profundidad de 2 900 kilómetros, donde empieza la región del metal fundido.

Se cree que el metal es principalmente hierro con una mezcla de 10% de níquel, que es un metal semejante. En el nivel del mar esa aleación tendría una densidad de 8 000 kilogramos por metro cúbico. Sin embargo, a una profundidad de 2 900 kilómetros, bajo presión de las capas superiores de roca, el metal tiene una densidad de unos 9 700 kilogramos por metro cúbico. Ese valor se eleva aún más a mayores profundidades, hasta que, en el centro mismo de la Tierra, donde la presión es todavía mayor, se cree que la densidad del núcleo metálico es de unos 13 000 kilogramos por metro cúbico.

Pero aun en el centro de la Tierra, la densidad del material que allí se encuentra es sólo la mitad de la densidad de una pepita de osmio puro en la superficie de la Tierra. El osmio ordinario conserva la marca de densidad en todas las partes de la Tierra, no sólo en la superficie. (Por supuesto, si hubiese una cantidad considerable de osmio en el centro de la Tierra –lo, que no hay– su densidad podría alcanzar la marca de 35 000 kilogramos por metro cúbico bajo las presiones existentes allí).

No es probable que en el futuro previsible los seres humanos penetren en las profundidades de la Tierra y queden sujetos a enormes presiones y a sus efectos. Con todo, ¿sería posible llevar al laboratorio las presiones muy altas?

El físico francés Emile Hilaire Amagat (1841-1915) fue un precursor en este respecto. Al aplicar presión mecánica a un volumen pequeño, e idear sellos especialmente eficaces, logró alcanzar presiones hasta de 3 000 atmósferas, en la década de 1880. Lo que lo detuvo en ese punto fue que aún los mejores sellos que podía idear cedían tarde o temprano. Sin embargo, lo que realizó fue una verdadera hazaña. Amagat alcanzó presiones tres veces mayores que las de la porción más profunda del abismo oceánico.

En 1905, el físico norteamericano Percy William Bridgman (1882-1961) preparaba su doctorado en filosofía en la Universidad de Harvard y estudiaba el comportamiento de ciertos fenómenos ópticos bajo el influjo de la presión. Con ese motivo empezó a interesarse en el problema de alcanzar niveles más y más altos de presión, y concibió ingeniosos sellos que retuviesen fluidos en condiciones extremas.

No tardó en alcanzar una presión de 12 000 atmósferas y después, con dispositivos sucesivamente mejorados, llegó a las 20 000, a las 30 000, a las 50 000, a las 100 000 y, por último, una que otra vez, a las 425 000 atmósferas, lo cual equivale a casi 1/8 de la presión en el centro de la Tierra.

En años recientes, Peter M. Bell, del Instituto Carnegie, se ha valido de un dispositivo que comprime el material entre dos diamantes (la sustancia más dura que se conoce) y de esa manera ha logrado llegar a presiones de 1 500 000 atmósferas, que equivale a un poco más de 2/5 de la presión en el centro de la Tierra.

Aun las presiones de Bell han sido superadas, por lo menos transitoriamente, en el Instituto de Tecnología de California, donde se dispararon proyectiles de cañón a muy altas velocidades. En el punto de impacto pudieron alcanzarse presiones momentáneas de varios millones de atmósferas, que se acercaban a la presión en el centro de la Tierra.

En esa forma los científicos pueden estudiar los cambios que se operan, a muy alta presión, en los metales y minerales que forman la mayor porción de la Tierra, y así obtienen una mejor idea de la estructura del interior de la Tierra y de otros planetas.

PRESIONES MÁS ALLÁ DE LA TIERRA

Aun si sobrepasamos la presión en el centro de la Tierra, con lo cual estableceríamos una marca planetaria, tal cosa distaría mucho de constituir la marca del sistema solar. Hay cuatro planetas con mayor masa que la Tierra, y cada uno de ellos debe necesariamente tener una presión central mayor que la de la Tierra, puesto que, en cada caso, hay mayor masa de material que se comprime en un campo gravitatorio más intenso.

El planeta con mayor masa es Júpiter, y según algunos cálculos su presión central alcanza 100 000 000 de atmósferas, o treinta veces la presión en el centro de la Tierra.

En las presiones del centro de Júpiter los átomos mismos están sujetos a una tensión que amenaza su capacidad de resistir la compresión gravitoria. Con el desarrollo del concepto del átomo nuclear, expuesto por Rutherford en 1911, se volvió evidente que, sometidos a suficiente presión, los átomos podrían desintegrarse.

Bajo presiones ordinarias, casi toda la masa del átomo está concentrada en el minúsculo núcleo atómico del centro. Esos núcleos están rodeados de volúmenes comparativamente grandes, llenos de electrones. En esas circunstancias, los núcleos no pueden aproximarse entre sí, pues se interponen los electrones.

Sin embargo, con una presión suficientemente alta, la estructura de los electrones en la periferia de los átomos se desintegra, y quedan expuestos los núcleos. Entonces los núcleos pueden aproximarse los unos a los otros, chocar y afectarse mutuamente. Si la mayor parte del material de un cuerpo con mucha masa es el hidrógeno, los núcleos son protones separados, que se pueden "fusionar" o afectarse recíprocamente para formar núcleos de helio, y liberar determinada cantidad de calor. Como resultado de tal fusión en el centro de un cuerpo con mucha masa (un cuerpo con una masa sustancialmente mayor que la de Júpiter), se produce suficiente calor para permitir a todo el cuerpo irradiar luz. En otras palabras, se forma una estrella.

Por eso el Sol brilla con su propia luz incandescente.

El Sol tiene 1 020 veces la masa de Júpiter, y se calcula que la presión en su centro alcanza las 330 000 000 000 atmósferas, o sea aproximadamente 3 000 veces más que en el centro de Júpiter. Indudablemente, esta presión basta para desintegrar la estructura atómica en el núcleo del Sol y producir la fusión nuclear.

Después que la estructura atómica se desintegra y produce lo que algunos llaman "materia degenerada", los núcleos masivos, que se juntan más de lo que pueden juntarse cuando los átomos están intactos, producen una sustancia con una densidad muchísimo más alta que la normal. Por ejemplo, la densidad en el centro del Sol se calcula que es aproximadamente de 160 000 kilogramos por metro cúbico, o siete veces la densidad del osmio.

Casi todo el material en el centro del Sol es helio, los núcleos del cual tienen un peso atómico de 4, en comparación con 190 del osmio. Para que los livianos núcleos de helio produzcan un material con siete veces la densidad del osmio, los núcleos del helio en el centro del Sol deben ser empujados a una distancia de separación de sólo aproximadamente 1/7 de la separación de los núcleos del osmio en la superficie de la Tierra.

Puesto que la distancia entre los núcleos en los átomos ordinarios intactos es alrededor de 200 000 veces el diámetro nuclear, al reducir esa distancia hasta 1/7, deja aún a los núcleos separados, en promedio, por cerca de 300 000 veces su propio diámetro. En proporción, esto sería semejante a pelotas de ping-pong dispersas por todas partes, con un promedio de separación de algo más de un kilómetro. Tal separación permitiría que las pelotas de ping-pong se movieran de un lado a otro con toda libertad, y sin que parecieran estar apiñadas.

Por tanto, no obstante la enorme densidad en el centro del Sol, la materia que allí se encuentra funciona como gas.

Pero, a este respecto, el Sol no establece ninguna marca. Hay algunas estrellas con mayor masa que el Sol, hasta de cincuenta veces más masa. Puede esperarse que todas esas estrellas tengan presiones y densidades centrales mayores que las del Sol.

Con todo, esas estrellas se hallan muy lejos de establecer marcas.

Todo lo que impide que las estrellas se desintegren a causa de sus propios campos gravitatorios enormemente intensos en la igualmente enorme temperatura central generada por la fusión nuclear. Sin embargo, con el tiempo, los núcleos sujetos a la fusión se consumen y quedan únicamente los núcleos grandes, producto de esa fusión. Posteriormente, después de brillar desde millones hasta centenares de billones de años, la estrella no puede ya producir suficiente calor para permanecer dilatada, y por ese motivo se desintegra.

En el caso de esas estrellas desintegradas, casi todo el material que contienen consiste en materia degenerada, en lugar de sólo el material del núcleo, como en el caso del Sol. Las presiones y densidades se elevan muchísimo.

La primera estrella desintegrada que se descubrió fue una compañera de Sirio. La descubrió Bessel en 1844 quien anteriormente había sido el primero en determinar la distancia hasta una estrella; (véase la página 171). Notó que Sirio se movía en una ruta ondulada, como si algo con la intensidad gravitatoria de una estrella la atrajera. Bessel no podía ver ninguna estrella donde debería haber una, y supuso que la compañera de Sirio era una estrella muerta, que había dejado de fulgurar.

Esa compañera fue por fin vista en 1862 por el astrónomo norteamericano Alvan Graham Clark (1832-1897). Brillaba débilmente y aunque no parecía estar muerta se asemejaba a una estrella en agonía. De su movimiento, y del de Sirio, podía colegirse que la estrella compañera, "Sirio B", tenía una masa igual a 1.05 veces la del Sol.

En 1915 el astrónomo norteamericano Walter Sydney Adams (1876-1956) pudo tomar el espectro de Sirio B. Por ese espectro se supo que tenía una temperatura tan alta como la de Sirio. Su superficie era más caliente que la de nuestro Sol.

Siendo así ¿por qué parecía tan débil en el firmamento? Si era tan caliente como Sirio y casi con la misma masa ¿por qué no tenía un aspecto tan luminoso como el de Sirio?

La única respuesta posible era que tenía un diámetro más pequeño que el de Sirio. Su superficie podría ser más caliente y luminosa, pero era poca. En efecto, según las mediciones recientes, parece que el diámetro de Sirio B es de sólo unos 11 100 kilómetros. Así pues, Sirio B es más pequeña que la Tierra, aunque estrella blanca. No es de extrañar que sea "enana blanca", por su brillantez y pequeñez.

Aunque su tamaño es pequeño, su masa es de 1.05 la del Sol. Sin duda fue una estrella grande ordinaria que agotó su combustible y no pudo seguir dilatada, contra la atracción de su propia gravedad. Hay muchas enanas blancas, todas ellas restos de estrellas desintegradas.

Si se considera un objeto con 1.05 veces la masa del Sol, comprimido en una bola más pequeña que la Tierra, podrá verse que la densidad general de Sirio B debe ser enorme. En efecto, el promedio de su densidad es de 2 900 000 000 kilogramos por metro cúbico, y en su centro tal vez llegue a 33 000 000 000 kilogramos por metro cúbico. Esa densidad es aproximadamente 1 000 000 de veces la del osmio.

Aun en el caso de tan enorme densidad, los núcleos en el centro de una enana blanca están separados entre sí por una distancia equivalente a la de pelotas de ping-pong que estuviesen a un promedio de 15 metros entre una y otra. Ese material *seguiría* comportándose como si fuese gaseoso.

Mientras mayor masa tenga originalmente una estrella, más intenso será su campo gravitatorio y más catastrófica su desintegración, llegado el momento. Si la estrella tiene suficiente masa, la desintegración podrá continuar hasta el punto en que los núcleos se aproximen entre sí y establezcan contacto.

A tales cuerpos celestes se les llama "estrellas de neutrones", detectadas por vez primera en 1967 por un joven estudiante británico llamado Jocelyn Bell, que trabajaba a las órdenes del astrónomo Antony Hewish (1924-).

Una estrella de neutrones con la masa del Sol tendría un diámetro no mayor de 14 kilómetros. Su densidad sería la del núcleo atómico mismo. En realidad, una estrella de neutrones casi podría ser considerada como un gigantesco núcleo atómico.

La densidad de una estrella de neutrones sería aproximadamente de 10^{13} kilogramos por metro cúbico, o por lo menos 100 000 000 veces la densidad en el centro de una enana blanca, y 50 billones de veces la densidad del osmio. El material de una estrella de neutrones no obraría como gas, sino que, a pesar de enorme temperatura, se comportaría como sólido.

Empero, ni siquiera la estrella de neutrones representa lo máximo en densidad. Si una estrella tiene suficiente masa y se desintegra con suficiente fuerza, puede también romper la barrera nuclear. Aun la sustancia del núcleo atómico no podría resistir la compresión gravitatoria.

Las partículas nucleares mismas se desintegrarían, y nada quedaría que impidiera la continuación indefinida del proceso desintegrador.

El resultado es un "hoyo negro", en el cual la materia sencillamente se desintegra y vuelve a desintegrarse, con presiones, densidades e intensidades gravitatorios que se elevan, sin límite, hacia el infinito.

HACIA EL VACÍO

Supongamos que tomamos la dirección opuesta.

La sustancia menos densa al nivel del mar es el gas hidrógeno, con densidad de 0.09 kilogramos por metro cúbico. Tal cosa equivale a decir que un metro cúbico de hidrógeno contiene 2.7×10^{25} (27 cuatrillones de moléculas de hidrógeno, en total).

Esto es más o menos aplicable a cualquier gas en el nivel del mar.

Así, el aire en el nivel del mar contiene también 27 cuatrillones de moléculas. Naturalmente, el aire es una mezcla compleja de muchos gases. Noventa y nueve de cada cien moléculas son de oxígeno o de nitrógeno, pero la molécula restante de cada cien sigue bastando para que haya grandes números de átomos hasta de las sustancias más raras. Por ejemplo, sólo 6×10^{-19} (menos de un trillonésimo) de las partículas de la atmósfera son atómos del gas raro llamado radón. Sin embargo, esto significa que un metro cúbico de aire en el nivel del mar contiene 16 000 000 de átomos de radón.

No obstante que hay muchísimas moléculas de aire en un metro cúbico, las moléculas individuales son tan pequeñas que el promedio de la distancia entre ellas es cerca de 100 veces el diámetro de las moléculas individuales. (Esto es como si las pelotas de ping-pong estuviesen con un promedio de separación de 1.5 metros una de otra.)

Las moléculas separadas de los gases no se mantienen juntas por fuertes lazos químicos, como sucede en los sólidos. Prácticamente no hay fuerzas internas que las mantengan unidas, sino únicamente la presión de los gases que están más arriba, los gases atraídos hacia abajo por la gravedad de la Tierra. Si se redujera algo la presión del aire, las moléculas del aire se separarían y se volverían menos densas. Si la presión del aire se redujera suficientemente, las moléculas del aire (o de cualquier otro gas) se esparcirían indefinidamente y se desvanecerían hasta casi la nada.

Una forma de reducir la presión del aire es imaginar la intensidad gravitatoria reducida. Si se redujera suficientemente, no produciría suficiente presión para impedir que la atmósfera se dispersara indefinidamente y se perdiera en el espacio exterior. Por eso, mundos tales como la Luna y Mercurio no tienen atmósfera. Ni puede tener atmósfera ningún cuerpo celeste más pequeño que la Luna.

Otra forma de reducir la presión del aire es imaginándonos que subimos a través de la atmósfera hacia alturas más y más grandes. En ese caso, dejamos debajo de nosotros más y más atmósfera, y la presión del aire que experimentemos dependerá únicamente de la fracción de atmósfera que quede aún arriba de nosotros. Esto significa que la presión del aire disminuirá continuamente, a medida que ascendamos.

Lo anterior lo demostró en 1646 Pascal (en cuyo honor tenemos la unidad de presión llamada "pascal"). Pascal envió a su cuñado, provisto de dos barómetros, a que escalara las faldas de una montaña cercana. El cuñado de Pascal trepó hasta una altura de una milla, y notó que la columna de mercurio descendía constantemente desde una altura de 0.76 metros, que tenía al comenzar la ascensión, hasta 0.68 metros.

Si la atmósfera fuese igualmente densa hasta su extremo superior, llegaría a su fin a los 5 kilómetros, pues se necesita una columna de aire de 5 kilómetros de altura, toda ella a la densidad del nivel del mar, para producir la presión de aire que observamos realmente en el nivel del mar. Sin embargo, mientras más alto subamos menor será la presión del aire y más se separarán entre sí las moléculas de la atmósfera. Ésta se vuelve menos y menos densa, ocupa por ello más y más espacio y se extiende mucho más arriba de los 5 kilómetros, aunque al precio de volverse más y más rala.

En la cúspide del Monte Everest (una altura de 8.84 kilómetros) la presión del aire es de sólo 0.31 de lo que es en el nivel del mar, o aproximadamente, 31 400 pascales. (Esto es algo que aumenta inmensamente la dificultad de escalar la última milla de los picos más altos.)

Los científicos se han valido de globos y cohetes para determinar las propiedades de la atmósfera a alturas mucho mayores que las de cualquier montaña. A una altura de 10 kilómetros, la presión del aire ha bajado a 28,000 pascales; a una altura de 50 kilómetros, ha bajado a una milésima de la presión a nivel del mar, o sea, a 101 pascales; a 100 kilómetros, a 0.08 pascales; y a 220 kilómetros, a 0.000 02 pascales.

En lo que concierne a cualquier uso práctico de la atmósfera, podríamos suponer que cuando llegáramos a una altura de 50 kilómetros, los vestigios de aire restantes serían prácticamente nada, y podrían equivaler al vacío.

Con todo, aun a los 220 kilómetros, donde los leves rastros de aire tienen menos de cinco milmillonésimas de la densidad del aire en el nivel del mar, quedan todavía 5×10^{15}, o cinco mil billones de átomos o moléculas en un metro cúbico. Eso basta para interferir en forma significativa en el vuelo de los satélites artificiales y, a causa de la resistencia que imponen, restarles con el tiempo tanta energía que los hacen volver a tierra, como en el caso del malhadado *Skylab*.

Al alejarse más y más de la Tierra, la densidad del gas continúa descendiendo, ¡pero nunca llega a cero! El Sol expide continuamente grandes cantidades de partículas subatómicas, que se extienden a altas velocidades en todas direcciones ("el viento solar") y por ello las regiones del espacio que rodean tal sistema Tierra-Luna contienen de 5 000 000 a 80 000 000 de partículas por metro cúbico (principalmente protones, los núcleos de los átomos de hidrógeno).

Esto suena a muchísimo, puesto en números, pero en realidad es menos que una trillonésima de la densidad del aire en el nivel del mar.

¿Qué puede decirse acerca del espacio interestelar, o sea el espacio entre las estrellas? Allí, la distribución de la materia no es uniforme. Hay nubes de polvo, por ejemplo, que tal vez llenen 1/25 del volumen total del espacio en los brazos espirales de la galaxia, nubes que pueden consistir principalmente en protones, si dentro o cerca de ellas hay estrellas calientes, o pueden consistir en átomos intactos de hidrógeno, si no hay cerca de esas nubes estrellas que suministren la energía necesaria para disiparlas.

El contenido total de partículas en esas nubes puede ser hasta de 100 000 000 por metro cúbico, y desde la década de 1960 se ha notado, por las ondas de radio que emiten que allí existen pequeños números de moléculas, con inclusión de algunos compuestos complejos de carbono. plejos de carbono.

En las regiones entre esas nubes, donde la densidad es mínima, puede haber solamente unos 100 000 átomos de hidrógeno por metro cúbico. Sin embargo, aun allí, contribuyen los diversos "vientos estelares". En el espacio intergaláctico, alejado de todas las estrellas, posiblemente haya sólo 0.1 átomos de hidrógeno por metro cúbico.

Sin embargo, si tomáramos un volumen del espacio intergaláctico más vacío, un volumen del tamaño del planeta Tierra, ese volumen contendría un total de 10^9 (10 trillones) de átomos de hidrógeno. El espacio *nunca* está verdaderamente vacío.

Los seres humanos han aprendido a crear vacíos, aquí en la Tierra. El primer vacío significativo lo produjo Torricelli, cuando puso en posición vertical su columna de mercurio y permitió que saliera parte de ese metal líquido. El espacio que quedó vacío en el extremo cerrado del tubo nada contenía, salvo vestigios de vapor de mercurio, y a esto se le llama "vacío de Torricelli".

El vapor de mercurio impide que ese vacío sea perfecto y, a temperaturas ordinarias, un metro cúbico del vacío de Torricelli contendrá 3.5×10^9 átomos de mercurio por metro cúbico.

Desde los tiempos de Torricelli se han ideado muchas maneras de sacar el aire de un recipiente cerrado, y se han producido vacíos que contienen menos de diez billonésimas del número de partículas del vacío de Torricelli.

No obstante, un metro cúbico del mejor de los vacíos producidos por el hombre sigue conteniendo alrededor de 3 000 000 átomos de moléculas por metro cúbico. Esto iguala al vacío del espacio interplanetario, pero dista mucho de ser tan bueno como el espacio interestelar más vacío (para no hablar del más vacío de los espacios intergalácticos).

Parte IV

Los horizontes de la energía

21

Temperaturas elevadas

PUNTOS DE FUSIÓN Y DE EBULLICIÓN

Así como la densidad es una medida de la concentración de la masa en determinado volumen, la temperatura es una medida de la cantidad de energía en determinado volumen. La temperatura, como medida de la intensidad del calor, influye mucho en los acontecimientos y es algo que se deja sentir en todos los seres humanos.

Como sensibilidad biológica existe el conocimiento de la temperatura. Los objetos son fríos o calientes al tacto, según el calor fluya del cuerpo hacia un objeto, o del objeto hacia el cuerpo. En el primer caso, la temperatura del cuerpo baja en el punto de contacto; en el último caso, la temperatura se eleva. En ambos casos, el cerebro interpreta lo ocurrido en forma apropiada.

El calor o el frío también pueden sentirse a distancia, como cuando se está frente a un fuego vivo o frente a un cúmulo de hielo. En el primer caso, el calor es llevado del fuego al cuerpo por corrientes de aire y por radiación, en tanto que en el segundo caso, el calor es llevado del cuerpo al hielo.

Los intentos de medir la temperatura objetivamente datan de 1593, cuando Galileo inventó el primer "termómetro" (del griego "medición de calor"). Ya entonces se comprendía que los objetos tienden a dilatarse al subir la temperatura, y que el grado de esa dilatación o expansión puede servir como medida de la temperatura.

Galileo calentó un bulbo hueco, al cual adhirió un largo tallo también hueco, abierto al aire. Invirtió el bulbo y el tallo lo metió en agua. El bulbo se enfrió y al ocurrir tal cosa el aire del interior se contrajo, y el agua subió por el tallo. Desde ese momento, al subir la temperatura y dilatarse el aire en el bulbo, el nivel del agua bajaba; al descender la temperatura, el nivel del agua ascendía. Ese experimento era burdo, pues la presión del aire afuera, al variar, también hacía que subiese y bajase el nivel del agua, pero, de cualquier modo, así se comenzó.

En 1954 el gran duque Fernando II de Toscania (1610-1670) fue el primero en emplear un bulbo al que le adhirió un tallo sellado. Llenó el bulbo de alcohol, y el ascenso y descenso de ese líquido en el tallo dependía únicamente de la temperatura y no lo afectaba la presión del aire.

La primera persona que construyó un termómetro suficientemente exacto para ser útil en experimentos científicos fue el físico germano-holandés Gabriel Daniel Fahrenheit (1686-1736). En 1714 empleó mercurio limpio para llenar el bulbo del termómetro, y selló el tallo en forma que se produjera un vacío.

Preparó una escala contra la cual se midiera la temperatura. Colocó el termómetro en una mezcla de agua, hielo y sal, y marcó el nivel de la columna de mercurio como 0°. La temperatura del cuerpo de una persona la señaló en 96°. De acuerdo con esa escala, resultó que el punto de congelación del agua era de 32° y el punto de ebullición del agua era de 212°. (Según esa escala, ahora se considera que la temperatura normal del cuerpo es de 98.6°.)

Esa es la "escala Fahrenheit", y las temperaturas señaladas de esa manera se escriben como 32° F o 98.6° F. Se le emplea en los Estados Unidos, pero casi en ninguna otra parte del mundo. Aun en los Estados Unidos empieza ahora a caer en desuso.

El astrónomo sueco Anders Celsius (1701-1744) introdujo en 1743 una escala en la cual el punto de congelación del agua se fijó en 0°, y el punto de ebullición del agua en 100°. A esto se le llamó originalmente "escala de centígrados". Sin embargo, en 1948 se adoptó el nombre de "escala Celsio", en honor del investigador. De cualquier modo, decimos 0° y 100° C. La escala Celcio se emplea en todo el mundo, crecientemente aún en los Estados Unidos, y se le utiliza en este libro.

Fue sólo después que se contó con termómetros exactos cuando se pudo preguntar cuán alta podría ser una temperatura.

La temperatura normal de nuestros entornos generales fluctúa durante las horas diurnas y las nocturnas, y durante las estaciones del año. A veces la temperatura es más alta que la normal del cuerpo, de 37°C. Por ejemplo, en la ciudad de Nueva York, la temperatura más elevada que ha registrado la oficina meteorológica en su historia (esa oficina data de la década de 1890 únicamente) fue de 41.7° C., en julio de 1966.

El 10 de julio de 1943, la temperatura más alta en los Estados Unidos se registró en el Valle de la Muerte, en California. Fue de 56.5° C, cerca de 20 grados más alta que la temperatura normal del cuerpo. Aun así, no estableció una marca, pues el 13 de septiembre de 1922, en Al 'Aziziyah, en Libia, la temperatura llegó a 58° C.

Empero, hay temperaturas en la superficie de la Tierra, o muy cerca de ella, mucho más altas que la temperatura atmosférica general. En los rayos o centellas se generan temperaturas enormes, pero locales y transitorias. Las erupciones volcánicas no producen temperaturas tan elevadas, pero las producidas se sostienen por mucho tiempo. Ya sea por una causa o por otra hay incendios de bosques.

Los incendios forestales han existido desde que hay bosques, por lo que puede decirse que el fuego es muy anterior a la humanidad. Los homínidos fueron los primeros organismos que hicieron uso deliberado del fuego, y que no simplemente se apartaban de él. Desde hace 500 000 años, el *homo erectus*, antepasado de la humanidad, con cerebro relativamente pequeño, parece haber pasado gran parte del tiempo sentado en torno a hogueras.

El *homo erectus* (así como el *homo sapiens* durante muchos miles de años) podía aprovechar únicamente el fuego tomado de material que se quemaba por causas naturales, generalmente una descarga eléctrica, y tenía que conservar ese fuego vivo, con grandes trabajos, alimentándolo con combustible. Si el fuego se extinguía, era preciso encender nueva llama, tomándola de otra hoguera de campamento, o si no había alguna a corta distancia, habría que esperar a que un rayo provocara un nuevo incendio.

No fue, quizá, hasta 7000 a.J.C. cuando los seres humanos aprendieron técnicas para hacer fuego, que antes no habían existido, generalmente por fricción.

El fuego ordinario empleado por el hombre primitivo es resultado de una reacción química en la cual los vapores que surgen de materiales orgánicos calentados, tales como madera o petróleo, se combinan con el oxígeno del aire. Esa combinación produce suficiente concentración de calor para irradiar luz, y las temperaturas resultantes rebasan los 1 000° C.

Al emplear el fuego los seres humanos pudieron producir temperaturas que, a su vez, inducirían efectos que no ocurrirían sin el fuego. Por ejemplo, una marmita de agua colocada sobre el fuego indudablemente producirá la ebullición del líquido, aunque ningún factor puramente meteorológico intervenga en ese proceso. Gracias al calor del fuego los alimentos pueden cocerse, la arena convertirse en vidrio, el barro en ladrillo y diversos minerales en metales.

Una hoguera ordinaria de madera no alcanza, ni remotamente, la temperatura más elevada que puede obtenerse. En los tiempos modernos se aprovechan reacciones químicas mucho más enérgicas. La combinación de los gases hidrógeno y oxígeno produce una temperatura de 2 800° C; y la combinación de oxígeno y acetileno, 3 300° C. Actualmente, también pueden lograrse (por poco tiempo) temperaturas mucho más altas.

La combinación de temperaturas elevadas y métodos precisos para medirlas (en los que intervienen dispositivos distintos de los termómetros ordinarios) han dado por resultado cifras exactas que corresponden a diversos puntos de fusión.

En condiciones naturales, la única sustancia común que se funde a temperaturas ordinarias es el hielo. Desde los remotos tiempos históricos, los seres humanos aprendieron a emplear el fuego para obtener metales de los minerales, y de esa manera lograron fundir metales.

De los siete metales que los antiguos conocieron, uno de ellos fue el mercurio, ya líquido a temperaturas ordinarias. El plomo y el estaño, aunque sólidos a temperaturas ordinarias, podían fundirse sin grandes dificultades, aun por métodos primitivos. El punto de fusión del estaño es de 231.9° C y el del plomo 327.5° C.

La plata, el oro y el cobre tienen puntos de fusión más altos: 960.8° C, 1 063° C y 1 083°C, respectivamente. El punto de fusión más alto entre los metales antiguos es el del hierro, que no se funde hasta que alcanza una temperatura de 1 535° C.

Los puntos de fusión anotados arriba corresponden a metales puros. Los metales mezclados unos con otros (aleaciones) tienden a fundirse a temperaturas más bajas que las correspondientes a metales puros, pero aun así, las aleaciones de hierro siguen siendo más resistentes a la fusión que los demás metales. En parte por esa razón el hierro entró en uso mucho después que los otros metales, a pesar del hecho de que el hierro es, con mucho, el más común, así como el más útil.

Así, el bronce (aleación de cobre y estaño) entró en uso en algunos lugares en días tan tempranos como 3600 a.J.C. y fue el metal lo suficientemente duro para que se le empleara en la fabricación de herramientas y armas. En cambio, el hierro no fue fundido con éxito hasta aproximadamente 1400 a.J.C., o sea más de 2,000 años después del bronce. Se necesitaban temperaturas más altas que las obtenidas con fuego de madera, y fue necesario para lograrlas la introducción del carbón vegetal como combustible.

Es más difícil fundir piedras que los metales conocidos de mucho tiempo atrás. Componentes tan comunes de piedras como el silicato de aluminio, el silicato de calcio y el silicato de magnesio se funden a temperaturas cercanas a los 2 000° C.

Con todo, en tiempos modernos se han descubierto metales que se funden a temperaturas aún más altas. El hafnio se funde a 2 150° C, el rutenio a 2250° C, el iridio a 2410° C, el niobio a 2468° C, el molibdeno a 2610° C, el tantalio a 2992° C, el osmio a 3000°C, el renio a 3180° C y el tungsteno a 3410° C.

El tungsteno es el metal con el punto de fusión más alto, y esa es una de las razones por las que se le emplea como filamento de las lámparas incandescentes. Resiste mejor las temperaturas altas continuas (siempre que esté rodeado de un gas, como el argón, con el cual no reacciona).

Hay dos elementos que no son metales pero que tienen también puntos de fusión muy altos. El boro se funde a los 2300° C, y el carbono se sublima (es decir, el sólido se convierte directamente en gas, en vez de fundirse y convertirse en líquido) a una temperatura algo mayor de los 3500° C. De todos los elementos, como se ve, el carbono sigue siendo sólido a la temperatura más elevada.

Los átomos de diferentes elementos pueden combinarse químicamente para formar compuestos con puntos de fusión muy altos. (No lo son lo mismo que las aleaciones, las cuales consisten simplemente en mezclas, más bien que en compuestos químicos). Los compuestos con puntos de fusión más elevados generalmente están formados de un átomo metálico, en combinación química con un pequeño átomo no metálico, como el de boro, carbono, oxígeno o nitrógeno. El carburo de boro tiene un punto de fusión de 2350° C, el nitruro de niobio, de 2573° C y el óxido de calcio, de 2580° C.

Hay por lo menos nueve compuestos de esta clase con puntos de fusión superiores a los 3000°C, y cuatro que igualan o sobrepasan los 3500° C. El carburo de niobio se funde a los 3500° C, el carburo de zirconio a los 3540° C, el carburo de tantalio a los 3880° C y el carburo de hafnio a los 3 890° C.

Así pues, de todas las sustancias existentes, el carburo de hafnio parece ser la única que permanece sólida a una temperatura de 3 890° C. Por encima de esa temperatura, sólo líquidos y gases pueden existir.

Naturalmente, si la temperatura continúa ascendiendo, los líquidos hierven y se convierten en gases. Por ejemplo, el platino hierve a los 4300° C y esa temperatura dista mucho de ser el máximo. El osmio hierve un poco más arriba de los 5300° C, en tanto que el renio y el tungsteno hierven a unos 5900° C.

Tanto el metal tantalio como el compuesto llamado carburo de tungsteno, hierven aproximadamente a los 6000° C y probablemente éso es lo máximo en el caso de cualquier sustancia en las condiciones imperantes en la superficie terrestre. Más allá de los 6000° C, todas las sustancias son gases.

PLANETAS Y ESTRELLAS

¿Y si nos alejamos de la superficie de la Tierra? ¿Qué puede decirse de las superficies de otros mundos?

En nuestro sistema solar hay tres grandes cuerpos que se encuentran tan próximos al Sol como la Tierra, o aún más próximos que ella. Esos cuerpos son nuestro satélite, la Luna, Mercurio y Venus, los dos planetas interiores.

La Luna gira en torno a la Tierra a una distancia mucho más pequeña (sólo 1/390) de la distancia que separa a una y otra del Sol. Esto significa que la Luna está esencialmente a la misma distancia del Sol que la Tierra y podría esperarse que tuviese la misma temperatura, en términos generales, que tiene la Tierra.

Pero es el caso que la Tierra tiene una atmósfera que conserva el calor y lo hace circular, por lo que el día no es tan caliente, ni la noche tan fría como lo serían si no hubiese atmósfera. La Luna no tiene atmósfera, y por ello experimenta mayores extremos de temperatura superficial. Esto es especialmente cierto puesto que la Luna gira, con respecto al Sol, sólo una vez en 29.5 días. Permanece expuesta al calor solar en cada una de sus rotaciones durante un intervalo considerablemente más largo que el de la rotación de la Tierra.

El resultado es que la Luna, en su ecuador, alcanza una temperatura superficial de algo más de 100° C, más de 40° C mayor que la alcanzada en cualquier lugar de la superficie terrestre calentada exclusivamente por el Sol.

Mercurio es el planeta más próximo al Sol. En el curso de su revolución llega a estar a sólo 46 000 000 de kilómetros del Sol, distancia de sólo 0.3 veces la que separa a la Tierra del Sol. Además, no tiene atmósfera y gira muy despacio. La temperatura máxima de Mercurio alcanza unos 425° C. Si hubiese estaño y plomo metálicos en la superficie de Mercurio (que no los hay), se fundirían en el calor pleno del mediodía cuando Mercurio se hallara en su posición más próxima al Sol.

Sin embargo, Mercurio no establece la marca de temperatura alta superficial entre los planetas del sistema solar.

Venus, a una distancia de 108 000 000 de kilómetros del Sol, está 2.3 veces más alejado del Sol que Mercurio (aunque sólo a tres cuartas partes de la distancia entre la Tierra y el Sol). Además, Venus tiene una atmósfera inmensamente densa (noventa veces más densa que la de la Tierra), lo que hace que la temperatura quede bien distribuida. También tiene una capa continua de nubes, que refleja alrededor de las tres cuartas partes de la radiación solar y evita que llegue a la superficie de Venus. Por todos esos motivos podría parecer que la temperatura en la superficie de Venus es comparativamente templada, y sin duda menos ferozmente caliente que la de Mercurio.

¡Pero no es así! La densa atmósfera de Venus se compone en un 90% de bióxido de carbono, sustancia que atrape el calor solar y permite que la temperatura se eleve a niveles altos. Como resultado de ello, la temperatura en la superficie de Venus, en todo el planeta, tanto de día como de noche, es aproximadamente de 475° C, 50° C más alta que la peor temperatura de Mercurio. Además, en tanto que determinados puntos de la superficie de Mercurio se enfrían mucho durante la noche, ningún punto en la superficie de Venus se enfría nunca en forma significativa, a causa del efecto igualador de la temperatura, derivado de la atmósfera tan densa.

Hay un pequeño cuerpo celeste con temperatura superficial más alta que la de Venus, aunque sólo intermitentemente. Ese cuerpo es el asteroide llamado Ícaro, trozo de roca de aproximadamente un kilómetro de diámetro, descubierto por el astrónomo alemán-norteamericano Walter Baade (1893-1960), en 1948. Gira Ícaro en torno del Sol en 1.12 años, y en su punto más cercano al Sol está a sólo 28 500 000 kilómetros, lo cual es únicamente la mitad de la distancia a la que se pone Mercurio del Sol en su mayor aproximación.

Indudablemente, la superficie de Ícaro, expuesta al Sol desde tan cerca, debe calentarse, al menos durante algún tiempo, a una temperatura de hasta 650° C. Entonces la superficie de Ícaro será tan caliente que emita radiación lo suficientemente enérgica para ser detectada como luz (si se pudiese evitar el resplandor insoportable del Sol). En otras palabras, la superficie de Ícaro se calentará hasta el rojo apagado.

Uno que otro cometa se acerca al Sol aún más que Ícaro, pero en tanto que éste es un trozo de roca, los cometas parecen ser cuerpos helados, con agregado de polvo y grava (y a veces con núcleo rocoso). Al aproximarse los cometas al Sol, parte de su material helado se evapora y libera polvo y grava. Esto forma una neblina en torno del núcleo del cometa,que impide que el mismo alcance la temperatura que de otra suerte alcanzaría. Por tanto, es incierta la temperatura de un cometa cuando más se aproxima al Sol.

Debe haber también algunos meteoros que se acerquen al Sol lo suficiente para vaporizarse.

Esto nos trae al cuerpo más caliente en el sistema solar, o sea el Sol mismo. La temperatura en la superficie del Sol puede determinarse por la índole de su radiación, de acuerdo con la regla enunciada por el físico austriaco Josef Stefan (1835-1893), en 1879.

En la mayor parte de la superficie del Sol la temperatura es de unos 5 500° C, algo menos que el punto de ebullición del reino, el tungsteno, el tantalio y el carburo de tungsteno. Sin embargo, esas sustancias indudablemente las hay en el Sol sólo en cantidades muy pequeñas, no las suficientes para que en algún lugar aparezcan como líquidos. Así pues, es incuestionable que la superficie del Sol es de índole completamente gaseosa.

Lo anterior es verdad no obstante que hay en la superficie del Sol algunos lugares en los que los gases se dilatan y se enfrían por algún fenómeno local (hasta ahora no comprendido muy claramente) en que interviene el campo magnético del Sol. Esos gases enfriados no irradian con tanta fuerza como las zonas superficiales, en general, por lo que aparecen como manchas oscuras sobre un fondo brillante. La temperatura en el centro de esas "manchas solares" suele ser tan baja como los 3 750° C. En tales condiciones, el carburo de tantalio y el carburo de hafnio (si los hubiese en cantidad suficiente en esas manchas, aunque es seguro que no es el caso) permanecerían en estado sólido.

Existe lo contrario de las manchas solares. Cerca de esas manchas suelen estallar las "llamaradas solares", que son explosiones repentinas de energía que duran desde unos cuantos segundos hasta casi una hora. Esas llamaradas tienen un fulgor blanco contra un fondo solar que ya es de por sí muy brillante, pues las llamaradas son muchísimo más calientes que la superficie solar en general

¿Qué puede decirse a este respecto de otras estrellas? La inmensa mayoría de las estrellas que podemos ver en el firmamento, ya sea a simple vista o por medio de instrumentos son, al igual que el Sol, "estrellas de secuencia principal". Esas estrellas tienen el vigor de la juventud y brillan con firmeza durante largos periodos, gracias a la presencia de inmensas cantidades de hidrógeno, que sirve de materia prima de la fusión nuclear, liberadora de energía.

Las estrellas con mayor masa que el Sol son más calientes que éste. Las estrellas de mayor masa y de secuencia principal y, por ende, las más calientes, suelen tener temperaturas superficiales hasta de 40 000° C.

TEMPERATURAS INTERIORES

Hasta aquí nos hemos referido únicamente a las temperaturas en la superficie de los cuerpos astronómicos. Sin embargo, la temperatura superficial de cualquier cuerpo no es probable que sea la más elevada. En muchos casos es la menos caliente.

Por ejemplo, consideremos las temperaturas en la Tierra. A medida que se sube a través de la atmósfera, lejos de la superficie planetaria, baja la densidad atmosférica. Lo mismo ocurre al contenido total calórico de la atmósfera.

Mas el descenso en la densidad y en el calor total no es necesariamente el mismo en ambos casos. Hay regiones en las que la densidad disminuye significativamente más aprisa que el contenido calórico, por lo que, aunque el calor total sea menos, los átomos y moléculas individuales poséen más calor, en relación con su porción individual.

Hasta una altura de 150 kilómetros arriba de la superficie, la temperatura de la atmósfera desciende, pero más allá de esa altura la densidad desciende, y continúa descendiendo en forma tal que los átomos y moléculas individuales obtienen porciones constantemente más altas del calor total (el cual también disminuye, pero no tan rápidamente).

Cuando se llega a una altura de 300 kilómetros, la temperatura de los leves rastros de aire es de unos 1 500° C. (En cuanto a eso, un rayo puede producir momentáneamente una temperatura hasta de 30 000° C.)

Tal cosa parece como si la atmósfera superior fuese lo suficientemente caliente para fundir el hierro, lo que no es así. La temperatura, entendiéndose por ello la intensidad del calor por átomo individual, es alta, pero hay tan pocos átomos que el contenido total de calor es muy bajo. Un cohete o una nave espacial que pase por la atmósfera superior encontrará átomos muy enérgicos, pero tan pocos que el calor transmitido desde ellos a la nave no será suficiente para dañarla en ninguna forma.

Lo mismo ocurre en el caso del Sol, pero, naturalmente, en grado más pronunciado. La atmósfera superior del Sol es su "corona", generalmente visible sólo durante un eclipse total. La temperatura de la corona asciende hasta 1 000 000° C , algo que fue descubierto en 1942 por el astrónomo sueco Bengt Edlen (1906-), deducido por la índole de la radiación emitida por la corona.

Presumiblemente, las coronas de las estrellas más calientes son más calientes en proporción, y tal vez alcancen una temperatura de 10 000 000° C.

No sólo ascendiendo desde la superficie se llega a regiones de temperatura más elevada. Descendiendo desde la superficie ocurre lo mismo. Una vez más, consideremos la Tierra.

El sistema solar se formó de una nube de gas y polvo que se condensó bajo el influjo de su propio campo gravitatorio. Casi toda la nube original se condensó, formando lo que ahora es el Sol, pero algo del material en la periferia de la nube se conglutinó en fragmentos de materia que se unieron para formar los planetas y satélites que ahora existen.

La materia que se unió poseía energía cinética, y al chocar esa materia y entrar en reposo (en relación de un fragmento con otro), esa energía cinética se convirtió en calor. La Tierra y otros cuerpos de tamaño considerable iniciaron su existencia, por ello, como objetos muy calientes. Su superficie exterior se enfrió, pero su interior permaneció caliente.

Ese interior permaneció caliente durante un periodo de miles de millones de años, porque, primero, las capas exteriores y frías de roca sirvieron de excelente aislante del calor, al reducir el flujo del calor del interior caliente al espacio exterior, a una salida comparativamente pequeña; y segundo, porque la presencia de átomos radiactivos de uranio, torio y ciertas variedades de potasio y samario dentro de la estructura rocosa de la Tierra produjeron calor al desintegrarse, no mucho calor, pero lo suficiente para reponer las pequeñas cantidades de calor que se perdían. Por tanto, la Tierra continuó caliente en el centro durante toda su historia de 4 600 000 000 años, y sigue estando caliente ahora.

Sabemos por nuestra experiencia en las minas que la temperatura parece elevarse alrededor de 1 grado por cada 30 metros que excavamos. Este ascenso de la temperatura probablemente disminuye debajo de la corteza y del manto superior, donde se encuentran la mayoría de los elementos radiactivos. En el centro de la Tierra, de acuerdo con cálculos razonables de los geólogos, la temperatura tal vez sea de 4 000° C.

De ser esto así, el centro de la Tierra es tan caliente como las porciones más frías de la superficie solar.

No sólo es el centro de la Tierra más caliente que los vestigios de atmósfera a grandes alturas (aunque no tan caliente como un rayo), sino que, en tanto que la atmósfera superior es casi un vacío, el centro de la Tierra está densamente compactado de materia. Por tanto, el calor total en el centro de la Tierra es muchos millones de veces mayor que el de la atmósfera superior.

Naturalmente, también otros cuerpos celestes están calientes en el centro. En general, mientras más masa tiene un cuerpo, más caliente es en su centro, puesto que se ha guardado más energía cinética como calor en el transcurso de la formación del cuerpo. Los únicos cuerpos planetarios que se esperaría que fuesen más calientes en su centro que el centro de la Tierra son aquéllos con mayor masa que la Tierra, y conocemos únicamente cuatro: Júpiter, Saturno, Urano y Neptuno.

Con mucho, el mayor de los planetas es Júpiter. En tanto que hay únicamente 6 378 kilómetros desde la superficie de la Tierra hasta su centro, de la superficie de Júpiter al centro de ese planeta hay 71 600 kilómetros (una distancia once veces mayor).

La superficie visible de Júpiter (en realidad, una capa de nubes) es fría, mucho más fría que la superficie de la Tierra, puesto que Júpiter se encuentra cinco veces más distante del Sol que nosotros y recibe sólo 1/25 de la radiación que nosotros recibimos. Con todo, al imaginar que nos hundimos más abajo de la superfice visible de Júpiter, la temperatura se eleva rápidamente.

Las sondas enviadas a Júpiter en la década de 1970 nos han

proporcionado la clase de datos que necesitamos para hacer cálculos razonables acerca de la temperatura interna de ese gigantesco planeta. A una posición de 1 000 kilómetros debajo de la superficie visible de Júpiter, la temperatura ya se acerca a la del centro de la Tierra, y a mayores profundidades aumenta todavía más. En el centro mismo de Júpiter la temperatura es de 54 000° C , o sea casi diez veces más alta que en la superficie del Sol. Sin embargo, esta temperatura no es aún lo suficientemente elevada para iniciar la fusión nuclear, y por ello Júpiter continúo siendo un planeta. No tiene suficiente masa para ser siquiera la más enana de las estrellas enanas.

El Sol tiene 1 040 veces más masa que Júpiter. Al formarse el Sol, las temperaturas en su centro se elevaron mucho más que las de Júpiter, pequeño en comparación. En efecto, la temperatura del Sol se elevó lo suficiente para iniciar la fusión nuclear. El calor inducido por la fusión elevó aún más la temperatura.

En los comienzos de la década de 1920 el astrónomo inglés Arthur Stanley Eddington (1882-1944) pudo demostrar, partiendo de un análisis de la cantidad de calor necesaria para evitar que el Sol se desintegrara a causa del empuje de su propia gravedad, que la temperatura central de esa estrella debía ser de 15 000 000° C.

Esa es la región de materia densa más caliente en el sistema solar. Recientemente se ha descubierto que hay regiones en las cercanías de Júpiter que son aún más calientes, a causa del enorme campo magnético del planeta. Sin embargo, allí el número total de átomos (por muy enérgicos que sean) es tan pequeño que el calor total no es significativo. Además, los átomos están demasiado separados para chocar los unos contra los otros lo suficiente para mantener una reacción de fusión, aunque, en teoría, tienen suficiente energía para mantenerla.

Es curioso que los seres humanos puedan ahora producir temperaturas aún más elevadas.

Desde la década de 1950 se ha tratado de producir fusión controlada como fuente de energía, aquí en la Tierra. Con ese propósito es preciso calentar pequeñas cantidades de hidrógeno a temperaturas muy altas, superiores a las del centro del Sol.

En tanto que una temperatura de 15 000 000° C es suficiente para que continúe la fusión en el centro del Sol, donde la materia no es sumamente caliente, pero sí muy densa, y donde la densidad la conserva la poderosa gravitación del Sol, en la Tierra la situación es distinta. Aquí no podemos conservar la densidad del hidrógeno por medio de un intenso campo gravitatorio, y si es necesario manejar el hidrógeno en un estado menos denso, como compensación la temperatura deberá ser elevada aún más.

Los seres humanos podemos producir átomos extremadamente

enérgicos (lo que equivale a producir temperaturas muy altas) acelerándolos en diversos dispositivos que utilizan campos electromagnéticos, o calentándolos muy repentinamente con potentes haces de luz laser. De esa manera se han producido temperaturas de más de 50 000 000° C en muy pequeñas cantidades de hidrógeno, durante periodos muy breves. En los momentos de escribir estas líneas, tales temperaturas no son aún suficientemente altas para inducir la fusión controlada.

Sin embargo, la fusión incontrolada en forma de bombas de hidrógeno, hechas estallar por la explosión inicial de una bomba de fusión de uranio, ha sido una realidad desde hace treinta años. Se calcula que en el centro de una bomba de hidrógeno se alcanzan brevemente temperaturas hasta de 400 000 000° C.

Así, las temperaturas logradas por el hombre sobrepasan con mucho las que la naturaleza puede inducir en el sistema solar, mas lo que podemos hacer no se equipara a lo que la naturaleza puede hacer *más allá* del sistema solar.

Mientras más masa tenga una estrella, más caliente es en la superficie y en todas sus etapas, hasta el núcleo. Así pues, podemos esperar que una estrella de gran masa tenga una temperatura central mucho más alta que la del Sol. Además, todas las estrellas tienden a volverse más calientes en el núcleo a medida que evolucionan.

Hace algunos años el físico Hong-Yee Chiu trató de calcular la temperatura máxima que podía haber en el centro de una estrella. Sugirió que 6 000 000 000° C podría ser la temperatura más alta que podríamos esperar encontrar en relación con las estrellas. Esa sería la temperatura en el núcleo de una estrella con masa mucho mayor que la del Sol, en el momento en que esa estrella hubiese alcanzado la etapa en su ciclo vital en la que estuviese lista para estallar y convertirse en una vasta "supernova".

Con todo, ni aun la marca de 6 000 000 000° C representa el máximo. Supongamos que retrocedemos en el tiempo hacia el nacimiento del universo, en el transcurso del *big bang* (el gran estallido).

Mientras más atrás en el tiempo imaginemos que nos encontramos, más pequeño será el volumen del universo y más concentrado estará su contenido de energía (el cual permanecerá constante, en total, con el tiempo). Cada metro cúbico del universo contendrá más y más energía, por ello, en la medida en que nos imaginemos que retrocedemos en el tiempo. Ésta es otra forma de decir que el universo se vuelve más y más caliente al paso que retrocedemos en el tiempo.

Las teorías actuales (si son correctas, lo que hasta ahora no es completamente seguro) parecen indicar que podemos encontrar sentido a lo que ocurrió una pequeña fracción de segundo después del *big bang*. Por ejemplo, 1/10 000 de segundo después de ese gran estallido, parece que se formaron neutrones y protones de partículas todavía más fundamentales, llamadas "quarks". En ese momento la temperatura debe hacer sido de 1 000 000 000 000° C (un billón de grados).

Lo más aproximado al *big bang* que los físicos pueden llevar sus cálculos es 10^{-43} segundos, cuando la temperatura tal vez haya llegado a 100 000 000 000 000 000 000 000 000 000 000° C (cien millones de billones de billones de grados C).

Al aproximarnos aún más al *big bang,* al parecer el volumen del universo se acerca al cero, y su temperatura se eleva sin límite hacia el infinito.

22

Temperaturas bajas

SUPERFICIES PLANETARIAS

Después de haber llegado a las temperaturas inconcebiblemente altas, volvamos a las temperaturas ordinarias que experimentamos aquí, en la superficie de la Tierra, y preguntémonos hasta dónde podemos ir, y hemos ido, en la dirección contraria, hacia lo muy frío.

La gente que vive fuera de los trópicos experimenta el clima frío en el invierno, y si vive en latitudes suficientemente altas o en altitudes lo suficiente elevadas, encuentra que son comunes las temperaturas inferiores al punto de congelación. En ese caso, la escala celsius pasa a los números negativos. El agua se congela a 0° C, después de todo, y cualquier cosa más fría que eso debe corresponder a números negativos.

La escala Fahrenheit pone el punto de congelación del agua en 32° F., y por ello el número sigue siendo positivo en 32° F abajo del punto de congelación. Puesto que 32° F equivalen a 17 7/9° C, 0° F equivale a casi -18° C. Eso no basta para salvarnos de los números negativos. El clima invernal puede llevarnos a los números negativos, también en la escala Fahrenheit.

Por ejemplo, el día más frío en la ciudad de Nueva York en toda la historia de la oficina metereológica, fue registrado el 9 de febrerode 1934, cuando la temperatura bajo a -26° C (equivalente de -15° F) y la ciudad de Nueva York no es una ciudad especialmente fría. Ese mismo día, en Rochester, Nueva York, la temperatura bajo a -33.3° C.

La temperatura más baja registrada en cualquier lugar de los cuarenta y ocho estados contiguos de la unión norteamericana fue en Rogers Pass, Montana, el 20 de enero de 1954, cuando bajó a -56.5° C. Naturalmente, era de esperarse que en Alaska se superara esa marca y, en efecto, en Prospect Creek Camp, Alaska, el 23 de enero de 1971 se registró una temperatura de -62° C.

Pero Alaska no es el lugar más frío del mundo. Siberia es más fría, y en las poblaciones de Verkhoyansk y Oymyakon, en Siberia, se han registrado temperaturas de -68° C., la última ocasión en Oymyakon, el 6 de febrero de 1933. Esa es la marca correspondiente al hemisferio boreal.

En el hemisferio austral está la Antártida, nevera del mundo. La Unión Soviética tiene un observatorio meteorológico en un punto llamado Vostok, muy en el interior del continente y, por tanto, lugar que se espera que sea el más frío. El 24 de agosto de 1960 (en el hemisferio austral los meses más fríos son julio y agosto), la temperatura bajó a —88° C, que es la temperatura natural más fría que se haya registrado en cualquier parte de la Tierra.

Sería agradable librarse de las temperaturas negativas, si se pudiera, y ocurre que sí se puede. En 1699 el físico francés Guillaume Amontons (1663-1705), descubrió que los gases se contraen a un paso uniforme, a medida que la temperatura desciende. Por supuesto, Amontons podía alcanzar sólo una temperatura moderadamente baja, considerando la tecnología disponible en su época, pero calculó que si la contracción continuaba al mismo paso uniforme el gas alcanzaría el volumen cero alrededor de lo que ahora llamamos -240° C. Su labor a este respecto pasó casi inadvertida.

Sin embargo, en 1802 el químico francés Joseph Louis Gay-Lussac (1773-1850) repitió los experimentos con mayor exactitud, y descubrió que los gases se contraían a un paso que los reduciría al volumen cero al llegar la temperatura a -270° C. El valor actual, hasta donde se puede determinar, es de -273.15° C.

Por supuesto, nadie espera que los gases lleguen al volumen cero y desaparezcan a -273.15° C., o a cualquier otra temperatura. A medida que la temperatura desciende, los átomos y moléculas se aproximan gradualmente entre sí hasta que, a la postre, el gas se licúa. En ese momento los átomos o moléculas están en contacto, y el líquido se contrae sólo muy ligeramente al enfriarse más. Así pues, no hay "volumen cero" que atormente la mente, como si pareciese que la temperatura podría continuar descendiendo indefinidamente.

Pero sucedió que en 1848 el físico escocés William Thomson (1824-1907), quien por su méritos recibió el título de lord Kelvin, que es el nombre por el que se le conoce mejor, demostró que los átomos o moléculas de todas las sustancias, ya sean gases o no lo sean, pierden energía cinética a una tasa constante, a medida que desciende la temperatura. En los gases esto aparece como contracción constante, pero tal cosa no era lo importante. Era la pérdida de energía lo que contaba. A –273.15° C el contenido de energía llegaba a cero, y la temperatura no podía ser reducida más. Esa temperatura (equivalente a –459.67° F) es el "cero absoluto".

Por tanto, hay una "escala absoluta" de temperatura, sin valores negativos. Para convertir la escala Celsio en escala absoluta lo único que se necesita es añadir 273 a la lectura celsius (los decimales generalmente se pasan por alto).

De esa manera, la temperatura del cuerpo, de 37° C, se convierte en 310° K, siendo la "K" la inicial de Kelvin. En forma análoga, la temperatura más baja registrada en la ciudad de Nueva York, de -26° C, se convierte en 247° K, y la temperatura más baja del mundo, registrada en Vostok, lugar de la Antártida, es de 185° K.

Las superficies de otros mundos del sistema solar (con exclusión del Sol y del planeta Venus) pueden alcanzar temperaturas más bajas de las que puede haber en la superficie de la Tierra.

La Luna, que se vuelve muy caliente en la parte de su superficie expuesta a la luz solar, pasa por un rápido descenso de la temperatura cuando esa misma superficie entra en la sombra nocturna, puesto que no hay atmósfera que retenga el calor. Cualquier punto de la superficie de la Luna permanece en la noche durante dos semanas, y por ese motivo la temperatura lunar, poco antes de la aurora, llega a bajar hasta los 110° K , lo cual es considerablemente más frío que el peor de la Antártida.

Mercurio, mucho más próximo al Sol que la Luna, y en cuya superficie hay temperaturas muchísimo más elevadas durante el día de ese planeta, tiene una noche seis veces más prolongada que la de la Luna y por ello la temperatura desciende aún más, a pesar de estar el planeta tan cerca del Sol. Poco antes que el gigantesco Sol de Mercurio asome en el horizonte, la temperatura en la superficie de Mercurio puede ser tan baja como 90° K.

Marte, más alejado del Sol que la Tierra y con una noche sólo unos cuantos minutos más larga que la de la Tierra, no llega a tener temperaturas tan bajas como las de la Luna y Mercurio. El mínimo de la temperatura marciana puede ser de 120° K, lo cual, no obstante, es más frío que el de la Antártida.

Ese mínimo marciano corresponde al casquete polar del Sur. Lo alto de la capa nebulosa que sirve como superficie visible de Júpiter y de Saturno muestran temperaturas en la misma región que no son las más bajas sino las que forman el promedio de todo el planeta.

Las superficies visibles de los planetas que están todavía más alejados del Sol tienen temperaturas aún más frías, como es de esperarse, ya que el efecto calentador del Sol disminuye en proporción al cuadrado de la distancia. Urano está unas veinte veces más distante del Sol de lo que nosotros estamos y Neptuno unas treinta veces más retirado. Por tanto, Urano recibe únicamente 1/400 del calor del Sol que nosotros recibimos, y Neptuno recibe 1/900.

Así pues, no es sorprendente que la temperatura en la superficie visible de Urano sea de alrededor de 90° K y la de Neptuno de cerca de 60° K.

Plutón, el más alejado de todos los planetas conocidos, posiblemente tenga una temperatura en su superficie de únicamente 40° K cuando se encuentre en la parte de su órbita más alejada del Sol.

LICUACIÓN DE GASES

Aun en las temperaturas bajas que se presentan naturalmente en la Tierra, ocurren ciertos cambios insólitos. Por ejemplo, a la temperatura de 233° K (-40°) el mercurio se congela y se vuelve sólido.

Por otra parte, el estaño en su forma ordinaria recibe el nombre de "estaño blanco", y es entonces un metal. Sin embargo, a temperaturas bajas sus átomos se arreglan de otra manera y forman una sustacia llamada "estaño gris", con propiedades no metálicas. El punto de transición es 286°K (13°C), que es sóla la temperatura de un día fresco de primavera en Nueva York, pero a esa temperatura la transición de blanco a gris es extremadamente lenta.

Sin embargo, mientras más baja sea la temperatura más rápida será la conversión, y a una temperatura de 223° K (-50°C) el estaño blanco se desmorona rápidamente. A eso le llaman "enfermedad del estaño" las personas que se preguntan qué está ocurriendo. Tal fenómeno cobró celebridad en una ocasión, cuando los tubos de estaño del órgano de una catedral de San Petersburgo se desintegraron en lo más extremoso de un invierno ruso.

Los científicos estaban seguros de que otro efecto sorprendente de las temperaturas bajas sería la licuación de sustancias que ordinariamente se encuentran en forma gaseosa, aunque esa licuación no ocurriera en forma natural.

Los principales gases de la atmósfera son los únicos que existen naturalmente en grandes cantidades, y no se licúan por fría que llegue a ser la temperatura, aun en la Antártida.

Empero, los químicos podían producir gases que no se encontraran en grandes cantidades en la naturaleza, y que podrían ser licuados si se hacía descender la temperatura lo suficiente, aunque ese descenso no bastase para licuar los gases atmosféricos, como el oxígeno y el nitrógeno. Además, la presión podría ayudar, ya que forzaría a las moléculas del gas a unirse más, y tal cosa favorecería el proceso de licuación.

El primero que se dedicó a licuar gases sistemáticamente fue el químico inglés Michael Faraday (1791-1867).

Empleó para ello un tubo de cristal muy fuerte, al que dio la forma curvada de bumerang. En el fondo cerrado de este tubo colocó una sustancia que al ser calentada liberaría el gas llamado cloro. A continuación selló el extremo abierto del tubo.

Puso el extremo en que se hallaba la sustancia productora de cloro en agua caliente y el otro extremo en hielo molido. El cloro se producía en mayor y mayor cantidad en el extremo caliente, por lo que, en el tubo cerrado, quedó sujeto a su propia presión creciente. En el extremo frío del tubo la temperatura había descendido, y con la combinación de temperatura descendente y presión ascendente se produjo cloro líquido en el extremo frío. Tal cosa ocurrió en 1823.

Lo anterior demostró el principio, pero no estableció un nuevo horizonte. Obtenido ya el cloro líquido pudo medirse su punto de ebullición, que resultó ser de 238.5° K(–34.5° C). Si se dispusiera de un recipiente sellado de gas cloro, un día muy frío de invierno en Moscú o en Montana bastaría para licuarlo.

Los gases licuados pueden emplearse para hacer que las temperaturas bajen aún más. Supongamos que se ha licuado un gas bajo presión. Si esa presión se reduce lentamente, el gas licuado comienza a vaporizar. Esto significa que las moléculas del líquido deben separarse para formar el vapor, y para hacer tal cosa deben ganar energía. Si el líquido se conserva en una cámara aislada, muy poca de esa energía puede ganarse del mundo exterior. Deberá ganarse, en cambio, de la única sustancia accesible, que es el líquido mismo. Entonces, al evaporarse el líquido, baja la temperatura de la porción que queda sin evaporarse.

En 1835 el químico francés C.S.A. Thilorier, empleó el método de Faraday para formar bióxido de carbono líquido bajo presión, empleando para ello cilindros de metal que resistirían presiones más grandes que las que podrían resistir tubos de vidrio. Preparó bióxido de carbono líquido en cantidad considerable, y permitió que se escapara desde el tubo por una boquilla muy estrecha. La liberación rápida de la presión evaporó parte del líquido que salía y redujo la temperatura del resto en forma tan pronunciada que se congeló el bióxido de carbono.

El bióxido de carbono líquido es estable únicamente bajo presión. El bióxido de carbono sólido, expuesto a presiones ordinarias se sublima, es decir, se evapora en forma gaseosa directamente, sin fundirse. (Por eso el bióxido de carbono sólido se le llama "hielo seco".) El punto de sublimación es 194.5° K. Esto significa que en las noches más frías de la parte más fría de la Antártida una cantidad de bióxido de carbono se congelaría, pero sólo escasamente.

Thilorier fue más allá. Mezcló bióxido de carbono sólido con éter dietílico (anestésico ordinario), que permanece líquido aun a las temperaturas del bióxido de carbono sólido. Sin embargo, hasta en esa temperatura tan baja el éter dietílico tiende a evaporarse, aunque mucho más despacio que a temperaturas ordinarias. Al evaporarse, la temperatura de la mezcla descendió más. Thilorier logró llegar a temperaturas tan bajas como 163° K, con lo que superó hasta las de la Antártida. Por primera vez, las temperaturas más bajas de la Tierra tuvieron origen humano.

Valiéndose de esta mezcla especialmente fría fue posible licuar otros gases ¡pero no todos!

Faraday encontró varios gases que no pudo licuar, ni siquiera con un agente enfriador, además de presión, y nombró "permanentes" a esos gases. Después de los tiempos de Faraday se descubrieron varios otros gases que Faraday podría haber añadido a su lista, de haberlos conocido y tenido la ocasión de estudiarlos.

Hay un total de ocho gases que no pueden ser licuados a 163° K, ni siquiera con presión. Esos gases son: oxígeno, argón, flúor, monóxido de carbono, nitrógeno, neón, hidrógeno y helio. De ellos, siete son elementos. El único compuesto es el monóxido de carbono, la molécula del cual consiste en un átomo de carbono y un átomo de oxígeno.

En 1869 el químico irlandés Thomas Andrews (1813-1885) demostró que la presión licuaría los gases sólo más abajo de cierta "temperatura crítica". Arriba de esa temperatura crítica la presión de nada serviría. Los ocho gases permanentes eran aquéllos con temperaturas críticas de menos de 163° K. Para licuar esos gases se necesitaba alguna forma de enfriarlos hasta su temperatura crítica, antes de poder aplicar eficazmente la presión.

De nuevo los científicos recurrieron al enfriamiento por expansión. Este principio no se aplicaba únicamente a la evaporación de un líquido frío. También se enfriaría un gas si se le permitía dilatarse en condiciones en las que el calor no pudiera entrar desde el mundo exterior. A esto se le conoció como el "efecto Joule-Thomson", porque fue enunciado por Thomson (Lord Kelvin), en colaboración con el físico inglés James Prescott Joule (1818-1889).

El primero en tratar de emplear el efecto Joule-Thomson para lograr nuevas temperaturas bajas fue el físico francés Louis Paul Cailletet (1832-1913), en 1877.

Comenzó comprimiendo mucho el oxígeno en un recipiente aislado. Eso significaba que el gas se calentaría en un efecto contrario al de Joule-Thomson. Después bajó el tubo que contenía el oxígeno comprimido en agua fría, para extraer y eliminar tanto calor como fuese posible. A continuación permitió que el oxígeno frío se dilatara muy rápidamente. Su temperatura bajó rapidísimamente, y Cailletet logró por fin enfriar el gas hasta un punto en el que obtuvo una neblina de gotitas líquidas en las paredes del recipiente. Esas gotitas eran oxígeno líquido. Naturalmente, la neblina desapareció rápidamente al penetrar el calor lentamente en el tubo, pero allí había habido oxígeno líquido.

Posteriormente logró hacer lo mismo con nitrógeno y con monóxido de carbono, lo que demandó para el licuado una temperatura aún más baja que la que había sido necesaria para el oxígeno.

Trabajando al mismo tiempo que Cailletet, pero en forma independiente, el químico suizo Raoul Pierre Pictet (1842-1929) pudo realizar también la hazaña. Empleó un método ligeramente diferente, al enfriar el oxígeno comprimido con bióxido de carbono líquido. Logró poner el oxígeno a una presión de varios centenares de atmósferas y a una temperatura de 133° K, muy por abajo de su temperatura crítica. Cuando abrió una válvula de escape en el tubo que contenía el oxígeno, salió el gas comprimido y se dilató tan rápidamente que la temperatura bajó hasta el punto en que salió con fuerza un chorro de oxígeno líquido y, por supuesto, rápidamente se evaporó.

En 1883, dos químicos polacos, Karol S. Olszewski (1846-1915) y Zygmunt F. Wroblewski (1845-1888) mejoraron los métodos de los investigadores anteriores y pudieron producir oxígeno líquido en grandes cantidades. Rodearon los tubos que contenían el oxígeno líquido con otros líquidos tan fríos como era posible, con el objeto de reducir la rapidez de la evaporación. Como resultado, pudieron por primera vez acumular las formas líquidas de los gases ya no permanentes, y estudiarlas con calma.

Olszewski (después de la muerte de Wroblewski en un accidente de laboratorio) continuó preparando en grandes cantidades oxígeno líquido y monóxido de carbono líquido. El argón y el flúor todavía no habían sido aislados, pero cuando lo fueron fue posible emplear los mismos métodos para licuarlos.

Resultó que el oxígeno tiene un punto de ebullición de 90.2° K, el argón, 87.5° K , el flúor, 85.1° K, el monóxido de carbono, 81.6 K y el nitrógeno, 77.3°K.

Con esos gases licuados, los científicos alcanzaron las temperaturas características de las superficies visibles de planetas exteriores tales como Urano. En 1981 se descubrió que Titán, el satélite más grande de Saturno, tiene una atmósfera densa que consiste principalmente en nitrógeno, y se supone generalmente que tal vez tenga lagos y ríos en su superficie, de nitrógeno líquido.

(En realidad, a la temperatura del nitrógeno líquido uno de los llamados gases permanentes podría ser congelado. El punto de congelación del argón líquido es de 83.9° K.)

En 1895 los únicos gases que aún no se licuaban eran el neón, el hidrógeno y el helio, y de ellos, el neón y el helio todavía no habían sido descubiertos (aunque lo serían, en el transcurso de los siguientes tres años).

Así pues, el siguiente gran ataque fue dirigido contra el hidrógeno.

Como en el caso de la presión, el efecto Joule-Thomson no funciona en la licuación de los gases hasta que el gas con el que se trabaja ha alcanzado ya determinada etapa de enfriamiento. Con todos los gases, salvo el neón, el hidrógeno y el helio, no fue difícil llegar al punto en que funcionaba el efecto Joule-Thomson. De hecho, la temperatura del laboratorio bastaba, con mucho, para todos los gases.

Sin embargo, esto no era así en el caso del hidrógeno. El efecto Joule-Thomson no funcionaba hasta que el hidrógeno había sido enfriado a 190° K. Esto tenía que ser comprendido antes que el hidrógeno pudiese ser licuado, y el primero que lo hizo fue el químico escocés James Dewar (1842-1923).

Para comenzar, Dewar enfrió su hidrógeno metiendo su recipiente de ese gas en un baño de nitrógeno líquido. Con el hidrógeno muy abajo de 190° K., pero todavía gaseoso, Dewar inició el proceso de contracción y expansión, y de esa manera pudo al fin producir hidrógeno líquido. Resultó que el hidrógeno líquido tiene un punto de ebullición de 20.3° K.

La producción de hidrógeno líquido significó que los científicos de la Tierra habían por fin logrado trabajar con una temperatura más baja que cualquier otra que exista en cualquier mundo del sistema solar. La temperatura de la superficie del muy distante Plutón, en el punto de su órbita más alejado del Sol, es lo suficientemente alta gracias a la débil radiación del Sol, a 7 300 000 000 kilómetros, para conservar en estado gaseoso cualquier neón e hidrógeno que puedan existir en ese planeta.

Indudablemente, Júpiter y tal vez los demás planetas gigantes parecen estar hechos de hidrógeno lo suficientemente denso para ser líquido en sus propiedades, pero se trata de hidrógeno líquido bajo enormes presiones y a temperaturas al blanco. No hay hidrógeno líquido en ninguna parte conocida del sistema solar que sea líquido únicamente por medio de una temperatura baja y bajo poca o ninguna presión, salvo en los recipientes de la Tierra.

A las temperaturas del hidrógeno líquido, todas las demás sustancias, con excepción de una, son sólidas. De los gases que fueron licuados en la última cuarta parte del siglo XIX, el oxígeno tiene un punto de congelación de 54.7° K, el argón, de 83.9° K, el flúor, de 53.5° K, el monóxido de carbono, de 74° K, el nitrógeno, de 63.3° K y el neón, de 24.5° K.

La única sustancia líquida a 20° K es el hidrógeno mismo, y el único gas es el helio.

Si se permite que el hidrógeno líquido se evapore en condiciones en que el calor no le pueda llegar de afuera, la porción no evaporada del hidrógeno se enfriará muy por abajo de su punto de licuación y a la postre se congelará en 14.0° K.

No obstante, aun a esa temperatura tan baja el helio permanece tenazmente gaseoso. Es el único gas en un mundo de temperaturas de solidez universal.

Dewar no pudo licuar el helio, y el problema pasó a manos del físico holandés Heike Kamerlingh-Onnes (1853-1926). Empezó por enfriar una muestra de helio gaseoso en un baño de hidrógeno líquido. Sólo entonces la temperatura del gas helio bajó lo suficiente para que el efecto Joule-Thomson operara. En 1908, Kamerlingh-Onnes licuó el helio a una temperatura de 4.2° K.

HACIA EL CERO ABSOLUTO

En cierto modo, aun lo anterior no puso fin al problema de los gases, aunque en 1908 indudablemente parecía que esa cuestión ya había quedado resuelta. Al avanzar el siglo XX se reconoció que algunas variedades atómicas, o isótopos, existían realmente.

Así, en la naturaleza, el hidrógeno consiste en dos isótopos estables: "hidrógeno-1" e "hidrógeno-2". Los átomos de hidrógeno-1 poseen núcleos consistentes en un solo protón; los átomos de hidrógeno-2 poseen núcleos consistentes en un protón y un neutrón.

Los protones y los electrones tienen casi las mismas masas, por lo que el hidrógeno-2 tiene el doble de masa que el hidrógeno-1 y, por ello, los átomos de hidrógeno-2 son más difíciles de separar de los átomos que los acompañan y hacer que se evaporen. En general, esto ocurre con todos los elementos. Los isótopos con más partículas en los núcleos tienen puntos de ebullición más altos que los isótopos con menos partículas.

En la mayoría de los elementos, el número de partículas en los núcleos es tan grande, en cualquier caso, que una o dos partículas, más o menos, carecen de importancia. En el caso del hidrógeno, la diferencia entre un núcleo que contenga una partícula y otro que contenga dos es de 100%. En tanto que el hidrógeno ordinario (en el cual 6 999 átomos de cada 7 000 son de hidrógeno-1) tiene un punto de ebullición de 20.3° K, el punto de ebullición del hidrógeno-2, si se aisla y se prueba una cantidad considerable, es 23.4° K, sobre 3 grados más arriba del hidrógeno-1.

El caso del helio es lo contrario. Casi todos los átomos del helio tienen un núcleo compuesto de dos protones y dos neutrones, por lo que se llama "helio-4". Su punto de licuación, o licuefacción, es 4.2° K. Sin embargo, uno de cada 750 000 átomos de helio tiene un núcleo formado por dos protones y un neutrón, por lo que se llama "helio-3".

Si se aislara en forma pura una cantidad de helio-3 y si un recipiente de él se bañara en helio líquido a 4.2° K el helio-3, por ser el más ligero de los dos, seguiría en estado gaseoso. El helio-3 tendría que ser enfriado un grado adicional, pues no se licuaría hasta que se alcanzara una temperatura de 3.2° K.

Kamerlingh-Onnes no sospechó la existencia de helio-3, pero ello no entorpeció su labor. Al permitir que el helio se evaporara en condiciones de aislamiento redujo su temperatura a 0.83° K, antes de morir. Eso significó que había alcanzado una temperatura en la cual ninguna sustancia podía ser completamente gaseosa, aunque *a esa* temperatura existiera algo de helio como vapor en equilibrio con el líquido.

Después que se produjo en el laboratorio una temperatura de menos de un grado arriba del cero absoluto se comprendió que la humanidad había logrado algo verdaderamente notable.

Dije anteriormente que ningún planeta conocido en el sistema solar era lo suficientemente frío para licuar el hidrógeno en condiciones de poca o ninguan presión. Sin embargo, podría haber planetas más retirados del Sol de lo que está Plutón. Por ejemplo, se conjetura que existen grandes números de cometas más allá de Plutón.

Esos cuerpos tan distantes deben ser más fríos que Plutón. ¿Podrían ser tan fríos que el hidrógeno se congelara en ellos, tan fríos que aun el helio se licuara y congelara? Supongamos que un objeto se perdiera en las profundidades del espacio entre las galaxias, tan distante de cualquier estrella que no recibiera prácticamente ninguna luz de las estrellas. ¿Cuán frío sería entonces ese objeto? ¿Tendría la temperatura de cero absoluto?

Suponer que tales cuerpos estarían al cero absoluto sería razonable, pero erróneo. El universo está lleno de radiación cósmica, así como de un fondo de una radiación de microondas que llega a todos los rincones de su volumen. Cualquier objeto en el universo, aunque no produzca energía y por un retirado que esté de cualquier estrella o de cualquier otro producto obvio de energía, absorbe no obstante suficientes rayos cósmicos y microondas para llegar a una temperatura de 3° K. Esa es la temperatura general del universo.

Lo anterior significa, (siempre que no haya organismos inteligentes en lugares remotísimos, que también estén experimentados con temperaturas extremadamente bajas) que Kamerlingh-Onnes produjo temperaturas con helio líquido que establecieron una marca *universal*. Produjo temperaturas más bajas que cualesquiera que existieran en la naturaleza, *en cualquier parte del universo*.

No obstante, en un respecto fracasó. Nunca alcanzó la victoria definitiva. Aun a la temperatura de 0.83° K el helio continuó en forma líquida. Kamerlingh-Onnes no pudo alcanzar la meta de producir helio sólido.

Ni podría haberlo hecho, por baja que fuese la temperatura que lograra. Resulta que en cero absoluto el contenido de energía de los átomos y las moléculas no es completamente cero. Si así fuese, y si los átomos de helio (o de cualquier otra clase) tuviesen energía cero, estarían inmóviles. Su momento sería cero y su posición podría ser determinada exactamente.

Sin embargo, existe un muy vigoroso "principio de incertidumbre", enunciado por vez primera por el físico alemán Werner Karl Heisenberg (1901-1976), según el cual la posición y el momento nunca pueden ser determinados en forma simultánea y perfecta, pues siempre habrá una incertidumbre residual. La materia retiene una cantidad minúscula de energía aun en cero absoluto, y nunca puede ser retirada esa cantidad, para conservar el requisito del principio de incertidumbre.

Puesto que esa minúscula cantidad de energía nunca puede ser retirada, el cero absoluto indudablemente es absoluto. Puesto que ese último vestigio de energía está allí y basta para que el helio siga siendo líquido, el helio continúa en estado líquido hasta en cero absoluto.

Por lo menos es verdad lo anterior en una presión atmosférica ordinaria. En 1926, unos cuantos meses después que Kamerlingh-Onnes murió, su colega Willem Hendrik Keeson (1876-1956) aplicó presión al helio líquido y, por fin, lo solidificó.

Fue esa la meta definitiva. Por fin se habían alcanzado condiciones en el laboratorio (y quizá en ningún otro lugar del universo) en las cuales toda sustancia podía estar en estado sólido.

Con eso parecía haber terminado el juego, pues ¿qué otra cosa quedaba por lograr con temperaturas que llegaban hasta a una fracción de un grado arriba del cero absoluto, y con todo sólido?

En realidad, ocurrió que algunas clases de materia revelaron propiedades muy insólitas en los alrededores del cero absoluto. El mercurio, el plomo y varios otros metales y aleaciones, a ciertas temperaturas críticas y muy bajas, perdían *toda* resistencia a una corriente eléctrica y se convertían en "superconductores". Había, especialmente, otras propiedades peculiares que poseía el helio líquido.

Con el objeto de estudiar todas esas propiedades, los científicos continuaron intentando obtener temperaturas más y más bajas. No abrigaban ninguna ilusión de que, habiendo obtenido temperaturas de menos de 1° K quedaba sólo por hacer un rápido esfuerzo final para alcanzar la victoria definitiva. En 1906, el químico alemán Walther Hermann Nernst (1864-1941) había ya concebido lo que se llama la "tercera ley de la termodinámica". De esa tercera ley se puede deducir que reducir a la mitad la temperatura absoluta siempre demanda el mismo esfuerzo, independientemente de cuál sea el punto de partida. Por tanto, por mucho esfuerzo que se haga nunca se llegará al cero absoluto, lo mismo que nunca se alcanzará la velocidad de la luz.

Sin embargo, los hombres de ciencia vieron que tenía valor aproximarse al cero absoluto tanto como pudieran.

La técnica de permitir que los gases se dilataran y los líquidos se evaporaran había llegado a un callejón sin salida en la década de 1920, con una temperatura aproximada de 0.5° K. Se necesitaba algo nuevo.

En 1926 el químico holandés Peter J.W. Debye (1884-1966) y el químico norteamericano William Francis Giauque (1895-) sugirieron, independientemente, una nueva técnica.

En ciertas sustancias, como el sulfato de gadolinio, los átomos metálicos, en este caso los de gadolinio, se conducen como diminutos imanes. En presencia de un fuerte campo magnético, todos los átomos se alinean en una sola dirección, y la sustancia queda imantada. Si se retira entonces el campo magnético, los átomos se zangolotean al azar y la sal pierde sus propiedades magnéticas.

Los átomos, al comenzar a moverse al azar, absorben calor y, si se les aisla del mundo exterior, deben absorber el calor de la sustancia misma, por lo que la temperatura desciende. Si entonces se magnetiza el sulfato de gadolinio y después se enfría hasta la temperatura más baja que sea posible, y a continuación se retira el campo magnético, la temperatura desciende todavía más.

Se necesitó algún tiempo para que esa técnica funcionara, pero en 1933, Giauque empleó sulfato de gadolinio para producir una temperatura de 0.25° K. El mismo año, los químicos holandeses emplearon flúor de cerio para obtener una temperatura de 0.13° K y sulfato etílico de cerio para obtener una temperatura de 0.018 5° K. Desde entonces, el empleo de esa técnica ha producido temperaturas tan bajas como 0.003° K.

En 1962, el físico germano-inglés Heinz London (1907-) señaló que los átomos de helio-3, por ser más ligeros que los átomos de helio-4, se mueven más aprisa y contribuyen en forma desproporcionada a la temperatura. A temperaturas muy bajas, el helio-3 y el helio-4 no se mezclan perfectamente, y pueden emplearse técnicas para separar el primero de la mezcla y hace que se lleve casi todo el calor, con lo que se reduce aún más la temperatura del sobrante.

La combinación de los métodos del helio-3 y de la desmagnetización ha producido temperaturas tan bajas como 0.000 02° K, o sea temperaturas que se encuentran a un cincuentamilésimo dc grado del cero absoluto.

23

Luminosidad

MAGNITUD

Los cambios en la temperatura producen múltiples efectos, y en este capítulo consideraremos uno de ellos, muy notable, por cierto.

Todas las sustancias, a cualquier temperatura por encima del cero absoluto, expiden ondas de radiación electromagnética. El patrón de las longitudes de onda es característico de cada temperatura, por lo que es posible determinar la temperatura de una estrella distante, con base en el patrón de longitudes de onda que emanan de esa estrella.

En general, las longitudes de onda abarcan una gran extensión, desde las muy largas hasta las muy cortas, con un punto culminante de algún valor intermedio. Al paso que la temperatura asciende, las longitudes de onda se desplazan hacia el extremo más corto del espectro (y, por tanto, el más enérgico), e igualmente se desplaza el punto culminante.

En el caso de todas las temperaturas ordinarias, hasta aproximadamente los 600° C, la radiación emitida corresponde a la región de las ondas de radio, o a la región de las un tanto más cortas microondas, o bien a la región de las aún más cortas ondas infrarrojas. Todos esos grupos de radiación tienen algo en común: no afectan la retina del ojo. Así, un bloque de acero a cualquier temperatura en el orden de los 1 000°, entre el cero absoluto y los 600° C, puede sentirse frío, caliente o demasiado caliente al tacto, o puede emitir torrentes de radiación; pero nada de esa radiación la descubrirán nuestros ojos, y en la oscuridad ese bloque de acero permanecerá invisible.

Sin embargo, más arriba de los 600° C algo de la radiación se extiende a la región de la luz visible. Al principio, sólo las ondas más largas de la luz visible irradian en cantidad perceptible, y esas ondas, por ser de color rojo, hacen que el objeto se vea "al rojo". Al subir aún más la temperatura aparecen más y más de las ondas luminosas más cortas, y el objeto se vuelve anaranjado y después se dice que está "al blanco", por quedar incluidos todos los colores del espectro. Un objeto tan caliente como la superficie del Sol irradia principalmente en el espectro de la luz visible, aunque la radiación solar se extiende mucho más allá de las ondas invisibles más largas y de las ondas invisibles más cortas.

Asociamos la temperatura alta con un fulgor visible, y la única forma de lograr que un objeto muy caliente sea invisible es cubriéndolo con algo menos caliente. Así, el interior muy caliente de la Tierra es invisible únicamente porque está cubierto por la corteza fría.

También es posible que haya alguna fuente de luz que no tenga una temperatura alta. Un buen ejemplo de eso lo tenemos en las luciérnagas.

Para los seres humanos, en general, la gran fuente de luz es el Sol y, por extensión, la Luna, así como otros cuerpos astronómicos. Indudablemente, desde los tiempos más remotos hubo fuego. Los humanos aprendieron a conservar el fuego y a iniciarlo por su propio esfuerzo, y con el tiempo la iluminación artificial se volvió más importante para el género humano que la luz de cualquier cuerpo astronómico, con excepción del Sol. Con todo, la luminosidad comparativa de los cuerpos astronómicos siempre ha sido de gran interés para los científicos, y continúa siéndolo.

En la antigüedad se podían determinar únicamente dos de las propiedades de las estrellas, pues se carecía de los instrumentos de ahora, y sólo en forma aproximada. Esas propiedades eran la posición y la luminosidad.

La primera persona de quien se sabe que trató de trazar una carta del firmamento y de indicar en ella la posición de por lo menos algunas de las estrellas fue el astrónomo griego Hiparco (190-120 a.J.C.) Allá por 130 a.J.C. preparó un mapa en el cual incluyó 1 080 estrellas, con la latitud y longitud celestial de cada una de ellas, lo mejor que pudo determinarlo sin reloj, telescopio o cualquier otro de los instrumentos modernos.

Tampoco descuidó la luminosidad. Hiparco dividió las estrellas en seis clases. La primera clase incluía las veinte estrellas más brillantes del firmamento. La segunda incluía estrellas un poco menos brillantes, la tercera las aún menos brillantes, y así sucesivamente. La sexta clase incluía las estrellas apenas visibles en una noche oscura, sin luna, que descubriera una persona con visión aguda.

Con el tiempo, a cada clase se le llamó "magnitud", de la palabra latina *magnitudo*, que significa "grandeza" o "grandes dimensiones", puesto que se suponía que todas las estrellas se hallaban a distancias iguales, fijas a un "firmamento" sólido, y que las más brillantes eran las más grandes. Por tanto, las estrellas más luminosas pertenecían a la "primera magnitud", las que les seguían en luminosidad pertenecían a la "segunda magnitud", y así sucesivamente. Conservamos esa nomenclatura.

Al principio, la división de estrellas en magnitudes fue meramente cualitativa. Algunas estrellas de primera magnitud son claramente más brillantes que otras clasificadas también como de primera magnitud, pero tal cosa no se tomó en cuenta. Tampoco preocupó mucho a los astrónomos antiguos el que las menos luminosas entre las estrellas de primera magnitud no fuesen mucho más brillantes que las más luminosas entre las estrellas de segunda magnitud. En realidad, hay una gradación continua de luminosidad entre las estrellas, pero la clasificación en clases separadas oscurece ese hecho.

En la década de 1830 empezaron por fin, a hacerse intentos de mejoramiento del sistema de Hiparco, que databa de 2000 años.

Uno de los precursores en esos intentos fue el astrónomo inglés John Herschel (1792-1871), que observaba las estrellas australes desde el extremo Sur de África. En 1836 ideó un instrumento que produjera una imagen pequeña de la Luna llena, imagen que pudiese abrillantarse u opacarse por medio del manejo de una lente. Entonces la imagen podría ser igualada en brillantez a la imagen de determinada estrella. De esa manera, Herschel podía calcular con mucha precisión la luminosidad comparativa de las estrellas y determinar gradaciones más pequeñas que las de toda una magnitud.

Sin embargo, el empleo de la Luna llena limitaba los periodos en que se pudieran hacer mediciones y permitía únicamente que fuesen medidas las estrellas más brillantes, puesto que las de luz débil eran borradas por la luz lunar.

Casi al mismo tiempo, el físico alemán Karl August von Steinheil (1801-1870) ideó un dispositivo semejante que podía colocar en yuxtaposición las imágenes de dos estrellas diferentes, una de las cuales podía ser opacada o abrillantada hasta que quedaran igual a la otra. De esa manera, por fin, las magnitudes pudieron ser cuantitativas.

Steinheil tenía la impresión de que las gradaciones luminosas se percibían logarítmicamente, es decir, que el ojo quedaba afectado por relaciones o proporciones de luminosidad, más bien que por verdaderas diferencias. Así, suponiendo que la estrella A fuese tres veces más luminosa que la estrella B y nueve veces más luminosa que la estrella C, la estrella B parecería tanto más luminosa que la estrella C, como la estrella A parecería tanto más luminosa que la estrella B. En cada caso, la relación era de tres.

En 1856, El astrónomo inglés Norman Robert Pogson (1829-1891) señaló que la estrella promedio de primera magnitud es aproximadamente cien veces más brillante que la estrella promedio de sexta magnitud, según las cuidadosas mediciones que era posible hacer entonces. Para que los cinco intervalos entre las seis magnitudes den exactamente 100, debemos hacer que la relación de cada uno de los cinco intervalos sea la quinta raíz de 100, que viene a ser aproximadamente 2.512. (En otras palabras, 2.512 × 2.512 × 2.512 × 2.512 × 2.512, es casi igual a 100.)

Por tanto, si se escoge una magnitud de 1.0 en forma tal que caiga más o menos a la mitad entre las estrellas de primera magnitud, puede procederse a calcular hacia abajo con relaciones de 2.512. Al mejorar los fotómetros, los astrónomos pudieron determinar magnitudes hasta con una cifra decimal y aun, en ocasiones, pudieron intentar calcular hasta el segundo decimal. La más luminosa de dos estrellas, separada por un décimo de magnitud, es alrededor de 1.1 veces más brillante que la más débil de las dos; o si está separada por un centésimo de magnitud, es 1.01 veces más brillante.

Si se emplea el nuevo sistema ya no se puede decir que tanto Pollux como Fomalhaut son estrellas de primera magnitud. En vez de tal cosa se puede decir que Pollux tiene una magnitud de 1.16, y Fomalhaut una magnitud de 1.19.

Cuando Pogson acabó de preparar su escala de magnitudes, las estrellas de sexta magnitud distaban mucho de ser las más débiles que podían verse. El telescopio revelaba estrellas mucho más débiles, y las mejoras sucesivas en ese instrumento revelaron otras estrellas todavía más tenues. Continuando con la relación de 2.512 podemos tener estrellas de séptima magnitud, de octava magnitud, de novena magnitud, y así sucesivamente, que dé cada una de ellas un valor tan aproximado como lo permitan nuestros instrumentos.

Los mejores telescopios contemporáneos revelarán estrellas tan poco brillantes como las de vigésima magnitud, si las observamos con el ojo puesto en el ocular del instrumento. Pero si en vez del ojo colocamos allí una placa fotográfica y permitimos que se acumule la luz enfocada, podremos descubrir estrellas hasta de la vigesimacuarta magnitud.

Una estrella de la vigesimacuarta magnitud es dieciocho magnitudes más débil que el cuerpo celeste más débil que podemos distinguir a simple vista. Según la escala logarítmica, esto significa que la estrella más débil que los antiguos pudieron ver es 16 000 000 de veces más luminosa que la estrella más débil que nosotros podemos ver.

Por supuesto, hay estrellas más luminosas que las normales de primera magnitud y, por tanto, tienen magnitudes de menos de 1.0 (recordemos que mientras más bajo es el número más brillante es la estrella). Así, por ejemplo, tenemos Proción, con magnitud de 0.38.

Pero Proción no es la estrella más brillante del firmamento. Hay unas cuantas estrellas realmente más brillantes que la magnitud 0.00 y que tienen magnitudes negativas. Tenemos a Alfa Centauro, con magnitud de –0.27; Canopo, con magnitud de –0.72; y Sirio, con magnitud que supera la marca de -1, pues su magnitud es –1.42.

Lo anterior significa que Sirio, la más brillante de las estrellas tradicionales de primera magnitud, en realidad es tres magnitudes más luminosa que la más débil de las estrellas tradicionales de primera magnitud, la cual es Cástor, con magnitud de 1.58. Sirio es unas dieciséis veces más luminosa que Cástos y unos 15 000 000 000 de veces más brillante que la más débil estrella que nuestros telescopios pueden mostrarnos.

¿Hay en el firmamento cuerpos más brillantes que Sirio?

¡Indudablemente! Varios de los planetas son más brillantes que Sirio, por lo menos parte del tiempo. Cuando el planeta Júpiter alcanza su mayor brillantez, su magnitud es de –2.5. Marte puede alcanzar una magnitud de –2.8 en tanto que Venus, el más brillante de todos los planetas, suele alcanzar una magnitud de –4.3 Cuando llega a su mayor brillantez, Venus es unas quince veces más luminoso que Sirio.

Aun lo anterior no representa lo máximo. La Luna es muchísimo más brillante, aun que Venus, y la Luna llena puede alcanzar una magnitud de –12.6. Eso significa que la Luna llena es unas 2 000 veces más brillantes que Venus.

Queda sólo el Sol, con magnitud de –26.9. El Sol es 525 000 veces más brillante que la Luna llena, 1 000 000 000 de veces más brillante que Venus 15 000 000 000 de veces más brillante que Sirio y nada menos que 25 000 000 000 000 000 000 de veces más brillante que el cuerpo celeste de luz más mortecina que el telescopio puede descubrir.

Puesto que no hay en el firmamento nada más brillante que el Sol, ni nada más tenue que la estrella de luz más débil que los telescopios pueden mostrarnos (al menos en tanto que los telescopios no sean mejorados más), hemos llegado al límite en ambas direcciones, después de haber recorrido una gradación de cincuenta y una magnitudes.

MAGNITUD ABSOLUTA

Hasta aquí, todas las magnitudes a que se ha hecho mención son magnitudes *aparentes*. La brillantez de un objeto, visto por nosotros, depende no sólo de la cantidad de luz que emite, sino también de la distancia a que se encuentre de nosotros. Un objeto que sea extraordinariamente tenue, en un sentido absoluto, como una lámpara eléctrica de 100 vatios, podrá ser colocado enfrente de nosotros y así nos parecerá más brillante que la Luna. Por otra parte, una estrella que emita mucho más luz que el Sol podrá estar tan distante que ni siquiera un telescopio nos la mostrará.

Así pues, a fin de determinar niveles de *verdadera* brillantez, para medir la luz que un objeto *realmente* emite –su "luminosidad"– debemos imaginar que todos los objetos de que se trate están a alguna distancia fija respecto a nosotros. Esa distancia fija ha sido seleccionada (arbitrariamente) en 10 parsecs, que es una distancia equivalente a 32.6 años-luz.

Después que se conoce la distancia a que se encuentra cualquier cuerpo luminoso y se mide su luminosidad a esa distancia, podemos calcular cuál sería su brillantez a cualquier otra distancia. La magnitud que un cuerpo tendría si estuviese exactamente a 10 parsecs de nosotros es lo que se llama su "magnitud absoluta".

Por ejemplo, nuestro Sol está a unos 149 500 000 kilómetros de nosotros, o a 1/200 000 de parsec. Imaginémoslo a 10 persecs de nosotros y habremos aumentado su distancia 2 000 000 de veces. Su brillantez aparente disminuye a razón del cuadrado de ese número, o 4 000 000 000 000 de veces. Eso significa que su brillantez disminuye aproximadamente en 31.5 magnitudes. Por tanto, su magnitud absoluta es de cerca de 4.7.

El Sol, visto desde una distancia de 10 parsecs, sería visible, pero brillaría como estrella bastante débil y nada notable.

¿Qué podría decirse de Sirio? Está ya a una distancia de 2.65 parsecs. Si lo imagináramos a 10 parsecs, su brillantez disminuiría en casi tres magnitudes, y su magnitud absoluta sería de 1.3. Ya no sería la estrella más brillante del firmamento, aunque seguiría siendo una estrella de primera magnitud.

Las magnitudes absolutas, que borran como factor la diferencia en distancia, nos muestran que Sirio es unas veintitrés veces más luminoso que el Sol, es decir, que emite veintitrés veces más luz.

Sirio, sin embargo, no es, ni con mucho, la estrella más luminosa. Hay otras estrellas mucho más brillantes. De todas las estrellas de primera magnitud, la más distante es Rigel, a 165 parsecs. Es sólo la séptima entre las estrellas más brillantes del firmamento, y con únicamente la cuarta parte del brillo de Sirio. No obstante, Rigel se encuentra a más de sesenta veces la distancia que nos separa de Sirio. Para ofrecer un espectáculo tan respctable desde una distancia así, Rigel debe ser muy luminosa.

¡Indudablemente lo es! La magnitud absoluta de Rigel es –6.2. Si se le colocara a una distancia de 10 parsecs, aunque estaría a casi cuatro veces la distancia de Sirio, no sólo brillaría mucho más que esa estrella sino que brillaría más que Venus, unas seis veces más. Realmente, Rigel es 1 000 veces más luminosa que Sirio y 23 000 veces más luminosa que el Sol.

Rigel es la estrella más luminosa que conocemos, perteneciente a nuestra galaxia, pero hay otras galaxias. La Nube de Magallanes Mayor es una galaxia satélite de la nuestra, y en ella se encuentra una estrella llamada S Doradus. Es demasiado débil para verse, excepto con telescopio, pero se encuentra a unos 45 000 parsecs de nosotros y ha asombrado a los astrónomos que sea tan brillante como parece serlo, si se considera su distancia. Resulta que tiene una magnitud absoluta de –9.5. Eso significa que es unas veintiún veces más luminosa que Rigel, y cerca de 500 000 veces más luminosa que el Sol.

Si S Doradus estuviese donde está nuestro Sol, un planeta que girara a diecisiete veces la distancia de Plutón la vería brillar con tanta brillantez como nosotros vemos brillar nuestro Sol.

S Doradus es la estrella estable más luminosa que conocemos. Emite más luz, día tras día, siglo tras siglo, que cualquier otra. Sin embargo, no todas las estrellas son estables. Una que otra vez las estrellas estallan, y al ocurrir tal cosa aumenta muchísimo su luminosidad, aunque sólo temporalmente.

La magnitud de ese aumento de luminosidad depende del tamaño de la estrella. Mientras más masa tenga una estrella más gigantesca será su explosión. La verdaderamente magnífica explosión de una "supernova" puede hacer que una sola estrella de mucha masa alcance una magnitud absoluta, por muy poco tiempo, de alrededor de –19.

Durante un periodo muy corto una supernova así brillará con luminosidad unas 6 000 veces mayor que la de S Doradus, y unas 10 000 000 000 de veces más que nuestro Sol. Aun a la distancia de 10 persecs brillará 300 veces más que la Luna llena, y será mil veces más brillante que nuestro tan cercano Sol.

¿Hemos llegado ya al horizonte superior de la luminosidad? ¡No!

Una supernova es sólo una estrella sola. ¿Podríamos considerar la luminosidad de un grupo de estrellas?

Un par de estrellas, razonablemente próximas, desde gran distancia produce la impresión de que es una sola estrella. Si ambas estrellas son de igual brillantez, la combinación es 0.75 magnitudes más brillante que cualquiera de las dos estrellas, por separado.

Las estrellas dobles son muy comunes, y aun los sistemas de estrellas triples y hasta cuádruples no son precisamente raros. En efecto, las estrellas existen también en grandes racimos. Hay unos 125 "racimos globulares" conocidos, relacionados con nuestra galaxia, y cada uno de ellos contiene desde diez mil hasta varios centenares de miles de estrellas, todas ellas densamente agrupadas (por lo menos densamente agrupadas según las normas de nuestra propia vecindad estelar).

Supongamos, entonces, que consideramos un racimo globular compuesto por 1 000 000 estrellas, cada una de ellas con la luminosidad de nuestro Sol. Con todo, un racimo de esa enormidad sería únicamente dos veces más luminoso que la estrella solitaria S Doradus. Una supernova gigantesca puede alcanzar una luminosidad igual a 3 000 veces la de un racimo globular grande. Por tanto, ningún racimo globular puede establecer una marca de luminosidad.

Empero, una galaxia misma tiene un núcleo equivalente a un racimo globular de enorme tamaño. El centro de nuestra propia galaxia es un racimo densamente agrupado, compuesto de estrellas que, en total, emiten 100 000 000 000 veces la luz de nuestro Sol. Puede calcularse que su magnitud absoluta es –22.8. (El resto de nuestra galaxia, en las afueras del núcleo, tiene un esparcimiento relativamente leve de estrellas, y si se incluye su luminosidad, el valor total de la magnitud absoluta tal vez llegue a –22.9.)

Eso sí tiene los visos de una nueva marca. El núcleo galáctico brilla con una luminosidad que sobrepasa tres veces a la de una supernova en su culminación. También hay galaxias más grandes que la nuestra. Una galaxia grande puede fácilmente tener diez veces la masa que la nuestra, y una magnitud absoluta de –25.

Empero, hay un engaño en este cálculo de magnitudes absolutas de los racimos globulares y de las galaxias, pues nos ocupamos de cuerpos extendidos. Un gran racimo globular puede tener un diámetro hasta de 100 parsecs, y un núcleo galáctico puede tenerlo de hasta 5 000 parsecs. Puede calcularse la magnitud absoluta, pero no se puede experimentar en la forma ordinaria.

Si imaginamos el punto central de un racimo globular o de un núcleo galáctico como si estuviese a una distancia de 10 parsecs, estaremos *dentro* de ese objeto. Veríamos estrellas en torno nuestro y no tendríamos la sensación de una luminosidad combinada, lo mismo que no la tenemos ahora en nuestra propia galaxia.

Indudablemente, podríamos emplear 1 000 000 de parsecs como la distancia convencional en la medición de la luminosidad, y veríamos entonces que una galaxia grande brillaría más que cualquier estrella individual, en cualquier circunstancia. Pero entonces, todos los objetos vistos a esa distancia (aun con un buen telescopio) parecerían muy tenues y nada impresionantes.

Si deseamos buscar una marca de luminosidad más allá de una supernova, debemos preguntarnos si hay algo que se asemejaría a un solo objeto de un tamaño razonablemente pequeño a una distancia de 10 parsecs y que, no obstante, brillara más que una supernova, día tras día, constantemente.

Existe tal objeto. Los que llamamos "cuásares" son, al parecer, núcleos galácticos tan condensados y tan brillantes que pueden ser vistos (telescópicamente) a distancias de centenares de millones de parsecs. Ningún otro objeto puede ser visto a tales distancias. Se cree que un cuásar típico tiene, tal vez, un diámetro de sólo medio parsec, no obstante lo cual brilla con una luminosidad de cien galaxias como la nuestra.

Medio parsec es un diámetro respetable, alrededor de 12 000 000 de veces el diámetro de nuestro Sol, y más de 1 000 veces el diámetro de la órbita de Plutón. Colóquese una cuásar a una distancia de 10 parsecs y su diámetro aparente será casi de 3° de un lado a otro. Eso es aproximadamente seis veces el diámetro de nuestro Sol o de la Luna llena, pero lo seguiríamos viendo como un solo objeto en llamas, más bien como veríamos nuestro propio Sol desde la superficie del planeta Mercurio. (Habría también estrellas individuales fuera de ese núcleo brillante, pero no desempeñarían un papel significativo en lo concerniente a luminosidad.)

El cuásar ordinario tendrá entonces una magnitud absoluta de –28. Brillará, *aun a la distancia de 10 parsecs,* unas dos veces más que el Sol en nuestro firmamento, no obstante que el cuásar esté a una distancia 2 000 000 de veces mayor.

¿Pero cuán brillante será *el más brillante* de los cuásares?

En 1975, dos astrónomos de Harvard estudiaron fotografías tomadas en el pasado del cuásar 3C279. Generalmente brilla con una magnitud aparente de dieciocho, pero en 1937 (cuando nadie sabía que la que parecía ser una estrella débil y sin distinción era en realidad en enorme cuásar, extremadamente distante) alcanzó por breve tiempo una magnitud aparente de once.

Es casi increíble que algo brille como cuerpo de magnitud once desde una distancia aproximadamente de 2 000 000 000 de parsecs. En su cúspide, el 3C279 brilló con una luz de 10 000 galaxias ordinarias, y se calculó que su magnitud absoluta había alcanzado un máximo de –31.

Si imaginamos el 3C279 a una distancia de 10 parsecs de nosotros, tendrá un brillo cuarenta veces mayor que el de nuestro Sol como lo vemos ahora. Un cuásar como el 3C279 puede alcanzar una luminosidad máxima de 100 000 000 000 000 veces la de nuestro Sol, o bien, 500 000 000 veces la de S Doradus, o 60 000 veces la de una enorme supernova, en su culminación.

Y ése es, hasta ahora, el objeto más luminoso que conocemos.

En este libro he seguido unas cuantas de las notables expansiones de horizontes que la audacia humana y la ciencia moderna han logrado. Hay otros horizontes que se han ensanchado —la intensidad magnética, la viscosidad, el momento angular, etc.— pero los que he presentado bastan para mostrar al género humano en su mayor magnificencia y en su deseo incansable de continuar avanzando tan lejos como sea posible en todas direcciones.

Índice analítico